Erich Lück

Von Abalone bis Zuckerwurz

Erich Lück

Von Abalone bis Zuckerwurz

Exotisches für Gourmets, Hobbyköche und Weltenbummler

2., wesentlich erweiterte Auflage

Mit 111 Farbabbildungen

Dr. Erich Lück
Robert-Stolz-Str. 102
65812 Bad Soden

ISBN 978-3-642-62378-3   ISBN 978-3-642-18956-2 (eBook)
DOI 10.1007/978-3-642-18956-2

Bibliografische Information Der Deutschen Bibliothek
Die Deutsche Bibliothek verzeichnet diese Publikation in der Deutschen Nationalbibliografie; detaillierte bibliografische Daten sind im Internet über <http://dnb.ddb.de> abrufbar.

Dieses Werk ist urheberrechtlich geschützt. Die dadurch begründeten Rechte, insbesondere die der Übersetzung, des Nachdrucks, des Vortrags, der Entnahme von Abbildungen und Tabellen, der Funksendung, der Mikroverfilmung oder der Vervielfältigung auf anderen Wegen und der Speicherung in Datenverarbeitungsanlagen, bleiben, auch bei nur auszugsweiser Verwertung, vorbehalten. Eine Vervielfältigung dieses Werkes oder von Teilen dieses Werkes ist auch im Einzelfall nur in den Grenzen der gesetzlichen Bestimmungen des Urheberrechtsgesetzes der Bundesrepublik Deutschland vom 9. September 1965 in der jeweils geltenden Fassung zulässig. Sie ist grundsätzlich vergütungspflichtig. Zuwiderhandlungen unterliegen den Strafbestimmungen des Urheberrechtsgesetzes.

Springer ist ein Unternehmen von Springer Science+Business Media
springer.de
© Springer-Verlag Berlin Heidelberg 2004

Die Wiedergabe von Gebrauchsnamen, Handelsnamen, Warenbezeichnungen usw. in diesem Werk berechtigt auch ohne besondere Kennzeichnung nicht zu der Annahme, daß solche Namen im Sinne der Warenzeichen- und Markenschutz-Gesetzgebung als frei zu betrachten wären und daher von jedermann benutzt werden dürften. Sollte in diesem Werk direkt oder indirekt auf Gesetze, Vorschriften oder Richtlinien (z.B. DIN, VDI, VDE) Bezug genommen oder aus ihnen zitiert worden sein, so kann der Verlag keine Gewähr für die Richtigkeit oder Aktualität übernehmen. Es empfiehlt sich, gegebenenfalls für die eigenen Arbeiten die vollständigen Vorschriften oder Richtlinien in der jeweils gültigen Fassung hinzuzuziehen.

Herstellung: Renate Albers, Berlin
Datenkonvertierung: medionet AG, Berlin
Einbandgestaltung: deblick, Berlin

Gedruckt auf säurefreiem Papier   52/3020 ra - 5 4 3 2 1 0

Geleitwort

Man isst, was man weiß – glücklich, wer viel weiß. Zu den Wissenden gehört zweifellos der Autor dieses Buches, Dr. Erich Lück. Und er hat doppeltes Glück: Er ist studierter Lebensmittelwissenschaftler und kam viel in der Welt herum. Damit boten sich ihm mannigfache Gelegenheiten, viele fremde, unbekannte Küchen zu probieren.

Im Vordergrund seines Interesses stand nicht das Entdecken der Raffinesse der Küchen; den Wissenschaftler interessierten die Bestandteile der jeweiligen Küchen. Ihm begegnete manches hierzulande Unbekanntes. Heute sind viele dieser unbekannten Ingredienzien in unserem Alltag angekommen. Der Lebensmittelhandel bietet uns eine unglaubliche Fülle an Produkten aus allen Winkeln der Erde. Nach wie vor gilt: Man isst, was man weiß.

Wissen will erworben sein; im Bereich der Nahrungsmittel ist das heutzutage gar nicht so einfach. Auf der einen Seite müssen wir feststellen, daß eine „Lebensmittelerziehung" durch die Eltern immer weniger stattfindet; vielfach bestimmen Fertigprodukte den häuslichen Speiseplan. Auf der anderen Seite wird uns eine Vielfalt an Lebensmitteln angeboten, wie sie bisher nicht zur Verfügung stand. Wie damit umgehen?

Man isst, was man weiß – Dr. Erich Lück ist es glänzend gelungen, Informationen sachgerecht und gut verständlich aufzubereiten. Er erläutert rund 1900 Stichwörter in prägnanter und kenntnisreicher Weise. Hier paaren sich wissenschaftlicher Sachverstand mit persönlichen Erfahrungen an den Tellern der Welt. Das Buch ist eine Fundgrube für Gourmets und Weltenbummler, die wissen möchten, was sich hinter exotischen Namen verbirgt.

Helmut Weber*

* Helmut Weber ist Mitglied der Gastronomischen Akademie Deutschlands

Vorwort

Auch Essen bildet

Wir reisen in alle möglichen Länder. Mutige trauen sich, gelegentlich außerhalb der Touristenrestaurants zu essen oder auf lokalen Märkten unbekannte Früchte zu erstehen und zu probieren. Essen auf Reisen wird mehr und mehr zu einem globalen Erlebnis. Man erkennt, daß ferne Länder nicht nur aus Landschaft und Kathedralen bestehen, sondern auch einen Geschmack und einen Geruch ausstrahlen. Flugzeuge bringen innerhalb von Stunden auch wenig haltbare Lebensmittel aller Art aus Asien, Afrika und Amerika zu uns und bereichern damit das Angebot unserer Supermärkte. Spezialitätenrestaurants bieten uns die Köstlichkeiten der Küchen Chinas, Indonesiens, Indiens, Japans, Mexikos, Marokkos und vieler weiterer Länder an. Wir leben in einem Ess-Schlaraffenland.

Für viele interessierte Verbraucher erhöht sich der Genusswert solcher Speisen, wenn sie wissen, woher sie kommen, woraus sie bestehen, wie sie angebaut oder gewonnen werden, ob die Rohstoffe dafür möglicherweise gefährliche Stoffe enthalten und was vielleicht aus unserer Sicht an ihnen kurios und ungewöhnlich erscheint. Wer sich nicht nur von Fast Food ernährt oder die sogenannte internationale Küche schätzt, möchte manchmal erfahren, wie und woraus lokale Spezialitäten zubereitet werden. Den erfahrenen Touristen und den Feinschmecker interessiert es schließlich zu wissen, was sich hinter unbekannten Namen einer Speise verbirgt.

Welche Lebensmittel werden beschrieben?

Der Schwerpunkt des Lexikons liegt auf ausländischen pflanzlichen Rohstoffen und Zutaten für Lebensmittel, sowie auf Früchten, Obst, Nüssen, Gemüsen, Gewürzen, Gärungsprodukten, Getränken, Süßwaren, Backwaren und landesspezifischen kulinarischen Spezialitäten, englischsprachig „ethnic food" genannt. Nicht so umfangreich beschrieben werden Fische, Käse und Weinarten. Darüber kann man sich leicht in guten anderen Nachschlagewerken informieren.

Die Zahl der exotischen Produkte, die man in ein solches Lexikon aufnehmen könnte, ist schier unendlich. Es kann deshalb nur eine Auswahl geboten werden. Die Neuauflage umfasst knapp 1900 Haupteinträge, das sind über 70% mehr als in der ersten Auflage. Nach wie vor werden vor allem Erzeugnisse dargestellt, die in fremden Kulturkreisen eine größere Bedeutung als Nahrung für Einheimische haben und Speisen, mit denen der Tourist in Berührung kommt – wenn er das überhaupt will. Gegenüber der ersten Auflage wurden vermehrt Lebensmittel und Zutaten berücksichtigt, die aus irgendwelchen Gründen für den „Normalverbraucher" in Mitteleuropa skurril erscheinen oder Besonderheiten bieten, die man kaum irgendwo sonst nachschlagen kann.

Was heißt „exotisch"?
Unter „exotisch" werden in diesem Lexikon Lebensmittel und Rohstoffe verstanden, die hierzulande nicht wachsen und (noch) nicht heimisch sind. Äpfel, Birnen, Kartoffeln, Erdbeeren und Schnitzel sollte man also nicht suchen. Viele Lebensmittel haben sich in gar nicht so langer Zeit von „Exoten" zu ganz alltäglichen Dingen entwickelt, die man heute in jedem Supermarkt kaufen kann und zwar das ganze Jahr über. Beispiele dafür sind die noch vor 100 Jahren hierzulande wenig bekannten Tomaten. Als Nachtschattengewächs galten sie sogar lange als giftig. Wer kannte vor 100 Jahren in Mitteleuropa aus eigener Anschauung Bananen? Noch vor 30 Jahren waren Kiwis bei uns so gut wie unbekannt, heute werden sie sogar in Deutschland angebaut. Derlei Beispiele sind zahlreich. Viele solcher Grenzfälle sind in diesem Lexikon behandelt, weil es manchmal interessante Nebenaspekte gibt, die nicht jeder kennt und die auch in umfangreicheren (Hand-)Büchern nicht zu finden sind.

Es gibt keine scharfe Trennungslinie zwischen exotischen und nicht-exotischen Produkten. Die Auswahl der Stichwörter ist folglich nicht frei von Willkür.

Wie ist dieses Lexikon entstanden?
Nicht nur am Schreibtisch. Es sind vielmehr die zu einem Lexikon verarbeiteten „Memoiren" eines Lebensmittelchemikers, der mit wachen Augen und Ohren, interessierter Nase und Zunge und interessiertem Gaumen gereist ist, der ein Berufsleben lang mit der Lebensmittelindustrie und dem Lebensmittelgewerbe in aller Welt zu tun hatte, der sich auf südeuropäischen, asiatischen, afrikanischen und lateinamerikanischen Märkten umgesehen hat und der grundsätzlich in einheimischen Restaurants auch ausgefallene Speisen des Landes probiert hat, einiges wenige freilich nur einmal.

Zusätzlich wurden viele Fachartikel aus wissenschaftlichen Zeitschriften und Küchenzeitschriften, einheimische Kochbücher und ähnliche Quellen aus vielen Sprachbereichen verwertet.

Danksagung

Frau Dr. Hilke Steinecke vom Palmengarten der Stadt Frankfurt am Main hatte bereits für die erste Auflage fast alle Abbildungen beigesteuert. Viele sind in die Neuauflage übernommen worden, wobei die Zahl der Abbildungen mehr als verdoppelt wurde. Die neuen Abbildungen wurden von den Herren Dr. Johannes Seidemann aus Potsdam, Prof. Dr. Eberhard Teuscher aus Triebes und Peter Enders vom Springer-Verlag in Heidelberg zur Verfügung gestellt. Herr Dr. Klaus Knopf aus Bad Soden am Taunus hat mir wertvolle Ratschläge in Sachen botanischer Nomenklatur vermittelt. Herr Dr. Seidemann hat sich der Mühe unterzogen, das ganze Manuskript vor allem aus seiner Sicht als Fachmann auf dem Gebiet der Gewürze durchzusehen und mir dabei wertvolle Hinweise gegeben. Allen genannten Persönlichkeiten möchte ich auf diesem Wege ganz herzlich danken, ebenso zahlreichen Rezensenten der ersten Auflage für ihre Kritik und mehr als 20 Benutzern der ersten Auflage, z. T. aus fremden Ländern, deren Anregungen ich sorgfältig umgesetzt habe. Herr Peter Enders vom Springer-Verlag hat mit seinem großen persönlichen Interesse für exotische Lebensmittel die Entstehung der Neuauflage hilfreich begleitet, auch dafür ganz besonderen Dank. Last, but not least ein herzliches Dankeschön an Frau Renate Albers vom Springer-Verlag Berlin: Sie hat nicht nur die Herstellung dieses Buches in hervorragender Weise geleitet, sondern war mir auch eine große Hilfe bei der Überarbeitung des Sachregisters.

Erich Lück
Bad Soden im Taunus   August 2004

Benutzungshinweise

Wie jedes Lexikon besteht auch dieses in seinem Hauptteil aus einem alphabetischen Verzeichnis von Stichwörtern, Namen der einzelnen exotischen Lebensmittel. Die meisten haben viele Namen, deutsche, englische, wissenschaftlich-lateinische und landesspezifische. Als Leitbegriff wurde grundsätzlich der am besten bekannte Ausdruck gewählt. Das ist nicht immer die deutschsprachige Benennung, denn diese ist oft am Ursprungsort nicht bekannt; manchmal gibt es sogar überhaupt keine. Gelegentlich sind die englischsprachigen eher gebräuchlich. Sie wurden grundsätzlich angefügt, um dem Touristen eine zusätzliche Hilfe zu bieten. Die wissenschaftlichen Namen für Pflanzen und Tiere wurden ebenfalls immer angegeben, denn damit machen sich Fachleute einfach und vor allem eindeutig verständlich.

Die Zahl dieser Synonyme und sonstigen Bezeichnungen ist ein vielfaches der Hauptstichwörter. Manche Lexika benutzen in solchen Fällen die Verweistechnik. Diese hätte aber das Lexikon in seinem Umfang unnötig aufgebläht und keinen Vorteil gebracht. Statt dessen finden Sie in diesem Buch ein etwa 5000 Wörter umfassendes Sachverzeichnis, der quer durch alle Sprachen, deutsch, englisch, lateinisch, spanisch, chinesisch, indisch, arabisch, indonesisch und andere in alphabetischer Ordnung alle in dem Buch vorkommenden Bezeichnungen, Namen und sonstige Stichwörter aufführt und auf den Textteil verweist. Wenn man einen bestimmten Begriff sucht, sollte man also zunächst das umfangreiche Sachverzeichnis zu Rate ziehen und den meist mehrfachen Hinweisen auf den Hauptteil folgen. Dort findet man dann alle Detailinformationen.

Warnhinweise

Die Angaben zur Verwendung der Früchte orientieren sich an den vorwiegenden Nutzungsarten in den Ursprungs- bzw. Anbauländern. Sie stellen keine Rezepte oder Anleitungen zur Zubereitung dar. Diese Angaben sowie eventuelle Hinweise auf medizinische Anwendungen stammen aus mündlichen oder publizierten Quellen und konnten im Einzelnen naturgemäß nicht überprüft werden. Eine nicht unbeträchtliche Zahl tropischer Früchte, auch solche von Kulturpflanzen, sind ganz oder teilweise oder in bestimmten Reifestadien oder ohne besondere Vorbehandlung giftig oder können zu nicht unerheblichen Unverträglichkeiten und damit gesundheitlicher Beeinträchtigung führen! Deswegen wird davor gewarnt, unbekannte oder nicht sicher bekannte Früchte zu verzehren. Auch Früchte vom Markt sollten nur nach Anleitung zubereitet werden.

Aasch ist ein traditionelles persisches Gericht. Es besteht aus Hülsenfrüchten, meist Linsen, Bohnen und/oder Kichererbsen, die mit Fleisch, Reis oder Nudeln zu einer dicken Suppe gekocht und mit Kräutern verschiedenster Art gewürzt werden. Typisch ist dabei eine Mischung aus Schnittlauch, Dill, Petersilie, Spinat und Koriander. Man isst Aasch nicht nur zur Sättigung: Vielmehr verbindet man mit seinem Genuss den Glauben an die Erfüllung bestimmter Wünsche, die Hoffnung auf die baldige Genesung eines nahen Angehörigen und ähnliche soziale Anliegen zum Wohle der ganzen Familie.

Abalone ist der Name für verschiedene, hauptsächlich im Pazifik, aber auch im Mittelmeer und an der englischen und französischen Atlantikküste lebende *Meeresschnecken (Haliotis spec.)*. Neuerdings werden sie in Hawaii auch gezüchtet. Sie leben bevorzugt in warmem, sauberem Meerwasser mit wenig Strömung. Abalonen sehen eher wie Muscheln aus, die Schneckenwindungen erkennt man erst beim genauen Hinsehen. Abalonen haben die Form eines Ohres, daher auch der Name *Meerohr*. Sie können ein Gewicht bis zu 2 kg erreichen, die mediterranen und atlantischen Arten sind etwas kleiner. Das feste Fleisch des Fußes wird roh, z.B. in Japan unter dem Namen *Awabi*, als *Sashimi* oder in zerkleinerter Form gekocht oder gedämpft als Suppeneinlage verzehrt. Besonders teuer sind an der Luft getrocknete Abalonen. Ostasiaten halten sie für potenzfördernd. Abalone ist auch der Name eines in Südostasien gezüchteten weißen Speisepilzes *(Pleurotus cystidiosus)*.
en: *Abalone*

Abavo ist eine indische Kürbisart von sehr zartem Geschmack, aus der vor allem Suppen hergestellt werden.

Abguscht ist ein Lamm-Eintopf, der im Gegensatz zu den sonstigen typischen Gerichten Persiens nicht auf Reis, sondern auf Kichererbsen, anderen Hülsenfrüchte oder Kartoffeln basiert. Er wird mit Zwiebeln, getrockneten Limonen, *Amani* genannt, Kurkuma, Zimt, Safran und Kräutern gewürzt. Man tunkt zunächst die abgegossene Flüssigkeit mit Brot auf und isst dann separat die festen Bestandteile.

Abish ist ein mit viel Butter, Eiern und Tomaten zubereitetes äthiopisches Hackfleischgericht. Es wird mit *Berbere*, einem lokalen Chili scharf gewürzt und mit frischem Brot serviert.

Abiu ist die Frucht eines in Brasilien heimischen Baumes *(Pouteria campechiana – Sapotaceae)*. Sie hat Ähnlichkeit mit der *Lucuma*. Das Fruchtfleisch wird als Püree oder in Form seines klebrigen süßen Saftes zur Herstellung von Süßspeisen verwertet.
en: *Abiu, Eggfruit*

Ablemanu, *Wotote,* ist ein dünner westafrikanischer Brei aus stark gerösteten und mit Wasser gekochten Maiskörnern.

Aboboe ist ein ghanesisches Gericht aus eingeweichten, gekochten und gestampften *Kuhbohnen,* die mit einer scharfen Soße aus Chili und Petersilie gewürzt werden.

Abongo sind fermentierte westafrikanische Mais- oder Weizenmehlklößchen mit Zusatz von Palmöl und Zucker, die oft in Blätter gehüllt gedämpft werden.

Absinth ist ein bitterer Kräuterschnaps. Wichtigster Bestandteil ist das ätherische Öl von *Wermut.* Das darin enthaltene *Thujon* ruft Halluzinationen und bei regelmäßigem Genuss chronische Vergiftungen und Lähmungen des Nervensystems hervor (Absinthismus), der zu geistigem Verfall führen kann. Absinth, eine Spirituose mit einem Alkoholgehalt von 60–70%, war um die Wende des 19./20. Jahrhunderts wegen seiner intensiv smaragdgrünen Farbe unter dem Namen „die grüne Fee" ein Kultgetränk, vor allem in Frankreich. Er war Wegbegleiter vieler bekannter Schriftsteller und Künstler, wie Baudelaire und Toulouse-Lautrec. Vincent van Gogh hat sich unter dem Einfluss von Absinth ein Ohr abgeschnitten. Wegen seiner gesundheitsschädlichen Wirkung wurde er Anfang des 20. Jahrhunderts in den meisten Ländern verboten. Wermutöl löst sich nur in hochprozentigem Alkohol, daher entsteht beim Verdünnen des Schnapses mit Wasser eine milchige Trübung, ebenso wie beim *Ouzo, Raki* und *Pastis,* deren Grundbestandteil aber *Anisöl* ist. Wermutwein enthält nur wenig Thujon; es ist in dem nur verhältnismäßig wenig Alkohol enthaltenden Wein kaum löslich. Neuerdings sind in der Europäischen Union wieder Spirituosen auf Basis von Wermutöl erlaubt, allerdings nur mit einem sehr begrenzten Gehalt an Thujon. Dennoch wird befürchtet, dass diese im Internet wegen ihrer „halluzinogenen Kraft" beworbenen Mode- und Szenegetränke neue Gefahrenpotentiale darstellen können.
en: Absinthe

Abu sind die Blätter einer in Indien und im tropischen Afrika angebauten Staude *(Talinum portulacifolium – Portulacaceae),* die von Einheimischen als Gemüse gegessen werden.

Abutilon ist eine krautige Pflanze, die in Brasilien heimisch ist *(Abutilon esculentum – Malvaceae).* Ihre Blüten *(Bencao de dios)* werden zusammen mit Fleisch verzehrt. Ihre Blätter kann man wie Spinat zubereiten. Die Blätter verwandter Arten werden auch im tropischen Afrika und in Indien als Gemüse verzehrt.

Açai sind die zunächst purpurroten, im reifen Zustand schwarzen, etwa 1–1,4 cm großen aromatischen

Früchte der im Amazonas-Gebiet heimischen Miriti-Palme *(Mauritia flexiosa – Araceae)*. Sie werden hauptsächlich zu Saft, Getränken und Pürees verarbeitet. Das Herz der Palmen wird ebenfalls gegessen oder zu einer Art Sago weiterverarbeitet.

Acerolakirsche, *Barbadoskirsche, Antillenkirsche, Jamaicakirsche, Malpighie,* ist die sehr saftige, weiche, kirschenartige rote Steinfrucht eines kleinen mittelamerikanischen buschigen Baumes *(Malpighia glabra – Malpighiaceae)*. Sie hat unter allen bekannten Obstarten mit Abstand den höchsten Gehalt an Vitamin C, der bei noch nicht vollreifen Früchten bei über 2000mg/100g und bei reifen Früchten bei 1000mg/100g liegen kann. Wegen des stark säuerlichen Geschmackes wird die Acerolakirsche kaum frisch gegessen. Sie ist wenig haltbar und eignet sich nicht zum Export. In den Erzeugerländern wird sie zu Säften, Saftkonzentraten, Konfitüren und Gelees verarbeitet und in den Importländern hauptsächlich zur Vitamin-C-Anreicherung von Getränken und anderen Lebensmitteln verwendet. en: *Acerola, Puerto Rican cherry, West Indian cherry, Barbados cherry*

Aceto balsamico wird in seiner Originalform, dem Aceto balsamico di Modena tradizionale DOC nach den in der Literatur zu findenden Angaben im Gegensatz zu sonstigem Essig nicht aus Wein oder anderen alkoholhaltigen Rohstoffen hergestellt, sondern aus dem Most besonders reifer Trebbiano-Trauben der italienischen Provinzen Modena und Reggio Emilia. Genau genommen stimmt das aber nicht ganz: Gärungsessig kann aus zuckerhaltigen Rohstoffen nur entstehen, wenn diese zuvor durch Gärung in Alkohol umgewandelt worden waren. Essigbakterien können erst dann daraus Essigsäure erzeugen. Beim Aceto balsamico wird der Most zunächst durch langes Kochen etwa auf die Hälfte eingedickt. Das Konzentrat vergärt dann in Fässern aus Maulbeerholz zu Alkohol, was bis zu einem Jahr dauern kann. Daran schließt sich die Essiggärung an, die in kleineren Fässern aus verschiedenen anderen Hölzern erfolgt. Die Gärung soll spontan erfolgen, d.h. ohne Zusatz von Hefen oder Essigsäurebakterien; wahrscheinlich sind diese aber in den Holzfässern vorhanden. Der Essig reift danach, manchmal über Jahrzehnte, früher auf Dachböden, wobei er bewusst den natürlichen Temperaturschwankungen ausgesetzt ist. Dabei konzentriert er sich, sodass aus ursprünglich 300 Liter Most etwa 25-30 Liter dickflüssiger Aceto balsamico übrig bleiben. Durch stetiges Umfüllen in andere Fässer aus verschiedenen Holzarten nimmt er eine dunkelbraune Farbe an. Das einzigartige Aroma entsteht durch die bakterielle Gärung. Es gibt 3 Varianten, die sich durch die Dauer der Reifung unterscheiden, *Aragosta,*

Argento und *Oro*. Das aufwendige Herstellungsverfahren hat seinen Preis: Authentische Produkte kosten pro 100 ml 50 bis 100 Euro, wenn sie 12 bis 20 Jahre, mehr als 300 Euro, wenn sie 100 Jahre gereift sind. Sie werden nur in bauchigen Flaschen mit einem Inhalt von 100 bis maximal 250 ml verkauft. Ein Consortium in Modena entscheidet nach sensorischen Prüfungen darüber, ob ein solcher Essig das Attribut „tradizionale" tragen darf. Man benutzt den echten Aceto balsamico tradizionale di Modena DOC wegen seines großen Wertes in der Küche nicht wie anderen Essig sondern nur tropfenweise zum Aromatisieren von Salaten, Fleisch, Krustentieren, aber auch Speiseeis und Obst. Die hierzulande unter dem Namen Aceto balsamico oder Aceto balsamico di Modena (ohne den Zusatz *tradizionale*) gehandelten Produkte haben mit dem Originalprodukt wenig gemein: Meist sind sie nichts anderes als Weinessig, dessen Farbe und Aroma durch Traubenmost, Extrakte aus Karamelzucker, Malzextrakt, Kräutern oder aromatisierten Holzspänen eingestellt sind, was man aus der Zutatenliste entnehmen kann. Sinnvollerweise werden diese Essige durch Zusatz von kleinen, harmlosen Mengen an E 220, d.i. Schwefeldioxid, vor Farbveränderungen geschützt. Bezeichnungen wie „originale", „speziale" oder „riserva" gaukeln nur eine nicht vorhandenen besondere Qualität vor, nur das Attribut „tradizionale" weist auf das Originalprodukt hin.

Achar sind Pickles der indischen Küche, sauer eingelegte Gemüse, Fleischstücke, Nüsse, Obst und Beeren. Sie sind oft süß oder scharf gewürzt, z.B. mit Ingwer. Sie dienen als Beilage zu Reis- oder anderen Gerichten.

Achira ist das fleischige, stärkereiche, schon zu prähistorischen Zeiten gegessene Rhizom einer in den Anden wachsenden Pflanze *(Canna edulis – Cannaceae)*. Es kann bis zu 60 cm lang werden und wird von Einheimischen wie Kartoffeln zubereitet.

Adalu ist ein ghanesisches Gericht aus eingeweichten *Kuhbohnen* und *Kochbananen*, die einzeln gekocht und gemeinsam zerstampft werden. Sie werden mit einer Soße aus Palmöl und Pfeffer gewürzt.

Adlerfarn ist eine wild wachsende Farnart *(Pteridium aquilinum – Dennstaediaceae)*, deren junge Sprosse in manchen asiatischen Gebieten kultiviert und als Gemüse oder Salat *(Anyang pakis)* gegessen werden.
en: *Bracken, Eagle fern*

Adobe ist ein Indianerbrot mit einer goldbraunen Kruste. Der Teig enthält neben Maismehl Schweineschmalz und/oder Pflanzenfett, etwas Zucker und etwas Salz. Gebacken wird es heute noch in Nordmexico in speziellen Öfen aus Lehm, Sand und Stroh. Diese werden mit Holz vorgeheizt, ähnlich wie früher in ländlichen Backhäusern.

Adwieh ist eine Gewürzmischung der persischen Küche für Eintöpfe und Reisgericht mit einer je nach Region unterschiedlichen Zusammensetzung. Sie enthält wenigstens 4 Komponenten, fast immer Kardamom, oft Pistazien, Muskat, Zimt, Pfeffer, Kurkuma, Koriander und Rosenblätter.

Aemono sind japanische Salate aus rohen oder vorher gekochten Zutaten, besonders Gemüse und Meeresfrüchten, mit Marinaden, wie Soja- oder anderen, meist verdickten Soßen, die meist als Vorspeise gegessen werden.

Affen, besonders *Gorillas* und *Schimpansen* werden seit undenklichen Zeiten bis heute in weiten Gebieten Innerafrikas, Asiens und Südamerikas von den dortigen Eingeborenen als Eiweißquelle verzehrt. Diese Situation beschleunigt deren Aussterben. Berichte, dass in China an besonderen Tischen das Hirn lebender Affen gegessen würde, gehören dagegen wohl in das Land der Fabel.
en: Apes

Aflata ist ein ghanesischer Maisteig, der einige Tage fermentiert und dann gekocht als Brei oder in Form von Klößen verzehrt wird.

Afon, *Afrikanische Brotfrucht,* ist die Scheinfrucht des in Westafrika heimischen *Okwabaumes (Treculia africana - Moraceae),* einem Verwandten des Brotfruchtbaumes. Aus den gekochten, geschälten und zerquetschten Samen der bis zu 25 kg schweren eiweiß- und kohlenhydratreichen Afon wird *Pembe*, ein Pflanzenkäse hergestellt.

Agathiblüten, *Katuraiblüten,* sind die großen Blüten eines indischen Strauches *(Sesbania grandiflora - Fabaceae).* Sie werden als Konfitüre gegessen, die grünen Hülsen auch als Gemüse.

Agbono ist ein nigerianischer Eintopf aus Ziegenfleisch, Trockenfisch, lokalen Nüssen, Palmöl, Tomaten, Zwiebeln und vielerlei Gewürzen.

Agemono ist die allgemeine Bezeichnung der japanischen Küche für schwimmend in Fett oder in der Pfanne fritierte Gerichte.

Agraz, *Jamaica-Blaubeere,* sind die kugeligen, leicht süß schmeckenden Beeren eines südamerikanischen Strauches *(Vaccinium meridionale - Ericaceae).* Sie werden roh gegessen, als Konfitüre oder als Zutat zu Backwaren oder Speiseeis.

Ahorn, *Zuckerahorn,* ein aus Nordamerika stammender Baum *(Acer saccharum - Aceraceae),* war für die dortigen Indianer seit eh und je eine wichtige Nahrungsquelle. Man

bereitete daraus nicht nur den heute noch in den USA bedeutsamen *Maple syrup*. Der innere Teil der Rinde wurde zu Mehl verarbeitet, aus dem man eine Art Brot herstellt. Die getrockneten Samen dienten als Nahrung im Winter. Die jungen Schösslinge waren ein beliebtes Gemüse.
en: Sugar maple

Aïoli ist eine Knoblauch-Mayonnaise der provenzalischen Küche, mit der man u.a. das Brot bestreicht, das zur *Bouillabaisse* oder anderen Fischsuppen gegessen wird.

Air ist ein malaysisches kalt getrunkenes Mischgetränk aus verschiedenen pflanzlichen Rohstoffen, wie frischem Mais und Fruchtsirup, Ananassaft, Tamarindenmark und Annonen.

Airag ist in Ledersäcken geschlagene und zusammen mit gesäuertem Getreide milchsauer vergorene Stutenmilch. Airag ist in der Mongolei verbreitet und wird auch industriell hergestellt.

Aish Merahrah, *Bettau* ist ein ägyptisches Landbrot aus Maismehl und *Bockhornkleesamen*, das leicht mit Sauerteig gelockert zu großen runden Fladen verbacken wird. Es wird wegen der Zusammensetzung seiner Stärkeanteile nur langsam altbacken und bleibt 1 bis 2 Wochen haltbar.

Ajmud sind die tabakbraunen winzigen Samen einer indischen Staudenpflanze *(Trachyspermum roxburhianum – Apiaceae)*, die große Ähnlichkeit mit *Ammei* und *Ajowan* haben. Man verwendet sie in Indien zum Würzen von Tomaten-Curry und bestreut damit ein Fladenbrot, *Dana Roti*.

Ajowan, *Ägyptische Ammei, Ajwain,* sind die Früchte eines in Mittelasien und Nordafrika kultivierten Krautes *(Trachyspermum ammi – Apiaceae)*. Sie haben ein thymianähnliches Aroma und dienen in der indischen Küche zum Würzen von Fleisch- und Gemüsegerichten, Suppen und vor allem *Pilav*. Ajowan ist dem Ammei nahe verwandt.
en: Ajowan seeds, Ajwain

Ajwar ist ein in Serbien und Mazedonien verbreiteter Brei auf der Basis von Paprika oder Auberginen mit Zusatz anderer Gemüse, wie Tomaten, Karotten, Zucchini und Knoblauch. Die Paprikaschoten werden zunächst leicht geschmort, dann von ihren Schalen, Stielen und Kernen befreit und durch einen Fleischwolf

Ajowanfrüchte

gedreht. Die entstandene Paste wird mit Öl vermischt einige Stunden lang eingekocht. Ajwar ist über Monate haltbar und dient als Brotaufstrich und als Beilage zu Grillfleisch.

Akara ist ein nigerianisches Gericht, das man in Nachbarländern *Kosai* nennt. Es besteht aus eingeweichten gekochten und zerstampften *Kuhbohnen*, die mit Chili und Zwiebeln gewürzt und in Erdnuss- oder Palmöl fritiert werden.

Akebi sind die Blätter einer in Ostasien wild wachsenden und kultivierten Schlingpflanze *(Akebia quinata – Lardizabalaceae)*, die lokal als Gemüse gegessen werden.

Akee, *Akipflaume,* ist die pflaumengroße Kapselfrucht eines in Westafrika und in der Karibik wachsenden Baumes *(Blighia sapida – Sapindaceae)*. In Jamaica gilt sie als Nationalgericht, z.B. zusammen mit getrocknetem Fisch zum Frühstück. Sie hat eine rotgefleckte Schale, die im reifen Zustand von selbst aufbricht und drei ungenießbare Samen freigibt *(Akinüsse)*. Der weiße, fleischige Samenmantel ist im unreifen Zustand giftig, weil er das blutdrucksenkende Peptid Hypoglycin enthält. Er darf deshalb nur gekocht oder nach der Vollreife der Früchte gegessen werden. Er hat einen hohen Fettgehalt, schmeckt mild, leicht nussartig und erinnert an Avocados.
en: Akee

Akoori ist ein mit Koriander und Chili scharf gewürztes indisches Omelett.

Akotonshi sind mit Brotkrumen überbackene und mit Pfeffer und Ingwer scharf gewürzte ghanesische Süßwasserkrebse und Garnelen.

Alapa ist der in vielen afrikanischen Gebieten benutzte Name für ein Gericht aus gekochtem und mit Zitronensaft, Tomaten, Zwiebeln, Nelken und Chili gewürztem Fisch. Er wird mit *Fufu* und Zubereitungen aus *Yam* gegessen.

Albondigas sind mit Chili, Pfeffer und Knoblauch scharf gewürzte spanische und mexikanische Fleischbällchen mit Zusatz von Tomaten, Zwiebeln und etwas Mehl, die gekocht oder gegrillt sein können.

Alcaparrón ist eine sehr große spanische *Kaper*. Sie wird als Gewürz für Soßen verwendet, hat aber nur ein geringes Aroma.

Algen, vor allem im Meer wachsende Arten, wie Rot-, Grün- und Braunalgen sind in Küstenländern, z.B. Irland, Japan und China Rohstoffe für Gemüse, Salate, Suppen und andere Lebensmittel. Sie werden oft in getrocknetem Zustand gehandelt. Bekannte Produkte sind u.a. *Dulse, Haricot vert de mer, Kombu, Nori* und *Wakame*. Manche heben einen intensiven Eigengeschmack und

dienen daher als würzende Zutaten. Die aus dem Meer stammenden Algen sind wegen ihres Gehaltes an Proteinen und vor allem an Jod ernährungsphysiologisch wertvoll. Süßwasseralgen enthalten dagegen so gut wie kein Jod. Neuerdings werden einige Algenpräparate als Nahrungsergänzungsmitteln angeboten, die als Abmagerungsmittel dienen oder gar gegen Virusinfektionen und Krebs schützen sollen. Diese Wirkungen sind unbewiesen. Vor ihrer Anwendung ist zu warnen, denn manche Präparate können natürlicherweise nervenschädigende Microcystine und besorgniserregend hohe Gehalte an Jod enthalten: Jod ist nur in bestimmten Konzentrationen für den Körper zuträglich.
en: Algae

Älggryta med trattkantareller ist ein schwedischer Eintopf aus geschmortem *Elchfleisch*, Speck, Pfifferlingen, Gemüse, Zwiebeln und Gewürzen. Es gibt ein ähnliches Gericht auf Basis von *Rentierfleisch*.

Allergien, können u.a. durch vielerlei Lebensmittel ausgelöst werden. Die meisten *Allergene,* das sind die Stoffe, die die Allergien auslösen, sind Eiweiße oder eiweißähnliche Substanzen. Da so gut wie alle Lebensmittel Eiweiße enthalten, muss man also beim Auftreten von Juckreiz, Heuschnupfen, Nesselsucht und ähnlichen Haut- und Darmreaktionen nach den Verzehr von ungewohnten Lebensmitteln prinzipiell an die Möglichkeit einer Allergie denken. Die wichtigsten Nahrungsallergene sind Nüsse, Gewürze, Eier, Kuhmilch, Getreide, Sojaprodukte und Meerestiere. Viele Allergene werden durch Erhitzen zerstört; deshalb ist die Gefahr von Allergien bei roh verzehrten Produkten größer als bei zubereiteten. Die Zunahme von Allergien in den letzten Jahrzehnten ist auch darauf zurückzuführen, dass mehr und mehr exotische Lebensmittel zu uns kommen. Zusatzstoffe, außer Schwefeldioxid und einige Azofarbstoffe, lösen keine Allergien aus. Im allgemeinen Sprachgebrauch werden fälschlicherweise auch *Pseudoallergien* und andere Überempfindlichkeitsreaktionen als Allergien bezeichnet.
en: Allergies

Alo Samosa ist eine fritierte indische Pastete, deren Gemüsefüllung mit Koriander, Pfeffer, Chili und Kurkuma scharf gewürzt wird und die man als Imbiss verzehrt.

Altchim ist eine koreanische Vorspeise. Schweinehack wird mit Sojasoße, Ingwer, Knoblauch und anderen Gewürzen angebraten, mit verquirlten Eiern, Sesamsaat, Krabben, Zwiebeln und weiteren Gewürzen gestockt oder gedämpft, wobei eine puddingartige Masse entsteht.

Alu Gobi ist ein mit Asant, Amchur, Ingwer, Chili und Curry scharf gewürztes vegetarisches indisches

Gericht auf Basis von gekochten Kartoffeln und Blumenkohl.

Alu Posto ist ein indisches, mit Mohn, Chili, Ingwer und Kurkuma gewürztes Currygericht aus stückigen Katoffeln. Es wird im *Karai* zubereitet, einer Art *Wok*.

Alya ist ausgelassenes Fett aus dem Schwanz der Fettschwanzlämmer und -hammel. Es hat einen sehr intensiven Geruch und Geschmack und war früher in der arabischen Küche, besonders in der Osttürkei und im Nordiran sehr beliebt. Jetzt wird es mehr und mehr durch *Samna*, d.i. Butterschmalz, Öl oder Margarine ersetzt.

Amala ist ein nigerianischer wässriger Brei aus *Yam-Mehl*. Er wird als sättigende Beilage zu anderen Gerichten verzehrt.

Ama-Nori sind japanische *Rotalgen*, die als Suppeneinlage dienen.

Amarant ist eine in den Tropen heimische, in Asien, Afrika und Zentralamerika in zahlreichen Arten kultivierte, etwa einen Meter hohe Pflanze *(Amaranthus spec. - Amaranthaceae)*, deren wie Spinat zubereitete Blätter ein wohlschmeckendes Gemüse mit einem hohen Gehalt an Eiweiß und Kohlenhydraten liefern. Einige Arten haben in Mittelamerika eine lange Tradition als Körnerfrucht. Die Amarantkörner haben einen besonders hohen Gehalt an Proteinen und essentiellen Aminosäuren, wie Lysin und Arginin, enthalten aber kein Gluten und sind daher für eine Diät bei Zöliakie geeignet. Sie eignen sich auch zum Poppen (Puffen). Die ähnlich geschriebene Bezeichnung *Amaranth (en: amaranth)* ist der Name eines synthetisch hergestellten roten Lebensmittelfarbstoffes. *en: Amaranth, Chinese spinach*

Ambla, *Amla, Indische Stachelbeere,* ist die saure grüne Beere eines indischen Baumes *(Phyllanthus emblica – Euphorbiaceae)*. Sie wird roh oder gekocht verzehrt.

Amchur, *Aamchur, Amchor* ist der braune, meist pulverförmige Extrakt aus unreifen, in der Sonne getrockneten *Mangos*, der wegen seines süßsauren, leicht harzigen Geschmackes in der indischen und Thai-Küche zum Würzen von Fleisch und wegen seines Gehaltes an Proteasen als Zartmacher dient. *en: Amchur*

Ameisen, vor allem die großen Arten und *Termiten, (en: Termites)*, werden in vielen tropischen Regionen wegen ihres hohen Eiweißgehaltes verzehrt. Man isst sie in gerösteter Form, in Thailand auch als Curry, gedünstet mit Fleisch, gekocht mit Zwiebeln und schwarzem Pfeffer oder mit Gemüse. *Mot Som* ist ein thailändisches Gericht aus den weißen Eiern einer dort einheimische Ameise; ihre zarten Häute zer-

platzen im Mund und geben einen cremigen Inhalt frei. *Goy Kai Mot Daeng* ist ein Salat aus Ameiseneiern, Fischpaste, Limonensaft und verschiedenen Gewürzen. In Südamerika werden die großen Köpfe einiger Ameisenarten gegessen. *Escamoles* ist ein mexikanisches Gericht aus den in Butter gebratenen, mit Zwiebeln und Knoblauch gewürzten Puppen bestimmter Ameisenarten. *Termiten,* die mit Ameisen zoologisch nicht verwandt sind, werden in ähnlicher Form verzehrt. Die Königinnen mancher Termitenarten können eine enorme Größe erreichen und einschließlich ihrer Eier etwa 50 mal so groß werden wie normale Termiten. Sie sollen besonders schmackhaft sein. Ältere Männer in Indonesien schätzen sie als Jungbrunnen.
en: Ants

Ammei ist die Frucht der im Mittelmeerraum und in Vorderasien heimischen *Knorpelmöhre (Ammi majus – Apiaceae).* Sie wird wegen ihres thymianähnlichen Aromas lokal zum Würzen von Fleisch benutzt. Ammei ist dem Ajowan nahe verwandt.
en: False bishop's weed

Ampesi ist ein ghanesisches Gemüsegericht aus Kochbananen, *Yam, Maniok* und Süßkartoffeln.

Amra ist ein indisches Kuchenbrot auf Basis von *Mungbohnen.* Der Teig wird in Form kleiner Ringe in Ghee ausgebacken und mit Zuckersirup überzogen.

Amti ist ein scharf gewürztes süßsaures indisches Linsengericht mit Zusatz von *Tamarinden.*

An ist eine süße Paste aus zerriebenen *Adzukibohnen.* Sie wird in Japan als Dessertspeise gegessen.

Ananas ist der aus 100–200 Einzelfrüchten, den „Augen", bestehende Fruchtstand einer aus Mittelamerika stammenden Staude *(Ananas comosus – Bromeliaceae),* die heute in vielen tropischen und subtropischen Gebieten angebaut wird. Die Frucht ist nur in reifem Zustand genießbar. Die „Augen" müssen offen sein, andernfalls ist das Fruchtfleisch extrem herb. Die Farbe der Frucht ist kein Indiz für ihre Reife; auch eine grüne Ananas kann reif sein. Man erkennt die Reife an einem intensiven Aroma des Stielansatzes. Die Ananas ist gut transportfähig; man sollte sie kühl, aber nicht im Kühlschrank aufbewahren. Sie wird auch in Form des Saftes oder als Konserve angeboten. Das Fruchtfleisch und der Saft enthalten das Enzym *Bromelin,* mit dem man zähes Fleisch zart machen kann.
Die dem Bromelin in der Laienpresse zugeschriebenen medizinischen Wunderwirkungen sind durch nichts bewiesen.
en: Pineapple

Anan Geil ist eine in Somalia gegessene Zubereitung aus Kamelmilch, Hirsegrütze und Honig.

Anchovis ist ein Sammelname für verschiedene kleine, im Atlantik, im Mittelmeer, im Indischen Ozean und im Pazifik in Schwärmen lebenden sardellenähnlichen Fische, besonders der Gattungen *Anchoveta* (in Peru) und *Engraulis* (im Mittelmeer). Anchoveta wird hauptsächlich zu Fischmehl verarbeitet, das nicht der menschlichen Ernährung dient. Anchovis aus dem Mittelmeer wird ausgenommen mit oder ohne Köpfe, meist ohne Mittelgräte eingesalzen einer Gärung unterworfen. Dabei bildet sich ein charakteristisches Aroma aus. Die so behandelten Fische dienen zur Verfeinerung und Garnierung anderer Speisen. *Anchosen* sind ähnliche Erzeugnisse, die aber auch aus anderen Fischen hergestellt sein können und mehr Gewürze enthalten.
en: Anchovy

Anda Kari ist ein indisches Currygericht auf Basis von Kartoffeln und hart gekochten Eiern. Es wird mit *Garan Masala*, Zimt, Kardamom und Kreuzkümmel gewürzt.

Anda Masala sind halbweich in Öl gebackene Eier der indischen Küche, die man mit Senf, Zwiebeln, *Okra*, Chili und anderen Gewürzen, z.B. *Masala* würzt und in einer Brühe serviert. Meist werden sie reichlich mit gerösteten Pinienkernen bestreut.

Andan men zhu ti ist ein chinesisches Schmorgericht aus Schweinsfüßen.

Andenbeere ist die Beere eines in den Anden wild wachsende und in Kolumbien angebaute himbeerähnlichen Strauches *(Rubus glaucus – Rosaceae)*. Sie hat einen sehr delikaten Geschmack und wird von Einheimischen roh gegessen oder zu Konfitüren oder Sirup verarbeitet. Als Andenbeeren bezeichnet man auch andere südamerikanische Beerenfrüchte, z.B. die *Pepino*.
en: Andean berry

Andouillettes sind meist warm gegessene gekochte oder gebratene französische Würstchen aus Kutteln und anderen Innereien vom Schwein oder Kalb.

Andrasa ist eine kalt gegessene indische Backware. Zuckersirup wird mit Reismehl vermischt und stark eingekocht. Die entstehende Masse wird in Form kleiner flacher Küchlein in Ghee ausgebacken.

Angelica, *Engelwurz*, ist ein krautige Pflanze *(Angelica archangelica – Apiaceae)*, die in Nordeuropa und Nordasien heimisch ist. Ihre sellerieartig schmeckenden jungen Triebe werden dort als Salat oder Gemüse verzehrt. Das Rhizom verwendet man zum Aromatisieren von Süßwaren, Backwaren und Likören.
en: Angelica

Angkak ist ein in Südostasien weit verbreiteter roter Reis. Er wird durch Beimpfen von feuchtem Reis mit bestimmten Schimmelpilzen gewonnen, die einen roten Farbstoff entwickeln. Man benutzt ihn zum Färben anderer Speisen. Angkak wird hierzulande als Farbstoff für Fleischwaren an Stelle von Nitrit-Pökelsalz diskutiert. Er ist aber dafür (noch) nicht erlaubt, weil die gesundheitliche Unbedenklichkeit für Europäer nicht bewiesen ist.
en: Angkak

Angostura ist ein aus verschiedenen bitteren Pflanzenteilen, namentlich *Chinarinde, Bitterorange, Tonkabohnen, Gewürznelken, Muskatnuss, Enzianwurzel* und *Angosturarinde* hergestellter Bitterlikör, der zur geschmacklichen Abrundung von Cocktails, Fruchtzubereitungen und Speiseeis verwendet wird.
en: Angostura bitter

Angulas sind einige Zentimeter lange, junge, glasig aussehende Aale, daher der Name *Glasaale*. Sie werden in Spanien gekocht in einer scharfen Soße oder in Öl gebraten mit Knoblauch serviert.

Annonen sind Sammelfrüchte im tropischen Amerika heimischer Bäume *(Annona spec. – Annonaceae)*, von denen es zahlreiche Arten gibt, die teilweise in Israel, Spanien und anderen Ländern angebaut werden. Sie sind 0,5–3kg schwer. Die Oberfläche weist fünfeckige Felder auf, die wie ein Netz angeordnet sind. Das Fruchtfleisch enthält zahlreiche Kerne, ist weich und hat einen schwach süßlichen milden Geschmack, nur einige Arten schmecken leicht säuerlich. Von besonderer Bedeutung im Fruchthandel sind: Die relativ kleine herzförmige, sehr druckempfindliche und leicht verderbliche *Cherimoya, Chirimoya (Annona cherimola, en: Cherimoya)*, die als einzige Annone frisch nach Europa exportiert wird. Die etwas größere *Netzannone*, das *Ochsenherz (Annona reticulata, en: Custard apple)*, hat eine rötlich-braune Haut und ist weniger aromatisch. Sie wird hauptsächlich zu Säften und Getränken verarbeitet. Die sehr süße und aromatische *Schuppenannone*, der *Rahmapfel, Zuckerapfel, Zimtapfel, Süßsack (Annona squamosa, en: sweetsop, Bullock's heart)* kommt auch in Indien vor. Sie hat von allen Annonen den köstlichsten Geschmack und wird frisch oder als Saft verzehrt. Die sehr große *Stachelannone, Graviola, Guanabana,* der *Sauersack (Annona muricata, en: Soursop, Prickly apple)*, wird

Cherimoya

hauptsächlich zu Getränken und Desserts verarbeitet, weil das Fleisch etwas faserig ist. Die *Atemoya* ist eine Kreuzung aus Cherimoya und Schuppenannone.

Anticuchos ist ein peruanisches Gericht aus Rinderherzen, die gewürfelt über Nacht in eine mit Chili, Kümmel, Pfeffer und Annatto, einem gelben Pflanzenfarbstoff, gewürzte Essig-Marinade eingelegt und am Spieß gebraten werden. Bei der Variante *Anticuchos mixtos* werden kurz vor dem Braten noch Meeresfrüchte mit mariniert und mit gebraten. Die Marinade wird als heiße Soße mitgegessen.

Antilope ist ein Sammelname für verschiedene Wiederkäuer, die in den Steppen Afrikas und Asiens leben und dort gejagt werden. Ihr Fleisch wird lokal gegrillt gegessen. Es ist nicht sonderlich zart.
en: Antelope

Antojitos sind mit scharfen Soßen und Fleisch oder Gemüse gefüllte mexikanische *Tortillas,* die man als Snack oder als Hauptmahlzeit verspeist.

Ao-Yose sind die Blätter einer Spinatpflanze, die in Japan in Form einer wässrigen Suspension zur Färbung von Süßspeisen benutzt werden.

Appa ist ein in Sri Lanka und Südindien gegessener lockerer Pfannkuchen aus gekörntem Reis, Reismehl, Kokosmilch und Palmwein.

Apple butter enthält entgegen der Vermutung keine Butter. Es ist ein in den USA populäres Apfelmus, vergleichbar mit einem groben Apfelkompott. Man isst es u.a. als süße Beilage zu gewissen Fleischgerichten.

Aprarananza ist ein westafrikanischer Eintopf aus scharf gerösteten und gemahlenen Maiskörnern, Palmnusskernen, Bohnen, Zwiebeln und Fisch.

Apu ist ein nigerianischer Brei aus *Yam,* Kochbananen und *Gari.* Man isst Apu zusammen mit *Agbono.*

Die **Arabische Küche** ist stark durch die religiösen Speisegesetze des Korans geprägt. Schweinefleisch, Blut und Alkohol sind strikt verboten. Während des Ramadans darf den ganzen Tag über weder gegessen noch etwas getrunken werden. Dabei wird erwartet, dass sich auch Nicht-Muslime an diese Regel hal-

Stachelannone

ten. In der Küche spielen Gewürze und vegetarische Gerichte eine große Rolle. Fladenbrot gehört zu jeder Mahlzeit. Als Fleisch wird vorwiegend Lamm und Geflügel verzehrt. Die Mahlzeiten werden, vor allem auf dem Land, auf Teppichen auf dem Boden sitzend verzehrt, unter einfachen Verhältnissen mit der Hand aus Schüsseln.

Aracajé ist ein auf der Straße verkaufter brasilianischer Snack. Teigbällchen aus dem Mehl von *Augenbohnen* werden in heißem Öl fritiert und noch warm mit Garnelen oder anderen, mehr oder minder scharf gewürzten Zutaten gefüllt und aus der Hand gegessen.

Arame, *Meereseiche*, ist der Thallus einer wild an den Küsten des Pazifiks, wenige Meter unterhalb der Wasseroberfläche wachsenden Braunalge *(Eisenia bicyclis – Laminariales)*. Man isst sie frisch oder getrocknet als Salat und als würzige Zutat zu Gemüse.

Arbutusbeere, *Sandbeere, Meerfrucht, Hagapfel*, ist die kleine, rote, wenig süße Frucht des in Südeuropa wild wachsenden und kultivierten Erdbeerbaumes *(Arbutus unedo – Ericaceae)*. Sie dient vor allem zur Herstellung und Aromatisierung von Getränken.
en: *Strawberry tree fruit, Arbute*

Ardjan ist ein in Tunesien und Marokko wachsender kleiner Baum

Arbutusbeere

Ardjan

(Argania spinosa – Sapotaceae), dessen Nüsse lokal gegessen werden. Das daraus gepresste *Arganöl* dient als Speiseöl. Es wird nicht nur durch direkte Pressung der Nüsse gewonnen; man gewinnt es auch aus dem Kot der Ziegen, die die Bäume erklimmen, die Früchte fressen, die Nüsse aber unverdaut ausscheiden.
en: *Argan tree fruit*

Arepa ist ein in Kolumbien gegessenes einfaches hartes Brot aus gelbem oder weißem Maismehl, das man vor dem Verzehr in der Pfanne röstet.

Arhar Dal, *Tuar Dal, Toor, Toovar Dal* sind die mattgelbem erbsenähnlichen Samen einer indischen Kletterpflanze *(Cajanus cajan – Fabacea).* Sie werden, ebenso wie Erbsen, grün oder reif als Gemüse gegessen.

Arktische Himbeere, *Aakerbeere, Akerbeere, Mesimarja,* ist die hellgelbe, ungewöhnlich aromatische Frucht eines im arktischen Nordeuropa heimischen Strauches *(Rubus arcticus – Rosaceae).* Sie ist eine Rarität, die roh gegessen wird. In Finnland verarbeitet man sie zu einem Likör, *Mesimarjalikööri.* In Norwegen dienen die Blätter der Pflanze als Rohstoff für einen Kräutertee.

Aronia, *Apfelbeere, Schwarze Erdbeere,* ist die sehr farbkräftige, violettschwarze, herb-säuerlich schmeckende, aromatische, erbsengroße Beere eines in Nordamerika heimischen und in Osteuropa angebauten Strauches *(Aronia melanocarpa – Rosaceae).* Sie ist für den Frischverzehr wenig geeignet und wird hauptsächlich zur Aromatisierung und Färbung von Getränken, Molkereiprodukten, Süß- und Backwaren benutzt.
en: *Black chokeberry, chokeberry, aronia fruit*

Arook taheem sind scharf gewürzte kleine, mit Fleisch oder Fisch gefüllte, in Öl ausgebackene Weizenmehlkuchen der indischen Küche.

Arracacha, *Peruanische Möhre, Indianer-Möhre,* ist eine seit urdenklichen Zeiten in den Hochländern des nördlichen Südamerikas angebaute sellerieähnliche Gemüsepflanze *(Arracacia xanthorrhiza – Apiaceae).* Sie hat aromatische Wurzelknollen, die roh, gekocht oder gebraten als Gemüse verzehrt werden. Man vergärt ihr Mehl auch zu einem alkoholischen Getränk. Junge Blätter und Stengel werden lokal als Salat gegessen.
en: *Peruvian parsnip, Peruvian carrot*

Arrak ist eine Sammelbezeichnung für mittel- und südostasiatische Branntweine aus verzuckerter Reismaische, Datteln, Zucker- und/oder Palmrohrsaft, der mit Betelnüssen oder anderen Zutaten veredelt werden kann. Er dient zur Herstellung von Punsch und als Zusatz zu Konditoreiwaren.
en: *Arrack*

Arraueier sind die fast taubeneigroßen Eier der im Amazonasgebiet im

Aronia

Wasser lebenden *Arrauschildkröte (Podocnemis expansa)*. Der Dotter wird von Eingeborenen als solcher oder nach dem Vermischen mit Zucker oder Rum verzehrt.

Arrowroot, *Marantastärke,* ist eine Sammelbezeichnung für die vor allem aus den Knollen und Rhizomen von verschiedenen tropischen und subtropischen Pflanzen gewonnene Stärke, hauptsächlich eines brasilianischen Baumes *(Maranta arundinaceae – Marantaceae)*. Arrowroot wird hauptsächlich zur Herstellung lokaler Speisen benutzt, ebenso wie hierzulande Mehl und Stärke. Wegen des fehlenden Klebergehaltes eignet sich Arrowroot kaum zum Backen.
en: *Arrowroot, Maranta starch*

Arroz brut ist ein mallorquinisches Eintopfgericht aus Reis, Gemüse, Geflügel-, Kaninchen und/oder Schweinefleisch, Wurst, wie *Butifarra* oder *Sobrasada, Safran* und/oder rotem Paprika.

Artischocken sind die Blütenknospen einer distelähnlichen Mittelmeerpflanze *(Cynara scolymos*

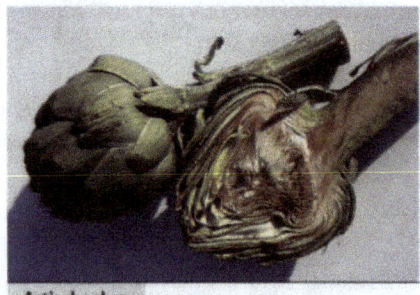
Artischocken

– Asteraceae). Der fleischige Blütenboden mit den dachziegelartigen Hüllblättern wird geerntet, bevor die violetten Blütenblätter sichtbar werden. Artischocken haben einen feinherben Geschmack. Nur im ganz jungen Zustand eignen sie sich zum Rohessen. Meist werden sie leicht gedünstet als Gemüsebeilage oder Zutat zu Suppen verzehrt. Die Böden können mit Käse, Fleisch, Schinken gefüllt als Vorspeise dienen. Es gibt einen italienischen Bitteraperitif auf Basis eines Extraktes aus Artischocken.
en: *Artichoke, Globe artichoke*

Asado heißt spanisch gebraten und ist in Argentinien und anderen südamerikanischen Ländern die Bezeichnung für eine Mahlzeit mit gegrilltem Fleisch, hauptsächlich Rindfleisch und der Name für das Fleisch selbst, vor allem Steaks und Fleisch am Knochen, sowie einen großen Braten. *Asado con cuero* ist das in der Haut gegrillte Fleisch.
en: *Roast (GB), Joint (US)*

Asakusanori ist der Thallus einer pazifischen *Rotalge (Porphyra tenera),* die man in Japan und China als Suppeneinlage oder in Sojasoße eingelegt als Vorspeise schätzt.

Asam pedes bedeutet indonesisch „sauer - scharf gewürzt". Es ist der Name für ein Gericht aus gekochtem Fleisch oder gekochtem Fisch, die in einer sauren Soße mit viel Gewürzen verschiedenster Art zubereitet sind.

Asant, *Stinkasant, Teufelsdreck, Asa foetida,* ist ein an der Luft getrocknetes Gummiharz, das durch Anschneiden der Wurzeln einer in Afghanistan und im Iran heimischen Staude *(Ferula assa-foetida – Apiaceae)* gewonnen wird. Es riecht stark knoblauchartig, schmeckt bitter und wird in der orientalischen und indischen Küche verwendet. Sein Aroma erinnert an faule Eier und ist nicht jedermanns Sache.
en: Asafoetida

Asaro ist ein warm gegessener nigerianischer Eintopf aus *Yam,* getrockneten Fischen, Tomaten, Zwiebeln und lokalen Gewürzen.

Aschantipfeffer, *Guineapfeffer, Falsche Kubeben,* sind die getrockneten kugeligen Früchte eines zentralafrikanischen Pfefferbaumes *(Piper guineense – Piperaceae),* die lokal wie Pfeffer verwendet werden.
en: Ashanti pepper

Asinan ist ein indonesischer Salat aus Gemüsen, wie Karotten, Gurken, Kohl und Bohnensprossen sowie Obst, wie Sternfrüchten und Papaya mit einem scharfen, süßsauren Dressing und grob gehackten Erdnüssen.

Asure ist eine türkische Dessertspeise aus *Dögme,* d.i. in Wasser eingeweichter, grob zerstoßener und getrockneter Weizenschrot. Er wird mit Kichererbsen, Bohnen, Feigen, Aprikosen, Nüssen, Mandeln und Rosinen in Wasser, Milch und Zucker aufgekocht. Man isst Asure heiß oder kalt.

Ataïf ist ein als Festtagsspeise gegessener arabischer flacher, runder, leicht schwammiger Pfannkuchen aus Weizenmehl, Hefe, Wasser und etwas Zucker, der in einer Pfanne ausgebacken wird. Man kann ihn mit Zuckersirup und Sahne aus Büffelmilch, *Eishta* genannt, übergießen, mit *Pistazien,* Nüssen oder Mandeln bestreuen oder füllen. Es gibt auch salzige Varianten mit einer Käsefüllung.

Atieke ist ein in Westafrika, besonders an der Elfenbeinküste verbreitetes Eintopfgericht auf Basis von *Maniok.* Es enthält meist Rindfleisch, manchmal grüne Bohnen, Tomaten, Auberginen, Karotten und andere Gemüse, lokal auch Chili, Knoblauch und andere Gewürze.

Atole ist ein leicht gesalzener mexikanischer Brei aus geröstetem Maismehl, den es in vielen Varianten gibt, mit oder ohne Zusatz von Zucker, Früchten, Milch oder Reis. Atole kann auch ein Getränk auf Maismehlbasis sein.

Atr ist ein mit Zitronensaft oder Rosenwasser aromatisierter Zuckersirup, den man in der arabischen Küche zum Verfeinern von Gebäck oder zur Abrundung des Geschmackes anderer Gerichte benutzt.

Atsarang Ampalaya ist ein auf den Philippinen zu Reis- und Fischgerichten gegessener saurer, etwas bitter schmeckender Obstsalat. *Balsambirnen* werden mit Perlzwiebeln, Knoblauch und *Ingwer* in Essig eingelegt und einige Tage stehen gelassen.

Atsuage ist ein japanischer Kuchen aus dicken Tofu-Stücken. Er wird in sehr heißem Öl ausgebacken. Dadurch bleibt der innere Teil relativ roh. *Abura-age* ist ein ähnliches Erzeugnis aus dünnen Stücken, die durchgebacken werden.

Atta ist die indische Bezeichnung für stark ausgemahlenes, kleberarmes Weizenmehl mit hoher Wasseraufnahmefähigkeit, das hauptsächlich zur Bereitung von Fladenbrot dient. en: *Chapati flour*

Aubergine, *Eierfrucht*, ist die Frucht einer aus Südindien stammenden Staudenpflanze *(Solanum melongena – Solanaceae)*, die es in zahlreichen Varietäten gibt. Auberginen sind eiförmig, birnenartig oder bis zu ein Meter lang schlangenförmig, weiß, gelblich, grün bis violett. Ihr leicht bitterer Geschmack harmoniert mit vielen anderen Zutaten. Sie werden gedünstet, geschmort oder gebacken als Gemüse gegessen, u.a. in Form der französischen *Ratatouille* oder der griechischen *Mussaka*. Sie können auch gefüllt werden, z.B. mit Tomaten oder Fleisch. Auberginen eignen sich nicht zum Rohessen.

en: *Aubergine (GB)*, *Egg plant (US)*, *Brinjal (IN)*

Augen von Kälbern, Lämmern oder Hammeln werden in einigen vorderasiatischen und nordafrikanischen Ländern, vor allem im Libanon gekocht als Delikatessen angesehen.

Ausbruchweine sind nach dem 28. Oktober geerntete, besonders hochwertige, lange gereifte ungarische Weine, etwa entsprechend den deutschen Beeren- oder Trockenbeerenauslesen. Am bekanntesten ist *Tokaji Aszú* aus gelben Muskatellertrauben.

Austern sind aus kulinarischer Sicht die wertvollsten Muscheln. Sie werden in Bänken gezüchtet, vor allem an den Küsten des Atlantiks, des Mittelmeeeres und des Pazifiks. Es gibt viele Arten, die sich durch Herkunft, Qualitätsstufen und Größe unterscheiden. Die größten gelten als die besten. Die Bezeichnung erfolgt nach Nummern: 00000 bedeutet ein Gewicht bis 150 g, 000 ein Gewicht bis 110 g, 0 ein Gewicht bis 90 g und 4 ein Gewicht bis 40 g. *Belons* gehören zur Gruppe 0000 und wiegen zwischen 110 und 120 g. Austern werden grundsätzlich lebend roh, seltener überbrüht oder überbacken verzehrt. Ein Beträufeln mit Zitronensaft oder gar Essig zerstört das Aroma. Wenn man alten Berichten Glauben schenken will, muss man damals Austern in gera-

dezu absonderlichen Mengen gegessen haben: Mehrere Dutzend als Vorspeise (!) sollen keine Seltenheit gewesen sein.
en: Oysters

Austernpilz ist ein aus Südostasien stammender Speisepilz *(Pleurotus ostreatus)*, dessen Hut auf morschem Holz einen Durchmesser von 15 cm erreichen kann. Er wird mehr und mehr kultiviert, ist saftig, sehr kalorienarm, aromatischer als Champignons und von fleischiger Konsistenz, daher auch der Name Kalbfleischpilz.
en: Oyster fungus

Aviziene Kose ist ein litauischer Brei aus spontan fermentierten Haferflocken. Man isst ihn als Beilage zu Fleischgerichten.

Avocado, *Avocadobirne, Alligatorbirne, Butterfrucht,* in Mexiko *Aguacate* genannt, ist die birnenförmige Frucht eines aus Mexiko stammenden, heute aber in vielen anderen Ländern angebauten Baumes *(Persea americana – Lauraceae)*. Die Früchte haben einen großen, nicht essbaren Samen. Avocados werden nicht ganz reif gepflückt und reifen nach. Man sollte unreife Avocados nicht im Kühlschrank lagern. Sie sind erst schmackhaft, wenn die Früchte auf leichten Fingerdruck nachgeben. Das Fleisch ist dann butterweich und zart hellgrün. Es schmeckt mild sahnig, etwas nach Nüssen. Avocados haben einen hohen Fett- und Vitamingehalt. Das vom Kern befreite Fruchtfleich kann als solches ausgelöffelt, mit Garnelen, Fischen oder anderen Zutaten gefüllt als Vorspeise serviert werden oder als Grundlage für Suppen, Salate und Soßen dienen. Der Geschmack des Fruchtfleisches kann durch etwas Salz und Pfeffer verstärkt werden. Man sollte Avocados weder erhitzen noch einfrieren, weil sie dann einen bitteren Geschmack annehmen. Beim Lagern verfärben sich aufgeschnittene Früchte, was man durch Beträufeln mit Zitronensaft verhindern kann. Der Saft von Avocados verursacht auf Textilien kaum zu entfernende Flecke.
en: Avocado

Awayuki ist eine japanische Dessertspeise. Sie besteht aus einem blockförmig ausgeformten, mit Zitronensaft aromatisierten zuckerhaltigen Gelee auf Basis von Agar-Agar.

Awwami sind kleine, in Öl ausgebackene, kalt oder heiß gegessene

Avocado

kleine libanesische Hefekuchen, die man mit Zuckersirup süßt.

Ayam ist ein Sammelname für indonesische Gerichte aus gebratenem oder gekochtem Hühnerfleisch, Gemüsen, Curry und/oder scharfen weißen oder roten Soßen auf Basis von Ingwer und Knoblauch.

Ayran ist ein kalt getrunkenes türkisches Erfrischungsgetränk aus leicht gesalzenem, geschlagenem Joghurt mit Wasserzusatz.

Azarole, nicht zu verwechseln mit der *Acerolakirsche,* ist die leicht süßlich schmeckende, gelb-rötliche Frucht eines mediterranen Baumes *(Crataegus azarolus - Rosaceae).* Sie wird hauptsächlich lokal zu Kuchen und Likör verarbeitet.
en: Azerole, Neapolitan medlar

Baba ist ursprünglich ein mit Hefe getriebener, evtl. mit Schokolade überzogener polnischer Rumkuchen, der heute auch in anderen Ländern hergestellt wird.
en: Baba

Babaco ist die gurkenähnlich aussehende bis 50 cm lange fünfeckige Frucht einer in den Anden heimischen Staude, die inzwischen in Europa angebaut wird *(Carica pentagona - Caricaceae).* Sie ist der Papaya verwandt, hat ein saftiges, mild süßes, orangenweißes, sehr aromatisches Fruchtfleisch mit einem hohen Gehalt an Vitamin C. Man kann die Babaco mit der Schale roh essen oder zu Obstsalat oder Getränken verarbeiten. Babacos sind ohne Kühlung mehrere Wochen lagerfähig. Sie werden im nicht ganz reifen Stadium lokal auch gekocht oder gedünstet als Gemüse verzehrt. Die Früchte haben einen ungewöhnlich hohen Gehalt an dem eiweißspaltenden Enzym Papain.
en: Babaco

Baba Ganush ist eine in orientalischen Ländern verbreitete Dipsoße auf Basis von gekochten Auberginen, *Tahini,* Zitronensaft und Olivenöl, die man oft zusammen mit Fladenbrot verzehrt. Besonders geschätzt wird eine Variante, bei der die Auberginen über offenem Feuer gegrillt werden, bis sie schwarz werden und dadurch einen Rauchgeschmack erhalten.

Babassú-Nuss ist der 100 bis 300g schwere Samenkern einer brasilianischen Palme *(Orbignya martiana - Arecaceae).* Sie wird lokal roh verzehrt. Sie enthält ein hochwertiges Öl.
en: Babassu nut

Babi ist der indonesische Name für Schwein, *Babi Guleng* ist Spanferkel. Es wird meist stark mit Chili, Knoblauch, Zwiebeln und Ingwer gewürzt an Holzspießen gebraten. *Babirusa* ist ein im malaysischen Archipel heimisches, haarloses, bis zu 100kg schweres Wildschwein, dessen Fleisch sehr geschätzt wird.

Bacuri ist die kleine Beerenfrucht eines brasilianischen Baumes *(Platonia esculenta – Clusiaceae)*. Gegessen werden das aromatische Fruchtfleisch und die mandelartig, ananasartig, etwas käsig schmeckenden Samen.

Bado, *Ägyptische Bohne*, ist der Samen der *Ägyptischen Lotosblume (Nymphaea lotos – Nymphaeaceae)*. Die reisähnlich aussehenden, an der Luft getrockneten Samen können gekocht als Brei gegessen oder vermahlen zu Backwaren verarbeitet werden.

Baelfrucht, *Belifrucht*, ist die wie eine tropfenförmige Zitrone aussehende Frucht eines Baumes *(Aegle marmelos – Rutaceae)*, der in seiner indischen Heimat als heilig gilt. Sie hat eine harte Schale und ein in Segmente gegliedertes orangegelbes, süßes, blumig-aromatisches Fruchtfleisch mit einem hohen Gehalt an den Vitaminen A und C. Die Baelfrucht kann man roh essen, wobei allerdings die vielen Samen stören, oder zu Getränken oder Konfitüren verarbeiten.
en: *Bael fruit, Beli fruit, Bengal quince*

Bagel, *Beigel*, ist eine fettarme, ringförmige, knusprige Backware der jüdischen Küche aus Weizenmehl mit fester Krume. Die Kruste kann mit Sesamsaat oder Salzkörnern bestreut sein. Bagel wird getoastet oder frisch mit oder ohne Aufstrich verzehrt. Das Produkt verdankt seinen Namen dem jiddischen Wort beygel = gebogen, wegen der Form des Gebäckes.
en: *Bagel*

Baghar, *Bhagar*, ist eine heiße indische Würzsoße aus Ghee, Zwiebelscheiben, Knoblauch, Chili, Kümmel, Koriander und evtl. weiteren Gewürzen für Hülsenfrüchte, Fleisch- und Geflügelgerichte.

Bagna cauda ist eine heiße Würzsoße der piemontesischen Küche auf Basis von Butter oder Olivenöl mit Knoblauch und Anchovis für Gemüsegerichte.

Bagoong ist eine salzhaltige südostasiatische Soße oder Paste, die durch Fermentation von Fisch oder Garnelen hergestellt wird und zum Würzen von Suppen und Reisgerichten dient.

Baharat ist eine in Vorderasien verwendete Gewürzmischung aus Kardamom, Zimt, Nelken, Muskatnuss, Kreuzkümmel, Koriander und Pfeffer. Manchmal enthält Baharat zur Färbung der Speisen zusätzlich Paprika. Es dient zum Würzen von Fisch-, Huhn-, Lamm- oder anderen Fleischgerichten sowie Reisspeisen.

Bai manglak ist das Kraut einer in Thailand und anderen südostasiatischen Ländern heimischen, dem *Basilikum* verwandte Pflanze *(Ocimum americanum – Lamiaceae)*. Es ist

würziger und schärfer als Basilikum und dient zum Würzen von Currygerichten, Suppen und Salaten.
en: American basil

Baigan Bhurta ist ein indisches Gericht aus stark gewürzten geschmorten Auberginen.

Bajra ist ein graues Mehl aus den Samen eines im Westen Indiens verbreiteten Grases *(Pennisetum americanum – Poaceae)*. Es hat ein nussiges Aroma und einen leicht bittersüßen Geschmack. Man verwendet es zur Herstellung von *Rotla*, einem dicken Flachbrot.

Baklava, *Baghlawa*, ist ein in Griechenland und Vorderasien gegessenes Strudelteiggebäck aus Weizenmehl, Butter, Walnüssen, Mandeln oder Pistazien. Es wird mit Zucker glasiert oder heiß mit kaltem Sirup übergossen.

Balachaung ist eine burmesische Speisewürze auf Basis von getrockneten Garnelen, die zusammen mit Ingwer, Kurkuma und Knoblauch in Öl geröstet werden. Ein gleichartiges Erzeugnis heißt in Malaysia *Rujak*.

Baladi ist ein von Hand hergestelltes, mit Sauerteig gelockertes, rundes ägyptisches Fladenbrot aus Weizenmehl mit einem hohen Kleieanteil. Es hat eine weiche, saugfähige Krume und dient hauptsächlich als Umhüllung für andere Lebensmittel. Baladi gibt es in einer weichen Varietät, *Baladi tarri*, die sofort nach dem Backen gegessen wird und einer knusprigen, *Baladi meladin*, die einige Zeit haltbar ist und nach dem Anfeuchten wieder aufgebacken werden kann.
en: Baladi bread

Bal-Ahar ist ein indisches Kindernährmittel aus dem Mehl von Weizen oder anderen Getreidearten und Kichererbsen mit Mineralstoffzusätzen.

Baldrian ist nicht nur eine Arzneidroge. Im Westen der USA gibt es eine Art *(Valeriana edulis – Valerianceae)*, deren Wurzeln seit eh und je von Indianern und heute auch von Naturkost-Anhängern als Grundlage für Suppen und andere Gerichte verwendet werden. Ihr für Baldrian typischer Geruch verliert sich weitgehend, wenn man die Gerichte längere Zeit kocht.

Balouza ist ein in Vorderasien beliebter süßer Maismehlpudding, der mit Rosenwasser aromatisiert und mit Mandeln oder Pistazienkernen bestreut kalt gegessen wird. Für Bauchtänzerinnen ist es ein Kompliment, wenn man ihren Bauch mit Balouza vergleicht.

Balsamapfel, *Goldapfel*, ist die Frucht einer im tropischen Afrika wachsenden Kletterpflanze *(Momordica balsamica – Cucurbitaceae)*, die ebenso wie die Blätter in einigen Ländern als Gemüse gegessen wird.

Oft wird der Balsamapfel auch mit der Balsambirne gleichgesetzt, die eine größere Bedeutung hat.
en: Balsam apple

Balsambirne, *Karela, Bittere Springgurke, Bittergurke*, ist die stachelwarzige, gurkenähnliche Frucht einer im tropischen Südamerika heimischen Kletterpflanze *(Momordica charantia – Cucurbitaceae)*, die auch in Südostasien angebaut wird, wo sie *Peria* heißt. Das rote Fleisch der reifen Frucht schmeckt leicht bitter und wird ebenso wie das grüne der unreifen Frucht zu Gemüse oder würzenden Soßen für Fleisch und Fisch verarbeitet. Es eignet sich nicht zum roh essen.
en: Balsam pear, Bitter gourd, Bitter cucumber, Bitter melon

Balsampflaumen sind die Steinfrüchte verschiedener tropischer Bäume *(Spondias spec. – Anacardiaceae)*. Sie sind gelb bis rot, werden pflaumen- bis apfelgroß und haben ein weiches Fruchtfleisch, das bei einigen Arten ein leicht harzig-terpentinartiges Aroma aufweist. Sie sind alle leicht verderblich, wenig transportfähig und werden deshalb fast ausschließlich lokal roh gegessen oder zu Konfitüren, Kompotten oder Getränken verarbeitet. Die *Süße Balsampflaume, Goldpflaume, Goldapfel, Ambarella, Tahitipflaume (Spondias cytherae, en: Ambarella, Golden apple, Tahitian quince)*, ist in Polynesien und Madagaskar heimisch. Die *Rote Balsampflaume, Rote Mombinpflaume*, der *Otaheide-Apfel (Spondias purpurea, en: Otaheide apple, Jamaica plum, Spanish plum)*, stammt aus dem tropischen Amerika. Sie gilt als die schmackhafteste Balsampflaume. Die *Gelbe Balsampflaume, Gelbe Mombinpflaume, Goldpflaume (Spondias mombin, en: Hogplum, Mompe)* wächst ebenfalls im tropischen Amerika sowie in Java und Westafrika. Sie zeichnet sich durch einen außerordentlich hohen Ertrag aus. Dem steht allerdings eine geringe geschmackliche Qualität der Früchte gegenüber, daher der englische Name *hogplum*. Sie eignet sich wenig zum Rohessen und wird hauptsächlich zu Konfitüre verarbeitet. Die in Indien wachsende *Mangopflaume (Spondias pinnata)* hat nur lokale Bedeutung.

Balushahi ist ein indischer Backpulverkuchen aus Weizenmehl und Yoghurt. Der in Form kleiner Kugeln in heißem Ghee ausgebackene Teig wird mit Zuckersirup überzogen.

Balut sind 16-18 Tage angebrütete *Enteneier*, deren Genuss man auf

Balsambirne

den Philippinen als potenzfördernd ansieht. In Vietnam nennt man sie *Ho bit long*. Man isst die ungeborenen Vögel, deren Knochen, Augen und Schnäbel bereits sichtbar sind, roh mit etwas Salz und Essig wie ein weich gekochtes Hühnerei. Übrigens wurden auch hierzulande in den 50er Jahren angebrütete Hühnereier unter dem Namen *Trephoneier* vermarktet.

Bambusblätter sind die langen schmalen Blätter tropischer Bambusarten *(Bambusa spec. – Poaceae)*. Man benutzt sie lokal zum Einwickeln von Lebensmitteln während des Dünstens, sie werden aber wegen ihrer faserigen und pergamentartigen Struktur meist nicht gegessen.
en: *Bamboo leaves*

Bambussprosse sind die jungen hellgelben, zylindrischen, rübengroßen Schösslinge einiger Bambusarten *(Phyllostachys spec., Dendrocalamus spec. – Poaceae)*. Man sticht sie ähnlich wie Spargel, solange sie noch zart, süß und nicht verholzt sind. Bambussprosse, in Japan heißen

Bambussprosse

sie *Takenoko*, werden in Indien und Ostasien als Gemüse verzehrt oder in Essig eingelegt zu Gewürzsoßen verarbeitet, z.B. *Achia*. Sie können in Dosen konserviert oder getrocknet werden. Einige enthalten giftige Blausäureglykoside und müssen deshalb vor dem Verzehr gekocht werden.
en: *Bamboo shoots*

Banane ist die Beerenfrucht einer aus Südostasien stammenden, heute in großem Umfang in Mittel- und Südamerika angebauten Staude *(Musa paradisiaca – Musaceae)*. Sie wächst zunächst nach unten, wendet sich dann aber hormonbedingt dem Licht zu; ihre Spitze biegt sich nach oben, und so wird die Banane krumm. Bananen stehen wie Finger zu 2 bis 20 Stück zu „Händen" zusammen, von denen 5 bis 20 einen Büschel bilden. Man kann die Bananen warenkundlich in zwei große Klassen einteilen, die gelbe, kleinere *Obstbanane, en: Banana*, und die grüne, größere *Kochbanane*. Erstere ist die bei uns bekannte, roh als Obst verzehrte Frucht. Letztere, kann bis zu 30 cm lang werden kann und wird auch *Mehlbanane* genannt, *en: Plantain*. Sie ist wegen ihres hohen Nährwertes in den Anbauländern ein Grundnahrungsmittel, etwa vergleichbar mit der Kartoffel hierzulande. Im Gegensatz zur Obstbanane wandelt sie die Stärke nicht in Zucker um. Wegen ihres Gerbstoffgehaltes eignet sie sich nicht zum Rohessen. Sie

wird gekocht, gebacken, gebraten, getrocknet oder zu Bananenmehl verarbeitet. In Afrika wird Bananensaft zu einer Art Bier vergoren, *Urwaga* oder *Mwenge* genannt. Die Obstbananen werden unreif, grün geerntet und mit Kühlschiffen nach Europa gebracht. Sie reifen in besondern Reifekammern. Dabei bildet sich das Aroma aus und ein Teil der Stärke wandelt sich in Zucker um. Reife Bananen sollten nicht im Kühlschrank aufbewahrt werden. Die geschmacklich besten Bananen sind die sehr kleinen, aber in Europa weniger bekannten Sorten. Bananen sind in allen Reifestadien druckempfindlich. Während die meisten Kulturbananen samenlos sind, gibt es, hierzulande unbekannte Wildformen, die steinharte Samenkerne enthalten, an denen man sich im wahrsten Sinne des Wortes die Zähne ausbeißen kann. Außerdem kennt man kleine Bananenarten mit einer roten Schale. Essbar sind auch die als „Herz" bezeichneten männlichen Blüten der Bananenpflanze. Diese, bis zu 50 cm großen fleischigen roten Gebilde werden in Südostasien nach dem Entfernen der äußeren Hüllblätter gekocht als Gemüse geschätzt und dienen als Beilage zu Reisgerichten.
en: Banana

Bananenblätter, die Blätter der Bananenstaude, werden zum Einwickeln von Speisen während des Garens benutzt. Sie werden nicht verzehrt.
en: Banana leaves

Baobab ist die bis zu 50 cm lange gurkenähnliche Frucht des hauptsächlich im tropischen Afrika wild wachsenden *Affenbrotbaumes (Adansonia digitata - Bombacaceae).* Das süßsauer schmeckende Fruchtfleisch, das auch roh gegessen werden kann, wird von den Einheimischen zu Kompott oder Getränken verarbeitet oder wie Kürbis eingelegt. *Mawaju* ist ein in Simbabwe gegessenes Dessert aus den rohen Früchten, Milch, Zucker und Sahne. Die Blätter des Baumes werden auch als Gemüse gegessen.
en: Baobab

Baozi sind den Ravioli ähnliche chinesische Nudelteigtaschen, die mit Eiern, gehacktem Lamm-, Schweine- oder Geflügelfleisch oder mit Gemüse gefüllt und gekocht werden. Man tunkt sie in Essig oder Sojasoße und isst sie als Hauptspeise in speziellen Restaurants, die *Jaozi* genannt werden. Mit Jaozi bezeichnet man auch Teigtaschen ähnlicher Art mit einer einfachen Fleischfüllung, die in Bambuskörbchen gedünstet und in Garküchen auf der Straße angeboten werden.

Barátfüle sind süße ungarische Teigtaschen mit einer Füllung aus Pflaumenmus, die heiß gegessen werden.

Barbadosstachelbeere ist die Beere einer kletternden südamerikanischen Kakteenart *(Pereskia aculeata - Cactaceae).* Sie wird von Einhei-

mischen zu Kompott und Konfitüre verarbeitet.
en: *West Indian gooseberry, Barbados gooseberry, Lemon vine*

Barbari ist ein großes, ovales iranisches, mit Sauerteig und Backpulver gelockertes Weizenbrot, das sofort nach dem Backen gegessen wird.
en: *Barbari bread*

Barbarienten, auch *Flugenten* oder *Moschusenten* genannt, leben eher auf Bäumen, daher der Name, als im Wasser. Sie zeichnen sich gegenüber anderen Enten durch einen geringeren Fettgehalt aus, eine kräftigere Brustmuskulatur und einen ausgeprägten Eigengeschmack.

Barbecue wird in Wörterbüchern meist mit Grillen im Garten übersetzt. Es geht auf die nordamerikanischen Indianer zurück und ist in seiner ursprünglichen Form die schonendste Art des Garens von Fleisch und Fisch. In einer großen Erdgrube setzt man das zu „grillende" Produkt in erheblichen Abstand glühenden Holzscheiten aus und gart es dadurch bei Temperaturen von 70 bis 100 °C, was viele Stunden dauert. Dabei wird das Fleisch im Gegensatz zum „normalen" Grillen über Holzkohle, Gas oder elektrischen Energiequellen gleichmäßig zart, und es bilden sich weit weniger schädliche Nebenprodukte. Wenn man Hickory- oder andere aromatische Holzsorten benutzt, erhält das Fleisch noch besondere Aromanoten.

Barches, *Berches,* ist ein feines Weißbrot der festlichen jüdischen Küche. Es besteht aus Weizenmehl, Eiern und Pflanzenfett, manchmal auch einigen Rosinen. Der mit Hefe getriebene Teig kann im Gegensatz zu dem zopfartigen *Challach* vielerlei Formen haben. Er wird mit Mohnsamen bestreut und gut durchgebacken. Challach darf weder Milch noch Butter enthalten, damit es wegen der jüdischen Speisegesetze auch gemeinsam mit Fleisch verzehrt werden kann.

Bare sind fritierte, mit Ingwer, Chili und Kreuzkümmel gewürzte indische Bohnenbällchen mit eingearbeiteten Rosinen, die man mit Chutney serviert.

Bariyani ist ein *Pilav* der indischen Mogulenküche. Es enthält neben Reis und Fleisch sautierte Nüsse und geröstete Zwiebeln.

Basbousa ist ein flacher, süßer ägyptischer Grießkuchen mit Zitronensirup und Mandeln.

Basilikum sind die oberirdischen Teile einer im Mittelmeerraum heimischen und in vielen Ländern kultivierten krautigen Pflanze *(Ocimum basilicum – Lamiaceae)*. Basilikum dient als Küchengewürz für Soßen, Suppen, Fleischgerichte, Wurst, Kräuteressig und mediterrane Gerichte.
en: *Sweet basil, Basil*

Bastourma, *Gadid,* ist orientalisches Trockenfleisch. Mageres Rind-, Ziegen-, Büffel-, Kamel- oder Lammfleisch wird in Form von etwa 10×30 cm großen Scheiben gesalzen oder gepökelt, mit Kümmel, Knoblauch oder Paprika scharf gewürzt und an der Luft getrocknet. Es wird solches oder zusammen mit gebackenen Eiern verzehrt.

Batarekh, *Botargo, Bottarga,* sind die in mediterranen Ländern und im Orient als Vorspeise gegessenen, gesalzenen, getrockneten und wurstartig verformten Rogen der Meeräsche *(Liza ramada)* oder von *Thunfischen.* Erstere sind etwas feiner, letzteres etwas derber im Geschmack. Sie haben eine bräunliche Farbe und sind sehr aromatisch, weshalb sie auch als Würzmittel für Salate und Eierspeisen dienen. Manchmal wird Batarekh auch zusammen mit Teigwaren gegessen, sein Geschmack ist gewöhnungsbedürftig.

Batate, *Süßkartoffel,* ist die Wurzelknolle eines in vielen tropischen und subtropischen Ländern angebauten Windengewächses *(Ipomoea batatas – Convolvulaceae).* Ebenso wie die Kartoffel, mit der sie nicht verwandt ist, stammt sie aus Südamerika. Sie wurde zunächst in Europa mehr geschätzt als die Kartoffel. Die walzenförmigen gelblichen bis roten, weißfleischigen, stärkereichen Knollen können bis zu 3kg wiegen. Sie schmecken leicht süßlich und werden wie Kartoffeln gekocht, gebacken, gebraten oder anderweitig verarbeitet. Wegen ihres Gehaltes an Schleimstoffen werden sie besser gebraten als gekocht. Die Blätter der Batate können als Gemüse zubereitet werden.
en: Batata, Sweet potato, Spanish potato

Batavia-Salat ist ein in den letzten Jahren in Frankreich neu gezüchteter, in Italien und den Niederlanden angebauter Kopfsalat *(Lactuca sativa var. capitata – Asteraceae),* eine Variante des Eisbergsalates.

Battera Sushi ist eine Spezialität der Gegend um Osaka. Sie besteht aus *Sushi* mit Reis, in Essig mariniertem Makrelenfleisch, die in eine Holzform gepresst mit Algenblättern garniert sind.

Baumtomate, *Tamarillo,* ist die Beerenfrucht eines peruanischen Baumes *(Cyphomandra betacea – Solanaceae),* der nur entfernt mit der Tomate verwandt ist. Die Baumtomate wird heute in vielen Ländern angebaut. Die hühnereigro-

Batate

Baumtomate

ßen ovalen Früchte haben eine gelbe bis rote, glatte Schale, die wegen ihres bitteren Geschmackes vor dem Genuss entfernt werden sollte. Das gelingt leicht, wenn man sie kurz in heißes Wasser eintaucht. Das Fruchtfleisch schmeckt ähnlich wie das der Tomate mit einem Aroma, das dem der Guave ähnelt. Es enthält zahlreiche bitter schmeckende Samen. Die Baumtomate wird roh gegessen oder als Salat, Konfitüre oder Gelee.
en: Tree tomato

Bauno ist die Frucht eines auf den Philippinen wachsenden Baumes (*Mangifera verticillata – Anacardiaceae*). Sie ähnelt der Mango, enthält aber im Fruchtfleisch viele Fasern.

Bechkito ist ein marokkanisches, mit Backpulver getriebenes Kleingebäck aus einem schaumig geschlagenen Masse von Eiern, viel Zucker und Mehl.

Bedaoui ist ein marokkanischer *Couscous* aus Kichererbsen, Karotten, weißen Rüben, Kohl, Tomaten, Auberginen, Kürbis und anderen Gemüsen, gehackten Zwiebeln, Rindfleisch, der mit Safran, Chili und Koriander gewürzt wird.

Beedana ist ein kugelförmiges indisches Sauerteigbrot auf Basis von Weizenmehl, das in Ghee ausgebacken und mit Zuckersirup überzogen wird.

Beefalo ist eine nordamerikanische Kreuzung aus Rind und *Büffel*, die ein schmackhaftes Fleisch liefert.

Beghrir ist ein leichter, mit Hefe gelockerter marokkanischer Eierpfannkuchen, der als dünner Teig auf einer heißen Platte ausgebacken und mit Butter, Honig oder Zucker verzehrt wird.

Beg Wot ist ein in Äthiopien verbreitetes, mit Chili und Zwiebeln gewürztes Hammelfleischgericht, das man mit gekochtem Kohl und Fladenbrot isst.

Beid ist eine Sammelbezeichnung für vorderasiatische Eierspeisen. Sie umfasst hartgekochte Hühnereier, die mit Kümmel, Zwiebeln, Knoblauch oder anderen Gewürzen verfeinert werden, Omeletts mit Käse, Tomaten oder anderen Füllungen, Eierkuchen, wie *Eggah* und andere.

Beiried ist die österreichische Bezeichnung für Roastbeef.

Belila ist eine sephardische Süßigkeit aus über Nacht in Wasser eingeweichter Gerste, die gar gekocht und mit viel Zucker, Rosenwasser, gehackten Pistazien, Mandeln und Pinienkernen versetzt wird.

Bemuelos sind Kartoffelkuchen der sephardischen Küche, die traditionsgemäß am Pessach gegessen werden. Kartoffelpüree wird mit Eiern, Käse und Salz, evtl. Matze-Mehl verknetet, zu runden Fladen verformt und in heißem Öl ausgebacken.

Bento ist ursprünglich die Bezeichnung für eine Schachtel aus lackiertem Holz, die man in Japan zum Mitnehmen von Speisen benutzt, z.B. auf Reisen oder zum Picknick. Man benutzt das Wort auch für die Speisen selbst, hauptsächlich gekochten Reis mit vielen Beigaben. Eine Variante ist *Ekiben*, auf Bahnhöfen angebotenen Bento.

Berebere, *Berbere*, ist eine in Zentralafrika, besonders in Äthiopien im Haushalt hergestellte scharfe Gewürzmischung aus Pfeffer, Chili, Piment, Kardamom, Ingwer, Nelken und anderen Gewürzen, besonders für rohes Fleisch, Fleisch- und lokale Eintopfgerichte.

Bergpapaya, *Papayuela*, ist die Frucht eines kolumbianischen Baumes (*Carica pubescens – Caricaceae*). Sie ist etwa faustgroß, fünffach gerippt und hat ein saftiges Fruchtfleisch mit süß-aromatischem Geschmack. Ebenso wie die etwas größere Papaya enthält die Bergpapaya Papain, ein Enzym, mit dem Fleisch zart gemacht werden kann. Man kann die Bergpapaya frisch oder gekocht verzehren. Das Aroma entwickelt sich hauptsächlich beim Kochen. Unreife Früchte können auch als Gemüse verzehrt werden.
en: *Mountain papaya*

Besan ist die indische Bezeichnung für das Mehl von Kichererbsen und gelegentlich auch von anderen Hülsenfrüchten. Es dient zur Herstellung von Teig, Soßen und Suppen.
en: *Besan, Channa flour*

Besi ist ein mit Pfeffer gewürztes westafrikanisches Fladengebäck aus Hirse und Erdnüssen, das von Einheimischen mit Zuckerwasser oder Milch als Brei verzehrt wird.

Bessara ist ein nordafrikanischer Brei aus mit Knoblauch, Chili und Kreuzkümmel gewürzten, gekochten, pürierten dicken Bohnen.

Betelbissen sind ein in Südostasien verbreitetes Genussmittel. Es besteht aus mit Kalkmilch bestrichenen Blättern der Betelpflanze (*Piper betle – Piperaceae*), in die Stücke der Areca- oder Betelnuss eingewickelt sind, die Früchte der Betelnusspalme (*Areca catechu – Areaceae*), sowie Extrakte aus weiteren gerbstoffhaltigen Hölzern oder Samen. Der rote Farbstoff der Betelbissen färbt Speichel und Lippen der Betelkauer

Betelbissen

himbeerrot; deren Zähne werden im Laufe der Zeit schwarz.
en: Betel bites

Beyaz peynir ist ein weißer türkischer Kuhmilchkäse, der in einer Salzlake reift. Er hat Ähnlichkeit mit dem griechischen *Feta*.

Bhatura ist ein indisches Gebäck. Einen Teig aus Weizenmehl, Pfeffer, Kümmel und Ingwer lässt man über Nacht mit Joghurt aufgehen und bäckt ihn in Form kleiner Scheiben in Fett aus.

Bier ist die Sammelbezeichnung für Getränke aus stärkehaltigen Rohstoffen. Wein im Gegensatz dazu wird im weitesten Sinne aus zuckerhaltigen Rohstoffen produziert. Neben dem hierzulande normalerweise aus gemälzter Gerste oder Weizen hergestellten Bier gibt es, besonders in Belgien unzählige weitere Varianten, die sich durch besondere Gärtechniken, lange Reifezeiten und Zusätze auszeichnen, wie Kirschen (*Kriek*) und anderen Früchten. Sie beeinflussen Farbe, Geschmack und Schaumverhalten des Bieres. *Lambic* ist ein in der Nähe von Brüssel nur im Winter durch spontane Gärung hergestelltes, leicht gehopftes Bier, das manchmal erst nach einer mehrjährigen Reifezeit getrunken wird. Eine Variante ist *Gueuze*, eine Mischung aus jungem und altem Lambic. In tropischen Gebieten werden zahlreiche Biere aus exotischen Rohstoffen hergestellt, z.B. aus Mehlbananen, Mais, Bataten, Reis, Hirse, Sorgho, Maniok und anderen. Die stärkehaltigen Rohprodukte lässt man, soweit das möglich ist, keimen oder man schließt sie mit Hilfe von Speichelenzymen auf, indem man sie vor dem Vergären kaut.
en: Beer

Bignay, *Schlangenbeeren* sind die etwa 1cm großen, ovalen, in Büscheln angeordneten roten bis rotvioletten, saftigen, sauer schmeckenden Beeren eines südostasiatischen Baumes (*Antidesma bunius* – Euphorbiaceae). Sie haben einen sehr hohen Pektingehalt und werden deshalb zu Konfitüren verarbeitet, eignen sich aber auch zum Rohessen.
en: Chinese laurel

Bigos ist ein polnisches Nationalgericht aus Sauerkraut, Fleisch, durchwachsenem Speck, Rauchwurst und

Gewürzen, meist Kümmel, sowie evtl. weiteren Zutaten, wie Pilzen und Trockenpflaumen. Angeblich entfaltet Bigos seinen geschmacklichen Reichtum erst, wenn er mehrfach aufgewärmt worden ist.

Bihun-Suppe ist eine indonesische Suppe aus Glas- oder Reismehlnudeln, Hühnerfleisch, Paprikaschoten und Gewürzen.
en: Bihun soup

Biko ist eine philippinische Dessertspeise aus gekochtem Reis, Kokosmilch und Zucker.

Bilimbi, *Belimbi,* sind die kleinen, weichen, gurkenförmigen, sauer schmeckenden Früchte des südostasiatischen Gurkenbaumes (*Averrhoa bilimbi* – Oxalidaceae). Bilimbi sind der *Karambole* sehr ähnlich. Sie werden zu Chutneys, Konfitüre, einer *Manisan* genannten Süßware und Sirup verarbeitet. Das Aroma verstärkt sich, wenn man Bilimbi mit Salz rollt und an der Sonne trocknet. Bilimbi haben einen hohen Gehalt an Oxalsäure.
en: Cucumber tree fruit

Biltong ist ein südafrikanisches Trockenfleisch. Dünne, schmale, lange fettarme Streifen von Rind-, Antilopen- oder sonstigem Warmblüterfleisch werden leicht gesalzen, gewürzt und 10–14 Tage lang an der Luft getrocknet. Biltong ist infolge seines niedrigen Feuchtigkeitsgehaltes lange und ohne Kühlung gegen mikrobiellen Verderb geschützt. Wegen seines niedrigen Fettgehaltes wird es nicht leicht ranzig.
en: Biltong

Biriani, *Biryani,* ist eine indische Festtagsspeise. Lamm- oder eher Geflügelfleisch wird in kleinen Stücken mit viel Gewürzen, wie Safran, Ingwer, Koriander, Pfeffer, Nelken, Knoblauch und Zimt mariniert und leicht angebraten. Daneben wird Basmati-Reis in einer ähnlich gewürzten Hühnerbrühe mit Mandeln, Pistazien und *Kajoores,* das sind getrocknete Datteln, gekocht. Beide Teile werden mit einer Gabel locker miteinander vermengt oder auf einem großen Metallteller schichtweise übereinander angerichtet. In einer Luxusversion garniert man das Gericht mit einer Blattgoldfolie, die mitgegessen wird.

Biscochuelos ist ein süßes mexikanisches Anisbrot.

Bison ist ein bis zu 1 100 kg schweres nordamerikanisches Wildrind (*Bison bison*). Es war vor einigen Jahrhunderten die Hauptnahrungsquelle der Indianer, wurde aber Anfang des 19. Jahrhunderts von den weißen Siedlern fast ausgerottet. Es erlebt in den USA derzeit eine Renaissance. In einigen Staaten der USA und in Kanada werden Bisons zu Nahrungszwecken gehalten. Ihr fettarmes festes Fleisch ähnelt dem Rindfleisch.
en: Buffalo

Blacan ist ein malaysische Würzpaste, die in Thailand *Kapi* und in Indonesien *Trassi* genannt wird. Zu ihrer Herstellung werden kleine Garnelen gesalzen, einige Stunden lang an der Sonne getrocknet und zu einem Brei zerstampft. Dieser vergärt unter Luftabschluss zu einer dunkelbraunen Masse, die mit Chili, Schalotten und anderen Gewürzen zum Aromatisieren von Speisen benutzt wird, besonders Reisgerichten.

Black butter ist nicht nur die in Restaurants als Beilage servierte braune Butter; auf den englisch-französischen Kanalinseln versteht man darunter einen dunklen Brotaufstrich: Apfelwein wird über offenem Feuer langsam zu einer streichfähigen Masse eingekocht, der man Gewürze, Zitronenssaft und manchmal Alkohol zugibt.

Blatjang ist eine pikante südafrikanische Soße indischen Ursprungs aus Früchten, Essig und Gewürzen.

Blattzichorie, *Catalanga,* ist eine aus Italien stammende Salatpflanze *(Cichorium intybus foliosum - Asteraceae),* eine Abart der Salatzichorie, mit großen, bis zu 60 cm langen löwenzahnartigen Blättern, die leicht bitter schmecken. Sie können auch gedünstet als Gemüse gegessen werden.
en: *Large leaved chicory*

Bleichsellerie, *Staudensellerie, Stangensellerie,* ist eine aus Südeuropa stammende Knollenpflanze *(Apium graveolens dulce - Apiaceae),* deren Sprosse und Blätter ein kräftiges Aroma haben. Sie können roh gegessen oder zu Salat oder Gemüse verarbeitet werden.

Blini, *Plinsen,* ist die Sammelbezeichnung für kleine, dünne, weiche Pfannkuchen aus einem leicht mit Hefe gelockerten dünnflüssigen Teig aus Weizen-, Roggen-, Buchweizen- oder Hirsemehl der russischen Küche. Sie werden mit Butter, saurer Sahne, Gemüse, Fisch, Kaviar oder Fleisch belegt. Es gibt auch süße Varianten als Dessertspeise.

Blüten sind nur in Ausnahmefällen Lebensmittel im eigentlichen Sinne, wie *Brokkoli.* Sie dienen eher zum Dekorieren von Speisen, z. B. Salaten, wobei sie oft mitgegessen werden. Besonders in England werden Blüten zur Herstellung von Wein benutzt. Sie verleihen vergorenem Zuckerwasser charakteristische Geruchsnuancen.
en: *Blooms*

Blut hat einen hohen Gehalt an wertvollem Eiweiß, ist aber in frischem Zustand extrem verderbnisanfällig. Für Juden, Muslime und Zeugen Jehovas ist Blut ein absolutes Tabu. Es galt auch den frühen Christen als „das Leben". In Asien und Afrika wird frisches Blut von Schlangen und warmblütigen Tieren, wie Hühnern, Rindern, Schweinen, Büffeln, Hunden und Katzen gekocht und in

anderer Weise zubereitet. In Ostafrika trinkt man Rinderblut in Mischung mit Milch als Kraftnahrung.
en: Blood

Bobotie ist ein südafrikanischer, mit Pfeffer, Chutney, Kurkuma und Koriander scharf gewürzter Rosinen enthaltender Lammfleischeintopf, den es in vielen regionalen Varianten gibt.

Bockshornkleesamen

Bocksbart, *Haferwurzel, Weißwurzel, Weiße Schwarzwurzel,* ist eine aus dem Mittelmeerraum stammende und früher auch in Deutschland häufigen Pflanze *(Tragopogon porrifolius – Asteraceae),* die heute noch in England, Indien und Chile kultiviert wird. Ihre Wurzeln und jungen Sprosse werden wie die verwandte *Schwarzwurzel* als Gemüse gegessen.
en: Salsify, vegetable oyster

Bocksdorn ist ein kleiner Strauch *(Lycium chinense – Solanaceae),* dessen stachelige junge Blätter in China als Suppengemüse gegessen werden.
en: Chinese wolfberry, Boxthorn

Bockshornkleesamen sind die Samen einer im Mittelmeerraum heimischen und in Marokko, und Indien angebauten einjährigen Pflanze *(Trigonella foenum-graecum – Fabaceae).* Sie werden wegen ihres charakteristischen Geschmackes nach leichtem Anrösten als Gewürz verwendet, in der Schweiz auch für Glarner Schabziger, einem reibfähigen Kräuterkäse. Bockshornkleesamen sind ein wichtiger Bestandteil indischer Currypulver.
en: Fenugreek seed

Börek sind gefüllte Pasteten der türkischen Küche. Der Teig besteht aus Weizenmehl, viel Butter, Eiern und Wasser, ohne Lockerungsmittel. Er wird dünn ausgerollt und mit Käse, Fleisch oder anderen Zutaten gefüllt heiß serviert.

Bohnen ist die Sammelbezeichnung für die Früchte und Samen von vielen Arten von Hülsenfrüchten, die über die ganze Welt verbreitet sind. Sie werden meist gekocht als Gemüse gegessen. Neben den einheimischen Bohnen *(Phaseolus spec. – Fabaceae)* gibt es viele exotische Arten. Bohnen sind in vielen Ländern wichtige Gemüsepflanzen. Die *Mungbohne, Jerusalembohne (Vigna radiata radiata,* en: Green gram), ist eine kleine Bohne aus Ost- und Südostasien. Es gibt eine gelbe und eine grüne Variante. Letztere liefern beim Keimen den Sojasprossen vergleichbare Produkte. Ähnlich ist

Thailändische Bohnen

die in Indien verbreitete schwarze *Urd-Bohne (Vigna mungo, en: Black gram)*, die innen weiß ist, beim Schälen in zwei Hälften zerfällt und verbacken wird. Sie ist dort unter den Namen *Urad Dal, Chilke urad dal* und *Sabat urad* ein wichtiger Rohstoff für *Dal*, einem Brei zur Herstellung von Suppe oder zur Bereitung von Gemüsegerichte und Reisspeisen. Die in Japan verbreitete *Adzuki-Bohne (Vigna angularis, en: Adzuki bean)*, ist sehr zart und schmeckt leicht süßlich. Die mittelamerikanische *Limabohne, Mondbohne (Phaseolus lunatus, en: Lima bean, Butter bean)*, hat eine gewisse Ähnlichkeit mit der *Puffbohne*. Sie enthält ein giftiges Blausäureglykosid und darf deshalb nicht roh verzehrt werden. In Südamerika sehr verbreitet ist die Schwarze Bohne *(Phaseolus vulgaris, en: Black bean)*, mit einem süßlichen, würzigen Aroma. Die *Goabohne, Flügelbohne (Psophocarpus tetragonolobus, en: Winged bean, Goa bean)* und die *Helmbohne, Faselbohne (Dolichos lablab, en: Hyacinth bean, Egyptian bean)*, sind in Asien und Mittelamerika verbreitet. Man isst die Hülsen, jungen Blätter, Triebe und Samen. Die *Augenbohne, Kuhbohne, (Vigna unguiculata unguiculata, en: Black-eyed pea)*, fällt durch einen dunklen Ring an der Innenseite der Bohnen auf. Sie wird besonders als Trockenbohne gehandelt. Sie stammt ursprünglich aus Zentralafrika. Seit mehr als 5000 Jahren wird sie in Ägypten angebaut. Heute ist sie in allen Mittelmeerländern, besonders in der Türkei und in den USA verbreitet. Ähnlich ist die *Spargelbohne, Schlangenbohne (Vigna unguiculata sesquipedalis, en: Yardlong bean, Asparagus bean)*. Sie hat bis zu 90 cm lange Hülsen und wird als grünes Gemüse gegessen. Die in Indien kultivierte *Guarbohne (Cyamopsis tetragonoloba, en: Guar bean, Cluster bean)*, wird in Form der Hülsen und jungen Samen als Gemüse gegessen. In Mittel- und Nordamerika verbreitet ist die kleine Rote Bohne, *Kidney-Bohne (Phaseolus vulgaris, en: Kidney bean)*, die Grundlage für Chili con carne. In Südostasien verbreitet ist die *Reisbohne (Vigna umbellata, en: Rice bean)*, deren kleine Samen gemahlen zu Reisnudeln verarbeitet oder wie Reis verzehrt werden. Die *Jackbohne, Schwertbohne (Canavalia ensiformis, en: Jack bean)* wird im tropischen Afrika und Asien als Frischgemüse gegessen, ebenso die *Mattenbohne (Vigna aconitifolia, en: Moth bean)*. Die rot bis schwarz gefleckte, relativ große *Prunkbohne, Feuerbohne (Phaseolus coccineus, en: (scarlet) runner bean)*

wird seit Jahrtausenden in den Anden kultiviert. Die *Peteh-Bohne (Parkia speciosa)* wächst auf einem Baum in Indonesien und dient zur Herstellung von Würzsoßen. Die *Katjangbohne (Cajanus cajan, en: Pidgeon pea)*, ist ein in Indien wichtiges Lebensmittel. In Italien als Zutat zu Minestrone geschätzt ist die *Borlotto-Bohne* mit eigenartig gesprenkelten Hülsen und Samen.
en: Beans

Bohnenkraut, *Gartenbohnenkraut*, ist das Kraut eines im Mittelmeerraum und in Vorderasien wachsenden Strauches *(Satureja hortensis – Lamiaceae)*. Wegen seines aromatisch-würzigen Geruches und leicht pfefferartigen Geschmackes dient es zum Würzen von Bohnenspeisen, Gemüsen, Salaten, Soßen und Pasteten. B. hat eine sehr hohe Würzintensität, deshalb ist eine Überdosierung zu vermeiden.
en: Savory, Summer savory

Bokoto, sind mit Wasser ausgekochte Rinderfüße, die in weiten Teilen Afrikas als Grundstoff für Suppen und andere Gerichte dienen.

Bollos, *Molletes*, sind leicht süße mexikanische Hefeküchlein, die getoastet oder mit Butter bestrichen zu Kaffee oder Kakao gegessen werden.

Bolo de mel ist ein auf Madeira traditioneller, mit Mandeln belegter Honigkuchen aus Zuckerrohrsirup und Früchten.

Bombay Perray sind kleine Bällchen aus eingedickter stark gezuckerter Milch mit Zusatz von Mandeln und Pistazien. Man isst sie in Indien kalt als Snack.

Bombil ist ein kleiner, an der Westküste Indiens gefangener Heringsfisch *(Harpodon nehereus)*, der frisch oder gesalzen nach dem Trocknen an der Sonne gegessen wird. Er wird von Parsen besonders geschätzt, einer Religionsgruppe, die nach den Lehren von Zarathustra leben.
en: Bumalo, Bombay duck

Bondas sind indische Kartoffelbällchen, die mit Teig umhüllt in Fett ausgebacken werden. Man isst sie als Snack oder als Beilage zu anderen Gerichten.

Borani ist eine persische Vorspeise aus *Mastechekide*, einem in einem Tuch abgepressten Joghurt, der mit Kräutern, Gurken oder anderem frischen oder gekochten Gemüse, Obst oder Hülsenfrüchten vermischt und mit Rosenwasser, Minze, Safran oder Knoblauch aromatisiert wird. Man trinkt dazu Wodka.

Bo ri tscha ist ein koreanisches Aufgussgetränk aus dunkelbraun gerösteter Gerste, etwa vergleichbar mit Malzkaffee.

Borschtsch ist ein russischer Suppeneintopf. Er enthält neben den Grundzutaten Rindfleisch und Rote Bete

weitere Gemüse, Kartoffeln, Zwiebeln, Würzkräuter und beim Servieren eine Portion saure Sahne. Eine Variante ist *Borschtok,* die zusätzlich angebratenes Entenfleisch enthält.
en: Borshch

Botwinja, *Batwinja,* ist eine russische Suppe auf Basis von Sauerampfer, Spinat, den Blättern von Roten Beten und anderen Gemüsen. Sie wird mit Estragon, Kerbel, Pfeffer und Salz oder etwas Zucker gewürzt und die mit einer Einlage aus kleinen Streifchen Zwiebeln, Wurzelgemüsen, Gurkenkugeln oder Lachsstückchen eiskalt mit Sauerrahm oder *Kwass* serviert.

Bouillabaisse ist ein südfranzösischer Fischeintopf, der ursprünglich von den Fischern aus den unverkäuflichen Resten ihres Fanges schnell zusammengekocht wurde. Die absolut frischen Fische, wenigstens sechs verschiedene Arten, werden nach dem Kochen mit Gewürzen, wie Pfeffer, Safran u.a. originalgetreu separat vom Sud serviert, zusammen mit *Rouille,* einer scharfen Soße und Brot, das mit Knoblauch oder *Aïoli,* einer Knoblauchsoße eingerieben sein kann. Langusten und Hummern sind keine traditionellen Bestandteile der Bouillabaisse.

Bouquet garni ist der französische Name für ein Bündel von Würzkräutern, in der klassischen Form Petersilie, Thymian und Lorbeerblatt. Es wird nach dem Kochen der Speisen, bes. Suppen und Soßen vor dem Servieren wieder entfernt.

Bourride ist ein provençalischer Fischeintopf, der weniger bekannt ist als die ähnliche *Bouillabaisse,* aber als feiner gilt. Er enthält nur kleine weißfleischige Mittelmeerfische, Kartoffeln, und *Aioli,* der auf Brotscheiben serviert wird.

Bouza ist ein bierähnliches Getränk aus dem ägyptisch-arabischen Raum. Grob zerkleinerte Weizen- oder Hirsekörner werden mit Wasser unter Zusatz von Starterkulturen aus vorherigen Brauprozessen angeteigt; der Teig wird direkt, nach dem Trocknen an der Sonne oder nach einem kurzen Backprozess vergoren.

Boxty ist ein traditionelles irisches Gericht, das Schweizer Rösti ähnelt. Rohe Kartoffeln werden mehr oder minder fein gerieben und zu Klößen, Pfannkuchen, Pudding oder mit Backpulver zu Brot oder nach Zusatz von Zucker zu Kuchen verarbeitet.

Boysenbeere ist eine erstmals dem kalifornischen Züchter Robert Boysen gelungene Rückkreuzung der Loganbeere mit der Brombeere und Himbeere. Die tiefroten Beeren sind wenig haltbar und transportempfindlich. Sie werden hauptsächlich in Neuseeland angebaut und tiefgefroren oder als Püree oder Saftkonzentrat gehandelt.
en: Boysenberry

Brandade ist eine provenzalische Spezialität. Gedünsteter Stockfisch oder ggf. frischer Fisch wird heiß mit Kartoffelbrei, Olivenöl oder Milch zu einer sahnigen Masse verarbeitet. An manchen Orten ist ein Zusatz von Knoblauch üblich. Brandate wird zusammen mit Brot verzehrt.

Bretonne longue, *Lange Bretonin*, ist eine längliche französische Schalotte.

Briani ist ein reichhaltiges Reisgericht Malaysias, das ursprünglich aus Indien stammt. Es basiert aus *Basmati-Reis,* der mit Butter, Milch, Safran und vielen anderen Gewürzen verfeinert wird.

Briggs sind tunesische, mit fein gehacktem Lammfleisch oder Thunfisch und frischem Ei gefüllte, maultaschenähnliche Teigwaren. Sie werden in Öl knusprig ausgebacken, wobei das Ei pflaumenweich bleiben muss. Briggs werden mit Zwiebeln, Petersilie und Kapern serviert.

Briouats sind nordafrikanische, in Öl ausgebackene gefüllte Blätterteigtaschen. Es gibt sie in vielen Variationen. *Briouat maa kefta* sind mit Hackfleisch gefüllt, das mit Koriander, Zimt, Ingwer und manchmal Safran gewürzt wird. *Briouat maa lformag dial maaza* enthält als Füllung Ziegenkäse.

Brodet, *Brudet* ist eine in den Küstenregionen Serbien und Kroatien populäre Suppe aus Mittelmeerfischen und anderen Meerestieren. Sie enthält zusätzlich Reis oder Polenta, Tomaten, Zwiebeln, Öl, Knoblauch und andere Gewürze. Im Landesinneren versteht man darunter auch ein Eintopfgericht, das aus Fleisch und/oder Gemüse bestehen kann.

Brot ist ein Gebäck aus geschrotetem oder gemahlenem Getreide, das in vielen Ländern völlig unbekannt ist. Es wird vor allem im Orient oft ohne Hefe oder andere Lockerungsmittel hergestellt und hat dadurch nicht die Form eines Laibes, sondern die eines Fladens.

Brotfrucht ist die bis zu 4 kg schwere gelbgrüne Frucht des aus Polynesien stammenden, später auch in der Karibik angebauten Baumes *(Artocarpus altilis – Moraceae).* Das Frucht-

Brotfrucht

fleisch ist teigig und gelbweiß. Sein Geruch ist nicht jedermanns Sache. Die reichlich vorhandene Stärke wird mit zunehmender Reife in Zucker umgewandelt. Die Brotfrucht diente zeitweise dazu, die Ernährung afrikanischer Sklaven in Westindien zu sichern. Die Brotfrucht wird unreif geerntet, von Einheimischen gebacken, geröstet, gekocht oder zu Mehl verarbeitet als Brei oder Gebäck gegessen. In Polynesien verknetet man das Fruchtfleisch zu einem festen Teig, der in Erdgruben vergoren und anschließend unter Zusatz von Wasser zu einem *Popoi* genannten Gebäck verarbeitet wird.
en: Breadfruit

Brunost, *Gjetost, Mysost, Braunkäse* ist ein norwegischer Schnittkäse aus Kuh- oder Ziegenmilch, bei dessen Herstellung die Molke nicht entfernt wird, wie es sonst allgemein üblich ist. Die Käsemasse wird erhitzt. Dabei bildet sich durch Karamellisierung ein besonderes Aroma aus. Infolge des Milchzuckergehaltes schmeckt der Käse etwas süßlich.

Bruschetta war ursprünglich in Italien altbackenes Brot, das man zum Zwecke der Resteverwertung röstete, mit Knoblauch einrieb und mit Olivenöl bestrich. Heute hat sich daraus eine Vorspeise aus getoastetem Weißbrot mit Tomatenpaste entwickelt.

Bstilla, *Bstella, Bastela* ist eine große schichtförmige Teigpastete, die im Mittelpunkt jedes größeren marokkanischen Essens steht. *Ouarka, Warka*, d.s. hauchdünne Teigblätter, die man auf einem Blech bäckt, werden in der Originalversion mit Taubenfleisch und Mandeln belegt, das mit Kurkuma, Zimt, Piment, Ingwer, Safran und weiteren Zutaten gewürzt ist. Die Pastete wird dann als Ganzes im Ofen kroß gebacken und evtl. mit Zucker und Zimt bestreut.

Buah Keluak ist das Fleisch der knapp hühnereigroßen Samen des südostasiatischen *Pangabaumes* (*Panga edule* – Flacourtiaceae). Es ist in rohem Zustand wegen seines Gehaltes an Blausäureglycosiden äußerst giftig. Um den Giftstoff zu inaktivieren vergräbt man die Samen für mehrere Wochen im Boden, wässert sie mehrfach und kocht sie zum Schluss in Wasser auf, ehe man sie mit einem Beil zerschlägt. Man kann dann das rohe, schwarze, leicht bitter schmeckende Samen-Fleisch direkt aus der Schale essen. Mehr gebräuchlich ist seine Zubereitung zu *Ayam Buah Keluakk*, einem Eintopf mit Hühner-, Schweinefleisch und vielen Gewürzen.

Bubur ist der indonesische Name für Reisgerichte. Als *Bubur Injin* bezeichnet man einen würzigen indonesischen Pudding aus schwarzem Reis und *Kokosmilch*. *Bubur Merah* ist ein indonesisches Reisgericht, das man mit einem Dankgebet zu glücklichen Anlässen in Malysia isst.

Fermentierter roter Reis wird mit *Kokosmilch, Pandanusblättern,* Salz und Zucker gekocht. Die rote Farbe symbolisiert, dass die Reinheit das Böse besiegt hat.

Büffelbeere ist die korallenrote Beere eines wild wachsenden nordamerikanischen Strauches *(Shepherdia argentea – Eleagnaceae).* Sie ähnelt der Sanddornbeere.
en: Buffalo berry

Büffelmilch wird in Indien getrunken und in Italien zur Herstellung von Büffelmozzarella, *Mozzarella di bufala,* einem frischen Weichkäse benutzt. Der übliche Mozzarella wird allerdings aus Kuhmilch hergestellt.
en: Buffalo milk

Bulbenik ist ein Kuchen der jüdischen Küche aus rohen, geriebenen Kartoffeln, Mehl, Hefe, Eiern, Öl und etwas Zucker. Bulbenik wird als Beilage zu soßehaltigen Schmorgerichten gegessen.

Bülbülyuvasi ist eine türkische Süßspeise aus Blätterteig, Butter, gemahlenen Haselnüssen, Mandeln oder Pistazien, die mit Rosenwasser oder Zitronensaft verfeinert wird.

Bulgogis sind Spezialitäten der koreanischen Küche, dünne Scheiben aus Rind- oder Schweinefleisch, die zunächst mit einer Marinade aus Sojasoße, Knoblauch und Sesamöl behandelt und dann gegrillt werden. Es gibt auch Varianten auf Basis von anderem Fleisch, Fisch oder Tintenfischen.

Bulgur, *Bulgurweizen, Burghul,* ist gedämpfter, getrockneter und dann geschälter und gemahlener Hartweizen. Er ist ein tradionelles Lebensmittel des Vorderen Orients, das gekocht oder in Brühe aufgequollen wie Reis als Beilage zu Fleisch-, Fisch- oder Gemüsegerichten gegessen wird.
en: Bulgur, Burghul

Bulla ist ein im tropischen Afrika gewonnenes Mehl aus einer bananenähnlichen Frucht, das von Einheimischen als Brei oder Fladenbrot verzehrt wird.

Bulldozer sind die Bezeichnungen für im Golf von Mexico lebende, bis zu einem Kilo schwere *Bärenkrebse (Scyllaride),* die diesen Namen ihrem martialischen globigem Aussehen verdanken. Sie leben in Küstennähe auf dem Meeresgrund und treten eher als seltener Beifang bei der Garnelenfischerei auf. Sie werden meist längs gespalten und gegrillt verzehrt. Man findet sie wegen ihrer Seltenheit nur lokal in spezialisierten Restaurants. Andere Bärenkrebse gibt es im Mittelmeer und im indo-pazifischen Raum.
en: Slipper lobster

Bumbu ist eine indonesische Würzpaste aus Zwiebeln, Chili, Knoblauch, Galgant, Ingwer, Zitronengras und anderen Zutaten.

Bündnerfleisch ist eine Spezialität des schweizerischen Kantons Graubünden. Fettarme Rinderkeule wird in einer Lake aus Wacholderbeeren und Kräutern gepökelt und anschließend 3–6 Monate lang an der Luft getrocknet. Es wird in hauchdünnen Scheiben, leicht mit Pfeffer gewürzt, aus der Hand gegessen.

Buñuelos, *Sopaipillas,* sind mit Backpulver getriebene süße mexikanische Weihnachts- und Neujahrskrapfen. Sie werden heiß mit einer Zimtsoße gegessen.

Burgoo ist ein rustikales Eintopfgericht der nordamerikanischen Südstaaten aus Rind-, Geflügel-, Hammel- und/oder *Eichhörnchenfleisch,* Kartoffeln und Gemüse, das meist bei Veranstaltungen für eine große Anzahl von Essern in riesigen Kesseln zubereitet wird. Es hat Ähnlichkeit mit *Brunswick stew,* das zusätzlich mit Virgina-Schinken gewürzt wird.

Buri ist eine indische Backware aus dünnem Weizenmehlteig. Kleine runde Scheiben werden fritiert, wobei kleine Kugeln entstehen, die außerhalb der Fritüre nicht zusammenfallen dürfen. Sie müssen schnell serviert werden.

Burma tak ist eine persische Spezialität aus einer stark gewürzten Farce von Hühnerleber, Lamm- oder Hammelfleisch, die mit halbgar gekochtem Reis in Weinblätter gefüllt, kurz in Salzwasser gekocht und dann fritiert wird.

Burong dalag ist ein philippinischer Süßwasserhecht, der eingesalzen zusammen mit gekochtem und fermentiertem roten Reis einige Tage im Boden vergraben einer weiteren Gärung unterliegt. Er wird dann mit Tomaten, Zwiebeln und Knoblauch gedünstet.

Burritos sind dicke, mit Speckgrieben gefüllte mexikanische Pfannkuchen, die ausgebacken als Snacks gegessen werden.

Burrul ist ein stecknadelkopfgroß zerkleinerter Weizen der arabischen Küche.

Bush meat ist eine Sammelbezeichnung für das Fleisch von Wildtieren aller Art, wie *Affen, Elefanten, Antilopen, Büffel, Känguruhs* und *Flusspferde.* Sie sind seit Jahrtausenden für die Menschen in weiten Teilen Afrikas, Asiens, Südamerikas und Ozeaniens die wichtigste Quelle für tierisches Eiweiß. Viehhaltung ist nämlich in vielen tropischen Gebieten nicht möglich, weil es dort keine Weidemöglichkeit gibt und/oder die Tiere Insekten oder Krankheiten ausgeliefert sind.
de: Buschfleisch

Butifarra ist eine katalonische Bratwurst, die neben Schweinefleisch und Gewürzen auch Kartoffeln, Bohnen, Pilze u.a. Zutaten enthalten kann.

Butternuss, *Savarie,* ist der Samen eines brasilianischen Baumes *(Caryocar nuciferum – Caryocaraceae).* Sie hat einen hohen Fett- und Eiweißgehalt und wird von Einheimischen in gerösteter Form verzehrt.

Butternuss, *Zitronennuss, Graue Walnuss, Amerikanische Walnuss,* ist der ölhaltige Samenkern eines in Nordamerika kultivierten Nussbaumes *(Juglans cinerea – Juglandaceae).* Verzehrt werden die unreifen, eingesalzenen Früchte und die reifen Nusskerne.
en: Butter nut, American white walnut

Cabanossi sind mit Paprika und Knoblauch scharf gewürzte, leicht geräucherte balkanesische Würstchen auf Basis von Rind- oder/und Schweinefleisch mit einem hohen Anteil von Speck. Sie werden als solche und als Bestandteile herzhafter Suppen gegessen.

Cachaça ist ein weißer Rum, ein einfacher brasilianischer Schnaps aus Zuckerrohr oder Melasse. Er ist ein wesentlicher Bestandteil von *Caipirinha.*

Caesar salad ist ein aus Kalifornien stammender Salat aus mit gerösteten Brotwürfeln, Sardellenfilets und Parmesan garniertem Römischen Salat; das Dressing auf Basis von Olivenöl enthält Worcestersoße, Senf, Pfeffer und Salz sowie in der klassischen Form rohes oder weich gekochtes Ei, auf das man aus Angst vor Salmonellen mehr und mehr verzichtet.

Caipirinha ist ein brasilianischer Cocktail aus dem Saft sehr saurer Limonen, viel Zucker und Cachaça, einem einfachen Zuckerrohrschnaps. Caipirinha hat ein einzigartiges Mischungsverhältnis: Keiner der Bestandteile tritt hervor. Sie schmeckt praktisch weder süß noch sauer noch alkoholisch; ein gefährliches Getränk!

Als **Cajun-Küche** bezeichnet man die in einigen Südstaaten der USA populärere Küche, die sich auf europäischen, vor allem französischen Wurzeln beruht. Typisch sind viele Gewürze, vor allem Chili, scharfe sämige Soßen, mit denen man Eintöpfe, wie *Jambalaja,* gegrilltes Fleisch und andere deftige Gerichte verfeinert.

Calabaza, *West Indian pumpkin, toadback, Cuban squash,* ist eine kleine runde karibische Honigmelone *(Cucurbita moschata – Cucurbitaceae)* mit einem orangenen, saftigen, süßen Fleisch.

Caldeirada, wörtlich übersetzt: einen Kessel voll, ist der Name für ein portugiesisches und brasilianisches Eintopfgericht, ein Fischragout mit Kartoffeln, Zwiebeln, Tomaten, Olivenöl und Gewürzen, besonders Koriander.

Callaloo ist eine auf den karibischen Inseln, vor allem in Trinidad geschätzte, gut gewürzte Suppe aus gekochten jungen Taro-Blättern, Okra, Schinken, Krebsfleisch und vielen anderen Zutaten.

Calpis ist ein japanisches Getränkekonzentrat aus Trockenmagermilch und Milchsäure, ggf. mit Zusatz von Trauben- oder Orangensaft zur Aromatisierung. Es wird mit der mehrfachen Menge an Wasser verdünnt heiß oder kalt getrunken, vor allem von Kindern.

Calsones sind gefüllte Teigwaren der sephardischen Küche, ähnlich Ravioli. Sehr dünne quadratische Teigstücke werden mit einer gewürzten Käsemasse gefüllt und in kochendem Wasser gegart.

Camu Camu ist die kirschgroße, dunkelrote, süßsauer schmeckende saftige Frucht eines im peruanischen Amazonasgebiet heimischen Baumes *(Myrciaria dubia – Myrtaceae)*. Sie ist reich an Vitamin C und wird lokal roh verzehrt oder zu Saft oder Getränken verarbeitet.

Cantucci, *Giottini,* sind sehr harte Kekse aus Weizen- und Mandelmehl mit *Pinienkernen* und Anis, die man in Vino Santo eintaucht und in der Toskana als Dessert isst.

Capirotada, *Torrejas,* ist ein süßer mexikanisches Brotauflauf, der vielerlei Zutaten enthalten kann, wie Eierschnee, Pinienkerne, Rosinen, Tomaten, Zwiebeln und Kräuter. Er wird meist mit einer Zimtsoße serviert.

Capomo ist der Samenkern eines südmexikanischen Baumes *(Brosimum alcastrum – Moraceae),* der lokal als Zutat zu Tortillas oder geröstet als Zutat zu Kaffee verwendet wird.

Capulun ist die Frucht eines südamerikanischen Strauches *(Saurauia pauciserrata – Actinidiaceae),* deren schleimiges süßes Fruchtfleisch von Einheimischen roh verzehrt wird.

Capybara, *(Hydrochoeris hydrochoeris)* ist mit einer Körperlänge von etwa einem Meter das größte Nagetier. Es lebt wild in den Anden, meist in der Wassernähe. Es wird seit urdenklichen Zeiten wegen seines Fleisches und des aus der Haut gegerbten Leders gejagt. Nach Südamerika aufgebrochene Missionare erklärten es zu einer statt Fleisch erlaubten Fastenspeise. Weil die Capybara vom Aussterben bedroht ist, wird sie neuerdings in Venezuala in Farmen gezüchtet.
en: *Water hog, Orinoco hog*

Cardy, *Karde, Kardonenartischocke, Spanische Artischocke,* ist eine früher auch viel in Deutschland angebaute, heute aber zum Exoten gewordene Pflanze *(Cynara cardunculus – Asteraceae).* Die leicht bitter schmeckenden Blattstiele werden

gekocht als Gemüse zubereitet, ähnlich wie Staudensellerie.
en: Cardoon, Prickly artichoke

Carne de vinhos e alhos ist eine Spezialität Madeiras. In einer stark mit Knoblauch gewürzten Weinlake eingelegtes, in kleine Stücke geschnittenes Schweinefleisch wird gekocht und traditionell mit Zahnstochern gegessen.

Cassarep ist eine von südamerikanischen Indianern hergestellte Soße aus dem Saft von Maniok und wildem Honig.

Cassiazimt, *Chinesischer Zimt,* ist die getrocknete Rinde der Zweige der aus China stammenden Zimtkassie *(Cinnamomum aromaticum – Lauraceae),* die auch in anderen ostasiatischen Ländern angebaut wird. Cassiazimt ist billiger als *Ceylonzimt* und in seinem Aroma etwas schärfer und weniger delikat. Cassiazimt ist ein Bestandteil der chinesischen *Fünf-Gewürz-Mischung.*
en: Cassia bark, Chinese cassia bark

Cassine ist der Aufguss der Blätter einer im südlichen Nordamerika bis Südamerika heimischen Stechpalme *(Ilex cassine – Aquifoliaceae).* Er wird wegen seines, allerdings nur geringen Coffeingehaltes lokal als Genussmittel zu festlichen Anlässen benutzt.

Cassoulet ist eine Spezialität der Gascogne, ein deftiges Eintopfgericht aus weißen Bohnen, Speck, Fleisch vom Schwein, Hammel, Gänsen, Enten oder Wildgeflügel und Würstchen, gewürzt mit vielen Kräutern.

Cataplana ist ein südportugiesisches Eintopfgericht, das Fisch, Muscheln und andere Meerestiere, Schweinefleisch, Tomaten und viel Knoblauch enthalten kann.

Cava ist die Bezeichnung für Schaumweine, die in Spanien und Portugal nach dem klassischen Champagnerverfahren hergestellt sind. Die frühere Bezeichnung Champán ist nicht mehr zulässig.

Cazón ist ein Gericht der mexikanischen Pazifikküste, das aus frischem oder getrocknetem Fleisch kleiner Haifische besteht. Es wird mit Zwiebeln, Chili, Zimt und Oregano gekocht.

Cazuela ist eine Sammelbezeichnung für chilenische Eintopfgerichte auf Basis von Rind-, Schweine- oder Lammfleisch, seltener mit Meeresfrüchten.

Cazzuola ist ein lombardischer Eintopf aus weniger wertvollen Teilen des Schweinekörpers, wie Füßen, Ohren, Schwarten, die mit Kohl und anderem Gemüse gekocht, mit Schweinerippchen und Rotwein verfeinert und mit Pfeffer und Salz abgeschmeckt werden. In einer besseren Version gibt man dem Gericht noch *Luganege* hinzu, d.s. lokale Schweinewürste.

Çemen ist eine türkische Gewürzmischung aus 18 Einzelkomponenten, darunter Bockshornkleesamen, Kreuzkümmel und mildem Chili.

Ceviche ist eine Fischspezialität der lateinamerikanischen Pazifikküste. Man mariniert filetierte *Corvinas*, pazifische schellfischartige Meeresfische, Lachs, Seezungen oder andere Fische mit festem Fleisch mehrere Stunden lang in mit Pfeffer, Chili, Knoblauch und Zwiebeln gewürztem Limonen- oder Zitronensaft und isst die so gegarten Fische mit Bataten oder Maisbrei.

Chaat sind mit scharfem Dressing angemachte Obst- und Gemüsewürfel, manchmal zusätzlich mit Fleisch oder Garnelen, die in Indien als Snack gegessen werden.

Cha Gio sind vietnamesische *Frühlingsrollen*, die im Gegensatz zu den der chinesischen Küche neben Fleisch und Gemüse Fisch enthalten und mit Fischsoßen gewürzt sind.

Chakchouka, in der Türkei *Menemen* genannt, ist eine ursprünglich aus Tunesien stammende, heute aber in ganz Vorderasien gegessene Speise aus gedünsteten Zwiebeln, Paprikaschoten und Tomaten und darüber geschlagenen, evtl. zuvor verquirlten Eiern.

Challes ist feines Weißbrot der festlichen jüdischen Küche. Es besteht, ebenso wie Barches, aus Weizenmehl, Eiern und Pflanzenfett, manchmal auch einigen Rosinen. Der mit Hefe getriebene Teig wird kunstvoll zu langen, dünnen Strängen geflochten, mit Mohnsamen bestreut und gut durchgebacken. Challes darf weder Milch noch Butter enthalten, damit es wegen der jüdischen Speisegesetze auch gemeinsam mit Fleisch verzehrt werden kann.

Chaltha, *Nehalta, Elefantenapfel*, ist die Frucht eines südindischen Baumes *(Dillenia indica – Dilleniaceae)*. Sie wird gekocht als Gemüse gegessen. Die leicht sauer schmeckenden Hüllblätter der Pflanze werden zur Herstellung von Konfitüren, Gelees und Getränken verwendet. Mit dem ebenfalls als Elefantenapfel bezeichneten Woodapple ist Chalta nicht verwandt.
en: *Elephant's apple, Chulta*

Chalupas sind mexikanische, meist mit scharf gewürztem Hackfleisch und Knochenmark gefüllte Maismehlfladen.

Champurrado, *Champro*, ist ein dem Atole ähnlicher mexikanischer Brei aus Maismehl, der zusätzlich braunen Zucker und Schokolade enthält und der mit Zimt und/oder Muskatnüssen gewürzt sein kann.

Chanfaina ist ein einfaches spanisches Gericht auf Basis von geschmorter Lunge und anderen Innereien. Man versteht in Katalonien darunter auch eine dicke, pikante Soße aus gewürfelten Paprikaschoten, Zwiebeln und anderen Gemüsen, die in heißem Öl gegart und mit Kümmel, frischer Minze, Petersilie und Pfeffer gewürzt werden und die man zu Geflügel oder anderem weißen Fleisch serviert. Auf den Antillen ist Chanfaina ein Gericht aus Hammelleber mit Paprika und viel Knoblauch.

Channa sind indische Gerichte aus getrockneten *Kichererbsen* und anderen Hülsenfrüchten. *Channa Dal, Chana Dal* ist eine Paste aus in Öl gekochten reifen Erbsen, Linsen, Bohnen und/oder Senfkörnern, die man gemischt mit *Ghee*, gebratenem Chili, Kreuzkümmel und Kurkuma als Gewürz für andere Hülsenfruchtgerichte, Backwaren und Konfekt benutzt oder mit Reis oder Fladenbrot als Hauptspeise isst. *Channa Masala* ist ein stark mit *Currypulver*, Chili, Koriander, Nelken und Pfeffer gewürztes Gericht aus Kichererbsen.

Cha-om ist ein thailändisches Gemüse aus den Triebspitzen eines Baumes *(Acacia pennata –Mimosaceae).*

Chapaties sind kleine indische Fladenbrote. Grobes Weizen-, Mais- oder Hirsemehl oder solches aus Hülsenfrüchten wird mit Wasser und Salz ohne Lockerungsmittel zu einem festen Teig verarbeitet, der 2–3 Stunden unter einem feuchten Tuch ruht und aus denen von Hand dünne runde Fladen von ca. 10–20 cm Durchmesser geformt werden. Sie werden auf Eisenplatten oder in Pfannen in Öl ausgebacken und sofort gegessen.

Chapman ist ein in lokalen nigerianisches Bars getrunkenes Erfrischungsgetränk aus Zitrussaft, Bitterlemon und einem Schuss *Angostura-Bitter.*

Charoli-Nuß, *Chirongi-Nuß* sind die flachen, linsengroßen runden Nüsse eines indischen Baumes *(Buchanania lanzan – Apocyanaaceae).* Sie haben ein nussiges Aroma und einen leicht muskatartigen Geschmack. Man benutzt sie zum Aromatisieren von Süßspeisen und Desserts sowie zum Verzieren von Gebäck.
en: Almondette, Chironya kernel

Charosset ist eine vor allem an Pessach verzehrte Dessertspeise der jüdischen Küche. Sie besteht aus Mandeln, Datteln, Rosinen und anderen Trockenfrüchten, Aprikosen, Bananen und anderen frischen Früchten und kann mit Zimt gewürzt und mit Matzemehl angedickt werden.

Chasni ist ein gewürzter Sirup aus rohem Zucker, mit dem man in der indischen Küche gegrillte oder im Tandoor-Ofen zubereitete Fleischstücke bestreicht. Chasni dient sowohl zum Würzen als auch zur Verbesserung des Aussehens.

Chaucha ist eine Kartoffelart *(Solanum chauca – Solanaceae),* die einheimischen Indianern im Andenhochland als Grundnahrungmittel dient.

Chawan mushi ist ein japanisches Gericht auf Basis von *Dashi,* einer Suppenbrühe, die Gemüse, Pilze, Fleisch, Fisch oder andere Meerestiere enthalten kann. Die Zutaten werden mit einer dicken Eiersoße zubereitet. Chawan mushi wird in einer *Chawa* genannten, speziellen Porzellanschale serviert.

Chawruma ist ein libanesisches Gericht aus dünnen Scheiben von gegrilltem Lammfleisch und Reissalat.

Chayote, *Pepinello,* ist die birnenförmige, 10–15 cm lange grüne oder weiße Beerenfrucht eines in Südamerika heimischen Kürbis *(Sechium edule – Cucurbitaceae).* Das feste Fruchtfleisch schmeckt leicht süßlich. Es wird lokal als Gemüse und zur Herstellung von Kompott benutzt. Die Knollen werden in der kreolischen Küche wie Kartoffeln, die jungen Triebe wie Spargel und die Blätter wie Spinat zubereitet. en: *Chayote, Christophine, Chow chow*

Cheegay ist ein koreanisches Eintopfgericht aus Fisch und/oder anderen Meerestieren, Algen, Bohnenpaste, Zwiebeln, Pilzen, Kimchi und anderen Gemüsen.

Chee How Sauce ist eine scharfe Sojasoße, die in der chinesischen Küche besonders als Füllung von Krapfen verwendet wird.

Chekkur sind die als Gemüse verzehrten Blätter und jungen Sprosse einer in Indien und Indonesien angebauten Heckenpflanze. *(Sauropus androgynus – Euphorbiaceae).*

Chelou ist ein einfaches Gericht der iranischen Küchen, das besonders von Juden geschätzt wird. Gedämpfter Reis wird im Ofen oder in einer Pfanne gebacken, bis sich am Topfboden eine Kruste bildet, wobei der übrige Reis locker bleiben muss. Chelou dient als Beilage für Fleisch oder Gemüse.

Chempedak ist die Frucht eines malaysischen Baumes *(Artocarpus champeden – Moraceae).* Sie ähnelt

Chayote

der Jackfrucht, ist aber etwas kleiner und hat einen penetranten Geruch. Sie wird von Einheimischen frisch gegessen.

Chermoula ist eine marokkanische Würzpaste aus Zwiebeln, Knoblauchzehen, Petersilie, Koriander, Kreuzkümmel, Safran, *Harissa*, Olivenöl und Zitronensaft. Man benutzt sie u.a. zum Würzen von Lammfleisch.

Chhundo ist ein süßes, mit Kardamom gewürztes indisches Chutney.

Chicha ist ein bereits von den Inkas hergestelltes und heute noch in Bolivien und Peru getrunkenes leicht schäumendes Maisbier. Die angekeimten Maiskörner werden gemahlen und mit Wasser ausgekocht. Der Sud vergärt spontan, manchmal wird auch durch Zusatz von Speichelenzymen nachgeholfen. Es entsteht ein schwach alkoholisches, leicht bitter und nach saurer Milch schmeckendes Getränk. Unter dem Namen Chica existieren weitere Gärungsgetränke der Andenregion aus anderen Rohstoffen, z.B. Maniok.

Chicharrón ist gesalzene, leicht getrocknete und zweimal bei unterschiedlichen Temperaturen geröstete Schweinehaut, deren Fett weitgehend entfernt ist. Infolge der Art der Zubereitung hat Chicharrón eine etwas lockere Struktur. Sie wird in Mexiko in Form kleiner Stücke als solche oder nach dem Eintauchen in scharfe Soßen als Snack gegessen oder als Speisezutat verwendet.

Chicos sind frische mexikanische Maiskolben, die gekocht oder kurz im Ofen geröstet, anschließend enthäutet und entgrannt werden. Sie können direkt oder nach dem Trocknen und kurzem Wässern anstelle von frischem Mais zu Suppen oder breiigen Speisen verarbeitet werden.

Chieh-Lan, *Chinesischer Brokkoli,* sind die Blätter und Sprosse eines in China angebauten Staudenkohls *(Brassica alboglabra – Brassicaceae),* der keine geschlossenen Köpfe bildet. Die blaugrünen, fleischigen Stengel und die Blütenknospen werden roh oder gekocht als Gemüse verzehrt.
en: Chinese broccoli, Chinese kale

Chikuwa ist eine japanische wurstartige Zubereitung auf Basis von gekochtem oder gedünstetem Fisch mit Zusatz von Cerealien und Gewürzen, die man am Spieß braten oder grillen kann und als *Tsumamimono*, Snack zu alkoholischen Getränke verzehrt.

Chikuzenni ist ein japanisches Gericht aus gekochtem Gemüse, z.B. Karotten, Pilzen und Hühnerfleisch.

Chilau ist ein persisches Gericht aus gedämpftem Basmati-Reis. Er wird in Salzwasser gekocht und anschließend mit Öl oder geschmolzener

Butter gegart. Der auf dem Gefäßboden kross und goldgelb gewordene Anteil, *Dig* genannt, gilt als besondere Delikatesse. Chilau wird als Beilage oder mit einem Stück Butter oder Eigelb als Hauptgericht gegessen.

Chili, auch *Chilli* geschrieben, *Cayennepfeffer,* sind die getrockneten Schoten, botanisch Beeren, verschiedener Gewürzpaprikaarten, besonders des Cayennepfeffers *(Capsicum frutescens – Solanaceae).* Chili stammt ursprünglich aus Mexico, nach anderen Quellen aus Brasilien und wird heute in vielen Ländern Asiens, Afrikas und Amerikas angebaut. Es gibt sie in vielen Varianten hinsichtlich Größe, Farbe und Schärfe. Chili ist bedeutend kleiner als der weniger scharf schmeckende Gewürzpaprika. Im allgemeinen sind die Schoten umso schärfer, je kleiner sie sind. Besonders scharf schmecken die Samen. Für die Schärfe gibt es eine in Scoville-Einheiten eingeteilte Skala: Sie reicht von den Sorten Habanero und Scotch Bonnet, „gefährlich scharf", 100000 bis 300000 Einheiten über Thai und Chiltepin, „sehr scharf", 50000 bis 100000 Einheiten, Cayenne und Tabasco, 30000 bis 50000 Einheiten, Serrano, „mittelscharf", 5000 bis 15000 Einheiten bis Ancho und Anaheim, „mild" 1000 bis 3000 Einheiten. Gemüsepaprika hat den Wert Null Einheiten. Daraus mag man erkennen, welche gewaltigen Unterschiede es hier gibt. Es werden sowohl die ganzen Schoten als auch Pulver und daraus hergestellte Soßen gehandelt, wie *Sambal Oelek* und *Tabasco-Soße.* Chili wird meist zusammen mit anderen Gewürzen in kleinen Mengen zum Würzen von Fleischgerichten, Gemüse, Eintöpfen, Pizzen und vielen Speisen der asiatischen und lateinamerikanischen Küche verwendet.
en: *Cayenne pepper, Red pepper, Chillies, Chilli pepper*

Chili

Chili con carne ist ein mexikanisches Eintopfgericht, das je nach Region aus unterschiedlichen Zutaten hergestellt wird, hauptsächlich aus getrockneten Bohnen. Am meisten verbreitet ist die südöstliche Variante mit kleinen schwarzen Bohnen. In Zentralmexiko benutzt man mehr die violetten Mayo- und die bräunlichen *Bayo-Bohnen,* in Nordmexiko die gesprenkelten *Pintobohnen,* das sind gesprenkelte *Wachtelbohnen.* Gewürzt wird Chili con carne mit einer speziellen Gewürzmischung, die hauptsächlich aus Chili, Kümmel, Oregano, Knoblauch und Koriander besteht. Als Fleischzutat ist eine Mischung von fein gehacktem Schweinefleisch mit magerem Rind- oder Hammelfleisch üblich.

Chimäre, *Amerikanische Spöke,* *(Hydrolgaus colliei)* ist ein bizarr aussehender Merresfisch, nach dem ein Monster der griechischen Sagenwelt seinen Namen erhalten hat. Sie hat ein festes, wohlschmeckendes Fleisch, das vorwiegend in China gegessen wird.
en: Chimera, ratfish

Chimichangas sind in Arizona populäre kleine fritierte *Tortillas* aus Weizenmehl. Sie ähneln den Frühlingrollen der chinesischen Küche. Man füllt sie mit geschmolzenem Käse, gewürztem Hackfleisch oder scharfen Soßen.

Chimti ist ein in Indien und Zentralafrika angebautes Blattgemüse *(Polygonum plebeium – Polygonaceae).*

Chinakohl, *Pekingkohl, Schantungskohl,* ist die wichtigste Gemüsepflanze Chinas *(Brassica rapa pekinensis – Brassicaceae),* die inzwischen auch in Europa und Nordamerika angebaut wird. Die Blätter können frisch als Salat, gekocht als Gemüse oder zu Kimchi vergoren gegessen werden. Es gibt verschiedene Arten mit mehr oder minder geschlossenen Köpfen und langen oder mehr runden Blättern.
en: China cabbage

Chinchillas, in Südamerika heimische Nagetiere, *(Chinchilla lanigera)* werden nicht nur wegen ihres Felles gejagt und heute auch gezüchtet. Das Fleisch der Tiere wird lokal gegessen. Einige Wildarten sind vom Aussterben bedroht.
en: Chinchillas

Chin-chin ist eine westafrikanische Feine Backware. Ein mit Backpulver gelockerter Teig aus Weizenmehl, Zucker, Eiern und Butter oder einem anderen Fett wird mit Zimt und Orangenschalen aromatisiert, zu kleinen ineinander geflochtenen schmalen Streifen verformt und in Erdnussöl fritiert.

Chinesische Eier, *Tausendjährige Eier,* sind Hühner- oder Enteneier, die nach dem chinesischen Originalrezept mehrere Monate lang in einem Gemisch aus Kalk, Holzkohlenasche, Erde, Reisschalen und Salzwasser reifen. Dabei tritt eine Art „Fäulnis" ein. Das Eiweiß wird durch enzymatischen Abbau gelatinös und bernsteinfarben, das Eigelb quarkartig und spinatgrün. Es entstehen stark riechende Aromastoffe, die nicht jedermanns Sache sind. Die Eier werden ungekocht als Vorspeise oder mit Soja- oder einer anderen scharfen Soße gegessen. Varianten sind *Pidan-* und *Dsaudan-Eier.*
en: Chinese eggs

Die **Chinesische Küche** als solche gibt es genau genommen nicht. Auch wenn es in hiesigen China-Restaurants anders aussieht, muss man das große Land China kulinarisch in vier verschiedene Regionen einteilen. Allen gemeinsam ist, dass es keinerlei Tabus hinsichtlich der verzehrten Produkte gibt. Spötter sagen, dass man in China alles isst, was sich auf dem Lande bewegt, was mehr als zwei Beine hat, außer Tischen und Stühlen, alles, was im Wasser schwimmt, außer Schiffen und alles, was in der Luft fliegt, außer Flugzeugen. Brot hat keine Bedeutung, Kohlenhydrate werden in Form von Reis und Nudeln verzehrt. Letztere sollen ursprünglich aus China stammen und von Marco Polo nach Italien gebracht worden sein, was allerdings von manchen Historikern bezweifelt wird. Erwachsene können wegen eines Mangels an entsprechenden Verdauungsenzymen (Lactase) Milchzucker nicht abbauen; deshalb werden Milchprodukte so gut wie ausschließlich von Kindern gegessen. Man isst, wie in vielen ost- und südostasiatischen Ländern mit Stäbchen, Messer werden nur in der Küche benutzt. Es gibt keine festgelegte Speisefolge; alle Gerichte kommen gleichzeitig auf den Tisch. Desserts sind unbekannt. Zum Abschluss des Essens genießt man eher eine Suppe aus Wasser und feinen Gemüsestreifen. Getrunken wird vor allem grüner Tee, neuerdings auch Bier oder Mineralwasser.

Der Norden Chinas wird von der *Peking-Küche* geprägt. Dort isst man weniger Reis als Nudeln und andere Getreideprodukte, Gemüse, Sojabohnen und Lammfleisch. Ein typisches Gewürz ist *Sesam*. Die *Shanghai-Küche* im Osten des Landes zeichnet sich durch viel Gemüse und Obst aus, Meeresfrüchte, Geflügel, Schweinefleisch, Tofu und geschmorte Gerichte, die oft leicht süß sind. Die *Szechuan-Küche* im Westen ist durch scharfe Würzung gekennzeichnet, z.B. Chili, Pfeffer und *Fünf-Gewürz-Mischung,* Gemüse sowie gesalzene und gepökelte Fleischgerichte mit Reis. In der *Kanton-Küche* bevorzugt man Reis, Obst, Gemüse, in den Küstenregionen Fisch und andere Meeresfrüchte und in Öl gebratenes Geflügel und Schweinefleisch. Eine Spezialität dieser Küche ist *Dim Sum*. Die Kanton-Küche entspricht am ehesten der China-Küche, wie man sie in Europa kennt.

Chinesische Oliven ist eine Sammelbezeichnung für die Früchte verschiedener in China und Vietnam kultivierten Bäume *(Canarium spec. – Burseraceae),* von denen die weißen und die schwarzen Oliven die größte Bedeutung haben. Sie dienen hauptsächlich zur Herstellung von Speiseöl. Chinesiche Oliven werden auch frisch, gekocht oder gesalzen verzehrt, die Samen meist nach dem Rösten. Zu den Chinesischen Oliven gehört die *Pilinuss, Kanariennuss (Canarium ovatum,* en: Pili nut*),* die in den asiatischen Tropen kultiviert wird. Die essbare Pulpa kann durch Behandlung mit heißem Wasser ent-

fernt werden, um an den essbaren, sehr fettreichen Kern zu gelangen. Chinesische Oliven sind botanisch nicht mit der mediterranen Olive verwandt.
en: Chinese olives

Chinesischer Schnittlauch ist eine ostasiatische Zwiebelpflanze (*Allium tuberosum - Alliaceae*), deren schmale, lange Blätter mit den Wurzeln als würziges Gemüse gegessen werden.
en: Chinese chives

Chinesisches Pfeilkraut, *Pfeilkraut, Konwai, Wappatoo,* sind die stärkehaltigen Knollen einer in Ostasien und Indien angebauten Pflanze (*Sagittaria graminea - Alismataceae*). Sie werden, ebenso wie die pfeilförmigen Blätter und die jungen Sprosse, jung als Gemüse gegessen oder reif zu Mehl verarbeitet.
en: Arrowhead

Chioggia ist eine runde, leicht süßlich schmeckende italienische Rote Bete (*Beta vulgaris vulgaris - Chenopodiaceae*). Sie ist außen rot, beim Durchschneiden werden weiße und rote Ringe sichtbar. Chioggia wird als Salat gegessen und zum Färben von Teigwaren benutzt.
en: Beetroot

Chirinabe ist ein japanischer Fischeintopf, der neben Brassen, Schnapper oder ähnlichen Fischen Poree, Pilze, Chinakohl und anderes Gemüse, Tofustücke, Reiswein und Sojasoße enthält, manchmal noch andere Meeresfrüchte.

Chivaco, *Anden-Blaubeere, Mortiño,* ist die Beere eines in den Anden wachsenden Strauches (*Vaccinium floribundum - Ericaceae*). Die kugeligen, blaubeerähnlichen Früchte schmecken leicht säuerlich und werden lokal roh gegessen oder zu Konfitüre verarbeitet.
en: Columbian blueberry, Andean blueberry

Chkembé Tchorba ist eine bulgarische Kaldaunensuppe mit Tomaten, die mit angebratenen Zwiebeln, Chili und vielerlei Kräutern gewürzt wird. Sie wird vor dem Verzehr mit Käse bestreut.

Chlodnik ist eine kalt gegessene polnische Suppe aus Roten Beten oder anderen Gemüsen.

Choisum, *Rapini,* ist ein südostasiatischer, heute auch in anderen Ländern angebauter Blattkohl (*Brassica parachinensis - Brassicaceae*). Die Blätter, Stengel und Blütenknospen werden lokal als Gemüse verzehrt.
en: Chinese flowering cabbage, Broccoli raab

Cholent, *Tscholent, Schalet* ist ein am Sabbatmittag gegessenes jüdisches Eintopfgericht aus Rinderbrust, Limabohnen, Zwiebeln, Fett, Kartoffeln oder anderen Zutaten, wie Lammfleisch oder Fisch. Weil am Sabbat nicht gekocht werden darf, wird das

Gericht bereits am Vortag gekocht und im Backofen warm gehalten.
en: Cholent

Chomez ist die jiddische Bezeichnung für Sauerteig. Man versteht darunter auch solche Speisen, die leicht in Gärung kommen können und deren Genuss gläubigen Juden während des jüdischen Pessachfestes verboten sind, vor allem das gesäuertes Brot. An dessen Stelle isst man *Matze*.

Chongos zamoranos ist eine mexikanische Süßspeise aus dickgelegter Kuhmilch mit viel Zucker, Eiern und Zimt.

Chopone sind in einigen Regionen Afrikas verbreitete Teigtaschen mit einer Füllung aus Hammel- oder Rindfleisch, Gemüse, Butter und geschlagenen Eiern.

Chop Suey ist eine Spezialität der südchinesischen Küche. Hauchdünn in Streifen geschnittenes Hühner- oder Schweinefleisch wird scharf in Öl angebraten und anschließend zusammen mit fein geschnittenen Bambussprossen, Sojakeimen und Pilzen gedünstet.

Chorba adass ist eine libanesische Linsensuppe mit Olivenöl, Knoblauch und Minze.

Chorek sind apfelgroße arabische süße Brötchen aus einem mit Hefe gelockerten weichen Weizenmehlteig, Butter, geschlagenen Eiern, Milch und Rosinen. Sie werden auf dem Blech gebacken und mit Zucker bestreut verzehrt.

Chorizo ist eine mit Paprika gefärbte, stark mit Chili und anderen Gewürzen versetzte, gereifte Rohwurst aus Rind- oder Schweinefleisch. Die spanische Variante enthält rohes, die mexikanische geräuchertes Schweinefleisch. Chorizo wird roh, gebraten oder gekocht in Eintopfgerichten gegessen.
en: Mexican sausage, Spanish sausage

Choua ist ein wie *Couscous* zubereitetes, mit Kümmel gewürztes marokkanisches Gericht aus gekochtem Lammfleisch und Kartoffeln.

Chowder war ursprünglich ein französisches Schiffergericht. Heute ist es das Name für sehr populäre, gewürzte, gebundene Suppen der nordamerikanischen Ostküste auf Basis von Kartoffeln, meist mit Meeresfrüchten, bes. Muscheln.

Chrysanthemen ist eine artenreiche Pflanzenfamilie *(Chrysanthemum spec. – Asteraceae)*. Die Blätter einiger Arten werden in Ostasien als Salat- oder Gemüse als Beilage zu rohem Fisch verzehrt oder wegen ihres Aromas zu Likör verarbeitet. Eine japanische Suppenwürze aus Chrysanthemenblättern ist *Shungiku, Shingiku*.
en: Chrysanthemum

Chuckwalla ist eine in den Bergen und Wüsten des Südens der USA lebende, bis 50 cm lange Echse *(Sauromalus spec.)*. Sie hat einen dicken fleischigen essbaren Schwanz, der lokal gegrillt oder gekocht gegessen wird. Die Jagd auf diese Tiere ist schwierig, weil sie sich in Erdspalten zurückziehen, ihr Körpervolumen durch Aufblasen der Lungen mit Luft um die Hälfte vergrößern und dadurch schwer herauszuziehen sind.

Chufa, *Chufanuss, Erdmandel, Tigernuss, Kaffeewurzel,* ist die eiförmige, mandelgroße unterirdische Knolle einer Staudenpflanze *(Cyperus esculentus – Cyperaceae)*. Sie wird in Spanien, besonders in der Gegend von Valencia und in Nordafrika angebaut. Sie ist leicht rötlich, dunkelfarben, schmeckt etwas nussähnlich und hat einen hohen Stärkegehalt. Man isst sie roh, gekocht oder gebraten oder verarbeitet sie zu *Horchata*, einer Mandelmilch oder benutzt sie als Kaffee-Ersatz. Sie liefert auch ein gutes Speiseöl.
en: *Chufa, Earth almond, Tiger nut*

Chuño, *Moraya,* sind getrocknete Kartoffeln der Indianer der Anden. Kartoffeln werden mit den Füßen zerstampft. Dabei wird das Gewebe der Knollen zerstört. Der Brei wird infolge der trockenen Hochgebirgskälte durch eine Art Gefriertrocknung konserviert. So ist Chuño ist jahrelang lagerfähig.

Chupé de pescado ist ein ecuadorianisches Eintopfgericht aus Fischen, Kartoffeln, Tomaten, Paprika und Gewürzen.

Chutney ist eine aus Indien stammende Würzzubereitung. Sie besteht aus klein geschnittenem Obst aller Art, wie Ananas, Mango, Melonen, Zitrusfrüchten und Äpfeln, Gemüsen, wie Kürbis, Paprika, Tomaten, Zwiebeln und Zucchini, die in Essig und Zucker eingelegt und mit den verschiedensten Gewürzen verfeinert werden, wie Nelken, Pfeffer und Koriander. Es gibt sie in unzähligen Varianten, süß, sauer, fruchtig und scharf. Man isst Chutney heute hauptsächlich in England zu allen möglichen Speisen, wie Fleisch, Wild, Geflügel, Reis, Eiern und Salaten.

Ciabatta ist ein einfaches italienisches Brot, das seinen Namen von der italienischen Bezeichnung für einen großen Schuh hat. Es wird aus nicht ganz hellem Weizenmehl, etwa der Typen 550-1050 hergestellt. Dem mit wenig Hefe gelockerten Teig werden kleine Mengen Olivenöl zugesetzt. Durch eine lange Garzeit entwickeln sich große Poren und viel Aroma.

Cinkaluk ist eine dem *Blacan* ähnliche südostasiatische Würzpaste aus fermentierten Garnelen und anderen Meeresfrüchten, die hauptsächlich in Heimarbeit hergestellt wird und etwas gekochten Reis und mehr Salz als dieses enthält. Cinkaluk wird weniger stark getrocknet, ist deshalb flüssiger als Blacan und hat einen schärferen Geruch, der nicht für jeden Europäer angenehm ist.

Cizaki sind die kleinen roten Beeren eines afrikanischen Wachsbaumes *(Carissa edulis – Apocyanaceae)*. Ihr Fruchtfleisch ist gummiartig zäh. Es eignet sich nicht zum rohen Verzehr. Man verarbeitet es lokal zu Pürees, Konfitüren und Gelees.

Clambake ist der Name sowohl für ein Picknick als auch die dabei gegessenen Speisen, wie sie aus der indianischen Küche von den europäischen Siedlern Nordamerikas übernommen worden sind. Man hebt am Strand eine tiefe Grube aus, belegt sie mit Steinen, die mit Holz bedeckt werden, das diese nach dem Anzünden zur Glut bringt. Sie werden dann mit einem Bett von *Blasentang, (en: rock weed)*, bedeckt, auf dem Kartoffeln, Gemüse, Zwiebeln, Muscheln, Krebse, Hummern, Geflügel und Würstchen gegart werden.

Club Sandwich ist eine nordamerikanische Sandwich-Variante aus drei Scheiben gebuttertem Toastbrot, die mit Salatblättern, gebratenem Frühstücksspeck und Hühnerbrust mit Mayonnaise belegt sind.

Cobb salad ist eine nordamerikanische Salatzubereitung aus Eisberg- und Römischem Salat mit Kresse, Chicoree, Tomaten, Speck, Hühnchenbrustfilet, Avocado, gekochten Eiern, Schnittlauch, Schimmelkäse und French Dressing.

Coca ist nicht nur die Kurzbezeichnung für ein bekanntes Erfrischungsgetränk; man bezeichnet damit auch eine spanische, pizzaähnliche Torte, die vorwiegend an Festtagen gegessen wird. Der mit Hefe getriebene Weizenmehlteig enthält nur wenig Zucker und etwas Olivenöl. Der Belag kann vielfältig sein, Spinat und andere Gemüse, Tomaten, Fleisch, Käse und vieles andere.

Cochenille, *Karmin, Echtes Karmin,* ist ein natürlicher roter Lebensmittelfarbstoff (E 120). Er wird aus den Körpern der auf Kakteen hauptsächlich in Peru wachsenden weiblichen Nopal-Schildläusen *(Dactylopius coccus)* extrahiert, die bis zu 10% ihres Gewichtes davon enthalten. Cochenille wird zum Färben von alkoholischen Getränken, z.B. eines bekannten italienischen Aperitifs genutzt. Wegen der Herkunft von Insekten ist dieser damit für gläubige Juden nicht koscher.
en: Cochineal

Cocido ist ein spanisches und südamerikanisches Eintopfgericht auf Basis von Hülsenfrüchten, besonders Kichererbsen und Fleisch, je nach Region Rind-, Schweine- oder Hühnerfleisch.

Cocktail-Tomate, *Kirschtomate,* ist eine in Südeuropa angebaute kleine Tomate *(Lycopersicon esculentum cerasiforme – Solanaceae).* Sie hat einen hohen Zucker- und Säuregehalt und ist deshalb sehr wohlschmeckend.
en: Cherry tomato

Coco de mer, *Seychellennuss,* ist die Frucht einer nur auf den Seychellen und benachbarten Inseln wachsenden Palme *(Lodoicea maldivica – Arecaceae).* Sie ist die größte aller Palmfrüchte überhaupt und reift sehr langsam innerhalb von 4–7 Jahren zu einer Riesennuss mit einem Gewicht bis zu 25 kg heran. Sie ist wegen ihrer eigentümlichen Form eher eine Touristenattraktion; das weiße Fleisch wird von Einheimischen gegessen.
en: Sea coconut, Double coconut

Cocona, *Orinocoapfel, Pfirsichtomate, Tupiro,* ist die apfelgroße gelbrote Frucht eines im tropischen Südamerika wild wachsenden Strauches *(Solanum topiro – Solanaceae).* Sie hat eine leicht behaarte lederige Haut. Das gallertartige gelbe Fruchtfleisch ist von vielen Samen durchsetzt. Es hat bei geringer Süße einen fruchtigen Geschmack und wird von Einheimischen frisch gegessen oder zu Getränken oder Konfitüren verarbeitet.
en: Peach tomato

Colanuss, *Gurunuss,* ist die zitronenförmige Balgkapsel eines in Afrika heimischen und dort angebauten Baumes *(Cola acuminata – Sterculiaceae).* Die von der Schale befreiten Samenkerne werden von Einheimischen wegen des hohen Coffeingehaltes als Anregungsmittel gekaut. Durch Trocknung werden sie sehr hart und müssen zur Weiterverarbeitung in der Getränkeindustrie gemahlen werden.
en: Cola nut

Colonche ist eine mexikanische Süßspeise aus dem Fruchtfleisch der Kaktusfeige.

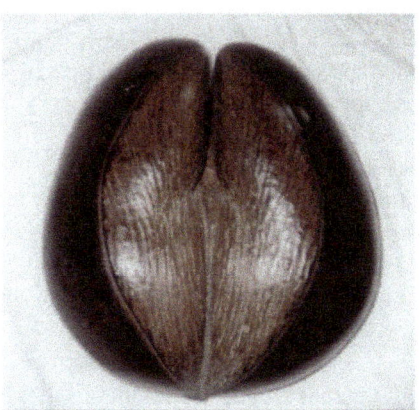
Coco de mer

Colanuss

Conch ist eine an der Küste Floridas im Wasser lebende Riesenflügelschnecke *(Strombus gigas)*. Ihr Fleisch ist sehr zäh und nur in zerkleinertem Zustand genießbar. Man kann es durch Behandlung mit dem Saft einer lokal wachsenden Limette zart machen. Es schmeckt leicht süß und wird meist in Form zu kleinen Küchlein oder als Zusatz zu *Chowders* verzehrt.

Confit ist eine vor allem in Südwestfrankreich gegessene Zubereitung aus gekochtem oder gebratenem Fleisch von Enten, Gänsen, Schweinen, Kaninchen und anderen Tieren, das in Steingut- oder Glastöpfen in das eigene Fett, evtl. unter Zusatz von Schweineschmalz eingelegt wird. Zum Verzehr werden die Fleischstücke nach dem Erwärmen des Schmalzes herausgenommen.

Congee ist ein in China und Südostasien weit verbreitetes Gericht aus Schichten von gekochtem Reis und Stücken von gewürzten weiteren Zutaten, wie Fisch, gegrilltem Fleisch, gerösteten Erdnüssen oder Gemüse.

Conpoy sind getrocknete See-Muscheln. Sie sind sehr teuer und werden in kleinen Mengen in der chinesischen Küche zur Verfeinerung des Aromas besonders von Gemüsegerichten verwendet. Man streut sie trocken oder nach dem Fritieren über die Gerichte.

Corail ist der wohlschmeckende, orangerote Rogensack von Hummern, Langusten und Jakobsmuscheln.

Coral, *Uvito,* sind die etwa 1 cm großen kugelförmigen schwarzen Beeren eines Andenstrauches *(Cavendishia cordifolia – Ericaceae)*. Sie schmecken angenehm süß und werden lokal roh verzehrt. Der gleiche Name wird auch für die säuerlich schmeckenden Beeren eines anderen Andenstrauches *(Thibaudia floribunda – Ericaceae)* verwendet. Diese werden roh gegessen oder zu Konfitüre verarbeitet.

Corned Beef ist gepökeltes, gekochtes Rindfleisch, das zum Erreichen einer bindefähigen Masse mit Schwarten und Knochenbrühe vermischt und in aller Regel in Dosen sterilisiert wird. Es wurde in Argentinien erfunden, um den Export von Fleisch nach Europa möglich zu machen, bevor es Kühlmöglichkeiten gab.

Corozo sind die 2 bis 4 cm großen, dunkelvioletten Früchte einer mittelamerikanischen Palme *(Bactris minor – Arecaceae)*. Sie bilden riesige Fruchtstände mit bis zu 4000 Einzelfrüchten. Diese schmecken süß-säuerlich und können zu einem erfrischenden Saft, Gelee oder Konfitüre verarbeitet werden.

Couscous ist ein nordafrikanisches Gericht, das auf die Berber zurückgeht. Es wird dort *K'seksu* genannt. Hirse-, Hartweizengrieß oder eine Mischung aus beiden wird sehr langsam und sorgfältig angefeuchtet, bis er zu schrotkugelgroßen Körnchen angeschwollen ist. Dabei dürfen sich keine Klumpen bilden. Der Grieß wird im oberen Teil eines speziellen Sieb-Kochtopfes, dem Couscoussier, im Dampf der Brühe gegart, die im unteren Topf erhitzt wird. Er enthält den anderen Teil des Couscous, nämlich Lamm-, Rind- oder Geflügelfleisch, Fisch, Gewürze und Gemüse.

Crab cakes sind in der Gegend von Baltimore populäre kleine Kuchen aus Krebsfleisch und Semmelbröseln, die in der Pfanne erhitzt werden und mit Mayonnaise, Senf, Pfeffer, Paprika und Tabasco-Soße gewürzt gegessen werden.

Cranberries sind in Nordamerika beheimatete Wildfrüchte, die roten Beeren eines kleinen Strauches (*Vaccinium macrocarpon* – Ericaceae). Sie haben ihren Namen von dem kranichähnlichen Aussehen der offenen Blüte. Cranberries werden großflächig in Feuchtgebieten angebaut, die mit Deichen eingefasst sind. Bei der Trockenernte für den Frischobstmarkt werden die Beeren mit kleinen, handgetriebenen Wagen, die mit Rechen ausgerüstet sind, von den Sträuchern abgestreift. Der größte Teil wird nass geerntet. Man flutet die Beete und schlägt die Beeren maschinell ab.

Cranberries

Sie schwimmen auf der Oberfläche, werden an Land getrieben und mit Förderanlagen abtransportiert. Sie sind gut haltbar und ähneln den Preiselbeeren. Man kann sie roh essen oder zu Säften, Soßen, Desserts, Früchtejoghurt, Kuchen oder Getränken verarbeiten.
de: Großfrüchtige Moosbeeren, Kranichbeeren

Crépinettes sind keine Miniatur-Crepes, sondern platte französische Würstchen aus gehacktem Schweine-, Kalb-, Lamm- oder Geflügelfleisch mit gehackter Petersilie und anderen Kräutern und/oder Gewürzen in einem Netz aus Schweinedarm.

Crostini, italienisch Krüstchen, sind kleine, als Vorspeise gereichte, geschmackvoll dekorierte Weißbrotscheiben.

Cumberland-Soße ist eine nach dem Herzog von Cumberland benannte Soße auf Basis von Johannisbeergelee, Orangen- und Zitronensaft,

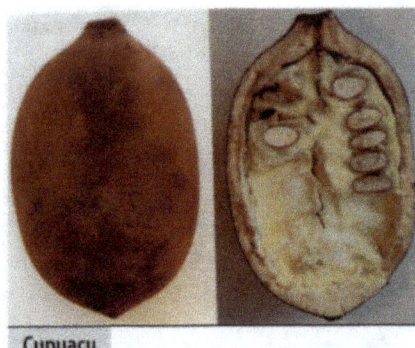
Cupuaçu

Senf, fein geschnittenen Orangenschalen, Schalotten, Cayennepfeffer und Rotwein. Sie dient als Beilage zu kaltem Fleisch, besonders Wild.
en: Cumberland sauce

Cupuaçu ist die Frucht eines im Amazonas-Regenwald heimischen Baumes *(Theobroma grandiflorum – Sterculiaceae)*. Sie wird bis zu 5 kg schwer und hat eine bräunliche, harte, holzige Schale. Das aromatische Fruchtfleisch ist cremig weiß und umschließt etwa 30 bis 50 walnussgroße Samen. Es wird von Einheimischen roh gegessen, zu Saft oder Kuchenbelag verarbeitet.

Curamba ist ein indisches Gericht aus *Mango*, die mit Weizengrieß oder anderen Cerealien gekocht wird.

Curanto ist ein südchilenisches Eintopfgericht. Ursprünglich wurden Fische und Muscheln in Erdlöchern auf Steinen gekocht. Heute wird Curanto in großen Töpfen zubereitet und enthält zusätzlich Würstchen, Schweine- und Hühnerfleisch.

Curry, indisch *Kari Podi,* besser als Currypulver zu bezeichnen, um es von den *Currygerichten* abzugrenzen, ist eine Gewürzmischung aus dem ostasiatischen, besonders indischen Raum, die sich aus 7 bis 66 verschiedenen Bestandteilen zusammensetzen kann. Als Grundzutaten gelten Kurkuma, Ingwer, Koriander, Pfeffer, Kreuzkümmel, Senfkörner. Daneben werden Gewürzpaprika, Chili, Macis, Nelken, Fenchel, Zimt, Piment, Lorbeerblätter, Muskatnuss, Rosmarin und viele andere Gewürze zugesetzt, aber kein oder so gut wie kein Salz und nie Kardamom. Curry wird zum Würzen von Reis-, Fisch- und Fleischspeisen benutzt und ist ein Rohstoff zur Herstellung von Worcester-Soße.
en: Curry, Curry powder

Curryblätter, *Murraya, Kari* sind die Blätter eines in Südostasien heimischen kleinen Baumes *(Murraya koenigii – Rutaceae)*. Sie haben einen durchdringenden Geruch und einen würzigen, an Curry erinnernden Geschmack. Man verwendet sie frisch, leicht geröstet oder gekocht vor allem in der indischen Küche als Würzzutat für Soßen, Gemüse, Fleisch und Reisgerichte.
en: Currry leaves

Curuba, *Bananen-Granadilla,* ist die längliche, blassgelbe Frucht einer im Norden Südamerikas heimischen Kletterpflanze. *(Passiflora trioartita mollissima – Passifloraceae)*. Ihr mild säuerliches aromatisches

Fruchtfleisch wird zu Desserts und Milchprodukten verarbeitet.
en: *Banana passionfruit, mollifruit US*

Cuy ist gegrilltes oder im Ofen gegartes, mit Schweineschmalz und Gewürzen eingeriebenes Meerschweinchen, wie es auf ecuadorianischen Märkten angeboten wird.

Dahi ist ein auf dem indischen Subkontinent verbreitetes, dem Joghurt ähnliches Sauermilcherzeugnis aus Kuh- oder Büffelmilch.

Daikon, *Chinesischer Rettich, Japanischer Rettich,* ist die Rübe einer ostasiatischen Pflanze *(Raphanus sativus longipinnatus* - *Brassicaceae),* die inzwischen auch in Europa angebaut wird. Daikon ist eine der wichtigsten Gemüsepflanzen Ostasiens. Ihr Aroma ist milder als das der europäischen Retticharten. Er kann bis zu 1 m lang werden und bis zu 20 kg wiegen.
en: *Chinese radish, Oriental radish, Japanese radish*

Dal, *Dhal,* ist ein indisches Eintopfgericht auf Basis von über Nacht eingeweichten reifen Hülsenfrüchten, hauptsächlich Linsen, Kichererbsen, halben Erbsen oder Urd-Bohnen. Als Würze enthält es u.a. Kurkuma, Currypulver, Chili, Senfkörner, Asant und Korianderblätter. Ein ähnliches Gericht ist das in Nepal populäre *Dal Pat,* das zusätzlich Reis enthält.

Damaszenerpflaume, *Haferschlehe, Haferpflaume,* ist eine aus dem Vorderen Orient nach Europa eingebürgerte und in Südeuropa gelegentlich angebaute, teilweise weise verwilderte kleine, runde, schwarzblaue Pflaume *(Prunus domestica var. insititia* - *Rosaceae).* Sie hat ein feste Schale und gelbgrünes, sehr aromatisches Fleisch, das sich nur schwer vom Stein ablösen lässt. Es schmeckt extrem sauer. Deshalb eignet sich die Damaszenerpflaume nur zur Herstellung von Kompotten oder Konfitüre, nicht zum Rohessen, oder in getrockneter Form als Zusatz zu Wildgerichten.
en: *Damson, Bullace, White plum*

Dana Roti ist ein mit *Ajmud* und Koriander aromatisiertes indisches Fladenbrot aus Weizenmehl.

Dang gui ist die leicht bitter schmeckende Wurzel einer chinesischen Krautpflanze *(Angelica sinensis* - *Apiaceae),* die in der chinesischen Küche zum Würzen von Suppen und Gerichten aus Hühnerfleisch dient.

Danwake ist ein nigerianisches Gericht aus mit Pottasche weich gekochen Bohnen, denen dann Blätter von *Baobab* zugesetzt werden.

Dashi ist eine Suppenbrühe der japanischen Küche, die als Grundlage für viele Gerichte dient. Sie wird durch kurzes Auskochen von Algen, Gemüse, Fisch oder Fleisch hergestellt; die ausgekochten Produkte werden abgetrennt. Die Rohstoffe werden oft zweimal hintereinander ausgekocht. Der erste Extrakt heißt *Ichiban dashi*, der zweite *Niban dashi*.

Datteln sind die Beerenfrüchte der Dattelpalme *(Phoenix dactylifera – Arecaceae)*, die hauptsächlich im Vorderen Orient und im Mittelmeerraum wächst. 100 bis 200 der kleinen gelbroten Beeren stehen zu großen Büscheln zusammen. Datteln werden in den Anbauländern frisch verzehrt, in Mitteleuropa meist in getrockneter Form. Es gibt trockene und weiche Sorten. Erstere sind weniger aromatisch, die Exportsorten gehören zu den weichen Sorten. Die Früchte werden kurz vor der Vollreife geerntet und dann an der Luft getrocknet. Datteln haben unter den Beerenfrüchten den höchsten Zuckergehalt. Er liegt 3–4 mal über dem von Weintrauben. Sie können zu alkoholischen Getränken, z.B. Arrak verarbeitet werden. Als beste Sorte gilt die hellbraune, weichfleischige Königsdattel, auch Berber-Dattel genannt, die man zwischen dem 30. und 100. Lebensjahr des Baumes erntet. *Barhi* ist eine sehr saftige, gelbe israelische Varietät, die frisch angeboten wird. Dattelwein, *Lagmi*, wird aus den vergorenen Sprossen der Dattelpalme gewonnen. *Dattelbrot* sind getrocknete *Pressdatteln*.
en: Dates

Datteln

Dattelzwetsche ist die rundliche, saftreiche Frucht einer Pflaumenart *(Prunus domestica oeconomica – Rosaceae)*. Sie ist nicht identisch mit der Dattelpflaume, der Kakipflaume.

Dawadawa, *Daddawa,* ist eine in Westafrika verbreitete Backware aus den Samen der *Afrikanischen Locustbohne (Parkia filicoidea – Mimosaceae).* Die braunen bis schwarzen Samen werden zerkleinert und einer 2 bis 3 Wochen dauernden Fermentation unterworfen, wobei eine würzige Soße entsteht.

Delphine, *(Delphinidae)*, werden, obwohl sie geschützt sind, auf beiden Seiten des Pazifiks immer noch als Beifang der Treibnetzfischerei verwertet und als Wal- oder Thunfischfleisch verkauft, teilweise in getrockneter Form.
en: Dolphins

Demerara-Zucker ist ein ursprünglich aus Britisch-Guajana stammender nicht raffinierter brauner Rohrzucker. Man benutzt ihn zum Süßen von Getränken, Obst und Früh-

stückscerealien. Für Backwaren soll er aus geschmacklichen Gründen weniger geeignet sein.
en: Demerara sugar

Dfeena ist ein vorderasiatisches Schmorgericht, das sowohl in der arabischen als auch in der jüdischen Küche bekannt ist. Rindfleisch und/oder ein Kalbsfuß werden in einer Kasserolle zusammen mit Zwiebeln, Kartoffeln, Bohnen und Kichererbsen mehrere Stunden langsam geköchelt. Zum Würzen verwendet man Pfeffer und Piment. Anstelle von Kartoffeln kann man auch Reis benutzen, der aber separat gekocht werden muss.

Dhokla ist ein indisches Frühstücksgericht. Weizengrieß wird mit gemahlenen Kichererbsen, Mehl und Salz zu einem Teig verarbeitet, den man mit Sesamsaat aromatisiert und dann brät.

Dibs, *Dibbis, Dilbis,* ist ein in Vorderasien verbreiteter haltbarer Sirup aus Johannisbrotkernen oder Datteln. Man benutzt ihn zum Süßen von Speisen oder verwendet ihn vermischt mit *Tahina,* Butter oder Nüssen als Brotaufstrich.

Dihe ist ein in Mittelafrika gegessenes Fladenbrot aus proteinreichen getrockneten Süßwasseralgen, besonders der Blaualge *Spirulina platensis.*

Dijon-Senf ist ein sehr scharfer Senf aus den nicht entölten Samen des Schwarzen Senfs *(Brassica nigra – Brassicaceae),* dessen Schalen abgesiebt worden sind.
en: Dijon mustard

Dika, *Wildmango,* ist die pflaumengroße gelbe Frucht eines westafrikanischen Waldbaumes *(Irvingia gabonensis – Simarubaceae).* Sie ist sehr ölreich und kann frisch gegessen werden. D. wird von Einheimischen zerstampft und zu Ballen gepresst, die man am Feuer röstet. Sie ergeben das Dikabrot, das als Beilage zu Fischgerichten gegessen wird.
en: Dika, Wild mango

Dimer Chop sind bengalische eiförmig ausgeformte, bei starker Hitze in Öl fritierte, mit Koriander, Chili und Masala gewürzte Bällchen aus Kartoffeln, zuvor gekochten Kichererbsen und Eiern.

Dim Sum sind ursprünglich kleine, im Wasserdampf gegarte Teigtaschen der kantonesischen Küche aus Bambusblättern mit einer Füllung aus dem Püree von Chinesischen Wasserkastanien. Heute gibt es Dim Sum in Hunderten von Varietäten, gedämpft, fritiert, gebraten, süßsauer, pikant, mit Hüllen aus den verschiedensten Teigen und Füllungen z.B. aus Fleisch, Garnelen, Fisch, Gemüse, Pilzen und Kräutern. Dim Sum werden als Snacks oder als vollständige Mahlzeit verzehrt.

Diombre ist ein an der Elfenbeinküste gegessenes Schmorgericht aus

Okra, Tomaten, Zwiebeln oder anderen vegetabilischen Zutaten und Hammel- oder Rindfleisch, das mit *Fufu* oder Reis gegessen wird.

Dirty rice ist ein in den Südstaaten der USA populäres Gericht der Cajun-Küche, das in seiner Zubereitung ein wenig der *Paella* ähnelt. Es besteht aus mit Pfeffer, Thymian und Chili gewürzten Hühnermägen, Schweinefleisch, Zwiebeln, Paprikaschoten und zuvor gekochtem Reis.

Disznósajt ist ein ungarischer, mit Innereien gefüllter, leicht geräucherter Schweinmagen.

Dizi ist ein persisches Schmorgericht aus Lamm- oder Hammelfleisch, Kichererbsen, Dicken Bohnen, Tomaten, Zwiebeln, Kurkuma, Pfeffer und anderen Gewürzen.

Djelou Khabab ist eine persische Spezialität. Sehr dünn geklopfte Steaks aus Lamm- oder Hammelfleisch werden kräftig mit Kurkuma und Pfeffer gewürzt, mit Mehl bestreut über Holzkohle gegrillt und mit gekochtem, gebuttertem Reis übergossen.

Djon Djon sind kleine, auf Haiti wachsende Pilze. Sie verstärken die schwarze Farbe der dort als Nationalgericht gegessenen schwarzen Bohnen.

Djuvec ist ein scharf, meist mit Knoblauch gewürztes balkanesisches Eintopfgericht aus Schweine- oder Hammel-, seltener Rindfleisch, Gemüse, Kartoffeln oder Reis und Zwiebeln.

Dobostorta ist eine runde ungarische Torte bestehend aus 6 bis 8 übereinander geschichteten Biskuitböden, die mit Schokoladecreme verbunden sind. Sie wird mit einer hellbraunen Karamelglasur überzogen und an der Seite mit Biskuitbröseln, Mandelsplittern oder geriebenen Nüssen verziert. Man schneidet sie in der Originalversion in 16 gleich große Stücke.

Doldol ist eine indische Süßspeise aus gekochtem Reis und Kokosflocken.

Dolma, *Dolmades,* sind in Griechenland, wo sie Dolmadhákja heißen, und in Vorderasien, wo sie in einigen Ländern *Einab* genannt werden, gegessene rohe oder in Salzlake konservierte Weinblätter. Sie können gefüllt sein mit gesäuertem Reis, der manchmal Rosinen oder Korinthen enthält, mit Gemüse oder scharf gewürztem Hackfleisch.

Doogh ist ein persisches Getränk aus Schafsmilch-Joghurt, Wasser, Kümmel und evtl. anderen Gewürzen.

Doro Wot ist eine äthiopische Festtagsspeise aus mit *Chili* und Zwiebeln gewürztem Hühnerfleisch mit gekochten Eiern, Tomaten und Reis.

Dosai sind heiß zum Frühstück gegessene indische Pfannkuchen aus dem Mehl von Reis und Urd-Bohnen.

Doulma sind tunesische, mit gehacktem Lammfleisch und schwarzen Bohnen gefüllte *Zucchini*.

Doumpalmenfrucht ist die Frucht der in Ägpten heimischen Dumpalme *(Hyphaene thebaica – Aracaceae)*. Sie ist pflaumengroß, unregelmäßig geformt, hat eine bräunliche, glänzende, schwarzgepunktete Oberfläche und einen großen Kern. Das Fruchtfleisch ist hart und trocken. Es lässt sich leicht trocknen. Als Pulver zermahlen kann es mit Wasser zu einem mild schmeckenden Getränk verarbeitet werden. Sie diente früher als Reiseproviant für Karawanen.
en: Doum palm fruit

Drumsticks ist der englische Name für die Unterkeulen von Geflügel. Als Drumsticks (Trommelstäbe) bezeichnet man auch die hülsenfruchtähnlichen Früchte des in Indien heimischen Pferderettichbaumes *(Moringa oleifera – Moringaceae)*. Seine Blätter und nicht ausgereiften Früchte werden als Gemüse gegessen. Es hat einen scharfen Geschmack und dient auch zum Würzen.

Dsaudan-Eier sind *Chinesische Eier* von weicher Konsistenz und einem weinähnlichen süßlichen Geschmack.

Dudhi sind aus Indien stammende, bis zu 1 Meter lange, dickschalige, schlanke, hellgrüne Flaschenkürbisse *(Lagenaria siceraria – Cucurbitaceae)*, die im Aussehen den Zucchini ähneln. Sie werden mit der Schale gekocht und wie Schmorgurken als Gemüse gegessen, auch mit Hackfleisch, Meeresfrüchten oder Reis gefüllt.

Dukkah ist eine ägyptische Gewürzmischung aus Koriander, Kreuzkümmel und Pfeffer mit Zusatz von gemahlenen Haselnüssen, Sesamsaat und Salz. Die zerstoßenen Zutaten werden getrennt geröstet. Man benutzt Dukkah hauptsächlich als Lammgewürz oder isst es in Mischung mit Olivenöl mit Fladenbrot als Vorspeise oder leichtes Hauptgericht.

Dulce de leche ist eine argentinische Süßspeise mit einem leichten Karamelgeschmack, für die stark mit Vanillezucker gesüßte Milch bis zu einer marzipanähnlichen Konsistenz eingedickt wird.

Dulse ist der Thallus einer atlantischen *Rotalge (Rhodymenia palmata)*. Es hat einen hohen Gehalt an Verdickungsmitteln. Es wird roh oder gekocht gegessen, z.B. als Beilage zu Fisch oder als Ragout. Man kann aus Dulse auch eine Art Brot backen.
en: Dulse

Dum bedeutet in der indischen Küche ein Dämpfen besonders in einem mit Teig gedecktem Gefäß. *Dum Aloo* besteht aus entsprechend zubereitetem scharf gewürztem Kartoffelbrei.

Dundu sind in vielen afrikanischen Regionen übliche Zubereitungen von *Yam* oder Süßkartoffeln. Sie können einfach in Öl geröstet oder mit Eiern und Gewürzen verfeinert werden.

Duraznil ist die Frucht eines in den Mittelgebirgslagen der Anden wild wachsenden Strauches *(Carica momoica - Caricaceae)*. Sie ist länglich-oval und wird bis zu 20 cm lang, hat eine glatte gelbe Schale. Das weiche Fruchtfleisch riecht und schmeckt pfirsichartig.

Durian, *Stinkfrucht, Zibetbaumfrucht,* ist die Frucht eines malaysischen Baumes *(Durio zibethinus – Bombacaceae)*. Sie ist kugelig bis eiförmig und etwa 25 cm groß. Unreife Früchte werden roh oder gekocht lokal als Gemüse gegessen. Die grünliche, stachelige Schale springt bei der Reife auf und gibt fünf Teilfrüchte frei. Die Schale riecht für Europäer außerordentlich unangenehm nach einer Mischung aus Terpentin, altem Käse, verrottetem Fisch und faulen Zwiebeln, daher der Name Stinkfrucht. In Singapur, Thailand und anderen südostasiatischen Ländern ist ihr Transport in Flugzeugen und anderen Verkehrsmiteln und der öffentliche Verzehr verboten; in Restaurants wird

Durian

sie in besonderen Räumen serviert. Das eigentliche Fruchtfleisch ist ungenießbar. Das die großen Samen umgebende Fleisch, der Samenmantel, ist dagegen für Einheimische eine Delikatesse. Es wird als Beilage zu Reisgerichten gegessen, mit Zucker und gekochtem Reis vermischt als *Lempog* oder mit Salz, Zwiebeln und Essig angerichtet als *Boder*. Die Samen können in heißer Asche geröstet werden *(Pongge)*. Durian wird auch zu Cremespeisen, Soßen, Kuchen, Speiseeis und Bonbons verarbeitet. Durian und Alkohol sollen einander nicht vertragen. Die Früchte werden zu sehr hohen Preisen verkauft. In Indonesien werden sogar Kondome mit dem „Duft" von Durian aromatisiert.
en: *Durian, Civet durian*

Duri Rukem, *Baincha,* ist die Frucht eines südostasiatischen Baumes

(*Flacourtia ramontchi* – Flacourtiaceae). Sie ist kirschgroß, bläulich und fast kernlos. Wegen ihres etwas adstringierenden Geschmackes eignet sie sich weniger zum roh essen. Man verarbeitet sie eher zu Konfitüren.
en: Madagascar plum

Eba ist ein nigerianischer Brei aus zerstampftem und mit heißem Wasser übergossenem *Maniok*, der als solcher oder als Suppeneinlage gegessen wird.

Ebi ist ein Sammelbegriff in der japanischen Küche für Garnelen, Krebse und andere kleine Meerestiere. Sie werden meist zu *Sushi* und Suppen verarbeitet.

Eberebe ist ein in vielen Gebieten Westafrikas, besonders bei den Ibos in Nigeria verbreitetes Gericht aus leicht gegartem *Maniok* und dem Fleisch von Kokosnüssen.

Eberraute, Zitronenkraut, ist eine in Südeuropa und Vorderasien heimische dauergrüne Krautpflanze (*Artemisia abrotanum* – Asteraceae). Ihre Blätter duften frisch schwach zitronenartig und schmecken deutlich bitter, wie der botanisch verwandte *Beifuss*. Sie dienen u.a. in Italien zum Würzen von Kalbfleischgerichten und Kuchen sowie als Zusatz zu Likör. Wegen ihres intensiven Geschmackes müssen sie vorsichtig dosiert werden.
en: Southernwood

Edamame ist ein ostasiatisches Gemüsegericht aus nicht ganz reifen Sojabohnen.

Efo ist die Bezeichnung für eine Vielzahl weicher Grünpflanzen, wie Kohlarten und Cassavablätter, die in Afrika in frischer oder getrockneter Form als Beilage zu Eintopf- oder Currygerichten gegessen werden.

Egbo ist ein nigerianisches Gericht aus mit Wasser gekochtem Maismehl und einer öligen Soße aus Pfeffer, Chili, Tomaten und Zwiebeln.

Eggah ist ein tortenförmiger, kalt oder heiß gegessener fester Eierkuchen der orientalischen Küche mit einer reichhaltigen Füllung von Gemüse, Fleisch, Geflügel oder Nudeln.

Egusi sind die Samen einer west- und zentralafrikanischen Wassermelone (*Cucumeropsis mannii* – Cucurbitaceae), die roh als Snacks gegessen werden oder nach dem Rösten und/oder Trocknen zusammen mit Bohnen oder anderen Hülsenfrüchten als Paste oder Suppe. Man isst Egusi für sich allein als sättigende Mahlzeit oder als Beilage zu Fleisch oder Fisch.

Eichelkürbis ist die hartschalige Frucht einer in Nordamerika angebauten Winterkürbisart (*Cucurbita pepo* – Cucurbitaceae). Sie ist relativ klein und hat ein leicht süßlich schmeckendes Fruchtfleisch. Eichel-

kürbis wird im ganzen gebacken, oder man mischt das ausgehobene Fruchtfleisch nach dem Kochen mit Butter und isst es als Puree.
en: Acorn squash

Eicheln sind die Früchte verschiedener Arten der *Eiche (Quercus spec – Fagaceae)*. Obwohl sie viel Stärke und damit einen hohen Nährstoffgehalt haben, sind sie wegen ihres Gerbstoffgehaltes ungenießbar, der einen sehr bitteren Geschmack verursacht. Indianern dienten sie dennoch als Notnahrung. Sie kochten sie mehrfach mit viel Wasser auf, bis der bittere Gerbstoffgeschmack verschwunden war.
en: Acorns

Eichhörnchen, die es in vielen Arten auf allen Kontinenten gibt, werden gelegentlich gegessen, u.a. in den Südstatten der USA in Form von *Brunswick Stew*, einem Eintopfgericht das zusätzlich Geflügel- und Rindfleisch sowie Kartoffeln und Gemüse enthält und mit dem Knochen eines gesalzenen Schinkens gewürzt wird.

Eishta ist ein orientalischer Sauerrahm. Man kocht fettreiche Büffelmilch, *Gamoussa* genannt, bis zur Schneidfähigkeit ein und lässt sie über Nacht ruhen. Sie wird dann mit Marmelade oder Honig gemischt und zusammen mit leichtem Gebäck gegessen.

Eiskraut, *Kristallkraut,* sind die Sprosse und Blätter einer aus Südafrika stammenden, jetzt auch in Mittelmeerländern angebauten Krautpflanze *(Mesembryanthemum crystallinum – Aizoaceae)*. Es kann roh als Salat, als Einlage von Suppen oder wie Spinat gekocht gegessen werden.
en: Ice plant, Crystalline

Ekuro ist eine nigerianische Paste aus dem Endosperm von schwarzen Bohnen. Zu seiner Herstellung werden die Schalen durch längeres Einlegen in kaltes Wasser abgelöst; das Endosperm wird zerstampft, mit den nährstoffreichen Schalen aufgekocht und zusammen mit einer Pfeffersoße heiß verzehrt.

Eland ist mit einer Schulterhöhe von etwa 1,80 m und einem Gewicht von bis zu 600 kg eine der größten afrikanischen Antilopen *(Taurotragus derbianus)*. Es wir zunehmend domestifiziert und dient als Milch- und Fleischlieferant. Noch größer ist das nur wild lebende *Riesen-Eland (Taurotragus derbianus)*, das wegen seines Fleisches gejagt wird.
en: Eland

Elefanten werden in manchen Gebieten Afrikas nicht nur (illegal) wegen des Elfenbeins gejagt, sondern auch (legal) als Fleischquelle. Als schmackhaft gelten die wie Steaks gegrillten Rüssel. Auch die Füße sind eßbar, wenn man sie lange genug kocht.
en: Elephants

Elegante ist ein mexikanischer Gemüseeintopf aus Kürbis, Tomaten, Zwiebeln, Chili, Kräutern und anderen Gewürzen.

Empanadas sind mit Fleisch, Fisch, Wurst, Käse, Gemüse, Früchten oder anderen Zutaten gefüllte spanische und lateinamerikanische Teigpasteten.

Emufleisch ist das Fleisch des australischen Emus *(Dromaius novaehollandiae)*, der zwar auch ein Laufvogel, aber deutlich kleiner ist als der Strauß. *Straußenfleisch* unterscheidet sich kaum vom Emufleisch.
en: emu meat

Enchiladas sind mexikanische Maismehlfladen, Tortillas, die mit scharf gewürztem Fleisch, Geflügel, Käse, Gemüse o.a. Zutaten gefüllt sind und meist warm mit Soße gegessen werden.

Enokitake ist ein auf Bäumen wachsender japanischer Pilz *(Flammulina velutipes – Agaricaceae)* mit langen Stielen und sehr kleinen gelben Kappen. Enokitake hat ein sehr festes Fleisch. Sein Geschmack ist weniger pilzartig, sondern leicht säuerlich, das Aroma ist fruchtig und erinnert eher an Trauben. Man isst die Pilze als Einlage in Suppen oder Eintopfgerichten.

Ensaimada ist ein auf den Balearen gegessenes schneckenförmiges mit Hefe gelockertes, viel Butter enthaltendes Weizenteiggebäck.

Ensalada de Navidad ist ein besonders zu Weihnachten gegessener mexikanischer Salat aus Roten Beten, Grünem Salat, Zucker, Orangen, Bananen, Jícamas und Erdnüssen.

Entenfüße werden gedünstet in China mit Austern- oder Sojasoße gewürzt als Vorspeise gegessen.
en: Duck feet

Entenmuscheln, auch *Elefantenfüße* genannt, sehen zwar wie Muscheln aus, sind aber keine solchen, sondern Krustentiere. Am bekanntesten ist die Große Entenmuschel *(Lepas anatifera, en: Barnacle, Goose neck)*. Sie wächst wild an steilen, von sehr sauberem Wasser umspülten Felsen, besonders in Nordspanien und in Portugal, wo sie *Percebes* heißt. Der flache Körper sitzt auf einem langen Stiel, dessen blasslilafarbenes Fleisch nach dem Entfernen der dicken Haut gegessen wird. Sie können nur bei ruhiger See von geübten

Entenmuscheln

Muschelpflückern, den Percebeiros mit Meißeln abgeschlagen werden, was ihren hohen Preis rechtfertigt. In Nordamerika kennt man Entenmuscheln *(Anatina anatina)* unter dem Namen *Duck clams*.

Epazote, *Mexikanisches Teekraut,* ist ein im Südwesten der USA und in Mexiko wachsendes, scharf schmeckendes Kraut *(Chenopodium ambrosioides – Chenopodiaceae),* das besonders zum Würzen von Bohnengerichten und als Zusatz zu Soßen benutzt wird.
en: Goosefoot, Jerusalem oak epazote

Epok-epok ist eine fritierte, halbmondförmige, ravioliähnliche, gefüllte malaysische Teigware. Die Füllung besteht aus stark mit Chili und Knoblauch oder Curry gewürzten Anchovis und süßen Kokosraspeln.

Erbsenkrabbe ist eine nur etwa 1–2 cm große gelbe Krabbe *(Pinnotheres pisum)*. Sie lebt kommensalisch in *Austern* und anderen Muscheln von deren eingestrudelter Nahrung. Man findet sie manchmal in lebenden Austern und isst sie, oft ohne es zu bemerken, lebend mit. Als solche hat die Erbsenkrabbe keine kulinarische Bedeutung.
en: Pea crab

Erdbirne ist eine in Nordamerika heimische Schlingpflanze *(Apios americana – Fabaceae),* deren Knollen früher von den Indianern gegessen wurden. Heute ist sie ein Wildgemüse, ebenso wie die oberirdischen Pflanzenteile. Trotz des ähnlichen Namens hat die Pflanze keinerlei Verwandschaft mit der Erdnuss.
en: Groundnut, Earthnut, Potato bean

Erde hat zwar außer ihrem Gehalt an Mineralstoffen und Spurenelementen keinen Nährwert, wird aber dennoch gegessen. Die *Geophagie*, das Essen von ton- und salzhaltiger Erde, ist nicht nur bei einigen Naturvölkern verbreitet; sie wird neuerdings auch in Europa und Nordamerika praktiziert. Die Motive dafür liegen im kultischen Bereich oder sind Zauberglaube.
en: Earth

Erdferkel, *Kapschwein,* ist ein 100 bis 130 cm großer südlich der Sahara verbreiteter Ameisenbär *(Orycteropus afer)* mit einem dicken Schwanz, der bis zu 70 kg schwer sein kann. Es wird wegen seines schmackhaften Fleisches lokal gejagt und gegessen.
en: Aardvark

Erdnußbutter ist ein Mus aus gerösteten und dann fein zerkleinerten Erdnüssen mit Zusatz von Erdnußöl. Sie dient in Nordamerika als Brotaufstrich.
en: Peanut butter

Erdnüsse sind die Samen einer in vielen Ländern angebauten krautartigen Pflanze *(Arachis hypogaea – Fabaceae)*. Die Blütenstiele der befruchteten Blüten biegen sich

nach unten, bohren den Fruchtknoten in den Boden, wo sich die Hülse mit 1 bis 6 mandelartigen Samen bildet. Deren Farbe wird von der Art des Bodens bestimmt. Die Samen werden nach der Ernte in Trommeln oder durch Eintauchen in heißes Öl geröstet, können aber auch ungeröstet verzehrt werden. In Indien vermischt man den Brei aus gekochten Erdnüssen mit Wasser und verwendet das Filtrat daraus als Ersatz für Kuhmilch. Erdnüsse werden hierzulande hauptsächlich gesalzen als Snacks gegessen und dienen zur Herstellung von Erdnussöl, einem wichtigen Speiseöl mit hoher Hitzebeständigkeit. In der südostasiatischen Küche sind sie wichtige Grundstoffe für vielerlei Soßen. Das allergene Potential der Erdnüsse ist nicht zu unterschätzen. Besonders in den USA und in Europa sind Allergien gegen Erdnüsse weit verbreitet. Hingegen sind sie in China relativ selten, obwohl dort ebenso viele Erdnüsse gegessen werden. Die Gründe dafür sind unbekannt, vielleicht sind sie genetisch bedingt. Vor dem Genuss verschimmelter Erdnüsse ist dringend zu warnen, weil sie krebserregende Aflatoxine enthalten können.
en: Peanut, Groundnut (GB), Earth nut

Escabeche ist eine Spanien und Südamerika gebräuchliche Sammelbezeichnung für in Essig eingelegte Produkte, teilweise mit Zusatz von Zitronensaft und Gewürzen, Marinaden aus Fisch, Fleisch und Gemüse.

Escudella ist ein deftiges mallorquinisches Eintopfgericht in vielen Varianten aus Schweinefleisch, Schinkenknochen, Chorizo, Kartoffeln, Linsen, Gemüse und Gewürzen.

Eselfleisch war ursprünglich einmal ein wichtiger Rohstoff für *Salami*. Heute ist es in geräucherter Form nur noch Bestandteil einiger lokaler Spezialitäten in Sizilien. In der Provence wird es zu Würstchen verarbeitet. In Spanien ist das Schlachten von Eseln verboten, dennoch werden dort noch gelegentlich Eselfilets angeboten. Sie werden auch im Orient wegen ihrer Schmackhaftigkeit geschätzt. In Persien wird das Fleisch wilder Esel geschätzt. Hildegard von Bingen warnte vor dem Genuss von Eselfleisch, „weil er stinkt wegen der Dummheit, die der Esel in sich hat".
en: Asses meat

Eshkeneh ist eine persische Zwiebelsuppe mit Eiern, Olivenöl und altbackenem Fladenbrot. Sie wird mit Curcuma, Bockshornkleeblättern und Pfeffer gewürzt.

Esteler ist ein indonesisches Erfrischungsgetränk aus dem Saft der *Jackfrucht, Avocado, Kokosfleisch und Kokosmilch*.

Estofado ist eine Spezialität der Philippinen, die dort auch *Humba* ge-

Estragonblatt

nannt wird. Zuvor fritiertes, stückiges Hühner- oder Schweinefleisch oder Rinderzunge wird in einer gewürzhaltigen Lösung aus Essig, Salz und Zucker gar gekocht.

Estragon, *Echter Französischer Estragon, Dragon,* sind die Blätter einer in Europa, Vorderasien und Indien heimischen Staude *(Artemisia dracunculus – Asteraceae).* Sie haben einen leicht bitteren Geschmack und einen etwas wermutartigen Geruch. Estragon dient zum Würzen von Kräuteressig, Senf, Gurken, Fisch-, Fleisch- und Geflügelgerichten, Soßen, wie *Sauce Béarnaise,* Gemüse- und Tomatenprodukten. Getrockneter Estragon ist wenig lagerfähig.
en: Tarragon, Estragon

Euro ist nicht nur die neue Währung der meisten EU-Staaten. Er ist auch der Name eines ca. 2m langen, also relativ kleinen Bergkänguruhs *(Macropus robustus erubescens).* Es ist in Australien eine Landplage und wird gejagt. Sein Fleisch dient hauptsächlich als Hundefutter, wird aber zunehmend auch in Form von Wildgu-

Euro

lasch verzehrt und möglicherweise unter dieser Bezeichnung auch nach Europa exportiert. Die Ureinwohner Australiens nannten das Tier *Yuroo,* woraus anglisiert der Name Euro geworden ist.

Ezme ist ein türkisches Gericht aus gekochtem, püriertem Gemüse mit Joghurt und viel Olivenöl.

Fabada ist ein für Asturien typisches Eintopfgericht aus großen weißen Bohnen, Zwiebeln, Paprikawurst, Blutwurst, Schinken und Speck.

Fajitas sind texanische, gegrillte und in *Tortillas* eingewickelte Rinder- oder Geflügelteile, die mit *Guacamo-*

le oder anderen Würzsoßen, Salaten und Zwiebeln serviert werden.

Falafel, *Felafel, Taʿamia,* ist ein im Orient weit verbreitetes vegetarisches Gericht, das es in vielen Variationen gibt. Die Basis sind in Ägypten weiße Bohnen, in anderen Ländern Kichererbsen oder zerstoßener Weizen. Sie werden mit fein gehackten Zwiebeln, Kräutern, Gewürzen, Hefe oder Backpulver zu einem Teig verarbeitet, aus dem man kleine Bällchen oder Plätzchen formt. Diese werden in Öl ausgebacken und mit Salat gegessen.

Fanesca ist ein in Ecuador während der Karwoche gegessener fleischlosen Fasteneintopf aus Linsen, Mais, Bohnen, Stockfisch, Eiern, Erbsen, Kürbis, Weißkohl, Bataten, Melonen und Käse und Gewürzen.

Farfel ist eine Suppeneinlage der jüdischen Küche. Mehl wird mit Eiern und Wasser zu einem festen Teig verarbeitet, der nach dem Trocknen zu kleinen viereckigen Stückchen verarbeitet wird. Man isst Farfel vor allem am Neujahrstag.

Fata, *Fatta,* ist eine ägyptische Festtagssuppe, die gewöhnlich 70 Tage nach Ende des Fastenmonats gegessen wird. Es wird ein Lamm geopfert, dessen Fleisch größtenteils an die Armen verteilt wird. Aus den Resten und den Knochen bereitet man eine Suppe, die mit Reis und getoasteten Brotscheiben angereichert wird. Die Suppe kann auch aus Rindfleisch mit Zusatz von Tomaten und Joghurt bereitet werden.

Fatayer sind ostarabische Blätterteigtaschen, die man mit gewürztem Spinat, evtl. unter Zusatz von Pinienkernen, Schafskäse oder anderen Zutaten füllen kann. Sie werden auf einem gefetteten Blech gebacken und heiß oder kalt gegessen.

Fattoush ist ein libanesischer Salat aus in Stücke gebrochenem Fladenbrot, kleinen Gurken, Tomaten, Lauchzwiebeln, Salatblättern, Minze und anderen Würzkräutern, Koriander und Chili, der mit Zitronensaft und Olivenöl angemacht wird.

Faultiere, *(Bradypodidae),* sollen ein schmackhaftes Fleisch haben. Sie werden von südamerikanischen Eingeborenen am Spieß gebraten gegessen.

Feggas, *Feqqas* sind kleine, knackige, süße, mit Hefe getriebene marokkanische Plätzchen, deren Teig zusätzlich Mandeln enthalten kann.

Feige ist die Scheinfrucht eines kleinen mediterranen Baumes *(Ficus carica – Moraceae),* die es in vielerlei Farben und Sorten gibt. Die Feigenbäume sind männlich oder weiblich; nur die letzteren bringen nach der Befruchtung durch Gallwespen essbare Früchte hervor. Die Farbe des Fruchtfleisches variiert zwischen rosaweiß und dunkel-pur-

purrot. Es wird mit zunehmender Reife weicher und hat einen süß-säuerlichen Geschmack. Man kann die Feigen roh essen. In Europa sind sie aus Gründen der Haltbarkeit mehr in getrockneter Form bekannt. Rohe Feigen verarbeitet man auch zu Desserts, Kompott, Pasten, Sirup, Konfitüre, Chutneys und Essig. Wegen ihres hohen Zuckergehaltes können Feigen zur Herstellung von Branntwein dienen. Geröstete Feigen benutzt man als Kaffee-Ersatz. Wegen ihres Geschmackes besonder geschätzt wird die wild wachsende Sandpapierfeige *(Ficus coronata)*.
en: Fig

Feijoa, *Ananas-Guave*, ist die oval-längliche, 40–50 g schwere Beerenfrucht eines südamerikanischen Strauches *(Acca sellowiana – Myrtaceae)*, der auch in anderen subtropischen Ländern kultiviert wird. Sie ist der Guave ähnlich. Unter der graugrünen festen Schale hat sie ein würzig, an Ananas erinnerndes, süß-sauer schmeckendes lachsfarbenes Fruchtfleisch. Die Feijoa wird frisch gegessen oder zu Kompott, Konfitüre oder Obstsalat verarbeitet.
en: Pinapple guava

Feijoada ist ein brasilianisches Eintopfgericht aus Schwarzen Bohnen, Rindfleisch, Zunge und anderen Fleischteilen, Speck, Wurst, Zwiebeln, Tomaten und Gewürzen.

Felsenbeeren sind ist die Beeren verschiedener amerikanischer, nordafrikanischer und vorderasiatischer Sträucher *(Amelanchier spec. – Rosaceae)*. Sie haben Ähnlichkeit mit Blaubeeren und werden lokal roh gegessen oder zu Konfitüren oder Kuchen verarbeitet. Bei den Indianern waren sie als Beigabe zu *Pemmican* beliebt.
en: Juneberries, serviceberries, shadberries

Fenchel sind die Früchte einer im Mittelmeer heimischen und auch in Deutschland angebauten Staudenpflanze *(Foeniculum vulgare – Apiaceae)*. Sie haben einen charakteristischen, dem Anis verwandten Geruch und einen leicht bitteren Geschmack. Es gibt eher süß und eher bitter schmeckende Varietäten. Fenchel dient zum Würzen von Backwaren, Bonbons, Gurken und Likör.
en: Fennel, Common fennel

Fenchelgemüse wird aus den zwiebelförmigen Knollen und Blättern des besonders in Italien und Frankreich angebauten Gemüsefenchels oder Knollenfenchels *(Foeniculum vulgare vulgare azoricum – Apiaceae)* hergestellt. Der Geschmack ist leicht anisartig.
en: Florence fennel

Fenni ist ein indischer Schnaps aus vergorener Kokosmilch mit Zusatz von Kaschunüssen.

Ferique ist ein mehrere Stunden geköcheltes orientalisches Eintopfgericht aus Hühnerfleisch, Kalbsfuß, Weizenkörnern, das mit Pfeffer gewürzt und mit Kurkuma gelb gefärbt wird. Man kocht einige Eier in der Schale mit, die durch das lange Kochen eine cremige Struktur annehmen; vor dem Servieren werden sie geschält und dem Gericht zugegeben.

Ferni, *Firni,* ist eine puddingähnliche afghanische Dessertspeise aus Mehl, Milch, Zucker, Mandeln, Pistazien, Rosenwasser und Kardamom.

Fessih sind kleine sardinenartige Fische, die im Vorderen Orient gesalzen und in den Sand der Wüste gelegt werden, um dort zu reifen. Sie werden, ähnlich wie Anchovis, zusammen mit Fladenbrot als Snack oder Vorspeise gegessen.

Feta ist ein auf dem Balkan und besonders in Griechenland produzierter Käse aus Schaf- oder Ziegenmilch. In der Originalversion wird die Milch in Ledersäcken aufbewahrt, wobei sie schnell gerinnt. Der Käsebruch wird erhitzt, in Formen gegeben und gesalzen. Er kann frisch verzehrt oder einige Wochen in Salzlake aufbewahrt werden, wobei er reift. Feta hat keine Rinde und ist rein weiß.

Fettschwanzschafe, *(Ovis platyura),* haben eine starke Fettablagerung am Schwanz, die bis zu 20 kg schwer sein kann. Man isst sie zusammen mit dem schmackhaften Fleisch im Orient und in manchen Regionen Afrikas in Form von blut- und grützehaltigen Eintopfgerichten.

Fila ist ein papierdünner Weizenmehlteig, der im Vorderen Orient zur Herstellung von gefüllten Pasteten dient.

Fines Herbes ist eine Kräutermischung der französischen Küche. Die wichtigsten Bestandteile sind Kerbel, Estragon, Schnittlauch und Petersilie, evtl. Basilikum, Bohnenkraut, Salbei, Thymian und andere Kräuter. Fines Herbes werden in fein gehackter Form zum Würzen von Fleischgerichten, Omeletten, Frischkäse, Suppen und Soßen verwendet.

Fingerhirse, *Eleusine, Korokan,* ist eine in zahlreichen Arten in Asien und Afrika vorkommende Hirseart *(Eleusine corocan – Poaceae).* Ihre Körner werden in Form von Brei gegessen, zu Fladenbrot verarbeitet oder zu Bier oder Arrak vergoren. *en: Finger millet*

Fischpasten sind besonders in Südostasien verbreitet, wo sie zum Würzen von Reisgerichten dienen. Fische, Fischteile oder Garnelen werden zerkleinert, gesalzen, manchmal kurz vorgetrocknet und dann in geeigneten Behältern unter Luftabschluss vergoren. Manchmal wird gegarter Reis untergemischt, wodurch besondere Aromanoten entstehen. Fischpasten sind aus

hygienischer Sicht nicht unproblematisch.
en: Fish pastes

Fischsoßen werden ähnlich wie Fischpasten hergestellt. Sie enthalten mehr Salz als diese und reifen in aller Regel länger, oft über Monate und haben dadurch eine dunklere Farbe. Fischsoßen haben eine lange Tradition, schon die alten Römer kannten eine solche unter dem Namen *Garum*.
en: Fish sauces, Fish's gravy

Fiskeboller sind dänische, mehlhaltige, gedünstete Klößchen mit stückigem frischem Fisch, die in einer mit Kapern gewürzten Soße gegessen werden.

Fitweed ist eine in Mittelamerika wachsende distelähnliche krautartige Pflanze *(Eryngium foetidum – Apiaceae)*. Ihre Wurzeln haben ein eigentümliches strenges Aroma. Sie werden lokal zum Würzen von Suppen, Soßen und Fleischgerichten verwendet.
en: Fitweed

Flamingos, *(Phoenicopter ruber)*, werden in einigen Regionen Afrikas und Südamerikas gejagt. Sie haben ein orangerotes, festes fetthaltiges Fleisch, das lokal verzehrt wird. Bereits die alten Römer schätzten es zusammen mit den Zungen als besondere Leckerei.
en: Flamingoes

Flan ist eine mediterrane Dessertspeise aus Milch, Eigelb und karamelisiertem Zucker, die im Wasserbad gestockt, gestürzt und mit einer Karamelsoße übergossen gegessen wird.

Fledermäuse, die es in vielen Arten auf allen Kontinenten gibt, werden teilweise in Afrika und besonders in China verzehrt, wo sie als Symbol für Glück und langes Leben gelten. Man jagt sie mit Netzen oder Schrotflinten und kann mit einem einzigen Schuss bis zu 30 Tiere erlegen.
en: Bats

Das **Flußpferd,** *(Hippopotamus amphibius)* kommt vor allem in afrikanischen Gewässern vor. Es hat ein fettes Fleisch, das von Einheimischen geschätzt wird.
en: Hippopotamus

Focaccia ist ein leicht mit Hefe gelockertes, knuspriges italienisches Brot, dessen Teig Olivenöl enthält. Es gibt viele Varianten, salzige und süße. Je nach Region wird es zusätzlich mit Olivenöl bestrichen oder mit Kräutern, Schinken, Zwiebeln, Gemüse, Artischocken, Käse oder Oliven belegt.

Foie gras ist fette *Gänseleber*, die dadurch gewonnen wird, dass man die Tiere, in ihrem letzten Lebensabschnitt forciert mit Maisbrei oder sonstiger Kraftnahrung überernährt, wobei die Lebern überdimensional wachsen und bis zu 900 g schwer werden können. Die Technik wurde bereits im Alten Rom und Ägypten praktiziert. Früher wurde der Maisbrei von Hand in die Tiere „hineingestopft", daher der Name *Stopfleber*. Heute erfolgt dies maschinell. Die Güte der Foie gras hängt von der Steigerung der täglichen Nahrungsdosis ab. Je heller die Farbe und je feiner die Faserung der Leber, desto edler ist das Produkt. Foie gras kann als solche gegessen werden, oder sie wird wegen ihres hohen Preises mit sonstiger Leber zu Pasteten, Mousses oder Terrinen verarbeitet. Der Eigengeschmack der Stopfleber wird durch ganz leichtes Angaren *(Foie gras mi-cuit)* und/oder Zusatz von Trüffeln noch verfeinert. Aus Tierschutzgründen, die Tiere können sich zum Schluss kaum noch bewegen, stößt die Produktion von Stopfleber immer mehr auf Widerstand, es gibt sie aber immer noch, besonders in Frankreich, Polen und Ungarn.

Fonio, *Acha*, ist eine in Westafrika kultivierte Hirseart *(Digitaria exilis – Poaceae)*, die lokal ein Grundnahrungsmittel ist.

Forchmack ist eine baltische Vorspeise. Man mischt grätenlose Heringsfilets in einem Fleischwolf mit Zwiebeln und gekochtem Kalbfleisch zu einer Paste. Diese wird zusammen mit saurer Sahne und Semmelbröseln in kleinen Formen im Ofen oder in der Pfanne ausgebacken und als Vorspeise gegessen.

Frejon ist ein in Sierra Leone vor allem am Karfreitag gegessenes Fischgericht mit einer Soße aus in *Kokosmilch* gekochten geschälten schwarzen Bohnen, Zucker. Kakaopulver und Gewürzen.

Froschschenkel sind die Schenkel verschiedener Froscharten *(Rana spec.)*. Sie werden gebacken, paniert oder in Soßen gedünstet gegessen und schmecken am besten vor der Laichzeit und im Herbst. Aus Tierschutzgründen ist ihr Genuss in letzter Zeit stark zurückgegangen, denn man hat sie den Tieren bei lebendigem Leibe abgerissen. Nicht nur die größeren Hinterschenkel der Frösche sind essbar, das Fleisch der kleineren Vorderschenkel gilt als zarter. In Louisiana und anderen amerikanischen Bundesstaaten ist Froschjagd mit der Hand, *Frogging*, ein beliebter Sommernachts-Sport.
en: *Frog's legs* (GB), *Frogdrums* (US)

Frühlingsrollen stammen ursprünglich aus der chinesischen Kanton-Küche. Rund zusammengerollte Blätter aus dünnem Rührteig mit fein gehacktem gut gewürztem Fleisch, Gemüse, Sprossen und anderen Ingredientien werden in Öl fritiert und meist als Vorspeise oder als Mahlzeit gegessen. Es gibt sie in vielen Varianten, in manchen südostasiatischen Ländern auch mit Fisch.

Fu ist ein Sammelname für leichte japanische Kuchen aus Weizenkleber, die es in vielen Varianten gibt. Sie sind meist gelblich weiß, z.T. kunstvoll geformt und dienen u.a. als Suppeneinlage.

Fufu ist ein Sammelname für afrikanische Breigerichte oder Teigspeisen auf Basis von ungekochtem oder gekochtem Mais- oder Maniokmehl oft mit Zusatz von Kochbananen. Fufu wird meist als Beilage zu anderen Speisen verzehrt und ist eine wichtige Kohlenhydratquelle.

Fugu, *Kugelfische*, sind im Japanischen Meer lebende Fische, die zu unterschiedlichen Klassen gehören. Einige von ihnen können sich bei Gefahr bis zur Größe eines Wasserballs aufblasen, daher der Name. Ihr Fleisch ist äußerst delikat und wird in Japan in hauchdünnen Scheiben roh gegessen, vorzugsweise in den Wintermonaten. Die Leber, die Gallenblase und die Eierstöcke des Fugu enthalten ein tödliches Gift, Tetrodotoxin, das augenblicklich durch Atemlähmung wirkt. Deshalb darf Fugu nur in besonders lizensierten Restaurants angeboten werden, wo man die gefährlichen Innereien sicher entfernen kann. In Japan sterben dennoch alljährlich ca. 100 bis 200 Menschen nach dem Genuss von Fugu, allerdings meist, weil Fischer den fraglichen Fisch nicht als solchen erkannt haben.
en: pufferfish

Fuki sind die oberirdischen Teile einer bis zu 1,5 m hohen japanischen Pestwurz *(Petasites japonicus – Asteraceae)*. Sie werden in geschälter Form als Gemüse zubereitet, hauptsächlich aber zu Pickles vearbeitet. Ihr Geschmack ist etwas sellerieartig.
en: Japanese butterbur

Ful, *Foul medemmes*, ist ein ägyptisches Bohnengericht. Getrocknete weiße oder braune Bohnen und rote Linsen werden gekocht, bis sie zerfallen. Man verarbeitet sie dann zu einem Brei, der mit Salz, Zucker und Zitronensaft abgeschmeckt wird. Das Püree wird mit Olivenöl, Kräutern, Chili und Pfeffer versetzt. Es dient als Beilage zu anderen Gerichten oder zusammen mit Fladenbrot als nahrhaftes Hauptgericht.

Fula ist ein westafrikanisches Gericht. Gedämpfte Hirse oder andere Getreiderohstoffe werden zusammen mit Chili, Pfeffer, Nelken u.a. Gewürzen zu kleinen Kugeln geformt. Diese kann man als solche essen oder mit Wasser oder Milch zu einem Getränk verarbeiten.

Fünf-Gewürz-Mischung ist ein Gewürzmischung aus Szechuanpfeffer, Cassiazimt, Nelken, Fenchel und Sternanis, die besonders in der chinesischen Küche zum Würzen von Soßen, Fleisch- und Geflügelgerichten dient.
en: Chinese five spices

Fungo ist die Frucht eines in Sambia wild wachsenden Baumes *(Anisophyllea boehmii – Rhizophoraceae)*. Sie ähnelt in Größe und Geschmack der Pflaume und wird von Einheimischen roh verzehrt.

Funkaso ist ein nigerianischer, in Öl ausgebackener und mit Zucker bestreuter Pfannkuchen aus Hirsemehl.

Futu ist ein an der Elfenbeinküste populäres, heiß gegessenes Eintopfgericht aus Fleisch, Trockenfisch, Okra, Zwiebeln, Gemüsen, Palmöl, Erdnüssen und Gewürzen.

Gado gado, *Jara-Salat* ist ein indonesischer Gemüsesalat. Kopfsalatblätter werden mit gekochtem Kohl, Kartoffeln, Bohnensprossen, Tomaten, Zwiebeln, Gurken, Ananas und anderen Zutaten belegt und mit Erdnusssoße, frischen Kräutern, Koriander, Chili, Knoblauch und Limonensaft gewürzt und mit Eiern garniert.

Gaeng liang ist eine pikante thailändische Gemüsesuppe, z.B. auf Basis von Spinat, mit würzenden Zusätzen wie getrockneten Garnelen, Fischsoße, Pfeffer und Basilikum.

Gaimar ist ein irakisches Milchprodukt, zu dessen Herstellung man *Büffelmilch* aufkocht und die sich beim dem Stehenlassen bildende fettreiche Schicht abnimmt. Man isst sie zusammen mit Honig oder Konfitüre als Dessert oder als Frühstücksgericht.

Galat Dagga ist ein mittelscharfes Gewürz der tunesischen Küche, hauptsächlich für Eintopfgerichte. Es besteht aus *Melaguetapfeffer,* Pfeffer, Nelken, Zimt und Muskatnuss.

Galbi sind dicke Scheiben aus der Rinderrippe der koreanischen Küche, die gekocht oder gegrillt heiß serviert werden. Beim *Yangnyeom Galbi* wird das Fleisch zuvor mit Gewürzen mariniert, *Saeng Galbi* ist Fleisch, das man erst nach dem Grillen würzt.

Galgant ist eine Sammelbezeichnung für die getrockneten Rhizome zweier schilfähnlich wachsender Pflanzen des tropischen und subtropischen Asiens, *Kleiner Galgant, Echter Galgant (Alpinia officinarum – Zingiberaceae)* und *Großer Galgant, Galbanwurzel, Javagalgant (Alpinia galanga).* Galgant hat einen scharfen, an Ingwer erinnernden Geschmack, ist aber ergiebiger. Er

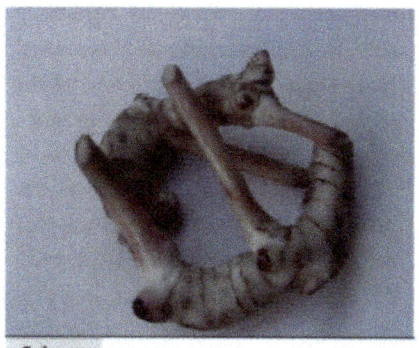
Galgant

Gandari

ist Bestandteil des Currypulvers und wird in der indonesischen Küche zum Würzen von Fisch-, Fleisch- und Gemüsegerichten, Süßspeisen, Salaten, Nasi goreng sowie zur Aromatisierung von Magenlikören benutzt. Die oberirdischen Teile des Großen Galgants werden in Ostasien auch als Gemüse gegessen.
en: Galangal, Galingal

Gandaria ist die gelbe, pflaumengroße Frucht eines in Malaysia, Thailand und Indonesien angebauten Baumes *(Bouea macrophylla – Anacardiaceae)*. Sie hat einen eigenartigen terpentinartigen Geruch. Das Fruchtfleisch ist gelb bis orangefarben und schmeckt süß bis sauer. Im reifen Zustand ist sie wenig transportfähig, so dass man sie in Europa kaum kennt. Sie wird lokal roh gegessen. Die sauren Sorten werden zu Konfitüre, Getränken oder Chutneys verarbeitet. Die jungen Blätter der Pflanze dienen Einheimischen als Gemüse.
en: Gandaria

Ganmodoki ist ein japanisches Gericht aus Karotten, Klettenwurzeln und fein gehackten Gingkonüssen, die zusammen mit Tofu gebraten werden. Man isst Ganmodoki als Suppeneinlage.

Gänse werden nicht nur wegen ihres Fleisches gezüchtet, sondern auch wegen ihrer Leber, die man zu *Foie gras* weiterverarbeitet.

Garam masala ist eine indische Gewürzmischung aus schwarzem Pfeffer, Koriander, Kümmel, Nelken, Zimt und anderen Gewürzen. Sie wird ähnlich verwendet wie Currypulver, ist aber nicht so scharf wie dieses und wird im Gegensatz zu Currypulver erst nach dem Anrichten den Speisen zugesetzt. Es dient zur Würzung von *Alu Koftas*, stark gewürzten Kartoffelklößen.

Gareng Jued Lag Roj ist eine der wenigen, nicht scharfen Suppen der Thai-Küche. Eierstich mit Schweinehack wird in einem Lammdarm wie eine Wurst gegart und in Scheiben geschnitten mit Pfeffer und Muskatnuss in einem Fond aus Hühnerfleisch und Gemüse gegessen.

Gari ist ein in Westafrika verbreitetes Gärungsprodukt aus *Maniok*. Die

Knollen werden geschält, zerkleinert und mehrere Tage in Säcken unter Druck vergoren. Der entstandene Teig wird anschließend geröstet oder gebraten. Getrocknet ist er unbegrenzt haltbar. Man verzehrt Gari als Brei oder teigt ihn mit Wasser zu einem Getränk an. Er kann auch mit Gewürzen, Fisch oder Eiern vermischt werden und heißt dann *Foto* oder *Gari Foto*.

Garudiya ist ein auf den Malediven populäres Eintopfgericht aus in Salzwasser gekochten Fischen mit Zwiebeln und Gewürzen verschiedener Art.

Gau Wong ist eine knoblauchähnliche, gelblichweiße, chinesische Lauchart. Die Stiele sind 20–25 cm lang und von einer schlaffen Beschaffenheit, die man in China ebenso schätzt wie deren guten Geschmack.

Gaz ist eine iranische Süßspeise, die früher aus *Manna,* dem eingedickten Saft der Manna-Esche *(Fraxinus ornus – Oleaceae),* hergestellt wurde. Heute kocht man zu ihrer Herstellung Pistazien, Mandeln und Trockenfrüchte mit Wasser aus, vermischt den Extrakt mit eiweißhaltigem Zuckersirup und dickt das Ganze zu einer festen Masse ein, die Ähnlichkeit mit Nougat hat.

Die **Gazelle** ist eine kleine *Antilope,* die hauptsächlich in den Steppen Afrikas, aber auch in der Mongolei heimisch ist. Besonders geschätzt wird in Ostafrika das Fleisch der *Thomson-Gazelle, (Gazella thomsoni)*. Man mariniert es mit Beeren, röstet es und verzehrt es mit einer Bananensoße.
en: Gazelle

Gazpacho ist eine traditionelle, eiskalt servierte andalusische Suppe aus pürierten Tomaten, Gurken, roten Paprikaschoten, etwas Essig und Gewürzen mit kleinen Würfeln von geröstetem Brot, Gurken und Zwiebeln.

Gebna beida ist ein orientalischer gelabter Frischkäse, der in Form kleiner Würfel als Vorspeise gegessen wird.

Gefilter Fisch ist eine Spezialität der jüdischen Küche. Das enthäutete und entgrätete Fleisch von koscheren Fischen wird mit Zwiebeln, Eiern, Mehl, Brot oder anderen Bindemitteln und Gewürzen verknetet und zu kleinen flachen Klößchen verarbeitet. Sie werden im Fischsud gekocht und mit dem Kopf, dem Schwanzende und der Haut des Fisches so serviert, dass der Fisch seine ursprünglichen Umrisse enthält.
en: Gefilte fish

Gemüsepaprika, *Süßpaprika* oder einfach *Paprika,* sind die Schoten, botanisch Beeren, des *Spanischen Pfeffers (Capsicum annuum – Solanaceae)*. Unreif sind sie grün, reif können sie rot, gelb, braun oder

violett sein. Sie sind im Gegensatz zu Chili und Gewürzpaprika im allgemeinen nicht scharf und werden unter der Bezeichnung Paprikaschoten als Salat oder Gemüse verzehrt, für sich allein oder zusammen mit anderen Gemüsen oder mit Fleischfüllung. Die Kerne und inneren Scheidewände werden meist entfernt. Frisch hat sie unter allen gehandelten Frischgemüsen den höchsten Gehalt an Vitamin C. In Italien und den Balkanländern kennt man noch die tomatenähnlich aussehende *Tomatenpaprika*, die etwas kräftiger schmeckt und meist als Salat oder Brotbelag verzehrt wird. Grüne Pfefferschoten sind vorwiegend in der Türkei angebaute, etwas scharf schmeckende längliche Früchte.
en: *Sweet pepper, Bell pepper*

Gewürze ist eine im 15. Jahrhundert aufgekommene Sammelbezeichnung für aromatische und scharf schmeckende Pflanzenteile, die den Eigengeschmack von Lebensmitteln erhöhen. Ursprünglich benutzte man das Wort nur für importierte Produkte aus tropischen Gebieten, heute zählen aber dazu auch einheimische Produkte, wie Würz- und Küchenkräuter.
en: *Spices*

Gewürzpaprika sind die getrockneten roten Schoten, botanisch Beeren, verschiedener wild wachsender oder angebauter Paprikaarten *(Capsicum spec. – Solanaceae)*, die meist als Pulver gehandelt werden, z.B. *Peperoni*. Sie schmecken pfefferartig, aber meist weniger scharf als Chili.
en: *Paprika, Spanish red pepper, Pimiento*

Ghee ist die indische Bezeichnung für Fett. Man unterscheidet zwischen *Usli Ghee*, dem Butterschmalz und *Vanaspati Ghee*, Pflanzenfett im weitesten Sinne. Meist wird unter Ghee ausgelassene Butter verstanden, also reines Butterfett, Butterschmalz, besonders aus Kuh- oder Büffelmilch. Ghee ist wesentlich haltbarer als Butter. Butter wird entgegen Speck und anderen tierischen Fetten in Indien akzeptiert, weil zu ihrer Gewinnung kein Tier getötet werden muss.

Ghorayebah, *Ghoriba,* sind marokkanische Weizenmehlplätzchen mit einem hohen Gehalt an Butter und Zucker, die im Ofen kurz gebacken und als Beigabe zu Tee oder Kaffee gegessen werden. Es gibt sie in vielen Formen und Varianten, ballförmig, flachgedrückt, als kleine Würstchen oder Kringel, mit Mandeln, Pistazien, Sesamsaat oder Haselnüssen.

Ginnan ist die japanische Bezeichnung für Ginkgo-Samen. Das sind die gelben Samenkerne der Steinfrüchte des *Ginkgo*-Baumes *(Ginkgo biloba – Ginkgoaceae)*. Sie haben einen nussartigen Geschmack und einen wenig attraktiven, an ranzige Butter erinnernden Geruch. Man

benutzt sie zur Würzung von Suppen und Gemüsegerichten. Geröstete Ginnan sind traditionelle japanische Hochzeitsspeisen und werden zu diesem Zweck rot gefärbt.
en: Ginkgo nuts

Ginseng, *Kraftwurz,* ist die weiße, fleischige Wurzel einer wild wachsenden nordostasiatischen Pflanze *(Panax ginseng – Araliaceae).* Es dauert viele Jahre, bis sich die Wurzeln ausbilden, die mit Phantasie einem menschlichen Körper ähneln. Neuerdings versucht man, die Pflanze und verwandte Arten zu kultivieren. Sie dienen weniger der Ernährung; man schreibt ihnen vielmehr leistungssteigernde und kräftigende Wirkungen zu, die aber unbewiesen sind. So haben sie einen hohen Preis.
en: Ginseng

Die **Giraffe** wird lokal in Afrika gejagt und gegessen. Besonders geschätzt wird das Mark der extrem langen Beinknochen, das man nach dem Backen der Knochen in einem Ofen herauslöst.
en: Giraffe

Glasnudeln sind feine, dünne, durchsichtige ostasiatische Fadennudeln aus kurz gegarter Mungbohnenstärke, Buchweizenmehl, Batatenstärke, Algen, Bohnenmehl oder Reismehl.
en: Cellophan noodles

Glasschmalz, *Queller, Salzkraut,* sind die grünen, fleischigen Sprosse einer blattlosen Pflanze *(Salicornia europaea – Chenopodiaceae),* die wild an atlantischen Küsten wächst. Junger Glasschmalz wird als Salat gegessen oder gedünstet als Gemüse zu Fisch serviert.
en: Glasswort, Marsh samphire, Salicorn

Glutamate haben ihren Ursprung in der ostasiatischen Küche und werden unter der Bezeichnung *Umami* neben süß, sauer, bitter und salzig als fünfter Grundgeschmack bezeichnet. Sie werden weltweit in großem Umfang zur Intensivierung des Geschmackes von industriell hergestellten Suppen, Soßen, Fleisch- und Gemüseerzeugnissen benutzt. Es wird gelegentlich behauptet, sie könnten nach dem Genuss in überhöhten Mengen bei dafür prädestinierten Personen das sog. China-Restaurant-Syndrom auslösen, eine Überempfindlichkeit, die sich durch eine vorübergehende Rötung der Gesichtshaut äußert. Diese Zusammenhänge sind jedoch zweifelhaft.
en: Glutamates

Gochujang ist eine scharf-salzige koreanische Würzsoße, deren Geschmack milder ist als der von Chili.

Gofio sind in eisernen Pfannen geröstete und danach vermahlene Weizen- oder Maiskörner, die auf den kanarischen Inseln mit Milch oder Wasser angeteigt, leicht gesalzen als Brei oder als Zugabe zu

Suppen, Käse oder Fleisch gegessen werden.

Gogo ist die orangefarbene pflaumengroße Beerenfrucht einer im tropischen Südamerika wachsenden Schlingpflanze *(Salacia laevigata – Hippocrateaceae)*, die von Einheimischen roh oder in Form von Konfitüre verzehrt wird.

Gohan ist die allgemeine japanische Bezeichnung für gekochten Reis. Es bedeutet auch Lebensmittel schlechthin, weil Reis das wichtigste Grundnahrungsmittel Japans ist.

Goi Cuon sind vietnamesische Frühlingsrollen mit einer Füllung aus Reis, Schweinefleisch, Meerestieren oder anderen einheimischen Rohstoffen. Man isst sie als Snack oder Hauptmahlzeit zusammen mit Würzpasten auf Soja- oder Erdnussbasis oder mit Soßen aus frischen Kräutern, Chili oder anderen Gewürzen.

Golombki ist ein Gericht der jüdischen Küche, mit Hackfleisch, Zwiebeln, Reis und Äpfeln gefüllter gedünsteter Kohl, meist Wirsing.

Gomasio ist ein im Haushalt zubereitetes japanisches Würzsalz aus gerösteter schwarzer Sesamsaat, Glutamat und grobem Seesalz.

Gongbao Jiding sind mit Chili und Erdnüssen gewürzte Würfel aus gekochtem Hühnerfleisch der Sichuan-Küche.

Goreng ist die indonesische Sammelbezeichnung für gebratene Gerichte. Am bekanntesten ist *Nasi Goreng*, gebratener gekochter Reis. Dazu wird Reis in Wasser fast gar gekocht, nach einigen Stunden Ruhezeit mit Zwiebeln, Gemüsen, Fleisch oder Meeresfrüchten, Sojasoße und viel Gewürzen scharf angebraten. Man kann dem fertigen Gericht dann noch gebratene Eier oder Früchte hinzugeben. Ähnliche Gerichte sind *Bami Goreng* aus Nudeln, *Bihun Goreng* aus Glasnudeln und *Pergedel Goreng* aus Kartoffelplätzchen.

Goroka ist die orangerote Frucht eines ceylonesischen Strauches. Sie hat einen herben Geschmack und dient lokal zum Würzen von Fischgerichten.

Gosht ist ein in Hühnerbrühe gekochtes indisches Lammcurry mit Kürbis, Zwiebeln, Kurkuma und Kardamom.

Granatapfel ist die lagerfähige leuchtend rote, apfelähnliche Frucht

Granatapfel

eines kleinen strauchartigen vorderasiatischen Baumes, den man als den „Apfel" des Paradieses ansieht *(Punica granatum - Punicaceae)*. Er hat ungewöhnlich viele Samenkerne. Die Früchte können ausgelöffelt werden, oder man kann die Früchte ohne Verletzung der Schale so weich kneten, dass man den Saft durch ein Loch entnehmen kann. Das Fruchtfleisch schmeckt süß, sauer und adstringierend. Es kann roh gegessen werden oder als Zusatz zu Desserts. Getrocknete Samen streut man in der Türkei auf Süßspeisen, wie dem Auberginen-Gericht *Imam bayildi*. Der Saft, *Grenadine* ist ein Rohstoff für Sorbets, Obstsalate, Gelees und Getränke. Die Schale der Granatäpfel sind sehr gerbstoffreich und können nachhaltige Flecken verursachen.
en: Pomegranate

Gravlaks, in unterschiedlichen Schreibweisen, ist eine skandinavische Spezialität. Ursprünglich wurde frischer Lachs trocken mit Salz, Zucker, Pfeffer und Dill behandelt und für mehrere Wochen in den Boden vergraben. Dabei sind die Würzzutaten durch den Druck der Erde in den Fisch eingezogen.
en: Graved salmon

Greenbrier, *Horse brier, Bullbrier* ist eine im Südosten der USA in Wäldern wild wachsende Schlingpflanze *(Smilax rotundifolia - Smilaceae)*. Die jungen Sprosse, die Ranken und die Blätter werden als Salat oder wie Spinat zubereitet als Gemüse gegessen. Im Herbst bildet die Pflanze essbare schwarzblaue Beeren aus, die ebenfalls essbar sind. Auch die stärkereiche Wurzel werden ausgegraben und zu Suppen verarbeitet.
de: Rundblättrige Stechwinde

Gremolata ist eine italienische Gewürzmischung, vor allem für geschmortes Fleisch, wie Ossobucco, aus fein gehacktem Knoblauch, Petersilie und geriebenen Zitronen- oder Orangenschalen.

Gribiche ist eine kalte französische Soße, die hauptsächlich zu kalten Fleisch- oder Fischgerichten, besonders Kalbskopf gegessen wird. Die Basis ist Mayonnaise oder Öl, Essig und gekochte, klein gehackte Eier. Gewürzt wird sie mit Cornichons, Kapern, Petersilie, Estragon oder anderen Käutern und Senf.

Die **Griechische** Küche ist im Prinzip eine schlichte Bauernküche, die auf eine alte Tradition zurückblickt. Sie hat die Küchen Italiens und der Türkei nachhaltig beeinflusst und ist andererseits von den Küchen dieser Regionen befruchtet worden. Typisch ist die Verwendung von viel Olivenöl. Beim Fleisch wird das von jungen Tieren, wie Zicklein und Lämmern bevorzugt. Man isst es hauptsächlich geschmort. Nicht nur Fisch, sondern auch andere Meerestiere, wie Tintenfische, spielen ebenfalls eine bedeutsame Rolle. Vegetarische Kost ist weit verbreitet, nicht zuletzt wegen der Fastenzeiten der orthodoxen Kirche. Man isst grundsätzlich nie ohne etwas zu trinken, wie *Ouzo* oder Wein, besonders den geharzten *Retsina*, und man trinkt nicht, ohne etwas dazu zu essen. Feste Tischzeiten sind weniger üblich als hierzulande. Deshalb werden in Restaurants viele Gerichte lange warm gehalten und oft lauwarm serviert. Es ist nicht unüblich, dass der Gast in die Küche eines Restaurants geht und sich die gewünschte Speise nach einem Blick in den Kochtopf aussucht, was sich auch aus sprachlichen Gründen anbietet.

Griouch ist ein marokkanischer Hefekuchen mit viel Sesamsaat, der in kleinen Portionen in Öl ausgebacken und mit Honig überzogen wird.

Grissini sind lange, leicht mit Hefe gelockerte italienische Brotstäbchen aus Weizenteig, dem man etwas Olivenöl zugibt. Sie werden als solche oder mit Parmaschinken umwickelt vor Beginn einer Mahlzeit serviert.

Grosella ist die kirschgroße, stachelbeerartige blassgelbe Frucht eines südostasiatische Baumes *(Phyllanthus acidus – Euphorbiaceae)*. Sie hat einen sauren Geschmack und wird hauptsächlich zu süß-sauren Pickles verarbeitet, die man zu Fleisch- und Fischgerichten isst.
en: *Star gooseberry, Malay gooseberry, Otaheite gooseberry, Indian gooseberry*

Große Sapote, *Sapote*, ist die auch unter dem kolumbianischen Namen *Chupa Chupa* bekannte Frucht eines südamerikanischen Baumes *(Matisia cordata – Bombacaceae)*. Sie ist zitronengroß, hat eine lederartige, filzige Haut, die erst grün, später zimtbraun wird. Das lachsrote, faserige Fruchtfleisch enthält einen weißen Milchsaft. Unreif geerntete Früchte reifen nach. Reif sind sie sehr weich und wenig transportfähig. Sie werden deshalb hauptsächlich lokal frisch gegessen oder zu Getränken oder Kompott verarbeitet.
en: *Columbian sapote, Sapote*

Große Sapote, *Marmeladenfrucht, Mammey*, ist auch der Name für eine weitere Frucht, die nicht mit der unter dem vorigen Stichwort beschriebenen verwandt ist. Es handelt sich um die Frucht eines aus Mittelamerika stammenden Baumes *(Pouteria sapota – Sapotaceae)*. Sie ist länglich, 7–20 cm lang, glänzend braun, hat ein lachsrotes, weiches, säurearmes, süßes Fruchtfleisch und enthält einen großen bitter schmeckenden Samen, aus dem man ein Konfekt bereiten kann. Ihr Aroma erinnert an Aprikosen und Dörrpflaumen. Die Große Sapote wird vor allem frisch verzehrt. Man kann sie auch zu Konfitüre, Speiseeis oder Kompott verarbeiten.
en: *Mammey, Mammee sapote, Marmalade plum*

Grüne Sapote ist eine Abart der *Großen Sapote (Pouteria sapota*

– *Sapotaceae*). Sie soll erstere in Geschmack und Aroma übertreffen und ist etwas kleiner.

Guacamole ist ein mexikanisches Püree aus dem Fruchtfleisch der Avocado, Tomaten, Zwiebeln, Chili, Limettensaft, Knoblauch, Koriander und sonstigen Gewürzen. Sie dient als Dip für Meeresfrüchte, Brotaufstrich für Vorspeisen, Tortillas oder verdünnt als Salatsoße.

Guama sind das süße Mark und die Samenkerne eines mittelamerikanischen Strauches *(Inga spec. – Mimosaceae)*, der im Schatten von Kakaobäumen wächst.

Guaraná sind die getrockneten kastaniengroßen Samen einer südamerikanischen Schlingpflanze *(Paullinia cupana – Sapindaceae)*. Sie enthalten 3–6% Coffein und sind damit die coffeinreichste Pflanze überhaupt. Seit langem werden die Samen von Indianern des Amazonagebietes als Basis für anregende Getränke benutzt. Sie zerreiben die Samen, mischen sie mit Maniokmehl, wickeln sie in angefeuchtete Bananenblätter ein und lassen sie gären. Wenn die Masse safrangelb geworden ist, wird sie an der Sonne getrocknet und ist so lange lagerfähig. Mit Wasser aufgegossen entsteht ein leicht bitter schmeckendes anregendes Getränk. Inzwischen wird die Pflanze auch kultiviert. Guaraná gewinnt neuerdings in Europa an Bedeutung als Grundstoff für Fitness-Getränke und andere, über Reformhäuser vertriebene Zubereitungen.
en: *Guarana, Brazilian cocoa*

Guave, *Guajave, Guajaba,* ist die apfelgroße bis birnenförmige hellgrüne Beerenfrucht eines in Südamerika heimischen, aber heute in vielen anderen tropischen und subtropischen Ländern angebauten Baumes *(Psidium guajava – Myrtaceae)*. Das Fruchtfleisch ist gelb-rötlich und wird beim Erhitzen lachsfarben. Es enthält viele kleine harte Kerne und hat deshalb eine grießige Struktur. Das Aroma ist etwas moschusartig,

Guaraná

Guave

der Geschmack süßsauer. Die Guave hat einen weit höheren Gehalt an Vitamin C als Orangen, vor allem in der Schale. Sie wird roh verzehrt oder in Form von Säften, Konfitüre oder Gelee. Es gibt zahlreiche Formen, z.B. die *Wildguave, Stachelbeerguave (Psidium guineense, en: Brazilian guava)*, mit nur stachelbeergroßen Früchten, die besonders aromatische, mandarinengroße *Cas (Psidium friedrichsthalianum)* aus Costa Rica, *Coronilla (Psidium acutangulum)* aus Kolumbien und die erdbeergroße, süß schmeckende, weniger aromatische *Erdbeerguave, Cattley-Guave (Psidium littorale)*. en: Guava

Guayusa-Tee ist ein in Ecuador getrunkener Aufguss aus den Blättern einer in den Hochtälern der Anden wachsenden Pflanze *(Ilex guayusa – Aquifoliaceae)*. Er wird morgens mit Zucker und Limonensaft, abends mit Zuckerrohrschnaps abgeschmeckt.

Guchul Pan sind kleine koreanische Pfannkuchen, die mit einer salzigen Soße auf der Basis von Sesamsaat serviert werden sowie mit wenigstens acht verschiedenen Beilagen, wie gehacktem Eierkuchen, Karotten, Rettich und Hackfleisch. Man isst sie als Vorspeise oder Snack.

Gudek ist eine Reisspeise aus Java. Sie besteht aus Reis, der zusammen mit unreifer Jackfrucht in einer süßen Soße gekocht wird, die Koriander, Galgant, Knoblauch und andere Gewürze enthält. Man isst Gudek zusammen mit gekochten Eiern, Tofu, Hühnerfleisch oder mit der kross gebratenen Schwarte des Wasserbüffels.

Gulab Jaman sind in Indien als Dessert gegessene kleine, in Fett ausgebacke Bällchen aus einem mit Backpulver gelockerten Teig aus Trockenmilch, Weizenmehl und Eiern, die in Sirup und Rosenwasser eingelegt werden.

Gulai sind indonesische Gerichte aus lange in viel *Kokosmilch* oder Flüssigkeiten auf Basis von *Tamarinden* oder Ananas geköchelten Produkten, die oft mit Palmzucker etwas gesüßt werden. *Gulai daun ubi* wird aus den Blättern der *Süßkartoffel* hergestellt und mit Chili, Schalotten und Garnelenpaste gewürzt. Es dient als Gemüsebeilage zu anderen Speisen.

Gulao Rou ist süß-sauer zubereitetes Schweinefleisch der Szechuan-Küche.

Gumbo ist eine traditionelle, gebundene Suppe Louisianas auf Basis von *Okra*. Es gibt Varianten mit Meeresfrüchten, Puten- oder anderem Fleisch oder Gemüse.

Gum Jum sind die Knospen einer goldgelben Lilie. Sie haben einen leicht süßen Geschmack und einen angenehmen Geruch und werden in

der chinesischen und koreanischen Küche zum Aromatisieren von Fleisch, Geflügel, Pilzen, Soßen, Suppen und Süßspeisen verwendet.
en: Golden lilies

Gundruk ist ein indisches Gärungsgemüse, zu dessen Herstellung Kohl ohne Zusatz von Salz einer Milchsäuregärung unterworfen wird. Nach der Fermentation wird das Kraut getrocknet.

Gürteltiere (*Dasypodidae*) sind in Südamerika lebende Säugetiere mit einem Schuppenpanzer aus verhornter Oberhaut. Das darunterliegende Muskelfleisch hat einen delikaten Geschmack.
en: Armadillo

Guveç ist ein in der Türkei gebräuchlicher Tontopf, ähnlich einem Römertopf, in dem man Gemüse, Fisch oder Fleisch gart, traditionell in heißer Asche. üblicherweise werden die ebenso bezeichneten Speisen darin serviert.

Gwaar Ki Phalli ist ein bohnenähnliches indisches Gemüse, das mit Chapaties und scharfen Soßen gegessen wird.

Habbiyah ist ein in Vorderasien gegessener Brei aus geschältem, vorgekochtem Weizen, der an der Sonne getrocknet wird.

Hackberries sind die blauschwarzen Beeren des *Amerikanischen Zürgelbaumes, (Celtis occidentalis – Ulmaceae)*. Sie enthalten viele große Samenkörner und eignen sich wenig zum roh essen. Man verarbeitet sie in kleinem Umfang zu Konfitüren, Gelees und Backwaren.

Haggis ist ein schottisches Nationalgericht, des vor allem an Silvester und zur Burns' Night am 25. Januar gegessen wird. Schafsmagen wird mit fein gewolften Schafsinnereien, Hammeltalg, grobem geröstetem Hafermehl, Zwiebeln, Salz und Gewürzen gefüllt, zu einer kugeligen „Wurst" verformt und in heißem Wasser gegart. Haggis wird heiß mit *Clapshot* serviert, einem Püree aus Kartoffeln und weißen Rüben. In Irland bereitet man Haggis auf ähnliche Weise auf Basis von Schweinefleisch zu.

Hakarl ist eine isländische Spezialität, die eine gewisse Ähnlichkeit mit *Gravlaks* in seiner ursprünglichen Form hat. Haifischfleisch wird im Boden vergraben und reift dort über Monate. Dabei nimmt es einen scharfen Geschmack an, der nicht jedermanns Sache ist.

Hakusai ist der japanische Name für einen chinesischen Kohl.

Halal ist die Bezeichnung für Lebensmittel, die nach den islamischen Speisegesetzen gegessen werden dürfen. Das Gegenteil ist *Haram*.

Halászlé ist eine ungebundene Suppe aus ungarischen Süßwasserfischen mit mildscharfem Paprika und Tomaten.

Halva, *Helwa, Chalwa,* ist ein zähes, im Munde leicht zergehendes Schaumgebäck der griechischen und vorderasiatischen Küche. Es enthält viel Fett und Zucker, Nüsse, Mandeln, Pistazienkerne, Sesamsaat oder Sonnenblumenkerne, manchmal auch Karotten.

Hamaguri sind in Japan als Suppeneinlage oder gedämpft als Hauptgericht gegessene kleine Venusmuscheln.

Hamam Mahshi sind in Olivenöl geschmorte Tauben mit einer Füllung aus in Hühnerbrühe gegartem *Fireek,* das sind grob zerstoßene grüne Weizenkörner, die mit Pfeffer gewürzt und mit frischer Minze oder Petersilie garniert werden.

Hamanatto ist eine Art japanischer Sojakäse, den man aus gekochten Sojabohnen und Weizenmehl bereitet. Die Masse reift etwa 12 Tage lang, wird dann mit Salz und Ingwer gewürzt und 6–12 Monate lang in Formen unter Druck aufbewahrt. Dabei entsteht durch eine weitere Fermentation ein Produkt mit einem eigentümlichen, strengen Aroma.

Hamantaschen ist eine jüdische Backware aus fein ausgewalztem honighaltigem Backpulver-, Mürbe- oder anderem Teig mit einer Füllung aus Pflaumenmus, Quark oder Mohnmasse, die speziell am Purimfest gegessen wird.

Hamine-Eier sind eine orientalische Spezialität. Eier werden stundenlang bei niedriger Temperatur in einer zwiebelhaltigen Brühe geköchelt, wobei das Eiweiß cremig wird und eine hellbraune Farbe annimmt.

Hamud ist eine orientalische Hühnersuppe mit Sellerie, Lauch, Knoblauch, Zucchini, Reis, und Zitronensaft. In verdickter Form wird Hamud als Soße zu Reisspeisen verwendet.

Hapokapsa ist eine in Lettland und Estland verbreitete Suppe aus Sauerkraut mit einer Einlage aus Schweinefleisch.

Haricot vert de mer, *Meeresspaghetti,* ist der lange, braune, wie Spaghetti aussehende Thallus einer *Braunalge (Himanthalia elongata – Fucales),* die an den Küsten der Bretagne kultiviert wird. Haricot vert de mer wird als Beilage zu Fischgerichten gegessen.

Harira ist eine nahrhafte Linsensuppe mit Lammfleisch, mit der im Ramadan allabendlich das Fasten gebrochen wird.

Harissa ist eine ölige scharfe Soße auf Basis von bis zu 20 Gewürzen und Kräutern, besonders Chili, Pfeffer, Kümmel, Koriander und Cilantro, die in Marokko zum Würzen von Couscous dient. Als Beilage zu Fleisch wird Harissa separat serviert, und man tunkt die Fleischstücke in sie ein.

Harosset ist eine besonders am Pessachfest gegessene jüdische Paste aus fein gehackten Datteln und Rosinen, die über Nacht in Wasser eingeweicht und dann in dem Einweichwasser weich gekocht werden. Man serviert sie mit etwas Pessachwein und garniert sie mit Walnüssen. Auch ein Zusatz von geriebenen Äpfeln, Zimt und Piment ist möglich.

Harusame sind dünne japanische Glasnudeln.

Haupia ist eine hawaiische Dessertspeise aus mit Zusatz von Zucker und *Arrowroot* oder Stärkemehl eingedickter *Kokosmilch*.

Hawayii ist ein scharfes jemenitisches Gewürz auf Basis von Pfeffer, Kreuzkümmel, Kardamom und Piment.

Head garlic ist eine thailändische Knoblauchspezialität. Die Zwiebeln werden so dicht gepflanzt, dass sie klein bleiben müssen und keine Zehen bilden können.

Heinan Chicken Rice ist ein Nationalgericht Singapurs. Es besteht aus gekochtem Huhn, das mit Ingwer, Chili, Knoblauch und Frühlingszwiebeln gewürzt ist, Gemüse, Reis und Sojasoße.

Herbel ist mit Wasser und Milch gar gekochter marokkanischer Weizengrieß. Die breiförmige Speise kann leicht mit Orangenblütenwasser aromatisiert und heiß oder kalt gegessen werden.

Herbstzichorie, *Zuckerhut, Fleischkraut,* ist eine aus Südeuropa stammende Zichorie *(Cichorium intybus foliosum – Asteraceae),* die inzwischen auch in Deutschland angebaut wird. Die Blätter werden hauptsächlich als Salat gegessen.
en: Sugar loaf

Hernekeitto ist eine deftige finnische Erbsensuppe mit viel Schweinefleisch.

Heuschrecken, *(Saltatoriae)* und die mit ihnen verwandten *Grillen* werden in einigen afrikanischen und asiatischen Ländern gegessen, roh, getrocknet, gekocht, geröstet, zerstoßen und zu kleinen Kuchen verbacken. Sie können bis zu 20 cm lang werden. Ihre Körper und Beine enthalten so mehr Eiweißmasse als z.B. Garnelen, denen sie im Geschmack ähneln. Während Insekten für orthodoxe Juden nicht koscher sind, gilt für manche Wanderheuschrecken (heute theoretisch) gemäß 3. Buch Mose 11.22 eine Ausnahme: Man darf sie essen. Eine fliegende

Heuschrecke kann pro Tag ihr eigenes Gewicht an Nahrung fressen, Getreide und andere für den Menschen wichtige pflanzliche Rohstoffe und damit verheerende Schäden anrichten. Man wollte es den betroffenen Menschen wohl nicht verbieten, sich dadurch zu rächen, dass man ihnen erlaubte, diese Feinde aufzuessen.
en: Locust

Hibachi ist eine kleine japanische Schmorpfanne.

Hickorynüsse sind die glattschaligen Steinfrüchte verschiedener amerikanischer Walnussarten. Die größte Bedeutung haben die *Pekannüsse* von dem im Süden der USA wachsenden Pekannussbaum *(Carya illinoensis – Juglandaceae)*. Sie sind etwas größer als Haselnüsse, sehen aber im Kern aus wie Walnüsse. Ihr Geschmack ist leicht süßlich, walnussähnlich und sehr aromatisch. Sie können als Knabberartikel verzehrt werden oder zur Verfeinerung von Plätzchen, Konfekt und Eiscreme dienen.
en: Hickory nut, Pecan nut

Highbush cranberries sind die roten Beeren eines in Nordamerika wild wachsenden Strauches, *(Viburnum trilobum – Caprifoliaceae)*. Sie sehen ähnlich aus wie die eigentlichen *Cranberries*, mit denen sie aber nicht verwandt sind. Sie sind im rohen Zustand giftig und werden daher ausschließlich zu Gelees, Soßen und Backwaren verarbeitet.
de: Nordamerikanische Schneeballbeere

Hijiki ist ein japanischer Seetang *(Hizikia fusiforme)*. Er hat einen hohen Eiweiß- und Mineralstoffgehalt und wird frisch oder getrocknet meist zusammen mit Sojaprodukten zu Suppen oder als Beilage zu Gemüsegerichten gegessen.

Hilbeh ist eine dunkelgrüne scharfe jemenitische Soße, in die man Brot eintaucht. Sie besteht aus Tomatenpüree, Bockshornkleesamen, Knoblauch, Cilantro, Kümmel, Kardamom, Pfeffer und Chili.

Hinava ist roher Fisch aus Malaysia, meist Filet der Königsmakrele. Es wird in einer Limettensoße mariniert, fein zerkleinert, mit Ingwer, Schalotten und Chili gewürzt und mit zerkleinerter Bittergurke vermischt. Man serviert Hinava zusammen mit Reis.

Hickorynüsse

Hirse ist die Sammelbezeichnung für kleinfrüchtiges Spelzgetreide, das verschiedenen Gattungen angehört. Sie ist als Lebensmittel vor allem in Afrika von großer Bedeutung.

Hiyamugi sind japanische Nudeln aus Weizenmehl.

Hog jowl ist gepökelte und geräucherte fette Schweinebacke. Sie wird in den nordamerikanischen Südstaaten zusammen mit schwarzen Bohnen am Mittag des Neujahrstages als Glücksbringer gegessen.

Hog maw ist Schweinemagen, der in den nordamerikanischen Südstaaten gegessen wird.

Hoisin sauce, *Peking sauce,* ist eine dunkelbraune, dicke, süß-scharfe Sojasoße, die Chili, Knoblauch und rote Bohnen enthält. Sie dient zusammen mit Sesamöl zum Füllen von chinesischen Pfannkuchen, die mit Schweine- oder Entenfleisch gegessen werden. Sie dient auch zum Glasieren von Enten.

Hokkaido-Kürbis ist eine aus Japan stammende, mittlerweile auch in Südeuropa kultivierte, orangerote, mittelgroße, sehr schmackhafte Kürbissorte.

Holischkes, in Russland *Guluzpa* genannt, sind mit Rindfleisch gefüllte Weißkohlblätter, die in der jüdischen Küche vor allem am Laubhüttenfest gegessen werden.

Hominy ist eine auf die nordamerikanischen Indianer zurückgehende Grütze aus Mais ohne Keime und Schalen.

Hopfensprosse, *Hopfenspargel,* sind die im frühen Frühling geernteten jungen Triebe des Hopfens *(Humulus lupulus - Cannabaceae).* Sie werden in verschiedenen Ländern als Salat gegessen.
en: Hop sprouts

Horchata ist eine Spezialität Valencias. *Chufas* werden in Wasser eingeweicht, zerkleinert, mit Zucker versetzt und mit Wasser zu einem weißlichen Erfrischungsgetränk verarbeitet, das einen charakteristischen Geschmack aufweist.

Horenso ist ein japanischer Spinat mit spitzen Blättern, die einen milden, leicht süßlichen Geschmack haben.

Hosi-Nori ist der Thallus einer ostasiatischen *Rotalge (Porphyra tenera - Rhodophyceae),* aus der man die Würzsoße *Amanori* herstellt.

Hokkaido-Kürbis

Htamin lethoke ist ein burmesisches Gericht aus warmem, gekochtem Langkornreis, kalten Nudeln und Kartoffeln, das zusammen mit separat angebotenen Würzsoßen auf der Basis Knoblauch, Zwiebeln, Kichererbsen, Tamarinden und Fischsoße mit den Fingern verzehrt wird.

Htipiti ist eine griechische Vorspeise. Schafskäse wird mit *Piri-Piri* oder anderen Chilis und Olivenöl zu einer Paste verarbeitet. *Htipiti me karidia* ist eine Variante mit Zusatz von Walnüssen. Die Paste kann man mit Brot essen oder zuvor fritieren.

Huachinango ist ein mexikanisches Schmorgericht aus zerkleinerten Fischen, Zwiebeln und Tomaten, das mit Oliven, Kapern und Chili gewürzt wird.

Huango, auch *Chinesischer Feuertopf* genannt, ist eine Art Fleischbrühe-Fondu. Jeder Essens-Teilnehmer gart klein geschnittene Stücke Fleisch, Gemüse oder sonstige Lebensmittel. Oft besteht der Kochtopf aus zwei Abteilungen, von denen die eine eine sehr scharf und die andere eine milder gewürzte Brühe enthält.

Hühnerfüße werden in China ähnlich wie die noch mehr geschätzten *Entenfüße* mit vielerlei Soßen verzehrt.
en: *Chicken feet*

Huevos rancheros ist eine typisches mexikanische Frühstücksomelett aus Eiern, *Jitomates*, Erbsen, Zwiebeln, Käse und Schinken mit einer scharfen Würze aus Knoblauch, Chili und manchmal Avocados. Es wird auf Maismehlfladen serviert.

Humitas sind mit würzigem Maisbrei gefüllte chilenische Teigtaschen.

Hummer Thermidor ist ausgelöstes, fein geschnittenes, scharf angebratenes, mit Käse oder Butter überbackenes und im Panzer serviertes Hummerfleisch. Der Name geht auf ein 1894 in Paris uraufgeführtes Schauspiel von Victorien Sardou zurück, das sich mit dem Thermidor befasst, dem Namen des 11. Monats des Kalenders der Französichen Revolution, die in den Sommmer fiel, der Hummer-Saison.
en: *Lobster Thermidor*

Hummus ist ein mit Knoblauch, *Tahina* und Zitronensaft gewürzter Brei aus Kichererbsen, eine Spezialität der orientalischen Küche.

Hundefleisch gilt in einigen asiatischen Ländern, wie Indonesien, Vietnam und Korea, als Delikatesse. Hunde werden vielfach in Farmen gehalten, um sie besonders fett mästen zu können. Eine mit Ingwer gewürzte und mit Sesamöl verfeinerte Hundesuppe, *Poshintang* gilt in Korea als potenzfördernd. *La tsan* und *Kimwah ham* sind mehrere Monate lang haltbare luftgetrocknete chinesische Schinken aus Hundefleisch. Übrigens wurde *Hundeschinken* noch vor nicht allzulanger Zeit auch

in Europa, z.B. in der Schweiz gegessen. Nach dem deutschen Fleischhygienegesetz aus dem Jahre 1993 darf „Fleisch von Affen, Hunden und Katzen zum Genuss für Menschen nicht gewonnen werden", was immerhin impliziert, dass man auch hierzulande Hunde verspeist hat.
en: Dog meat

Huo-fu ist chinesischer Schweineschinken. Das Fleisch wird in eine salzhaltige Marinade aus Sojasoße und anderen Gewürzen eingelegt und dann langsam vor offenem Feuer „getrocknet".

Hussaini Kebab, *Mogul Kebab,* ist mit Kreuzkümmel, Ingwer, Koriander, Paprika, Pfeffer, Asant u.a. Gewürzen versetztes Rinder- oder Lammfleisch, das mit Rosinen und Mandeln in der Pfanne gebraten wird, eine Spezialität der orientalischen Küche.

Icaco-Pflaume ist die pflaumengroße, rote bis blaue, herbsüße, wenig saftige Frucht eines im tropischen Südamerika heimischen Strauches *(Chrysobalanus icaco – Chrysobalanaceae).* Sie hat einen hohen Gerbstoffgehalt und wird roh oder in Form von Kompotten verzehrt. Der ölhaltige Kern kann aufgebrochen werden, der Samen ist essbar und verleiht Kompotten ein besonderes Aroma.
en: Coco plum

Idli ist ein lockeres indisches Brot. Ein über Nacht fermentierter Teig auf Basis von Reismehl, Bohnen oder anderen Hülsenfrüchten sowie etwas Salz wird in speziellen Formen gedämpft. Idli wird mit Soßen oder Gewürzen als Beilage zu anderen Gerichten oder als Snack gegessen.

Iflagun ist ein traditionelles orientalisches Brot. Nach einem alten Rezept wird Mehl mit *Samna,* geklärter Butter, angeteigt. Den Teig belegt man mit einer Mischung aus Eigelb, Ingwer, Kümmel, Mohnsamen, Anis und viel Pfeffer, evtl. etwas Safran, gehackten Pistazienkernen und Käse.

Iftar ist im islamischen Fastenmonat Ramadan die erste Mahlzeit nach Sonnenuntergang, mit der das Fasten gebrochen wird.

Iguana ist eine südamerikanischer Leguan *(Iguana iguana),* dessen zartes, wohlschmeckendes, aromatisches Fleisch von Einheimischen in gegrillter Form geschätzt wird. Eine besondere Delikatesse ist der Schwanz.

Ikan bilis sind Anchovis, die in der indonesischen und malaysischen Küche in frischer, gedämpfter, getrockneter, eingesalzener und fermentierter Form eine große Rolle spielen. Man isst sie hauptsächlich stark mit Chili, Kurkuma, Knoblauch oder Erdnusspaste gewürzt als Vorspeise.

Ikisanga ist die Sammelbezeichnung für einige im tropischen Afrika

wachsende Wasserpflanzen *(Aponogeton spec. - Apononogetonaceae)*, deren stärkereiche Knollen von Einheimischen als Gemüse verzehrt werden.
en: *Latticeleaf plants*

Ikokore ist ein mit Pfeffer gewürzter nigerianischer Eintopf aus Yam, Tomatenpüree, Zwiebeln, Palmöl und Trockenfischen.

Ikura ist der orangerote Rogen eines pazifischen Lachses, der als Garnierung für japanische Vorspeisen verwendet wird.

Imam bayildi, „Der Imam fiel in Ohnmacht", ist ein türkisches Gericht aus geschmorten *Auberginen* mit Zwiebeln, Tomatenpüree, Sesamöl, Petersilie und Knoblauch.

Immos ist ein libanesisches Gericht aus gedünsteter Lammkeule, die mit einer joghurthaltigen Knoblauch-Koriander-Soße und Safranreis serviert wird.

Imoyo ist eine Sammelbezeichnung für Gerichte, die von den Nachkommen der nach Brasilien verschleppten Sklaven im 19. Jahrhundert in das tropische Afrika re-importiert worden sind. Sie basieren auf lokalen Grundstoffen, wie Kochbananen, Tomaten, Hühnerfleisch und Meerestieren. Ihre Würzung ist stark von brasilianischen Elementen geprägt. Sie werden als Salate oder warm gegessen.

Imtabal ist ein in Jordanien und im Irak bekanntes Gericht. Ein großes Stück Hammelfleisch wird in einem Fond mit Koriander, Knoblauch und Lorbeerblättern gar gekocht. Den Fond benutzt man zum Garen von *Pilaf.* Dieser wird auf einem Tablett zu einem kleinen Berg aufgeschichtet; das Fleisch wird darauf gelegt und reichlich mit *Laban* übergossen. Dazu isst man heißes Fladenbrot.

Indische Jujube ist die pflaumengroße Frucht eines im tropischen Afrika und Asien verbreiteten Baumes *(Ziziphus mauritiana - Rhamnaceae).* Die I. ist grün bis goldgelb. Sie hat einen harten Steinkern. Das Fruchtfleisch ist saftig und schmeckt sehr süß. Die I. wird lokal frisch oder getrocknet verzehrt.
en: *Indian jujube*

Eine **Indische Küche** gibt es wegen der vielen in diesem großen Land nebeneinander und miteinander lebenden ethnischen und religiösen Gruppen genau genommen nicht. Brahmanen sind strenge Vegetarier, die sogar Eier ablehnen, weil durch deren Verzehr „Leben zerstört wird". Andere Gruppen verzehren tierische Produkte, wenn die Tiere zu ihrer Gewinnung nicht getötet werden. Hindus und Sikhs essen kein Rindfleisch, manche lehnen auch Schweinefleisch ab, andere Geflügel. Muslime essen kein Schweinefleisch. Die indische Gerichte zeichnen sich grundsätzlich durch den Reichtum an Gewürzen und Gewürzmischun-

Indische Mandel

gen aus, die oft eher im Mittelpunkt stehen als die eigentlichen Grundstoffe. *Curry* ist nur eine Gewürzmischung von vielen. Anders als in sonstigen süd- und ostasiatischen Ländern wird in Indien auch Brot verzehrt, vor allem Fladenbrot aus Weizenmehl. Daneben sind als Kohlenhydratlieferanten neben *Basmati-Reis*, Hülsenfrüchte von Bedeutung, wie Kichererbsen und Linsen.

Indische Mandel, *Javamandel, Togomandel*, sind die länglichen, spitz zulaufenden, 2–4 mm langen Samen des im tropischen Asien und Amerika kultivierten *Katappabaumes (Terminalia catappa – Combretaceae)*. Sie haben einen deutlichen Geschmack nach Mandeln und werden wie diese verwendet. Das daraus gewonnene farblose Öl wird als Speiseöl benutzt.
en: Indian almond, myrobalan

Indonesische Reistafel ist ein von den holländischen Kolonialherren „erfundenes" Gericht, das die vielen Spezialitäten der indonesischen Küche vereinigt. Sie besteht neben dem Grundbestandteil Reis aus vielen, in ihrer ursprünglichen Form von einem Defilé junger attraktiver Frauen aufgetragenen Schälchen von Einzelplatten mit gut gewürztem Gemüse, Fleisch, Fisch und anderen Köstlichkeiten.

Inghera ist ein äthiopischer Fladen auf Basis von *Teff* und/oder dem Mehl anderer Getreidearten. Der Teig wird etwa 24 Stunden lang sich selbst überlassen, wobei eine Art Milchsäuregärung abläuft. Er wird dann zu großen Fladen ausgeformt, die getrocknet werden. Dicker Inghera mit einem leicht süßlichen Geschmack heißt *Aflegna*, dünner heißt *Absit* und ein stark fermentierter, säuerlich schmeckender Inghera wird *Komtata* genannt.
en: Injera

Ingwer ist das Rhizom einer in Süd- und Mittelasien heimischen Staude *(Zingiber officinale – Zingiberaceae)*, die vor allem in Indien, Westafrika, Australien und Jamaica angebaut wird. Die Rhizome werden teilweise nach der Ernte mit heißem Wasser überbrüht. Sie werden frisch gehandelt oder an der Luft getrocknet oder kandiert. Ingwer hat einen fruchtig-würzigen, aromatischen Geruch mit einer zitronenähnlichen Top-Note und einen leicht scharfen Geschmack. Dieser ist umso ausgeprägter, je dicker die Rhizome sind. Ingwer wird hauptsächlich in der arabischen, indischen und ostasiatischen Küche zum Würzen von

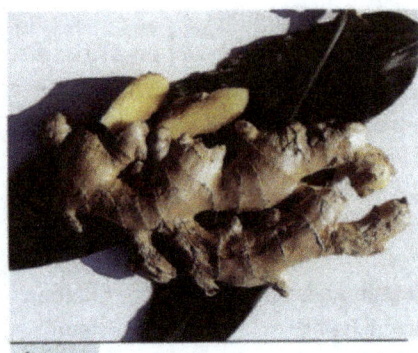
Ingwer

Fleisch- und Fischgerichten, Backwaren, Desserts, Obstprodukten und Getränken benutzt. In der japanischen Küche ist Ingwer unter dem Namen *Shoga* bekannt. Die Rhizome und die Sprosse, *Hashoga* genannt, werden dort meist frisch zum Würzen von Fisch und in Form von Soßen benutzt. In der arabischen Küche nennt man Ingwer *Janzabil*. Das Ingwergetränk *Sharab Janzabil* wird schon im Koran erwähnt. Ingwer ist ein Bestandteil vieler Gewürzmischungen, wie *Curry*. *Wilder Ingwer* sind die Blätter einer nicht mit dem Ingwer verwandten, in Nordamerika heimischen krautigen Pflanze *(Asarum canadense – Aristolochiacae, en: Wild Ginger)*. Sie haben ein ähnliches Aroma und werden lokal als Würzkraut verwendet.
en: Ginger

Insekten, z.B. *Heuschrecken, Ameisen, Käfer, Maden* und *Seidenraupen* werden in einigen lateinamerikanischen, afrikanischen und asiatischen Ländern als Delikatesse geschätzt.

Sie haben einen ähnlich hohen Eiweißwert wie Garnelen oder andere Meeresfrüchte. Man isst sie roh, geröstet, getrocknet oder gegrillt. In Mexiko mästet man *Ameisenlarven*. Dem Getränk *Mezcal* werden Insektenlarven zugegeben, die man mit verzehrt, weil sie eine aphrodisierende Wirkung haben sollen. *Magda* ist ein südostasiatischer Käfer, der roh als Snack gegessen wird.
en: Insects

Irio ist ein kenianisches Eintopfgericht aus Maismehl, Erbsen oder Feuerbohnen, Kartoffeln und Kochbananen, das mit Bratensaft verfeinert werden kann.

Isaña, *Mashua,* sind die Knollen einer in den Hochtälern der Anden wachsenden Kapuzinerkresse *(Tropaeolum tuberosum – Tropaeolaceae).* Sie sind zitronengelb, oft marmoriert oder braun-violett gestreift. Isaña wird von Einheimischen in Ecuador und Peru gekocht als Gemüse gegessen, das Kraut und die frischen Knollen auch als Salat. Seit urdenklichen Zeiten werden sie durch eine Art Gefriertrocknung, die abwechselnde Einwirkung von Sonne und Frost, zu einem Trockenprodukt verarbeitet, *Taiacha.*

Isiewu ist ein in Mittelafrika verbreitetes Gericht aus dem Kopf und den Beinen von Ziegen. An einem offenen Feuer werden deren Haare ohne Beschädigung der Haut abgesängt. Man entfernt die hornigen Teile und das Hirn und gart die Fleischteile mit Zwiebeln und Gewürzen.

Isopho ist eine bei dem Volk der Xhosas im östlichen Südafrika beliebte, mit Curry scharf gewürzte dicke Suppe auf Basis von Maiskörnern und Bohnen.

Iwatake ist eine in den Bergen Japans und Chinas vorkommende Flechte *(Gyrophora esculenta – Lichenaceae)*. Beim Anfeuchten quillt sie gallertartig auf. Sie ist Bestandteil ostasiatischer Salate und kann zu Gebäcken verarbeitet werden. Getrocknet dient sie als Gewürz.

Jabuticaba, *Jaboticaba, Ibapuru,* sind die Früchte eines vor allem in Brasilien verbreiteten Strauches *(Myrciaria cauliflora – Myrtaceae)*. Die erdbeergroßen, blau- bis schwarzroten Beeren wachsen direkt am Stamm und an den Hauptästen. Das saftige, helle Fruchtfleisch schmeckt süß-sauer und ist sehr aromatisch. Jabuticaba werden frisch verzehrt oder zu Getränken, Wein und Konfitüren verarbeitet. Der Name wird in Südamerika auch für die Früchte anderer Myrciaria-Arten benutzt.

Jackfrucht, *Nangka, Jáca,* ist eine der Brotfrucht verwandte direkt am Stamm wachsende Scheinfrucht eines indischen Baumes *(Artocarpus heterophyllus – Moraceae)*. Sie kann bis zu 50 kg wiegen und ist mit einer Länge von bis zu 1m und einem Durchmesser von 30 cm neben den

Jackfrucht

Kürbissen eine der größten Nutzpflanzenfrüchte, Jedoch sind nur 30% davon essbar. Das die Samen umhüllende Fruchtfleisch hat ein eigenartiges, nicht für jedermann angenehmes Aroma. Es ist weich und saftig. Der Geschmack ist säuerlich-süß, vergleichbar mit dem der Zitrone. Die Jackfrucht wird roh verzehrt oder zu Kompott oder Getränken verarbeitet, im unreifen Zustand auch als Gemüse oder Grundlage von Suppen oder Pickles. Die taubeneigroßen sechseckigen Samen werden gekocht und geröstet und wie Maroni gegessen. Die Jackfrucht enthält einen zähen Gummisaft, der ein Zerteilen erschwert. Man muss daher Hände und Messer einölen.
en: Nangka, Jackfruit

Jaggery ist ein aus Zuckerrohr, *Palmyra, Datteln* oder anderen zucker-

Jakobsmuschel

haltigen Rohmaterialien gewonnener ungereinigter brauner Zucker. Man benutzt ihn in Indien nicht nur als Süßungsmittel, sondern auch als Rohstoff für alkoholische Getränke und Essig.

Jakobsmuschel, *Pilgermuschel,* ist eine vor allem im Mittelmeer verbreitete große Kamm-Muschel *(Pecten jacobaeus),* eine große Delikatesse.
en: *Fan shell, Great scallop*

Jalebi ist ein in Indien und Pakistan verbreitetes, brezelartiges, knuspriges, fetthaltiges Gebäck aus Weizenteig, der durch eine spontane Milchsäuregärung oder Backpulver gelockert wird. Er wird in Öl oder Ghee ausgebacken und vor dem Verzehr in Zuckersirup getaucht.

Jalfreizi ist ein allgemeiner Name für indische Schmorgerichte.

Jamaicakirsche, *Panamakirsche, Capulin,* ist die Beerenfrucht eines kleinen mittelamerikanischen Baumes *(Muntingia calabura – Tiliaceae).* Die etwa kirschgroßen, kugeligen oder eiförmigen roten oder gelben Beeren schmecken leicht süß. Sie werden lokal roh gegessen oder zu Gelees oder Konditoreiwaren verarbeitet.
en: *Jamaica cherry*

Jambalaja, *Yambalaya* ist ein der Paella ähnliches kreolisches Gericht aus gekochtem Reis, Hühner- oder Schweinefleisch, Schinken, Garnelen oder anderen Meerestieren, viel Gewürzen und Tomatensoße.

Jambolanapflaume, *Jambolan, Javapflaume,* ist die dunkelbraune bis purpurfarbene, olivengroße Frucht eines Baumes *(Syzygium cumini – Myrtaceae),* der im tropischen Südostasien kultiviert wird. Sie ist sehr verderbsanfällig, kann nicht exportiert werden und wird meist lokal roh gegessen oder zu Gelees verarbeitet.
en: *Java plum, Jambolan*

Jaozi sind chinesische Teigwaren, die eine gewisse Ähnlichkeit mit Ravioli und Maultaschen haben. Es sind einfache Gerichte, die in entsprechenden Lokalen und Garküchen auf der Straße angeboten werden. Man kann sie mit Schweine-, Lamm- oder Hühnerfleisch, Eiern, Tomaten, Lauch oder anderen Gemüsen füllen. Sie werden vor dem Verzehr meist in Essig oder Sojasoße eingetaucht.

Die **Japanische Küche** ist wegen der Insellage des Landes stark durch

Fisch und andere Meerestiere sowie Seetang geprägt. Fast einzigartig in der Welt ist der Verzehr von *rohem Fisch* zusammen mit würzigen Soßen oder anderen Beigaben. Fleisch ist weniger bedeutend. Kohlenhydrate werden hauptsächlich in Form von Reis oder Nudeln aus Weizenmehl gegessen, Brot spielt kaum eine Rolle. Pflanzliche Lebensmittel werden bevorzugt zu der Jahreszeit gegessen, in der sie frisch erhältlich sind. Auch vielerlei Erzeugnisse aus *Sojabohnen* haben eine große Bedeutung. Ganz wichtig ist ein appetitliches Aussehen der servierten Speisen, das mit der Farbe des Geschirrs harmonieren sollte. Man bevorzugt viele Einzelspeisen in kleinen Portionen mit individuellem Geschmack und Aussehen; allerdings gibt es auch populäre Eintopfgerichte. Standardgetränk ist grüner Tee. Gegessen wird mit Stäbchen, Messer werden ausschließlich in der Küche benutzt.

Japanische Weinbeere ist die leuchtend rote Beere eines ostasiatischen Strauches *(Rubus phoenicolasius – Rosaceae)*. Sie ähnelt der Himbeere.
en: Wine raspberry

Javaapfel ist die Frucht eines südindischen Baumes *(Syzygium samarangense – Myrtaceae)*. Sie hat eine glocken- bis birnenartige Form und färbt sich mit zunehmender Reife rot oder grün. Das knackige, glasig weiße Fruchtfleisch schmeckt leicht säuerlich, apfelartig, angenehm erfrischend.
en: Java apple, Wax jambu

Jayan Pasar sind indonesische, kleine, wie Kuchen aussehende, manchmal kunstvoll geformte Süßwaren. Sie bestehen aus dem Mehl von Reis, Weizen, Maniok, Süßkartoffeln, Taro, Bohnen oder anderen stärkehaltigen Produkten und Kokosmilch. Meist sind sie mit Palmzucker gesüßt, es gibt aber auch würzig schmeckende Varianten.

Jengganan ist ein malaysischer Salat aus gekochten Gemüsen, Tofu, Tempeh, Bohnen, Sprossen, Wasserspinat und Kohl, die zunächst in Öl fritiert werden. Nach dem Abkühlen richtet man sie mit einem würzigen Dressing oder Erdnussoße an.

Jerk ist eine extrem scharfe Gewürzmischung aus Jamaica auf Basis von *Chili,* frisch gemahlenem Pfeffer und *Piment* für gegrillte Fleischgerichte. Mit *Jerk pork* bezeichnet man das damit gewürzte Gericht aus Schweinefleisch.

Jerky ist ein Trockenfleisch, das ursprünglich von den Indianern aus Büffel- und Wildfleisch gewonnen wurde. Es ähnelt dem Biltong und wird hauptsächlich in Süd- und Mittelamerika durch Trocknen von streifenförmig geschnittenem, magerem, leicht vorgesalzenem und oft gewürztem Rindfleisch hergestellt und als Snack gegessen.

Jésus ist die blasphemische Bezeichnung für eine in der Schweiz und im angrenzenden Frankreich gegessene Rohwurst aus Schweine- oder Rindfleisch, die mit einem hölzernen Querpflock versehen „gekreuzigt" geräuchert wird.

Jícama, *Knollenbohne, Yamsbohne, Kartoffelbohne,* sind die rübenähnlichen Wurzelknollen einer im tropischen Amerika und in Mexiko sowie im tropischen Afrika kultivierten Krautpflanze *(Pachyrhizus erosus – Fabaceae).* Sie werden von Einheimischen roh mit Limonensaft oder Chili gegessen oder gekocht als Stärkenahrung. Die jungen Hülsen und Samen dienen als Gemüse. Die reifen Samen sind wegen ihres Gehaltes an Rotenon giftig. Die Jícama ist nicht verwandt mit den Yam-Arten. Unter dem Namen Jícama laufen auch die Knollen anderer mexikanischer Pflanzen.
en: Jicama

Jira pani ist ein indisches Getränk auf Basis von Tamarindenmus und Wasser, das mit Rohzucker gesüßt und stark gewürzt wird, u.a. mit Kümmel, Asant, Pfeffer, Ingwer, Chillies und Minze.

Jitomate ist eine in Mexiko heimische Tomatenart, die sich durch eine besonders hochrote Farbe auszeichnet. Man verwendet sie für Omelette, wie *Huevos rancheros,* Soßen und andere Gerichte.

Johannisbrot

Johannisbrot, *Algarobe, Locustbohne, Karobe,* sind die an der Luft getrockneten Hülsenfrüchte des aus dem östlichen Mittelmeerraumes stammenden Johannisbrotbaumes *(Ceratonia siliqua – Caesalpiniaceae).* Sie sind etwa 20 cm lang. Das braune Fruchtfleisch ist von einer lederartig glänzenden, ungenießbaren Haut umgeben. Durch falsche Scheidewände ist die Frucht quer in etwa 12 Kammern geteilt, die je einen Samen enthalten. Diese haben ein ziemlich konstantes Gewicht von 0,18 Gramm. Darauf geht das Gewicht Karat für Diamanten und Gold zurück, das allerdings heute 0,2 Gramm beträgt. Johannisbrot schmeckt sehr süß und riecht honigartig. Es kann roh gegessen oder zu Snacks, Back- oder Süßwaren, Kaffee-Ersatz, Soßen und Speiseeis verarbeitet werden. Die Samen haben einen hohen Gehalt an Hydrokolloiden, die unter der Namen Johannisbrotkernmehl als Lebensmittelzusatzstoff dienen.
en: Carob

Jollof ist ein in Westafrika, besonders in Liberia, bekanntes Eintopfgericht aus Reis, Hühnerfleisch, Speck, Garnelen oder anderen Meerestieren, grünen Bohnen, Tomaten, Zwiebeln und lokalen Gewürzen.

Joulukinkku ist ein traditionell zu Weihnachten in Finnland zusammen mit Heringssalat und einem Kartoffel-Rübenauflauf gegessener Schinken.

Judasohr ist ein auf abgestorbenem Laubholz wachsender Pilz *(Hirneola auricola-judae – Auriculariaceae)*, der sich leicht trocknen lässt und besonders in der ostasiatischen Küche verwendet wird. Er hat wenig Eigengeschmack, nimmt aber den Geschmack von beigegebenen Gewürzen an.
en: *Jew's ear, Judas' ear*

Die **Jüdische Küche** ist gekennzeichnet durch eine Unzahl religiöser Speisegesetze, die meist auf die fünf Bücher Moses des Alten Testamentes zurückgeführt werden. Man darf nur essen und trinken, was koscher ist. Koscher sind praktisch alle pflanzlichen Produkte. Von den auf dem Land lebenden Tieren sind nur solche koscher, die wiederkäuen **und** gespaltene Hufe haben, also Rinder, Schafe und Ziegen, keinesfalls jedoch Schweine. Sie müssen rituell geschlachtet, d.h. geschächtet werden. Der Genuss von Blut ist streng verboten. Verboten ist auch, in der gleichen Mahlzeit Milch- und

Jujube

Fleischspeisen zu verzehren. Im Wasser lebende Tiere sind koscher, wenn sie Schuppen **und** Flossen haben. So sind Muscheln, Garnelen, Hummern, Tintenfische nicht erlaubt, jedoch die meisten Fische, außer Aalen. Die üblichen Geflügelarten sind koscher.

Jujube, *Chinesische Dattel,* ist die pflaumengroße Frucht eines in Nordchina heimischen, inzwischen aber bis in den Mittelmeerraum verbreiteten Baumes *(Ziziphus jujuba – Rhamnaceae).* Das weißgelbliche Fruchtfleisch ist mehlig, wenig süß und im frischen Zustand nicht besonders schmackhaft. Aromatischer wird die Jujube, wenn man sie trocknet oder kandiert. Mit der Dattelpalme ist sie nicht verwandt.
en: *Jujube, Chinese date*

Jungfernöl ist *Olivenöl,* das bei der ersten Kaltpressung aus Oliven austritt und als besonders hochwertig gilt. Leider wird mit dieser Bezeichnung ein ungeheuerer Missbrauch getrieben.
en: Virgin oil, it: Olio extra vergine

Jute ist nicht nur eine Gespinstpflanze *(Corchorus olitorius – Tiliaceae).* Ihre Blätter werden vielmehr in Westafrika und im Vorderen Orient wie Spinat als Gemüse gegessen.
en: Jew's mullow

Ka'ak, *Kahk* ist ein im vorderen Orient auf der Straße verkauftes oft ringförmiges Brot. Es wird mit Sauerteig aus gärenden Kichererbsen gelockert, mit *Sumach* und Thymian gewürzt und mit Sesamsaat bestreut.

Kaanga-Kopuwai ist ein Grundnahrungsmittel der Ureinwohner Neuseelands. Ganze Maiskolben werden etwa 3 Monate lang unter Wasser fermentiert. Es entsteht eine schleimige Masse mit einem sehr unangenehmen Geruch. Die Maiskörner werden abgetrennt und zu einer Paste verarbeitet. Diese kann gekocht als Gemüse oder mit Zucker und Milch oder in Öl ausgebacken gegessen werden.

Kabanossi sind fingerdicke, stark gewürzte, geräucherte polnische Würste aus gehacktem Schweinefleisch, die frisch oder gebacken verzehrt werden. Etwas dickere Würste dieser Art heißen *Kabanos.*

Kabayaki ist am Spieß gegrillter japanischer Fisch, der mit Reis und einer dicken, leicht süßen Sojasoße serviert wird. Am meisten geschätzt wird der aus Aalen zubereitete *Unaginokabayaki.*

Kabu, *Japanische Rübe,* ist eine japanische weiße Rübensorte, die schärfer und rettichähnlicher schmeckt als deutsche Rüben.

Kachoomar ist ein klassisches *Chutney* Nordindiens. Es besteht aus Zwiebeln und Tomaten, die mit Essig oder Zitronensaft, grünen Paprikaschoten, Korianderblättern, Chili und Kreuzkümmel gewürzt werden.

Kadinbudu Köfte ist eine türkische Spezialität. Zerkleinertes Hammel- oder Rindfleisch wird mit Zwiebeln in Öl angebraten, gewürzt, zu leicht platt gedrückten hühnereiergroßen Klößchen verformt, die mit einer Panade überzogen fritiert werden.

Kajmak ist ein in verschiedenen Balkanländern gegessener frischer oder kurz gereifter Schafsmilchkäse.

Kaki, *Kakifeige, Chinesische Dattelpflaume, Kakipflaume, Japanische Persimone* ist die ca. 200g schwere kugelige Frucht eines ostasiatischen Baumes *(Diospyrus kaki – Ebenaceae),* der inzwischen in vielen Ländern angebaut wird. Das gelbe bis purpurfarbene Fruchtfleisch schmeckt ähnlich wie eine Mischung aus Aprikosen und Vanille, ist sehr

Kaki

Kaktusfeige

aromatisch und süß, wenn die Frucht vollreif ist. In nicht ganz reifem Zustand schmeckt es etwas adstringierend. Es verträgt sich gut mit anderen Früchten. Die Kaki wird meist frisch verzehrt und dient als Grundlage für Dessertspeisen, Joghurt, Konfitüre, Kompott, Saft und Eiscreme.
en: *Kaki, Date plum, Japanese persimmon, Chinese persimmon*

Kaklo, *Kakro*, ist eine in Westafrika verbreitete Mischung aus zunächst fermentiertem, dann gebratenem Maisbrei und Kochbananen.

Kaktusfeige, *Kaktusbirne, Distelfeige, Opuntie, Indische Feige, Stachelbirne* ist die Frucht der Opuntie, des Feigenkaktus, einer aus Mexiko stammenden, heute auch im Mittelmeerraum und anderen subtropischen Ländern angebauter Kaktee (*Opuntia ficus-indica – Cactaceae*) und verwandter Arten. Die K. hat die Größe eines Gänseeies. Das Fruchtfleisch ist wohlschmeckend, saftig, süß-säuerlich und schmeckt erfrischend. Sein Geruch erinnert etwas an Birnen und Melonen. Es ist von einer stacheligen Haut umgeben. Die großen Stacheln können leicht durch Abbürsten entfernt werden. Darüberhinaus haben die Früchte auf warzenartigen Erhebungen unzählige, fast unsichtbare kleine Stacheln, mit Widerhaken bewehrte Härchen, die beim Anfassen der Früchte in die Haut eindringen und sehr unangenehme Entzündungen hervorrufen können. Deshalb muss man beim Schälen äußerst vorsichtig sein. Die Kaktusfeige kann roh gegessen werden, z.B. zusammen mit kaltem Fleisch, oder in Form von Süßspeisen aller Art, als Puree, Konfitüre oder Desserts. Sie ist der Nopal nahe verwandt.
en: *Prickly pear, Indian fig cactus, Opuntia, Barberry fig*

Kalabassen-Muskat, *Macisbohne*, ist der ca. 3 cm lange, viereckig-gerundete, braune, glänzende Samen eines in den Regenwäldern Westafrikas heimischen Baumes (*Monodora myristica – Annonaceae*). Er hat einen schwach terpentinartigen Geschmack und dient Einheimischen als Gewürz.

Kalabassen-Muskat

en: *Calabash nutmeg, Jamaica nutmeg*

Kalakand ist zur Trockne eingedickte gezuckerte und mit *Kardamom* gewürzte Milch, die in Würfeln geschnitten in verschiedenen orientalischen Ländern als Beilage zu anderen Speisen gegessen wird.

Kalakeitto ist eine finnische Fischsuppe auf Basis von Makrelen, Aal, Kabeljau, Seelachs und anderen Seefischen mit Zusatz von Kartoffeln. Sie wird mit Mehl angedickt und mit Dill gewürzt. Man isst sie mit gebuttertem Schwarzbrot.

Kalakukko ist eine ostfinnische, im Ofen gegarte Pastete aus einem Mantel aus Roggen-Weizenmehlteig und einer stückigen Füllung aus Flussfischen, fettem Schweinefleisch und durchwachsenem Speck, die wie ein normaler Brotlaib aussieht. Man isst sie in Scheiben geschnitten, manchmal mit Butter bestrichen, warm oder kalt und trinkt dazu Milch oder Buttermilch. Die Kombination Fleisch und Fisch ist in dieser Form nicht jedermanns Sache.

Kalalaatiko ist ein mit Käse überbackener finnischer Eintopf aus gekochten Kartoffeln, zuvor angebratenem Schweinefleisch, grünen Heringen und Zwiebeln.

Kalan ist ein an der indischen Malabarküste gegessenes, mit Kreuzkümmel, Safran, Bockshornkleesamen, Chili und Joghurt gewürztes Eintopfgericht aus Kokosraspeln und Kürbissen.

Kalebasse, *Flaschenkürbis*, ist die Frucht eines tropischen Kürbisses (*Lagenaria sicaria* – Cucurbitaceae). Sie ist eine der ältesten Kulturpflanzen. Ihre Samen sollen durch Meeresströmungen aus dem tropischen Afrika nach Amerika gelangt sein. Sie kann zwischen 10 und 100 cm lang werden und bis zu 2 kg wiegen. Verzehrt werden nur die jungen, unreifen, kleinen Früchte, solange die Schale noch weich ist. Das feste, weiße Fruchtfleisch hat einen milden Geschmack.
en: *Bottle gourd, Calabash gourd, Hairy gourd*

Kalmus ist das getrocknete Rhizom einer in Indien heimischen Staude (*Acorus calamus* – Acoraceae). Es hat ein ingwerähnliches Aroma und wird deshalb auch als *Deutscher Ingwer* bezeichnet. Er wird in der indischen und islamischen Küche wie Ingwer zum Würzen von Backwaren, Würsten, Obstprodukten und Getränken benutzt. Ein Bestandteil

des Kalmus, Asaron, wirkt cancerogen.
en: Calamus

Kalua pig ist ein nach polynesischer Art gegartes Spanferkel. Eine etwa einen Meter tiefe Erdgrube, *Imu* genannt, wird mit Holz und großen Steinen befüllt. Das Holz wird in Brand gesetzt und erhitzt die Steine innerhalb von einigen Stunden auf hohe Temperaturen. Diese benutzt man dann zum viele Stunden dauernden langsamen Garen des ganzen Ferkels, dessen Haut zuvor mit einem scharfen Messer aufgeritzt und in Bananenblätter oder *Ti Blätter* eingehüllt worden ist.

Kamaboko sind japanische Fischkuchen. Das Fischfleisch wird püriert, mit Stärke oder anderen Bindemitteln gebunden, mit etwas Zucker, Salz und Gewürzen versetzt, zu Blöcken verformt und gedämpft. Gelegentlich wird die Außenseite rot oder braun gefärbt. Kamaboko hat eine leicht gummiartige Struktur und wird als Beigabe zu Suppen und Nudelgerichten verwendet.

Kamameshi ist eine japanische Speise aus gekochtem Reis, der in jeweils separaten kleinen Töpfchen zusammen mit delikaten Zutaten serviert wird, wie Meeresfrüchten, Fleisch, Gemüse und Pilzen.

Kamelfleisch ist das Fleisch des zweihöckerigen Hauskameles (*Camelus ferus bactrianus*), das im Orient und in Afrika frisch oder getrocknet als *Bastourma* gegessen wird. Als besonders schmackhaft gelten die fettreichen Höcker, die auch im Ganzen gebraten werden, die Keulen und die Füße. Kamelfleisch ist halal aber nicht koscher.
en: Camel meat

Kamelmilch ist die Milch des zweihöckerigen Hauskameles (*Camelus ferus bactrianus*), die in weiten Teilen des Orients und Afrikas frisch oder vergoren getrunken wird. Kamelmilch ist viskoser als Kuhmilch, riecht angenehm und schmeckt leicht süßlich. Sie hat einen hohen Gehalt an Vitamin C und kann auch zu Butter und Käse verarbeitet werden.
en: Camel milk

Kammama ist ein marokkanisches Eintopfgericht aus Geflügel- oder Lammfleisch mit viel Zwiebeln, das mit Zucker gesüßt oder mit Pfeffer oder Safran gewürzt sein kann.

Kamm-Minze ist das Kraut einer der Pfefferminze verwandten mittelasiatischen Pflanze (*Mentha patrini – Lamiaceae*). Es wird wegen seines pfefferminzartigen Aromas in Osteuropa vereinzelt als Würzkraut benutzt.
en: Comb mint

Kampyo ist in dünne Bänder zerschnittenes und getrocknetes Fruchtfleisch von Kalebassen. Es wird nach dem Anfeuchten mit Salzwasser in der japanischen Küche als

Basis für Sushi zur Umhüllung von gedämpften Lebensmitteln benutzt, vor allem Norimaki-Sushi.
en: *Kampyo*

Känguruhs, *(Macropodidae)* wurden früher in Australien kaum gegessen. Ihr Fleisch wurde nur als Hundefutter verwertet, während in Europa Känguruhschwanzsuppe als Delikatesse gilt. Inzwischen werden auch in Australien manche Känguruhs gejagt, wie das *Euro*.
en: *Kangoroos*

Kanji ist ein in Vorderasien und Indien bekanntes Getränk. Karotten oder Rüben werden fein zerkleinert und 4–7 Tage bei erhöhter Temperatur sich selbst überlassen, wobei sich etwas Alkohol und Aromastoffe bilden, die Kanji zu einem erfrischenden Getränk machen.

Kankong, *Kung-Kong,* ist eine in Malysia und Indonesien heimische Kriechpflanze *(Ipomea aquatica – Convolvulaceae)*. Sie wächst wild, wird aber auch kultiviert. Das Aroma ihrer Blätter ähnelt dem der europäischen Wasserkresse. Man isst sie als Salat, z.B. als Zutat zu *Gado Gado,* oder gekocht als Gemüse. Eine Variante wird in China im Wok zubereitet und zusammen mit fermentierter Garnelensoße verzehrt.
en: *Water Convolulus*

Kantu ist eine afrikanische Süßware aus Sesamsaat, Zucker und Zitronensaft.

Kapern sind die Knospen des im Mittelmeerraum heimischen Kapernstrauches *(Capparis spinosa – Capparaceae)*. Sie werden frisch gepflückt in Salzlake oder einen salzhaltigen Essigaufguss eingelegt, weil sie beim Trocknen ihr Aroma verlieren würden. Am meisten geschätzt werden die kleinen, pfefferkorngroßen Knospen, *Nonpareilles* genannt. Kapern schmecken leicht bitter, würzig scharf und von der Aufgusslake her etwas salzig oder sauer. Sie dienen zur Verfeinerung von Soßen, Salaten und Fleischspeisen, wie Königsberger Klopsen oder dem italienischen *Vitello tonnato,* in *Thunfischsoße* mariniertem Kalbsfleisch. Zur Erhaltung des Aromas sollten sie erst nach dem Kochen beigegeben werden. Sie können durch andere, weniger aromatische Blütenknospen, z.B. der Brunnenkresse verfälscht werden. Auf einigen Mittelmeerinseln erntet man die Kapernknospen nicht als solche, sondern lässt die Früchte ausreifen und erhält dann die einige Zentimeter langen schotenförmigen fleischigen *Kapernäpfel*. Sie werden in Salzlake oder Olivenöl eingelegt und dienen als Zusatz zu Fleisch- und Fischgerichten oder Soßen, oder man isst sie wie Oliven als Vorspeise.
en: *Capers*

Kapusniak ist eine osteuropäische, mit saurer Sahne gebundene Suppe aus Weißkohl, Karotten, Sellerie und anderen Gemüsen, fettem Schweinefleisch und/oder Würsten.

Kapuzinerkresse, unreife Frucht

Karambole

Kapuzinerkresse, *Blumenkresse,* sind die schild- bis nierenförmigen Blätter und die großen orangegelben bis scharlachroten Blüten einer aus Südamerika stammenden Pflanze, die inzwischen auch in Europa vorkommt *(Tropaeolum majus – Tropaeolaceae).* Sie wird wegen ihres pikanten Geschmackes als Zugabe zu Salaten benutzt.
en: *Nasturtium, Common nasturtium*

Karambole, *Sternfrucht, Baumstachelbeere, Balimbing,* ist die Beerenfrucht eines aus Südostasien stammenden, heute aber in vielen anderen tropischen Ländern verbreiteten Baumes *(Averrhoa carambola – Oxalidaceae).* Sie ist bernsteingelb, ca. 10 cm lang, 5 cm dick und durch 4 oder 5 scharfe Rippen gekennzeichnet. Wenn man sie quer durchschneidet, erhält man sternförmige Scheiben, daher der Name Sternfrucht. Das saftige Fruchtfleisch schmeckt würzig, süß-säuerlich. Es kann frisch verzehrt werden oder als Saft, Sorbet, Konfitüre, Gelee oder in kandierter Form. Weil sich ihr Aroma besonders gut mit dem anderer Früchte verträgt, wird sie oft in Mischungen mit solchen verwendet. Die Karambole ist gut transportfähig und wird auch nach Europa exportiert, meist aus Brasilien. Sie hat einen für Obst bemerkenswert hohen Gehalt an Oxalsäure, deshalb benutzt man sie im unreifen Zustand auch zum Säuern von Fischsuppe.
en: *Carambola, Starfruit*

Karashi ist eine sehr scharfe Senfzubereitung der japanischen Küche.

Karasumi ist gesalzener, gepresster und getrockneter Rogen von Meeräschen oder Thunfischen, der in Japan an Stelle von *Kaviar* gegessen wird.

Kardamom, *Malabar-Kardamom,* ist die Samenkapsel eines indischen Baumes *(Elettaria cardamomum – Zingiberaceae).* Die noch grünen Früchte werden kurz vor der Vollreife geerntet, gewaschen und in

Kardamom

besonderen Anlagen oder an der Luft getrocknet. Am meisten geschätzt werden die Greens, die noch grünen Früchte. Der Geschmack ist etwas süßlich, brennend und leicht eukalyptusähnlich. Sie werden zum Würzen von Backwaren, z.B. Lebkuchen, Süßspeisen, Getränken, Wurst, Currygerichten, Pilav und manchen Obstprodukten verwendet. In arabischen Ländern wird Kardamom in großem Umfang zur Verstärkung des Aromas von Kaffee benutzt. Er ist eines der teuersten Gewürze, so werden meist weniger aromatische Samen anderer Pflanzen an seiner Stelle angeboten.
en: Cardamom, Cardamom seed, Cardamon

Kare Kare, *Kari Kari,* ist ein philippinisches Eintopfgericht aus gekochtem und stark mit Knoblauch gewürztem Rindfleisch oder Kaldaunen, Erdnussbrei, Zwiebeln, Bohnen, Erbsen, Rüben und anderen Gemüsen, manchmal auch Bananen.

Karendang, *Karaunda,* ist die rote Frucht eines indischen Baumes *(Carissa carandas – Apocyanaceae),* der nebenher auch Kautschuk liefert. Sie kann wegen ihres sehr hohen Säuregehaltes nicht roh gegessen werden. Man verwendet sie zur Herstellung von Pickles oder in Mischung mit anderen Früchten für Konfitüren.

Karjalanpaisti ist ein deftiger finnischer Eintopf aus Rind-, Hammel- oder Schweinefleisch mit Gemüse und Kartoffeln.

Karkade ist ein süß-säuerlich schmeckender weinroter sehr kalt servierter ägyptischer Tee aus *Hibuskusblüten.*

Karstbohnenkraut, *Winterbohnenkraut,* ist ein im Mittelmeerraum verbreiteter Strauch *(Satureja montana – Lamiaceae).* Das Kraut hat ähnliche Würzeigenschaften wie Bohnenkraut.
en: Winter savoury

Kascha ist gerösteter Buchweizenschrot, ein einfaches Basisgericht der osteuropäisch-jüdischen Küche, das man mit sautierten Zwiebeln, Pilzen oder Gemüse isst. Sie kann breiartig sein; durch langsames schwaches Erhitzen mit etwas Fett oder Ei erhält man ein körniges flockiges Erzeugnis. In manchen Gegenden werden als Rohstoffe anstelle von Buchweizen auch Mais, Hirse, Gerste oder Graupen verwendet. *Kascha Varnischkes* sind mit Kascha und Pilzen gefüllte kleine Teigtaschen.

Kashk ist ein orientalisches Milcherzeugnis, das in einigen Ländern *Kishk* und im Irak *Kusk* genannt wird; zu seiner Herstellung wird ein Brei aus fettarmem Joghurt von Schaf- oder Ziegenmilch, Weizenmehl, gekochtem Gemüse, Zwiebeln, Kräutern und manchmal weiteren Zutaten einige Tage lang fermentieren lassen, wobei durch eine Mischflora aus Bakterien, Hefen und Schimmelpilzen ein starkes Aroma und ein saurer Geschmack erzeugt wird. Man kann Kashk als Suppe verzehren oder durch Hitze oder an der Luft zu pflastersteingroßen Stücken trocknen, die später zum Aromatisieren anderer Produkte verwendet werden, oder die man zusammen mit Bulgur isst. Kashk ist reich an Eiweiß und Vitaminen. Allerdings kann durch die ungeregelte Gärung eine Bildung von Bakterien- und Schimmelpilztoxinen nicht ausgeschlossen werden.

Kaschu-Apfel ist keine Frucht, sondern der etwa 10 cm lange, birnenförmige Fruchtstiel eines im tropischen Amerika heimischen Baumes (*Anacardium occidentale* – Anacardiaceae), der heute auch in anderen tropischen Ländern angebaut wird. Er ist gelb bis scharlachrot und besteht aus einem schwammigen, sauer-adstringierendem Fleisch, das sich weniger zum Rohessen eignet, sondern zu Konfitüre oder Saft verarbeitet werden kann. Er kann auch wegen seiner Verderbsanfälligkeit nicht transportiert werden.
en: Cashew apple

Kaschukern

Kaschukern, *Kaschunuss,* ist der Samen des Kaschu-Apfels. Es ist eine ca. 3 cm lange, nierenförmige, hartschalige einsamige, ölreiche, mild schmeckende Nuss, die meist ohne die rotbraune Samenschale gehandelt wird. Sie sitzt außen auf dem Kaschu-Apfel, nicht wie sonst üblich, innerhalb des Fruchtfleisches. Ihr Öl schmeckt scharf. Deshalb müssen die Kerne vor dem Verzehr geröstet werden. Auch muss man sie schälen, denn die Schalen enthalten giftiges *Cardol,* das auch die Haut reizt, deshalb sollte man beim Schälen Handschuhe tragen. Sie werden gesalzen als Snack gegessen oder als Beigabe zu Salaten, Desserts, Gemüse- und Fleischgerichten.
en: Cashew nut

Kasy ist eine magere würzige kasachstanische Wurst aus Pferdefleisch.

Katayef ist ein libanesischer mit Hefe und Backpulver leicht gelockerter Pfannkuchen aus einem dünnen Teig aus Weizengrieß und viel Butter. Er wird in der Pfanne gebacken, abkühlen lassen, mit Walnüssen gefüllt, die mit Muskat, Zimt und Zuckersirup versetzt werden. Der zusammengeklappte Pfannkuchen wird dann mit Butter bestrichen im Ofen aufgebacken und mit Zuckersirup übergossen.

Kath sind die getrockneten Blätter eines vor allem im Jemen wachsenden Strauches *(Catha edulis – Celastraceae)*. Sie werden als Genussmittel gekaut oder in Form eines Aufgussgetränkes genossen.
en: *Arabian tea*

Katlana ist ein in arabischen Ländern gegessenes Gebäck. Teig aus Weizenmehl wird zu Bällchen geformt, die man zu runden Scheiben ausrollt. Diese werden mit gewürztem Hackfleisch, Eiern, eingedickter Milch und/oder Marmelade gefüllt, halbmondförmig zusammengeschlagen und in heißem Fett gebacken.

Katsuobushi ist das getrocknete Fleisch ostasiatischer Fische, besonders des Bonito *(Auxis thazard – Scombridae)*. Die parierten und vollständig entgräteten Filets werden zunächst langsam im Dampf gegart, mehrfach geräuchert, bis sie fast schwarz geworden sind. Man beimpft sie in leicht feuchtem Zustand mit Schimmelpilzkulturen, die ein gewisses Aroma erzeugen. Dann werden sie erneut bis auf ein Sechstel ihres ursprünglichen Wassergehaltes eingetrocknet. Der dann wie steinharte Holzknüppel aussehende Fisch wird, ähnlich wie Trüffel, in kleinen Mengen in Form kleiner Späne, *Hana Ketsuo* genannt, zum Aromatisieren von Salaten, Suppen, Soßen, Gemüse- oder Fischgerichten verwendet.

Kaviar sind die Rogen verschiedener Fische, nach denen die einzelnen Kaviararten benannt werden. Am wertvollsten ist der Kaviar vom Hausen oder Beluga, einer Störart *(Huso huso)*, die im Kaspischen Meer und in der Wolgamündung vorkommt. Echten Kaviar gibt es von weiteren Störarten, z.B. dem Sevruga, Beluga und Osietra. Viele Stör-Arten sind in den genannten Gebieten inzwischen aus Umweltgründen und wegen überfischung vom Aussterben bedroht. Deshalb werden neuerdings in Westeuropa, auch in Deutschland, kleinere Stör-Arten in Becken gezüchtet. Sie werden im Gegensatz zum Hausen zur Gewinnung des Kaviars nicht getötet; man kann Ihnen vielmehr unter Betäubung mehrfach den Kaviar entnehmen. Der beste Kaviar ist grobkörnig, schwarz bis silbergrau und sollte möglichst wenig gesalzen sein, die Bezeichnung *Malossol* bedeutet wenig Salz. Kaviar wird pasteurisiert oder mit Borsäure konserviert und ist dadurch eine gewisse Zeit haltbar. Rogen anderer Fische, die ebenfalls als Kaviar bezeichnet werden, stammen vom Lachs *(Keta-Kaviar)*, der Forelle, dem Hering

und vielerlei anderen Fischen. Sie sind koscher im Sinne der jüdischen Speisegesetze, was für echten Kaviar nicht zutrifft, denn der Stör ist nicht koscher, weil er keine Schuppen hat. Auch die Rogen von *Hummern* und *Seeigeln* werden inzwischen als Kaviar vermarktet. Eher ein Ersatzprodukt ist Deutscher Kaviar, die gesalzenen und schwarz gefärbten Rogen des *Seehasen* oder Lumpfisches *(Cyclopterus lumpus)*. In Russland ist vor einigen Jahren sogar ein künstlicher Kaviar erfunden und in den USA zum Patent angemeldet worden, der aus eingefärbten und aromatisierten Alginat- und Gelatinekörnern besteht. Er soll lt. Presseberichten in England auf dem Markt sein und sich nach Ansicht dortiger Experten geschmacklich nicht von echtem Kaviar unterscheiden. Neuerdings ist in Deutschland ein aus Dänemark stammendes Produkt auf dem Markt, ein mit Pflanzenkohle (E 153) gefärbtes rein vegetabilisches Produkt auf Basis von Seetang-Extrakt und dem Verdickungsmittel Xanthan. Wegen der Unlöslichkeit des Farbstoffes färbt dieser Kaviarersatz im Gegensatz zu Deutschem Kaviar, der einen wasserlöslichen schwarzen Farbstoff enthält, nicht ab.
en: Caviar

Kawa, *Rauschpfeffer*, ist ein leicht bitter schmeckendes, anregendes, alkoholfreies Getränk. Es wird auf vielen südpazifischen Inseln aus den Wurzeln einer Kletterpflanze gewonnen, *Kawa-* oder *Rauschpfeffer (Piper methysticum – Piperaceae)*. Die Wurzeln werden zerstampft und durch die Einwirkung der Speichelenzyme von Einheimischen aufgeschlossen. Kawa ist ein Erfrischungs-, aber auch ein Zeremonialgetränk für besondere Gäste. Unter dem Namen *Kava-Kava* werden auch in Deutschland Extrakte aus der Kawa-Pflanze als Nahrungsergänzungsmittel und als Arzneimittel gegen Angstzustände und Depressionen angeboten. Sie können schwere Leberschäden hervorrufen. Die Meinungen der Experten über das Verhältnis von Nutzen zu Risiko sind geteilt. Auf jeden Fall gilt Kava-Kava nicht als Lebensmittel.

Kawal ist ein im Sudan hergestelltes Gärungsprodukt aus den Blättern einer krautigen Pflanze *(Cassia obtusifolia – Caesalpiniaceae)*. Sie werden zu einer Paste zerstampft und an einem schattigen Platz in kleinen Fässern in die Erde gelegt, wobei der Inhalt alle 3 Tage umgerührt wird. Durch die Tätigkeit einer Mischflora aus Hefen und verschiedenen Milchsäure- und anderen Bakterien entsteht innerhalb von ca. 2 Wochen eine breiartige Masse, die zum Schluss getrocknet wird. Sie dient als Beigabe zu Suppen und wird auch als Brei gegessen.

Kawurma ist ein ägyptisches Gericht. In Stücke geschnittenes Lammfleisch wird zusammen mit Steckzwiebeln in einem Fond fast weich gekocht, der mit Knoblauch, Lorbeerblättern und Zimt gewürzt wird. Nach Zugabe von *Burrul,* etwas *Leben* und Zitronensaft wird das Gericht dann langsam fertig gegart. Gegessen wird es mit Reis oder Weizenfladen.

Kazunoko ist in Japan gewonnener eingesalzener und getrockneter Heringsrogen. Er wird vor dem Gebrauch mit Wasser angefeuchtet, mit dem man zuvor Reis gewaschen hat. Man isst ihn als Vorspeise.

K'dra ist eine marokkanische Würzsoße auf Basis von Butter, Zwiebeln, Pfeffer und *Safran.*

Kebap, in Deutschland oft *Kebab* geschrieben, ist die Sammelbezeichnung für Gerichte aus zerkleinertem Fleisch, manchmal auch Meerestieren oder Gemüse, die in der Türkei und im Vorderen Orient gebräuchlich sind. In Griechenland nennt man vergleichbare Produkte *Keftedes.* Stückiges Fleisch vom Lamm, Kalb oder Rind wird gewürzt, manchmal mariniert und über Kohle gegrillt. An Drehspießen in dünnen Scheiben gegrilltes Fleisch heißt *Döner Kebap.* Frikadellen-ähnliche Zubereitungen nennt man in der Türkei *Köfte* und in arabischen Ländern *Kofta.*

Kedgeree ist ursprünglich ein aus Indien stammender Eintopf aus Linsen und Reis, der mit Zwiebeln, Currypulver, Pfeffer und Ingwer gewürzt wird. Bei der Zubereitung muss darauf geachtet werden, dass Linsen und Reis zur gleichen Zeit gar werden, ohne dass der Reis breiig wird. Man isst Kedgeree mit hart gekochten, in Scheiben geschnittenen Eiern und gerösteten Zwiebeln. Heute versteht man in England unter Kedgeree allerdings eher ein Fischragout mit Reis.

Keema ist in der indischen Küche der Name für Hackfleisch aller Art. Es wird stark gewürzt gegessen, in Soße, gebraten, als Füllung für Teigtaschen *(Keema Samosa)* und vielerlei sonstiger Form.

Kefe Kimyonu, *Echter Bergkümmel, Rosskümmel,* sind die Samen einer in der Türkei wachsenden krautigen Pflanze *(Laser trilobum – Apiaceae)* mit einem kümmelähnlichen Aroma, die lokal wie Kümmel zum Würzen dienen.
en: *Laserwort fruit, trivalve fruit*

Kefir ist ein ursprünglich aus dem Kaukasus stammendes leicht schäumendes Sauermilcherzeugnis, das durch alkoholische und Milchsäuregärung ursprünglich aus Stutenmilch, heute meist fettarmer frischer Kuh-, Büffel- oder Ziegenmilch hergestellt wird. Als Starterkulturen dienen sog. Kefirkörner.

Kei-Apfel ist die Frucht eines dornigen südafrikanischen Strauches *(Dovyalis caffra – Flacourtiaceae).* Die ca. 2–3 cm großen goldgelben

Früchte enthalten ein saftiges, säuerlich schmeckendes Fruchtfleisch, das ein angenehmes, an Aprikosen erinnerndes Aroma aufweist. Der Kei-Apfel ist weniger zum Rohverzehr geeignet als zur Verarbeitung zu Konserven oder Konfitüren.
en: *Umkokolo*

Kemiri, *Kandelnuss, Bankulnuss, Lichtnuss,* ist die Nuss des indochinesischen Lichtnussbaumes, der auch im tropischen Afrika angebaut wird *(Aleurites moluccana – Euphorbiaceae)*. Die haselnussgroßen, ölreichen Samen schmecken leicht bitter und würzig und dienen als Beigabe zu lokalen Suppen und Soßen sowie als Basis für eine scharfe Soße der indonesischen Küche. Kemiri müssen vor dem Verzehr geröstet werden, weil sie im rohen Zustand giftig sind.
en: *Candlenut*

Kenaf, *Ambari, Dekkanhanf,* ist eine im tropischen Afrika und in Indien kultivierte Faserpflanze *(Hibiscus cannabinus – Malvaceae)*, deren junge Blätter lokal als Gemüse verzehrt werden.

Kenima ist ein indischer Sojakuchen mit einem nussartigen Aroma. Sojabohnen werden in Wasser gekocht, dann 1–2 Tage lang fermentiert, geröstet und gesalzen.

Kenkey ist ein westafrikanisches Grundnahrungsmittel. Klöße aus Maismehlbrei werden in Blätter eingewickelt, einer 2–3 Tage dauernden Milchsäuregärung unterworfen und dann gedämpft und mit einer scharfen Pfeffersoße gegessen.

Kentjoer sind das Rhizom und die getrockneten Blätter der Gewürzlilie, einer indonesischen Staude *(Kaempferia galanga* und *K. rotunda – Zingiberaceae),* die vor allem auf Java kultiviert wird. Es hat einen pfefferartigen, an Ingwer erinnernden Geschmack und ist ein wichtiger Bestandteil der indonesischen Reistafel und dient zum Würzen von Geflügel und Fleischspeisen.
en: *East Indian galangal*

Kentumere ist eine ghanesische Soße aus Tomaten, Palm- oder Erdnussöl, grünen Blättern aller Art, die mit Zwiebeln, Chili und getrockneten Fischen gewürzt wird.

Kermesbeere ist eine in den USA heimische, in Deutschland als Zierpflanze bekannte Staude *(Phytolacca americana – Phytolaccaceae),* deren Blätter und junge Sprosse ein spargelähnliches Gemüse liefern. Der stark adstringierend schmeckende Saft der roten Beeren dient in Indien und anderen Ländern zur Färbung von Lebensmitteln. In einigen Ländern gelten Beeren und Wurzeln als giftig.

Keskul ist eine süße türkische Dessertspeise. Sahne und Milch wird mit geriebenen Mandeln und Zucker aufgekocht, mit Reismehl verdickt und mit zerhackten Mandeln, Pistazien- und Granatapfelkernen garniert.

Ketjap ist eine dickflüssige, süßliche indonesische Würzsoße mit einem Geschmack nach Fleischextrakt aus fermentierten Mung- und Sojabohnen, Weizenmehl und Reis unter Zusatz von Gewürzen. Ketjap hat eine gewisse Ähnlichkeit mit Sojasoße und wird wie diese verwendet. Ende des 18. Jahrhunderts gelangte Ketjap über England in die USA. Dort setzte man der Soße erstmals Tomaten zu und machte sie unter der anglisierten Bezeichnung *Ketchup* populär.

Khabeli ist eine Festtagsspeise der afghanischen Küche und gilt als Krone der Küche dieses Landes. Es besteht aus gewürgeltem, scharf gebratenem Kalb-, Rind- oder Geflügelfleisch in einer stark gewürzten Zwiebelsoße, das mit Karotten, Rosinen, Mandeln und Pistazien auf oder gemischt mit Langkornreis serviert wird.

Khaman ist ein gedämpfter indischer Kuchen aus einer fermentierten Mischung von Reis und Kichererbsen. Er wird mit Kokosraspeln, Linsen oder Pickles zum Frühstück oder als Snack gegessen.

Khameri-Roti, *Khamir*, ist ein lockeres indisches Fladenbrot aus Weizenmehl mit Zusatz von Joghurt oder Buttermilch, Zucker und Salz, dessen Teig vor dem Backen sich über Nacht selbst überlasssen wird.

Khanom ist eine Sammelbezeichnung für verschiedene thailändische halbflüssige süße Dessertspeisen, meist auf Basis von Reis oder Reisnudeln.

Khao phoune ist eine in Laos hergestellte Frühstücksspeise aus Reisnudeln in einer cremigen Soße aus Kokosmilch mit Zusatz von Fleisch oder Fisch.

Khas-Khas ist ein indisches Gras (*Vetiveria zizanioides – Poaceae*), dessen ätherisches Öl der Wurzel zur Aromatisierung von Konfekt und Getränken dient. Das Haupteinsatzgebiet ist die Parfümindustrie.
en: Vetiver grass

Kheer ist ein indischer, aus *Basmati-Reis* hergestellter, mit *Jaggery*, d.i. brauner Zucker, gesüßter und mit Nelken, Zimt, Kardamom, Safran, Mandelblüten und Rosenwasser aromatisierter Rosinen-Pudding.

Khichari ist ein indischer Brei aus in Butter gekochten stückigen Mungbohnen und Reis.

Khlii ist Rindfleisch, wie man es in Marokko über Monate haltbar macht. Es wird über Nacht in eine Marinade, *Chermoula* genannt, aus Salz, Koriander, Kümmel, Knoblauch und Essig eingelegt; dann trocknet man es an der Luft, vor allem im Sommer, wenn es heiß ist.

Khoa ist der Name für eingedickte Kuhmilch, aus der man in Indien hauptsächlich Süßspeisen zubereitet. Während in vielen Regionen Indiens Kühe heilig sind und nicht getötet werden dürfen, wird ihre Milch durchaus verzehrt.

Khobz ist ein marokkanisches Fladenbrot aus einem mit Paprika gewürztem Teig aus Weizenvollkornmehl. Er wird vor dem Backen mit Ei bestrichen und mit Sesamsaat bestreut.

Kholombo ist eine im Westen Indiens verbreitete braune Gewürzmischung. Sie setzt sich aus Curryblättern, Kreuzkümmel, Nelken, Pfeffer, Zimt und Kichererbsen zusammen. Ihr Aroma erinnert an Holzrauch. Man benutzt sie hauptsächlich für Gerichte aus Hülsenfrüchten.

Khoreshta sind Ragouts der persischen Küche, die mit Reis gegessen werden. Sie können Fleisch, Geflügel, Gemüse oder Früchte enthalten und sind stets kräftig gewürzt, z.B. mit Pfeffer, Zimt, Muskatnuss und Zitronensaft.

Khubz, *Chubs*, ist eine Sammelbezeichnung für arabische Brote. Sie sind meist rund, flach, manchmal leicht mit Hefe gelockert, innen weich und praktisch ohne eine krosse Kruste. Die Ober- und Unterseite lassen sich oft leicht voneinander lösen und können daher leicht mit anderen Zutaten gefüllt werden. Sie sind Bestandteil jeder Mahlzeit. Man hält sie mit den 3 Fingern der rechten (!) Hand fest und benutzt sie oft als Ersatz für ein Besteck. Es gibt sie in unzähligen Variationen.

Kibbeh sind im Libanon und in Syrien gegessene Lammgerichte, die man in Irak und in Iran *Kubba* nennt. Das Fleisch wird fein zerkleinert, mit Zwiebeln püriert, gewürzt und mit *Bulgur,* Mandeln und Pinienkernen durchgeknetet. Der Brei wird roh zusammen mit Salatblättern oder gegrillt oder in der Pfanne gebraten verzehrt. Es gibt viele weitere Varianten.

Kichererbsen sind keine Erbsen, sondern die gelblichen 4–10mm großen Samen eines in Vorderasien heimischen Busches *(Cicer arietinum - Fabaceae)*. Sie werden in vielen tropischen und subtropischen Gebieten angebaut und sind wegen ihres hohen Stärkegehaltes in Indien und anderen asiatischen Ländern wichtige Grundnahrungsmittel, besonders für die ärmeren Bevölkerungsschichten. Kichererbsen werden nach längerem Garkochen als Brei oder Suppe verzehrt. Sie können auch mit Salz geröstet werden. Kichererbsen enthalten neurotoxische Verbindungen, die beim Genuss größerer Mengen über längere Zeit zu *Lathyrismus*, Lähmungen und Krämpfen führen können.
en: Chick pea, Bengal gram (IN)

Kichlach ist ein mit Backpulver getriebenes Kleingebäck der jüdischen Küche aus Weizenmehl, schaumig geschlagenen Eiern und Öl.

Kikunori sind gekochte und getrocknete Blätter von Chrysanthemen (*Chrysanthemum spec. – Asteraceae*), die in der japanischen Küche zum Dekorieren von Speisen benutzt werden.

Kikurage ist ein ostasiatischer Speisepilz (*Auricularia polytrica – Auriculariaceae*). Er wird meist in getrockneter Form gehandelt und dient als Würzpilz für Fisch- und Pfannengerichte.

Kikushi sind die Blätter einer in Feuchtgebieten Südwestafrikas wild wachsenden Staudenpflanze (*Rumex bequaertii – Polygonaceae*), die von Einheimischen als Gemüse gegessen werden.

Kimchi ist das traditionelle Salzgemüse der koreanischen Küche, vergleichbar mit Sauerkraut. Es schmeckt aber süßlicher als dieses. Es gibt Winterkimchi und Sommerkimchi. Ersteres wird durch mehrmonatige Gärung von Chinakohl, Rettich und Zwiebeln gewonnen und mit Knoblauch, Paprika und Ingwer gewürzt. Sommerkimchi enthält keinen Chinakohl und besteht aus Rettich, Gurken und Kürbis; es ist innerhalb weniger Tage verzehrsfertig. Kimchi wird im Haushalt und industriell hergestellt.

Kimizu ist eine japanische Würzsoße aus geschlagenem Eigelb, Reisessig, Zucker und Salz für Gemüse, Garnelen und andere Schalentiere.

Kinnie ist ein maltesisches alkoholfreies Erfrischungsgetränk auf Basis von Bitterorangen und aromatischen Kräutern.

Kippers sind vom Rücken her gespaltene, entweidete, leicht gesalzene und kurz geräucherte Heringe. Sie sind ein traditionelles englisches Frühstücksgericht.

Kirfa ist ein heiß getrunkenes ägyptisches Aufgussgetränk aus Zimt, Ingwer und Mandeln. Man bietet es besonders Gästen an, die eine Familie zur Geburt eines Kindes beglückwünschen.

Kiriboshi daikon sind fein geschnittene, lange Streifen an der Luft getrockneter Rettiche, die in der japanischen Küche als Zusatz zu Salat oder gekochtem Gemüse verwendet werden.

Kishimen ist eine flache, breite japanische Nudel aus Weizenmehl.

Kisra ist ein sudanesisches Grundnahrungsmittel. Sorghum-Mehl wird mit Hirse- und Weizenmehl vermischt zu einem Teig verarbeitet, den man einer 10–20stündigen Milchsäuregärung unterwirft. Er wird zu dünnen Fladenbroten verbacken und allein oder mit Gemüsen, Hülsenfrüchten oder Fleisch verzehrt.

Kitembilla, *Ketembilla, Ceylonstachelbeere*, ist die Beerenfrucht eines dornigen Strauches *(Dovyalis hebecarba – Flacourtiaceae)*, der in Indien und angrenzenden Ländern kultiviert wird. Die purpurnen, etwa 2–3 cm großen Beeren eignen sich wegen ihres sauren und adstringierenden Geschmackes nicht zum Rohverzehr. Der rote Saft kann nach dem Entfernen der bitteren Fruchthaut zu Gelees oder Getränken verarbeitet werden.
en: *Ceylon gooseberry*

Kitfo ist in Äthiopien gegessenes rohes Tatar aus Rindfleisch oder Rinderleber. Man isst es mit fein gehackten Zwiebeln, Butter, Essig und scharfen Gewürzen.

Kiwai ist die 3–4 cm lange, ovale, grüne Frucht eines ostasiatischen Strauches *(Actinidia arguta – Actinidiaceae)*. Die mit der Kiwi eng verwandte Frucht hat einen angenehm süßlichen, leicht säuerlichen Geschmack und wird roh, als Obstsalat oder gekocht gegessen oder zu Saft verarbeitet.
en: *Tara vine*

Kiwano, *Hornmelone, Große Igelgurke, Geleemelone, Afrikanische Horngurke*, ist die Frucht einer in Mittel- bis Südafrika vorkommenden Wildgurke *(Cucumis metuliferus – Cucurbitaceae)*, die inzwischen auch in anderen Ländern angebaut wird. Die 10–15 cm langen grünen Früchte tragen hornartige, stachelartige Ausstülpungen. Sie können jung wie Gurken mit der Schale gegessen werden. Mit zunehmender Reife schmeckt das Fruchtfleisch süßlicher mit einer pikanten Säure. Das Aroma wird melonenartig. Der gallertartige helle, später dunkelgrüne Inhalt des Kerngehäuses kann mit den Samenkernen roh verzehrt oder zu Obstsalat, Süßspeisen, Soßen oder Getränken verarbeitet werden. Die monatelang haltbaren Früchte reifen in geerntetem Zustand weiter nach.

Kiwai

Kiwano

en: *Horned cucumber, Jelly melon (Südafrika), Melano (Israel), Citromelon (Israel)*

Kiwi, Großfrüchtige Aktinidie, Chinesische Stachelbeere, ist die hühnereigroße ovale Beerenfrucht eines aus ursprünglich aus China stammenden, rankenden Strauches *(Actinidia chinensis – Actinidiaceae)*, der über Neuseeland nach Europa gekommen ist. Sie verdankt ihren Namen dem neuseeländischen Wappenvogel Kiwi, dessen braunes Federkleid der Kiwifrucht farblich sehr ähnlich ist. Sie ist inzwischen kein Exot mehr, sondern wird sogar in Deutschland angebaut. Sie ist gut haltbar und transportfähig. Kiwis reifen schneller, wenn man sie zusammen mit einem Apfel in einem Beutel lagert. Das Fruchtfleisch hat einen weichen, süßen Geschmack und einen hohen Gehalt an Vitamin C. Man kann man sie roh essen oder als Zutat zu Fruchtjoghurt, Obstsalat, Süßspeisen oder gekocht als Beilage zu Fleisch oder Soßen.
en: *Kiwi, Kiwi fruit*

Klettenwurzel, *Japanische Klettenwurzel,* ist die bis zu einem Meter lange und bis zu 2 kg schwere, fleischige Wurzel einer ostasiatischen Krautpflanze *(Arctium lappa – Asteraceae)*. Sie wird in Japan *Gobo* genannt und ist dort ein traditionelles Gemüse. Sie ähnelt der Schwarzwurzel und wird wie diese zubereitet, ist faserreich und brennwertarm.
en: *Burdock root*

Klippfisch wird in Skandinavien durch Klippen (Aufspalten), Entfernen der Hauptgräte, Salzen und Trocknen an der Luft aus Kabeljau, Schellfisch, Seelachs und Lengfisch hergestellt. Es wird im Unterschied zu Stockfisch gesalzen und ist dadurch besonders lange haltbar.
en: *Klipfish*

Knisches sind kleine, dreieckige, mit Frischkäse, Hühnerfleisch oder *Kascha* gefüllte, gebackene Taschen aus einem leicht mit Backpulver gelockerten, Sauerrahm enthaltenden Weizenmehlteig der jüdisch-aschkenasischen Küche. Man isst sie als Vorspeise oder als Suppeneinlage.

Knochenmark wird nicht nur hierzulande in Form von Markknochen als Suppenzutat oder in Frankreich in Form von *Amourette* geschätzt, einem Gericht aus Kalbs-, Lamm- oder Rinderknochen; Naturvölker sehen es seit eh und je als Sitz des Lebens an und bewerten es entsprechend. Eskimos essen das Knochenmark der Rentiere, Eingeborene Afrikas das Mark der Knochen der *Giraffe*. Seit dem Auftreten von BSE hat sich die Einstellung zum Verzehr von Knochenmark allerdings verändert.
en: *Bone marrow*

Knollenziest, *Ziestknollen, Crosne, Japanische Kartoffel, Chinesische Artischocke,* sind die Wurzelknollen einer ostasiatischen Staudenpflanze *(Stachys affinis – Lamiaceae).*

Sie sind fingerlang, weißgelb, zart, saftig. Sie weisen tiefe Einschnürungen auf und haben dadurch eine an Raupen erinnernde Form. Ihr Geschmack ist dem der Schwarzwurzeln und der Artischocken ähnlich. Knollenziest wird wie Spargel zubereitet. Er enthält keine Stärke, sondern Stachyose, wodurch er für Diabetiker verträglich ist.
en: Chinese artichoke

Knurrhahn ist der Name einer Familie atlantischer Fische *(Triglidae)* mit einem eigenartig verdicktem panzerartigen Kopf und großen Rücken- und Seitenflossen. Sie erzeugen knurrende Töne, daher der Name. Ihre wirtschaftliche Bedeutung ist nicht allzu groß. Einige sind regelmäßige Bestandteile der *Bouillabaisse*.
en: Gurnard

Kobe-Beef ist japanisches Luxus-Rindfleisch. Es gibt verschiedene Rassen, aus denen es hergestellt wird. Es kommt hauptsächlich aus der nahe Kobe gelegenen Stadt Matsuzaka. Die Rinder werden mit ausgesuchtem natürlichem Kraftfutter ernährt und erhalten pro Tag einen Liter Bier. Man massiert sie täglich von Hand mit Sake oder Öl, wodurch sich ein leicht marmoriertes ungemein zartes Fleisch bildet. Durch diese Behandlung ist das Fleisch allerdings astronomisch teuer.
en: Kobe beef

Kochujang ist eine koreanische Würzpaste auf Basis von fermentiertem Reis, Getreide und Sojabohnen mit Zusatz von Chili, vor allem für Fleischgerichte.

Kødboller sind dänische Fleischklößchen, die gekocht in einer Soße serviert werden.

Kohl ist die Sammelbezeichnung für verschiedene Gemüsepflanzen *(Brassica spec. – Brassicaceae)*. Sie zeichnen sich durch einen mehr oder minder hohen Gehalt an Senfölen und anderen Schwefelverbindungen aus, die ihnen den charakteristischen Geschmack verleihen. Kohl ist im Verhältnis zu anderen Gemüsen reich an Vitamin C und steht praktisch das ganze Jahr über preiswert zur Verfügung. Extrem hoher Verzehr von rohem Kohl kann wegen des Gehaltes des Kohls an Thiocyanaten zu Kropfbildung führen. Die Thiocyanate werden durch Kochen teilweise zerstört. Gegessen werden, je nach Art des Kohls Wurzeln, Sprossen, Blätter und Blütenknospen. Neben den einheimischen Arten, wie Wirsing, Rotkohl, Weißkohl, Brokkoli, Rosenkohl, Blumenkohl und vielen anderen, gibt es exotische Arten, wie *Chinakohl, Kabu, Pak-choi, Chie-Lan, Choisum*.
en: Kale

Kokada ist eine ostafrikanische Süßspeise aus Eierschnee und Kokosraspeln, aufgestreuter Schokolade und Schlagsahne.

Koko, *Akasa,* ist eine in weiten Teilen Zentralafrikas gegessene brei- oder fladenförmige Zubereitung aus Maisschrot, Hirse, Maniokmehl oder Sorghum. Die Rohstoffe werden in Wasser eingeweicht und 1–2 Tage sich selbst überlassen, wobei eine Milchsäuregärung auftritt. Koko kann mit Milch, Zucker, Erdnusspaste oder Gewürzen versetzt werden. Es gibt viele Varietäten. Einige sind wichtige Kindernahrungsmittel.

Kokosnuss ist der etwa 2,5 Kilo wiegende Samen der bis zu 6 Kilo schweren Steinfrucht der Kokospalme *(Cocos nucifera – Araceae)*. Die faserige Fruchthülle ist nicht zum Verzehr geeignet. An der Innenseite der sehr hartem Samenschale befindet sich eine dünne, weiße, nussige, fettreiche Schicht, die den essbaren Teil der Samen darstellt, das *Kokosmark*. Es ist der Rohstoff für Kokosfett. Getrocknet heißt es *Kopra*. Es dient in Südostasien in frischem Zustand als Beilage zu Fleisch- und Fischgerichten. Das Innere der frischen Kokosnuss enthält etwa 1 Liter einer leicht süß-säuerlich schmeckenden klaren Flüssigkeit, dem *Kokoswasser (en: Cocos water)*, die manchmal irrtümlich als *Kokosmilch (en: Cocos milk)* bezeichnet wird. Es ist ein erfrischendes Getränk. Zu seiner Gewinnung wird die ungeschäte Frucht an der Spitze mit einer Machete zerschlagen, damit eine Trinköffnung entsteht. Kokosmilch ist in Wirklichkeit ein Getränk, das aus fein geraspeltem Kokosmark durch Mischen mit Wasser hergestellt wird. Sie ist wegen ihres Nährwertes in den Anbauländern ein wichtiges Nahrungsmittel für Kinder. Im übrigen darf man, frei nach Goethe, nicht „ungestraft unter Palmen wandeln": Alljährlich sterben laut Presseberichten in den Anbauländern 100-200 Touristen und Einheimische, wenn sie sich unter Kokospalmen sonnen oder sich dort aus anderen Gründen aufhalten. Reife Kokosnüsse, die irgendwann als „Bombe" von 6 Kilo Gewicht aus einer Höhe von 30 Metern vom Baum fallen, sind absolut tödlich.
en: Coconut

Kokoreç, ist eine türkische Wurst aus mit stark gewürzten Innereien gefülltem Lammdarm.

Kokum ist die schwarzbraune getrocknete Haut der Früchte eines in Vorderindien heimischen Baumes *(Garcinia indica – Clusiaceae)*. Sie schmeckt salzig-sauer und wird lokal zum Würzen von Fisch- und Fleischsspeisen verwendet sowie zur Herstellung von Chutneys und Curry.

Kolaches sind im Mittleren Westen der USA bekannte Teigknödel, die zu Fleischgerichten oder mit Fruchtgelees als Süßspeise gegessen werden. Sie gehen auf böhmische Einwanderer zurück.
de: Kolatschen

Kombu, *Konbu, Zuckerrübentang,* sind getrocknete und gepresste

Braunalgen (Laminaria japonica – Laminariales). Sie werden hauptsächlich an den Küsten Ostasiens und der Bretagne geerntet. Kombu ist reich an Glutamat und eignet sich zur Herstellung von schmackhaften Suppen oder gewürzt als Salat und Vorspeise. Man darf die Blätter zur Reinigung nur abreiben; beim Waschen würde der „Meergeschmack" verloren gehen. *Kombujime* ist ist ein Blatt Kombu als Hülle für Sushi. *Shio kombu, Kombusalz,* ist eine Trockensuppe aus einem stark gesalzenen Aufguss aus Kombu, der zum Würzen anderer Speisen dient.
en: Kelp

Kombucha, *Hongo,* ist ein aus der Mongolei stammendes Getränk, das durch spontanes Vergären eines gesüßten Teeaufgusses mit Hefen und Bakterien entsteht. Die auch hierzulande unter diesem Namen angebotenen Getränke mit dem Attribut *Teepilz* sollten kritisch betrachtet werden: Weder sind bei der Herstellung Pilze im Spiel, noch gibt wissenschaftliche Beweise für die angepriesenen gesundheitsfördernden Wirkungen, noch ist es sicher, dass bei ungeregelten bakteriellen Gärungen nicht auch gesundheitsschädliche Stoffe entstehen können. Das in Japan als Kombucha bezeichnete Aufgussgetränk aus *Kombu* hat eine ganz andere Basis und ist nicht damit identisch.

Kona-Coffee ist eine in Berglagen von Hawaii angebaute Kaffeesorte, die aus *Coffea arabica* Bohnen besteht. Sie werden wie anderer Kaffee gepflückt, fermentiert und stark geröstet, zeichnen sich aber durch einen besonders milden Geschmack aus.
de: Kona-Kaffee

Konafa ist ein Kuchen der griechischen und orientalischen Küche aus Weizenmehl, ungesalzener Butter, Zucker und Zitronensaft. Er wird meist mit Creme, Nüssen, Pistazien oder Käse gefüllt.

Königskrabbe, *Japankrabbe, Kamtschatkakrebs, Kronenkrebs (Paralithodes camtschatica),* ist ein großer Krebs, keine Krabbe, auch die Bezeichnung Japanischer Hummer ist falsch. Sie lebt in den Tiefen der arktischen Meere und kann eine Panzerbreite von 20 cm erreichen. Nur die männlichen Tiere werden gefangen. Die Beine bergen das feinste Fleisch.
en: Alaska king crab, Red king crab

Konnyaku ist eine Zubereitung aus den zerstampften Knollen einer japanischen Yams-Pflanze *(Amorphophallus konjak – Araceae)*. Diese werden mit Wasser extrahiert, wobei eine gallertertige Masse gewonnen wird, die in Formen gebracht als Suppeneinlage dient.

Kooral ist ein scharf gewürztes südindisches Gericht aus Gemüse und Soße.

Die **Koreanische Küche** hat eine gewisse Ähnlichkeit mit der von einigen

Regionen Chinas. Die wichtigste Kohlenhydratquelle ist gekochter Reis, hier *Bap* genannt. Man isst sehr viel Gemüse, u.a. Lauch und *Kimchi*. Fleisch wird weniger gegessen als Fisch. Als würzende Zutaten werden vor allem Sojasoße und Knoblauch benutzt. Alle Gerichte einer Mahlzeit, einschließlich Suppe, kommen gleichzeitig auf den Tisch. Wie in China und Japan isst man mit Stäbchen.

Koriander sind die getrockneten gelblichbraunen bis gelblichroten Spaltfrüchte einer im Mittelmeerraum heimischen Staude *(Coriandrum sativum – Apiaceae),* deren Kraut wanzenartig riecht, daher auch die Bezeichnung *Wanzenkümmel*. Es gibt zwei Varietäten, die sich in der Größe und durch den Gehalt an Aromastoffen unterscheiden: Die größere Varietät vulgare, die vor allem in Indien und Marokko angebaut wird, hat ein niedrigeren Gehalt an ätherischen Ölen als die kleinere Varietät microcarpum. Koriander wird unreif geerntet, weil er dann den höchsten Ölgehalt aufweist. Deshalb haben die unreifen Früchte einen stärkeren Wanzengeruch, der den europäischen Verbraucher stört, im Orient aber geschätzt wird. Koriander dient zur Würzung von Fleischspeisen, Wurst, Soßen, Gemüse, Marinaden, alkoholischen Geränken, wie Gin, und Weihnachtsgebäck; es ist auch Bestandteil von Curry.
Die frischen Blätter und das Kraut der Pflanze heißen in einigen Ländern *Cilantro* und dienen als Würzkraut, z.B. in der Tex-Mex-Küche, in Indonesien (unter dem Namen *Daun Ketumbar*), in Indien, Vorderasien und Marokko. In einigen asiatischen Ländern benutzt man auch die Wurzeln als Zutaten für Würzmittel.
en: Coriander

Korila, *Wilde Gurke,* ist die Beerenfrucht einer Kletterpflanze *(Cyclanthera pedata – Cucurbitaceae)*. Die 5–7 cm langen dick-spindelförmigen, spitz zulaufenden Früchte werden vor allem in Peru und in Südostasien roh als Salat oder gekocht als Gemüse verzehrt.
en: Korila, Wild cucumber, Stuffing gourd

Korma ist ein für indische Begriffe mildes Currygericht aus gedünstetem Fleisch und Gemüse mit Zusatz von Joghurt, Knoblauch, Ingwer und Korianderblättern.

Kornelkirsche ist die scharlachrote, wie eine Beere aussehende Steinfrucht des hierzulande verwilderten, im Mittelmeerraum und in Vorderasien wachsenden Hartriegel-Strauches *(Cornus mas – Cornaceae)*. Sie schmeckt angenehm fruchtig, leicht säuerlich-herb. Man kann sie roh essen. Meist benutzt man sie aber zur Herstellung von Konfitüren, Gelees und Kanditen, denn die Steine lassen sich nur schwer vom Fruchtfleisch trennen. Der Saft kann auch vergoren werden.
en: Cornelian cherry

Koro-koro sind in Zentralafrika gegessene fingerdicke, lange, wurmartig aussehende, in Öl ausgebackene Teigstränge aus süßem Maismehlteig, die mit Suppen oder Fleischgerichten gegessen werden.

Korsan, *Rogag, Suage,* ist ein vor allem in Saudi-Arabien gegessenes rundes, auf heißen Platten gebackenes Fladenbrot.

Kosai Akara ist ein westafrikanischer fritierter Pfannkuchen aus schwarzen Bohnen, Zwiebeln und Chili.

Koscher ist die Bezeichnung für Lebensmittel, die nach den jüdischen Speisegesetzen gegessen werden dürfen. Das Gegenteil ist Treife.
en: Kosher

Koscheri ist ein nahrhaftes, wohlschmeckendes ägyptisches Gericht, das für breite Teile der Bevölkerung erschwinglich ist. Es wird in Restaurants und Straßenküchen in großen Quantitäten zubereitet und besteht aus Reis, Nudeln, Linsen, Kichererbsen, Tomatensoße und gebratenen Zwiebeln, die übereinander geschichtet mit einer scharfen Soße gewürzt werden.

Koshaf ist ein ägyptischer Salat aus getrockneten Aprikosen, Feigen, Datteln, Korinthen, Sultaninen, Pistazien und Mandeln, die man in Wasser einweicht, kurz aufkocht und nach dem Erkalten mit Zucker und Orangenblütenwasser versetzt.

Kotopitta ist eine in Griechenland und im Vorderen Orient beliebte Pastete aus Hühnerfleisch mit einem Teig aus *Fila.*

Kotschuri ist ein in Öl ausgebackenes, püriertes Erbsenmehl enthaltendes, mit *Garam Masala* und Kreuzkümmel gewürztes, oft mit Fleisch oder anderen Zutaten gefülltes indisches Fladenbrot.

Kouha ist ein marokkanischer Spieß aus Hammelleber und Hammeltalg, die gewürfelt mit Kümmel und Piment gewürzt über Holzkohle gegrillt werden. Man serviert das Gericht mit Pfefferminztee.

Koukla ist ein orientalisches Gericht aus gehacktem Lamm- Rind- und/oder Kalbfleisch, Weizenbrot und Eiern, das mit Piment, Zimt und Pfeffer gewürzt in Form kleiner Kugeln in Öl ausgebacken wird. Man kann die Fleischbällchen auch in einer Tomatensoße köcheln.

Kräuter der Provence, *Herbes de Provence,* ist eine Mischung aus frischem Rosmarin, Oregano, Thymian, Basilikum und Salbei evtl. zusätzlich Estragon, Lavendel und Majoran. Die Kräuter werden auch in getrockneter Form angeboten. Sie werden zum Aromatisieren von Fleisch- und Fischgerichten verwendet.
en: Herbs of Provence

Krause Endivie, *Frisée,* sind die Blätter einer Endivienpflanze *(Cichori-*

um endivia crispum – Asteraceae). Sie bildet kompakte halbkugelförmige Blattrosetten. Durch die Fülle der Innenblätter erscheint das Herz leicht gelblich. Die Krause Endivie schmeckt, wie alle Endivien, angenehm bitter.
en: Curled-leaved endive

Kren ist der österreichische und slawische Name für Meerrettich.

Kreplach, *Kreplech,* sind meist dreieckige ravioliähnliche Nudelteigtaschen der jüdischen Küche. Als Füllung kann Hackfleisch, Kascha, Käse oder Kartoffelbrei verwendet werden.

Kreuzkümmel, *Mutterkümmel, Kumin, Römischer Kümmel* sind die Spaltfrüchte einer im Mittelmeerraum heimischen Krautpflanze *(Cuminum cyminum – Apiaceae).* Er wird in vielen vorderasiatischen Ländern angebaut, u.a. in der Türkei. Er schmeckt würzig brennend und leicht bitter. Der Geruch erinnert an Kampher. Im Gegensatz zu Kümmel harmoniert er mit vielen anderen Gewürzen und ist Bestandteil von Currypulver und Würzsoßen der ostasiatischen Küchen. Er dient darüber hinaus zum Würzen von Fleischgerichten, Suppen, Gebäck und Käsespezialitäten.
en: Cumin

Krill, ist ein in riesigen Schwärmen in antarktischen Meeren lebender, ca. 6 cm langer garnelenartiger Planktonkrebs *(Euphausia superba).* Er dient Bartwalen, Robben und anderen Meerestieren als Nahrung. Wegen seines hohen Proteingealtes könnte er auch zur menschlichen Ernährung verwendet werden. Bisher sind alle entsprechenden Versuche aber fehlgeschlagen. Angeblich enthalten die Panzer des Krill zu hohe Konzentrationen an Fluor.
en: Krill

Krimpkochen ist die aus dem Niederdeutschen stammende Bezeichnung für das Krümmen von lebendfrischen Fischen beim Kochen.

Krobouko, *Oroko, Faltenkürbis,* ist eine im tropischen Afrika kultivierte Kürbispflanze *(Telfairia occidentalis – Cucurbitaceae).* Ihre Blätter und Sprosse werden von Einheimischen als Gemüse gegessen. Aus den Samen kann man *Ogiri* herstellen, ein Gärungsgetränk. Oder man verzehrt die Samen direkt oder angekeimt als Kochgemüse. Beim Ankeimen verringert sich der Phytingehalt.

Kroepoek sind waffelförmige Gebäcke der indonesischen Küche. Sie bestehen aus einem fritierten Teig aus Garnelen oder Fischen und Tapioka- oder anderem Mehl und dienen als Snack oder Beilage zu anderen Gerichten.

Krokodile, vor allem Alligatoren, wurden früher gejagt, sind aber heute geschützt. Ihre Eier sind sehr schmackhaft und können zu Ome-

lettes verarbeitet werden. Krokodile werden u.a. in Zimbabwe gezüchtet, indem man die Eier wilder Krokodile sammelt und die Jungtiere aufzieht. Das Fleisch vom Hals, den Beinen junger Tiere und dem Schwanz ist besonders zart, delikat, außerdem arm an Fett und Cholesterin. Man kann es grillen oder in Form von Suppen essen.
en: Crocodiles

Krung Gaeng ist ein Sammelname für Würzpasten der thailändischen Küche auf Currybasis. Es gibt viele Arten, die zusätzlich weitere Gewürze und Kräuter enthalten können.

Kubaneh ist ein weiches, süßes, gedämpftes Weizenbrot. Es wird besonders von jemenitischen Juden am Sabbat mit Konfitüre, Chutney oder anderen scharfen Soßen gegessen.

Kuba-Spinat, *Winterportulak, Tellerkraut,* sind die Blätter einer nordamerikanischen Pflanze *(Montia perfoliata – Portulacaceae).* Sie sind langgestielt und rhombisch bis oval. Kuba-Spinat schmeckt leicht süß. Er kann als Suppenkraut verwendet, für sich allein oder zusammen mit anderen Blättern zu Salat verarbeitet oder wie Spinat gekocht werden.
en: *Claytonia, Winter purslane, Miner's lettuce*

Kubebenpfeffer, *Stielpfeffer,* sind die getrockneten, nahezu kugeligen dunkelgrauen bis schwarzen unreifen Beeren eines aus Indonesien stammenden Kletterstrauches *(Piper cubeba – Piperaceae)* der mit dem echten Pfeffer verwandt ist. Er schmeckt scharf, hat einen leicht bitteren Nachgeschmack und dient vor allem zum Würzen von Soßen und ist Bestandteil des Pfefferkuchengewürzes.
en: *Cubebe pepper*

Kürbis ist die Sammelbezeichnung für verschiedene kultivierte Gemüsepflanzen (hauptsächlich *Cucurbita spec. – Cucurbitaceae*). Gegessen werden das wasserreiche Fruchtfleisch und die ölreichen Samen, Kürbiskerne genannt. Kürbisse können als Salat oder als Gemüse zubereitet werden. Neben den einheimischen Arten, wie *Sommerkürbis, en: Pumpkin, Summer squash* (US) und *Winterkürbis en: Giant pumpkin, Winter squash* und vielen anderen, gibt es exotische Arten, wie die *Kalebasse,* den *Krobouko,* den *Moschuskürbis* und den *Patisson.*
en: *Pumpkin, Squash*

Kufteh sind faustgroße Klöße der persischen Küche aus Hackfleisch vom Rind oder Lamm, Basmati-Reis und Hülsenfrüchten mit einer Würzung aus Trockenfrüchten, Zwiebeln, Kurkuma, Pfeffer und Chili. Man isst sie mit Fladenbrot, manchmal auch mit Joghurt oder Konfitüre. Besonders berühmt sind die *Kufteh Tabrisi* aus der Stadt Täbris.

Kugel, der (!) Kugel ist ein besonders am Sabbat gegessenes Eintopfgericht der jüdischen Küche, das es in vielen Varianten gibt. Meist besteht er aus einem großen puddingartigen Kloß aus Kartoffeln, Nudeln, pflanzlichem Fett, Äpfeln oder Backobst, mit oder ohne scharfe Gewürze, manchmals auch Eiern. Es gibt weitere Rezepte mit Fleisch, scharfer Wurst, Gänsehals und Fisch.

Kujolpan ist eine koreanische Vorspeise. Sie besteht aus wenigstens 9 gut gewürzten Zutaten, die auf einer großen runden Platte serviert werden, wie Gemüse, Bambussprosse, Pilzen, Fleisch und Shrimps; jeder Gast bedient sich, indem er kleine Portionen mit den Fingern in dünne Pfannkuchen einwickelt und verzehrt.

Kukah ist ein mit Zucker gesüßtes, mit wenig Hefe getriebenes persisches Fladenbrot, das im Teig etwas Milch und Butter enthält und mit Eigelb bestrichen wird.

Kuku ist in Kenia ein zunächst mit Curry und Zwiebeln gewürztes, gekochtes und dann in Öl ausgebackenes Hühnerfleischgericht.

Kuku ist ein persischer, im Ofen gebackener Eierkuchen, eine Variante des *Eggah*, der am Neujahrstag serviert wird. Kuku ist mit Kräutern, wie Petersilie, Spinat, Dill und Schnittlauch grün gefärbt und soll dadurch ein Fruchtbarkeitssymbol für das kommende Jahr sein.

Kulebiaki sind heiß gegessene russische Hefeteigpasteten mit einer Füllung aus hart gekochten Eiern, Reis, Fisch, Fleisch oder Geflügel.

Kulfi ist ein mit Rosenwasser aromatisiertes indisches Speiseeis, das viel Sahne, Pistazien oder gehackte Mandeln enthält. Es hat die Form eines Kegelstumpfes.

Kuli Kuli sind kleine westafrikanische Plätzchen aus geröstetem, leicht entöltem Erdnussschrot, die in Erdnussöl ausgebacken werden. Man isst sie bevorzugt mit *Lansur*.

Kulith ist der Samen einer großen indischen Bohne *(Macrotyloma uniflorum – Fabaceae)*. Er hat ein erdiges Aroma, ist kräftig im Geschmack mit einem leichten Duft nach frischem Heu. Kulith dient als würzige Zugabe zu Currygerichten und dicken Suppen.

Kulitsch ist ein traditionelles russisches Ostergebäck, ein pyramidenförmiger Kuchen, der den Berg Golgatha symbolisiert. Er besteht aus Hefeteig mit Korinthen, kandierten Früchten, Kardamom und einem Zuckerguss, der mit Vanille und Zitronensaft aromatisiert ist.

Kul Kuls ist eine süße schneckenartig geformte südindische Backware, die mit Zuckersirup übergossen gegessen wird.

Kultscha ist ein Nationalgericht Tadschikistans, ein mit Hefe leicht gelockertes Fladenbrot aus einem Teig aus Weizenmehl und wenig Butter. Man benutzt es als saugfähige Beilage für Soßen und andere flüssige Zutaten und isst es mit Fleischgerichten.

Kulurakija sind kleine griechische halbmondförmige, mit Sesamsaat bestreute Butterkuchen, die mit Orangenmarmelade gefüllt sein können.

Kumbapfeffer, *Kani, Afrikanischer Pfeffer, Mohrenpfeffer,* sind die bohnenförmigen Samen verschiedener im tropischen Afrika und Amerika heimischer Bäume *(Xylopia spec. – Annonaceae)*. Kumbapfeffer hat einen scharfen, leicht bitteren Geschmack und ein muskatartiges Aroma. Man verwendet Kumbapfeffer lokal als Gewürz.
en: *African grains of selim, Guinea pepper, Negro pepper*

Kumys ist ein im Kaukasus und in Turkestan durch alkolische und Milchsäuregärung hergestelltes Sauermilcherzeugnis aus Stutenmilch.
en: *Kumiss*

Kunafa sind in der Türkei und in Ägypten übliche Teigfäden, die man in einer großen Schüssel mit zerlassener Butter übergießt und damit vermischt. Darüber wird eine Füllung aus Mandeln, Rosinen, Nüssen und Käse geschichtet, die mit weiterem Teig bedeckt wird. Das Gericht wird im Ofen gebacken und mit Zuckersirup oder Sahne heiß oder kalt serviert.

Kurigurke ist eine in Japan gezüchtete kleine Gurkenart mit einer dunkelgrünen, warzigen, aromatischen Schale. Sie hat ein leicht fischartiges Aroma und wird wie Salatgurken zubereitet.

Kurma ist ein südostasiatisches Rindfleischragout, das mit Koriander, Knoblauch, Ingwer, Kardamom, Nelken, Kreuzkümmel und Limettensaft mild gewürzt, mit Kokosmilch und Kokosraspeln versetzt und mit Kartoffeln serviert wird.

Kurkuma, *Gelbwurz,* sind die Rhizome einer in Indien heimischen Krautpflanze *(Curcuma longa – Zingiberaceae)*. Sie werden nach der Ernte zunächst gebrüht und dann getrocknet. Kurkuma hat einen erdig-bitteren, würzigen Geschmack, einen ingwerartigen Geruch und eine kräftig gelbe Farbe. Sie ist der

Kurkuma

Hauptbestandteil von Curry und wird wegen ihres Aromas und ihrer Farbe zum Würzen und Färben von Soßen, Reis und Fleischgerichten benutzt. Kurkumapulver wird auch als *Indischer Safran* bezeichnet.
en: *Turmeric, Curcuma*

Kurrat, *Ägyptischer Lauch, Salatlauch,* sind die Blätter einer am unteren Nil und in Arabien wachsenden Lauchpflanze *(Allium kurrat – Alliaceae)*. Kurrat wird lokal als Salat oder Gemüse gegessen.
en: *Egypt leek, salad leek*

Kuru Fasulye ist eine türkische Suppe aus weißen Bohnen, Gemüse, Zwiebeln, Tomatenmark, Lamm- oder Hammelfleisch und viel Gewürzen.

Kurut ist ein orientalischer harter Labkäse mit Zusatz von Gewürzen oder Kräutern. Er wird zu Kugeln geformt und an der Sonne getrocknet. Dadurch bleibt er lange haltbar. Er kann bei Bedarf durch Einlegen in Wasser wieder rehydratisiert werden.

Kusaya ist der japanische Name für in Lake gesalzene getrocknete Bastardmakrelen. Das Produkt hat Ähnlichkeit mit Klippfisch.

Kushi sind japanische Happen von Fleisch, Fisch, Meerestieren, Gemüse oder anderen Lebensmitteln, die am Spieß über glühender Holzkohle gegart und mit Soße bestrichen aus der Hand gegessen werden. *Yakitori* ist die gleiche Speise, bei der Geflügelfleisch an Bambusspießen gegrillt wird. Bei der Variante *Kushiage* wird das Grillgut zuvor mit einem Teig aus Eiern und Brotkrumen überzogen.

Kushuk ist ein orientalisches Fermentationsprodukt aus *Bulgur* oder anderen Getreideprodukten, evtl. mit Zusatz von Rüben oder anderen Gemüsen. Das Getreide wird mit Milch oder Joghurt angeteigt und einige Tage lang fermentiert. Der Teig wird zu kleinen Bällen geformt, die man frisch in Suppen oder als Brei isst. Kushuk kann auch durch Trocknen an der Sonne konserviert und durch Einlegen in Wasser später wieder rehydratisiert werden.

Kuwini, *Kaweni,* ist die Frucht eines im tropischen Asien wachsenden Baumes *(Mangifera odorata – Anacardiaceae)*. Sie hat einen terpentinartiges Aroma und einen hohen Säuregehalt. Die meisten Arten sind erst nach einer Lagerung in verdünntem Kalkwasser genießbar. Sie wird in reifem oder unreifem Zustand hauptsächlichzur Herstellung von Chutneys und anderen Würzsoßen verwendet.
en: *Kuwini mango*

Kwass ist ein altes russisches durstlöschendes Volksgetränk, das durch alkoholische Gärung aus einer Aufschlämmung von Brot in Wasser entsteht und das mit Kräutern oder Obst aromatisiert wird. Es hat nur einen geringen Alkoholgehalt.

Laab ist ein thailändischer Salat aus gekochtem Gemüse, Zwiebeln und Fleisch, der mit Kräutern gewürzt wird.

Labaneya ist eine traditionelle ägyptische Suppe auf Basis von *Silq*, den Blättern einer spinatähnlichen Pflanze. Sie werden mit Zwiebeln in Öl angebraten und zusammen mit Reis, Joghurt und Gewürzen zu einer schmackhaften Suppe verarbeitet.

Lab Chung sind kleine luftgetrocknete chinesische Würstchen aus Schweinefleisch. Sie sind nur mäßig gesalzen, enthalten aber etwas Zucker. Zum Verzehr werden sie über kochendem Wasser gar gedämpft und mit süßer oder saurer Soße serviert.

Laddu ist ein indischer Snack aus einem Teig aus dem Mehl von *Kichererbsen*, gewürzt mit *Kardamom*, den man in Form kleiner Bällchen verformt in Fett ausbackt, mit Zuckersirup übergießt und mit Nüssen oder Pistazienkernen bestreut.

Ladona, ist ein grüner Tee, ohne oder mit Jasminblüten, aus dem Hochland der chinesischen Provinz Lam Dong.

Lahmacun ist eine Art türkische Pizza, eine dünne Brotscheibe mit einem Belag aus gewürztem Fleisch oder ähnlichem.

Lahmé ist eine arabische Fleischspezialität. Fein gehacktes Hammelfleisch wird scharf gewürzt und mit gewürfelten Gurken, Tomaten und Zwiebeln auf einem Blech im Ofen gebacken.

Laksa sind Sammelbezeichnungen für die verschiedensten ost- und südostasiatischen Suppen- und Eintopfgerichte, die in der Regel Nudeln enthalten.

Lampagione, *Lampascione,* sind die kleinen Zwiebeln der *Traubenhyazinthe (Muscari spec. – Hyacinthaceae)*. Sie werden in Süditalien als Gemüse gegessen. Man kann sie auch nach kurzem Kochen in Essig und Öl einlegen und als Beilage essen. Sie schmecken im frischen Zustand deutlich bitter. Dieser Geschmack verliert sich aber beim Kochen.

Landkrabben sind im tropischen Amerika und in der Karibik auf dem Land lebende Krebstiere *(Gecarcinidae)*. Ihr Fleisch, besonders das der tropischen und der bis zu 500 g schweren, in Florida lebenden *Karibischen Landkrabbe* ist sehr schmackhaft. Die Landkrabben werden lokal teilweise in Käfigen gehalten und gemästet. Sie haben nur lokale Bedeutung.
en: Land crabs

Lángos, *Langosch,* sind in Fett goldgelb ausgebackene ungarische Fladen aus einem mit Hefe gelockerten Teig aus gekochten Kartoffeln und Mehl mit etwas Milch und manchmal ein wenig Zucker. Man isst sie meist heiß als Snack auf der Straße. Es gibt Lángos in vielen Varianten, z.B. mit Dill bestreut, mit Schafkäse, mit Schinken, mit Kraut oder mit saurer Sahne.

Langostinos, *Chilekrabben*, werden fälschlicherweise auch als *Scampi* bezeichnet. Es sind im Südpazifik, besonders an den Küsten Chiles lebende Furchenkrebse (*Pleuroncodes monodon* und *Cervimunida johni*). Exportiert wird das tiefgefrorene Fleisch der zuvor gekochten Tiere. Das Verhältnis zwischen dem verwertbarem Fleischanteil und dem Gesamtgewicht der Langostinos liegt nur bei etwa 1:10.
en: *Langostinos, Red crab*

Langpfeffer, *Bengalpfeffer*, ist ein aus Indien stammender Pfeffer (*Piper longum* – *Piperaceae*), dessen einzelne Beeren dicht gedrängt an der Rispe wachsen und zu einem langen Gesamtgebilde verschmelzen. Sein Aroma ist etwas schwächer als das des echten Pfeffers, der Geschmack ist aber deutlich stärker. L. wird hauptsächlich in der lokalen asiatischen Küche verwendet.
en: *Long pepper*

Langsat, *Lanzon*, ist die Frucht des südostasiatischen *Lansibaumes* (*Lansium domesticum* – *Meliaceae*). *Duku* ist eine daraus entwickelte, etwas größere Zuchtvarietät. Langsat ist eine eiförmige, etwa pflaumengroße, gelbbraune Frucht mit einem sehr saftigen, leicht säuerlich-bitter schmeckenden Fruchtfleisch. Sie gilt als eine der schmackhaftesten Früchte Südostasiens und wird lokal roh gegessen oder in Zuckersirup konserviert. Sie ist wenig haltbar und wird deshalb kaum exportiert.
en: *Langsat*

Langusten sind Krebstiere (*Palinuridae*), die im Gegensatz zum Hummer keine Scheren, aber sehr lange Fühler haben. Sie kommen in allen Weltmeeren vor, außer in arktischen Gewässern. Gegessen wird das schmackhafte Schwanzfleisch.
en: *Spiny lobsters*

Lansur ist eine nigerianische Spezialität, die aus kresseähnlich schmeckenden Blättern, *Kuli Kuli*, Zwiebeln und vielen lokalen Gewürzen besteht.

Lantong ist eine indonesische Spezialität. Bananenblätter in der Größe von Briefbogen werden zu Tüten geformt, in die man nicht ganz gar

Langpfeffer

gekochten Reis füllt. Er wird mit kleinen Erbsen, in Öl gerösteten Pinienkernen und verschiedenen Gewürzen vermischt. Dann dämpft man die Tüten über kochendem Wasser.

Lanzettfischchen sind 6-8 cm lange fischähnliche Meerestiere *(Branchiostomidae)*, die sich im Sand eingraben. Sie werden in China gezüchtet und frisch oder getrocknet gegessen.
en: Amphioxi, Arrowworms

Lap ist ein laotisches Gericht aus frisch gehacktem Büffel- oder Wildfleisch, das mit Kräutern und Chillies gewürzt wird. Man isst Lap in Form kleiner Bissen, die in Salatblätter eingerollt werden.

Lapacho ist die getrocknete Rinde eines südamerikanischen Baumes *(Tabebuia spec – Bignoniaceae)*. Sie enthält kein Coffein, wenig Gerbstoffe. Der Aufguss hat einen milden Geschmack und wird lokal als Volksheilmittel verwendet. Inzwischen wird das Produkt mit unbewiesenen Versprechungen als Heilmittel gegen vielerlei Krankheiten auch in Europa angeboten.

Lapsi ist eine dem Porredge ähnliche indische Weizengrütze. Man kann sie als Hauptgericht essen, vorher mit Milch kochen oder in der Pfanne braten.

Larven verschiedener Insekten werden lokal in Südostasien, Australien, Südamerika und Mexiko verzehrt. Sie waren auch in Europa nicht unbekannt, denn Plinius d.Ä. schreibt in seiner Naturgeschichte, dass die Römer Larven monatelang mit Mehl gemästet und dann als Delikatesse verzehrt hätten.

Lassi ist ein indisches Erfrischungsgetränk aus Joghurt oder Buttermilch, Wasser und zerstoßenem Eis, das es in einer salzigen (Lassi namkeen), süßen (Lassi methi) und scharf mit Pfeffer, Knoblauch, Chillies und Kümmel gewürzten Variation gibt.

Latik ist ein auf den Philippinen hergestellte Masse aus erhitzter Kokosnussmilch, die man zum Garnieren von Desserts benutzt.

Latkes sind kleine Pfannkuchen der jüdischen Küche, die vor allem am Chanuka-Fest gegessen werden. Sie können aus geriebenen Kartoffeln aus Buchweizen- oder Weizenmehlteig hergestellt werden. Sie werden in Schmalz oder Öl ausgebacken und frisch heiß gegessen, meist ohne jede Beilage, gelegentlich aber auch mit Kompott oder Gelee.

Lavash ist ein mit Sauerteig, Hefe oder Backpulver gelockertes, etwa 60 cm langes und 40 cm breites rechteckiges persisches Brot mit einem sehr geringen Feuchtigkeitsgehalt. Der Teig wird etwa 2 Stunden lang vergoren, zu wenige mm dicken Fladen ausgewalzt und innerhalb einer Minute am offenen Feuer verbacken. Lavash ist lange haltbar.

Lavendel sind Kraut, Blätter und Blüten der Lavendelpflanze *(Lavandula angustifolia ssp. angustifolia – Lamiaceae)*. Er ist ein Bestandteil der Kräuter der Provence, wird aber auch allein zum Würzen von Fisch- und Fleischgerichten verwendet. Die Blüten haben die stärkste Würzkraft.
en: Lavender

Lawalu ist eine etwa zitronengroße südostasiatische Frucht *(Chrysophyllum lanceolatum – Sapotaceae)*. Sie ist hellgrün, etwa 8–12 cm lang. Das Fruchtfleisch schmeckt etwas mehlig, leicht süßlich. Sie wird lokal roh gegessen oder zu Desserts oder Speiseeis verarbeitet. Die Lawalu ist wenig haltbar und wird deshalb nicht exportiert.

Leben, *Labna, Laban,* ist ein leicht gesalzener orientalischer Frischkäse mit einer Konsistenz zwischen Dickmilch und Quark. Er wird in Form kleiner Bällchen mit Olivenöl und Paprika u.a. zum Frühstück gegessen.

Lechon Sarsa ist eine dicke, leicht süß-saure, scharf mit Knoblauch gewürzte philippinische Soße auf Basis von Schweineleber und Cerealien, die zu geröstetem Schweinefleisch gegessen wird.

Lecsó ist ein ungarisches Mischgemüse aus scharfem oder mildem Paprika, Tomaten und Zwiebeln, das man mit Wurst, Reis, Graupen oder Eiern isst.

Leguan, hauptsächlich in der Karibik und in Mittel- und Südamerika lebende, 1-2 Meter lange, meist hellgrüne Echsen *(Iguanidae)* sind in diesen Ländern geschätzte Delikatessen. Ihr Fleisch wird am Spieß gegrillt oder zu Eintopf- oder Suppengerichten verarbeitet, die man mit Kreuzkümmel, Nelken und Muskatnüssen würzt.
en: Iguana

Lekach ist ein leichter Backpulverkuchen aus Weizenmehl der jüdischen Küche, den man mit Honig oder mit karamelisiertem Zucker herstellen kann. Er wird mit Öl gebacken, nicht mit Butter, damit man ihn gemäß den jüdischen Speisegesetzen sowohl mit milchigen als auch mit fleischigen Speisen essen kann. Er kann Nüsse, Rosinen und/oder Trockenfrüchte enthalten.

Lemang ist Reis, der in einem mit Bananenblättern ausgekleideten Bambusrohr unter Zusatz von gesalzener Kokosmilch über Holzkohlenglut langsam gegart wird.

Lempol ist eine süße Würzpaste der indonesischen Küche auf Basis von *Durian.*

Lethok son ist ein mit Öl angemachter burmesischer Salat aus Reis, Gemüsepaprika, Nudeln, Kartoffeln,

Papaya, Bambussprossen, Algen und ähnlichen Zutaten. Er wird mit Fischsoßen, Chili und Knoblauch gewürzt. Man ißt ihn als vegetarisches Hauptgericht oder zusammen mit Hühnerfleisch.

Lilienknospen sind die etwa 5 cm langen Blütenknospen der ostasiatischen Bahnwärter-Taglilie *(Hemerocallis fulva – Hemerocallidaceae)*. Sie haben eine etwas pelzige Struktur und ein erdiges Aroma. Man benutzt sie in der chinesischen Küche als Würzkraut, vor allem für Schmorgerichte. Die unterirdischen Knollen sind roh oder gekocht essbar.
en: Lily buds

Lilienzwiebeln sind die stärkereichen Zwiebeln der ostasiatischen *Tigerlilie (Lilium lancifolium – Liliaceae)*. Sie haben ein würziges, an Knoblauch erinnerndes Aroma und werden in der japanischen und koreanischen Küche als Würzzutat zu Schmorgerichten verwendet. Wegen ihres Bittergeschmackes kocht man sie vor dem Zusatz zu anderen Speisen kurz mit Wasser aus. Sie können durch Trocknen haltbar gemacht und als Suppengewürz verwendet werden. Neben den Zwiebeln werden auch die Knospen der Tigerlilie als Würzmittel verwendet.
en: Lily bulbs

Lingonberry, *Cowberry, Mountain crawberry* ist eine in Skandinavien wachsende sehr saure rotfrüchtige Heidelbeerart *(Vaccinium vitis ideae – Ericaceae)*. Sie wird meist zu Gelees verarbeitet, die man als Beilage zu Fleischgerichten isst.

Linsen sind nicht nur Produkte der einheimischen Küche. Man kennt andere Arten auch in fernen Ländern. Die kleinen, dunkelgrünen *Puy-Linsen* aus Zentralfrankreich haben einen besonders intensiven Geschmack. Ihre Schale ist zwar fest, sie kochen sich aber gut. Die roten Linsen aus der Türkei und die kleinen orangefarbigen indischen Linsen *Masur Dal* zerfallen beim Kochen und schmecken mild. Einen besonders kräftigen Geschmack haben *Umbrische Berglinsen* und die in ihrer Form dem Kaviar ähnelnden *Beluga-Linsen*.
en: Lentils

Litchi, *Litchipflaume, Chinesische Haselnuss*, ist die Frucht eines ostasiatischen Baumes *(Litchi chinensis – Sapindaceae)*. Sie wird in vielen anderen Ländern kultiviert. Sie ist kugelig bis leicht eiförmig, kirsch-

Litchi

groß und hat ein perlmuttartiges weißes Fruchtfleisch, das von einer leicht entfernbaren rosa bis tiefroten, dünnen, harten, aber brüchigen Schale umgeben ist. Der Geschmack ist erfrischend, mild, leicht säuerlich, das Aroma ist dezent terpenartig und erinnert an Haselnüsse. Die Litchi gilt als die feinste aller chinesischen Früchte. Sie kann roh gegessen, in Zuckersirup eingelegt oder zu Salaten, Desserts oder Cocktails verarbeitet werden. In der chinesischen Küche werden Litchis vielfach kurz angekocht zur Reistafel oder als Kompott verzehrt. Sie dürfen nur kurz gekocht werden, weil sie sonst zäh werden. Die Litchi kann auch zu Wein vergoren werden, dessen Bukett eine gewisse Ähnlichkeit mit dem von Gewürztraminer hat. Litchinüsse sind an der Luft getrocknete Büschel der L. mit einem rosinenartigen Geschmack.
en: Litchi, Lichee

Liwanzen sind kleine, flache tschechische Pfannkuchen aus mit Zitronenschalen und Macis gewürztem Hefeteig, die mit Pflaumenmus bestrichen und mit Zucker und Zimt bestreut heiß gegessen werden.

Llampuga ist der Name für eine auf den Balearen servierte Platte aus verschiedenen gegrillten frischen Fischen.

Llapingachos sind ecuadorianische Pfannkuchen aus zerdrückten Kartoffeln, Käse und Zwiebeln.

Locro de queso ist ein ecuadorisches Eintopfgericht aus Kartoffeln, Mais, Zwiebeln, Käse, Milch und Avocado, manchmal mit Fleisch oder Linsen.

Loempia sind walzenförmig ausgerollte Blätter aus leicht gesalzenem Weizenteig, die man mit Gemüse, Bambus- oder Sojasprossen, gehacktem Schweine- oder Geflügelfleisch, Pilzen, Glasnudeln oder anderen Ingredienzien füllt und schwimmend in Öl oder auch in der Pfanne gart. Sie stammen ursprünglich aus der südostasiatischen Küche, sind aber inzwischen auch hierzulande in asiatischen Restaurants unter *Frühlingsrollen* populär.
en: Spring rolls

Loganbeere ist eine erstmals dem kalifornischen Züchter J. H. Logan gelungene Kreuzung zwischen Himbeere und Brombeere *(Rubus loganbaccus – Rosaceae)*. Sie wird in großem Umfang in den USA und in Neuseeland kultiviert, aber wenig exportiert. In Farbe und Struktur ähnelt sie einer großen Himbeere. Geschmacklich vereint sie die Vorzüge beider Obstarten. Sie sollte nur in völlig reifem Zustand gegessen werden, weil sie vorher zu sauer ist. Sie eignet sich zum direkten Verzehr oder zur Verarbeitung zu Saft, Gelee, Konfitüre und Backwaren.
en: Loganberry

Lokschen sind in Öl ausgebackene Klößchen oder breite Nudeln, die in der jüdischen Küche als Suppeneinlage dienen.

Lollo rosso, *Lattughino,* ist ein ursprünglich aus Italien stammender Lattich *(Lactuca sativa crispa – Asteraceae),* der inzwischen auch in anderen Ländern kultiviert wird. Die rötlichen oder grünen, zu Köpfen geschlossenen Blätter ergeben allein oder in Mischung mit anderen Salatblättern einen wohlschmeckenden Salat. Man kann sie auch zu Gemüse verarbeiten. Lollo rosso hält sich länger frisch und ist besser haltbar als andere Salatsorten.

Lombok ist die indonesische Bezeichnung für verschiedene scharfe Gewürze, wie Chili und Pfefferarten.

Lon ist eine thailändische Soße für Fisch- und Gemüsegerichte auf Basis von *Kokosmilch.*

Longan, *Longanpflaume, Drachenauge,* ist die kirsch- bis pflaumengroße, kugelige bis eiförmige, zimtbraune Schließfrucht eines in China heimischen Baumes *(Dimocarpus longan – Sapindaceae).* Die Longan ähnelt der Litchi, schmeckt sehr süß, kaum sauer und nur wenig adstringierend. Longan wird lokal roh verzehrt oder in China-Restaurants in konservierter Form als Dessert angeboten.
en: Longan, Dragon's eye

Lontong ist Reis, den man in Malaysia nach dem Anquellen in Wasser langsam mehrere Stunden in hei-

Loquat

ßem Wasser in Metallröhren kocht, die zuvor mit Bananenblättern ausgekleidet wurden. Das rollenförmige Endprodukt wird in Scheibenform als Beilage serviert.

Lop Chong ist eine stark gewürzte, geräucherte, leicht süßlich aromatisierte rote chinesische Rohwurst aus Schweinefleisch, die gebraten oder in Dampf gegart wird.

Loquat, *Japanische Mispel, Wollmispel,* ist die Frucht eines in Ostasien heimischen Baumes *(Eriobotrya japonica – Rosaceae),* der inzwischen in vielen subtropischen Ländern angebaut wird. Sie ist pflaumengroß, oval, blassgelb bis tieforange. Die Schale ist gerbstoffreich. Sie lässt sich leicht vom saftigen Fruchtfleisch trennen. Es schmeckt nach Äpfeln und Birnen und kann nur im völlig reifen Zustand roh gegessen oder zu Saft, Gelee, Kompott oder Desserts verarbeitet werden.
en: Loquat, Japanese plum, Japanese medlar

Lorbeerblätter sind die getrockneten Blätter des im Mittelmeerraum

angebauten *Lorbeerbaumes (Laurus nobilis – Lauraceae)*. Sie dienen zum Würzen von Suppen, Soßen, Schmorgerichten, Würsten und Sauerkraut und sind Bestandteil von Einlegegewürz für Gurken und von Bouquet garni. Meist werden sie wegen ihrer lederartigen Struktur nicht mitgegessen, sondern vor dem Verzehr aus den Speisen entfernt. Auch die Früchte des Lorbeerbaumes werden zum Würzen verwendet.
en: Bay leaves

Lotoko ist ein in Zaire aus Maniok und Mais hergestellter Branntwein.

Lotos ist der Name einer südasiatischen Wasserpflanze *(Nelumbo nucifera – Nelumbonaceae)*. Ihre Nüsschen, Lotosnüsse dienen in geschälter Form in der ostasiatischen Küche als Beilage zu süßen und salzigen Gerichten. Sie werden vor der Vollreife kurz mit heißem Wasser behandelt. Der bitter schmeckende Keim wird aus dem blassgelben Fruchtfleisch entfernt. Reife Lotos können geröstet oder gekocht als Suppeneinlage oder als Zutat zu Fleisch- oder Fischgerichten verwendet werden. Die Rhizome, Lotoswurzeln, *Indischer Lotos*, japanisch *Renkon* sind wurstartige, von kleinen und großen Röhren durchzogene Knollen mit Einschnürungen. Sie werden gebacken oder geschmort als Gemüse oder in Form von Pickles gegessen. Kandiert isst man sie als Süßigkeit, *Mondkuchen*, *en: Lotus candy*, zum chinesischen Neujahrsfest. Die Blüten werden in der chinesischen und Thai-Küche zur Dekoration von Speisen verwendet. Die sehr großen Lotosblätter benutzt man zum Einwickeln von Lebensmitteln; sie geben diesen zusätzliches Aroma.
en: Lotus

Lotuspflaume, *Lotusfrucht, Dattelpflaume, Schwarze Dattel*, ist die kirschgroße, schwarzblaue Beere eines ostasiatischen Baumes *(Diospyros lotus – Ebenaceae)*. Sie hat keine Verbindung zur ostasiatischen Lotos, sondern ist eher mit der Kaki oder Persimonen verwandt. Die Lotuspflaume wird im Mittelmeerraum kultiviert. Sie hat einen hohen Gerbstoffgehalt und sollte vor dem Verzehr mit heißem Wasser abgebrüht werden. Sie ist wenig haltbar, wird frisch verzehrt, zu Sirup oder Wein verarbeitet oder getrocknet.
en: Eggfruit, date plum

Lu'au ist ein hawaiisches Festmahl, bei dem man u.a. ein in *Ti* eingewickeltes *Kalua Pua'a*, auch *Laulau* genannt, verzehrt, d.i. ein im Stück gebratenes Schwein, das in einem *Imu*, einem Erdofen zubereitet worden ist, und *Haupia* und *Kulolo*, d.i. ein Pudding aus *Taro* und Kokosnüssen.

Lubia ist eine im allgemeinen nur abends gegessene, preiswerte marokkanische Bohnensuppe mit einer Einlage aus Lammfleisch, die mit

Lorbeerblättern, Nelken, Pfeffer und Korianderblättern gewürzt und mit Fladenbrot verzehrt wird.

Luchi ist ein orientalisches Gebäck aus Weizenmehlteig, das in Form großer Fladen in Fett ausgebacken und mit Konfitüre oder Kompotten verzehrt wird.

Lucuma ist die hellgrüne, apfelgroße Frucht eines südamerikanischen Baumes *(Pouteria lucuma – Sapotaceae).* Sie ist die Nationalfrucht Chiles, wird aber auch in anderen Ländern im Westen Südamerikas angebaut. Das Aroma des gelborangefarbenen, wenig saftigen und wenig süßen Fruchtfleisches ist walnuss- bis vanilleartig. Es wird zu Desserts und Kompotten verarbeitet.
en: Canistel

Luffa ist die Frucht einer indischen Gurkenart *(Luffa acutangula – Cucurbitaceae),* deren Früchte bis zu 1 m lang werden können und 10 Längsrippen aufweisen. Sie wird in nicht ganz reifem Zustand wie Gurken roh oder geschmort verzehrt. Die Rippen werden abgeschält, die übrige Haut kann mitgegessen werden. Die Samen der reifen Früchte haben einen unangenehmen Bittergeschmack, sodass die reife Luffa ungenießbar ist.
en: Angled loofah, Ridged loofah, Ridged gourd, Silked gourd

Luftzwiebel, *Etagenzwiebel, Ägyptische Zwiebel, Catawissazwiebel,* ist eine Kreuzung aus der Winter- und Speisezwiebel *(Allium proliferum –Alliaceae).* Sie wirk in Nordamerika, in Rußland und in Ägypten kultiviert. Ihre kleinen Zwiebeln wachsen oberirdisch.
en: Tree onion, Top onion, Egyptian onion

Lulo, *Lulu, Quito-Orange, Naranjilla,* ist keine Orange, sondern die Frucht eines in den Anden heimischen Strauches *(Solanum quitoense – Solanaceae).* Sie ist gelb bis grün, rund wie eine Orange oder leicht oval, hat aber nur einen Durchmesser von

Luffa

Lulo

etwa 5 cm. Ihre Schale ist mit vielen kurzen harten Härchen besetzt, die vor dem Verzehr entfernt werden müssen. Dazu werden die Früchte in siebartigen Metallkörben geschüttelt und anschließend von Hand poliert. Sie sind wenig haltbar und deshalb in Europa kaum bekannt. Das leicht geleeartige Fruchtfleisch schmeckt sehr sauer, hat aber ein einzigartiges, an Ananas, Erdbeeren und Cherimoya erinnerndes Aroma. Sie wird kaum roh gegessen, sondern zu Säften, Limonade, Speiseeis, Konfitüre oder Desserts verarbeitet.
en: Naranjilla

Lupinenkerne sind die Samen der Gelben Lupine *(Lupinus luteus – Fabaceae)*, die in Salzlake eingelegt, besonders in Portugal unter dem Namen *tremoços* als Knabberartikel angeboten werden.
en: Lupin kernels

Lutefisk ist eine Spezialität Norwegens, die besonders im Winter gegessen wird. Getrockneter Kabeljau, besonders Stockfisch, wurde früher tagelang in eine Lauge (Lute heißt Lauge) aus Birkenasche eingelegt; heute verwendet man stattdessen Soda. Er wird dann einige Tage lang gewässert. Dabei entstehen durchsichtige, goldene Filets und der Fisch verliert erheblich an gutem Aussehen und Aroma. Er wird im Ofen gebacken. Sein Geschmack ist leicht seifig und wird selbst von vielen norwegischen Feinschmeckern wenig geschätzt.

Ma'alube ist ein klassisches ostarabisches Eintopfgericht aus Lammfleisch, Reis und Gemüse, hauptsächlich Blumenkohl, Auberginen, Zwiebeln und Tomaten. Man serviert es meist in größeren Portionen auf einem großen Backblech, bestreut es mit Pinienkernen und kann es mit Safran würzen.

Ma'amoul sind kleine, gefüllte, mit Orangenblüten- oder Rosenwasser aromatisierte, im Ofen goldgelb gebackene orientalische Butterplätzchen. Es gibt sie in vielen Formen und mit vielen Füllungen, hauptsächlich gehackten kernlosen Datteln oder Nüssen. Eine Variante sind *Karabij*, die mit Nüssen gefüllt werden; sie werden nach dem Backen in *Naatiffe* eingetaucht, d.i. eine Creme aus einem Sud aus getrockneten Zweigen eines lokalen Baumes *Bois de Panama*, steif geschlagenem Eiweiß und Zuckersirup.

Maasa, *Masa, Meesa,* sind kleine, in Öl ausgebackene milchhaltige Fladenkuchen aus Hirse- oder Sorghummehl, die in Nigeria, Ghana und anderen Ländern Westafrikas auf Märkten als Snacks angeboten und zusammen mit Gemüse oder Honig gegessen werden.

Maatjes, in Deutschland meist *Matjes* geschrieben, sind mild gesalzene, junge, noch nicht laichreife Nordseeheringe mit besonders zartem Fleisch. Sie werden im Frühjahr, namentlich in Holland auf der Straße gegessen, indem man den Fisch am Schwanz fasst, über den Kopf hebt und in den Mund gleiten lässt.

Mabela ist ein in Südafrika vor allem von der Bantubevölkerung gegessener Hirsebrei.

Maca sind die Knollen einer in den Anden, vor allem in Bolivien und Peru wachsenden krautigen Pflanze *(Lepidium meyenii – Brassicaceae)*, die ebenso wie die Blätter der Pflanze als Gemüse gegessen werden.
en: Walpers

Macadamianüsse, *Australnüsse, Queenslandnüsse,* sind die haselnussgroßen Samen eines australischen Baumes *(Macadamia ternifolia – Proteaceae)*, der heute vorwiegend in Hawaii angebaut wird. Sie sind ungewöhnlich ölreich. Nach dem Rösten haben sie einen angenehm, sahnig-zarten Geschmack und werden hauptsächlich gesalzen als Snacks verzehrt oder zu Konfekt und Backwaren verarbeitet. Die größten schmecken am besten.
en: Macadamia nuts

Macadamianüsse

Macis

Macchar Jhol ist ein für indische Verhältnisse nur leicht gewürzter bengalisches Fischeintopf.

Macis, fälschlich *Muskatblüte* genannt, ist der getrocknete gelbrote Samenmantel der Muskatnuss, des Samens des Muskatnussbaumes *(Myristica fragrans – Myristicaceae)*. Macis hat ein ähnliches, aber eher feineres Aroma als Muskatnuß und wird vor allem in der Fleischwarenindustrie u.a. bei Weißwurst und in der Konditorei benutzt.
en: Mace

Madeira ist ein im allgemeinen süßer Dessertwein, dessen Süße darauf beruht, dass die Gärung des Mostes durch Zusatz von Alkohol gestoppt wird. Er hat einen Alkoholgehalt von etwa 17–20 Vol%. und erhält sein typisches Aroma durch monatelange Reifung bei 50 °C in besonderen Kammern, sog. Estufas. Er dient hauptsächlich zur Abrundung des

Geschmackes verschiedener Speisen, bestimmte Sorten werden aber auch als trockene oder weniger trockene Dessertweine getrunken.
en: Madeira wine

Madhan ist die Frucht eines thailändischen Waldbaumes *(Garcinia schomburgkiana – Clusiaceae)*. Sie ist länglich, grün und ziemlich sauer. Sie wird lokal zu Kompott verarbeitet.

Madroño, *Jorco,* ist die Frucht eines wild wachsenden Andenbaumes *(Garcinia madruno – Clusiaceae).* Sie ist rund bis oval, 4–9 cm lang, hat eine runzelige, raue, gelbliche Schale. Wegen des relativ großen Kernes hat sie nur wenig weißliches, säuerlich schmeckendes Fruchtfleisch. Sie wird lokal roh gegessen und kaum exportiert.
en: Madrone

Mämmi ist eine finnische Osterspeise aus gekochtem oder gebackenem Roggenmehlteig und Malz, der mit Pomeranzenschalen aromatisiert wird. Man isst sie mit Sahne und Zucker.

Maferka ist ein orientalisches Gericht aus mit Thymian gewürzten, gekochten Dicken Bohnen und in Öl erhitztem Rinderhack, das mit Thymian, Zimt, Chili, Muskatnuss und Knoblauch gewürzt wird. Beide Zutaten werden getrennt zubereitet und mit geschlagenen Eiern zusammengerührt.

Magou, *Mahewu,* ist ein in Südafrika von Einheimischen zubereitetes erfrischendes Sauergetränk. Es entseht durch spontane Milchsäuregärung aus einem dünnen Maisbrei.

Mahonienbeere ist die kugelige, erbsengroße, schwachblaue Beerenfrucht eines nordamerikanischen Strauches *(Mahonia aquifolium – Berberidaceae).* Ihr Saft ist purpurrot und süß. Die Beeren werden in Mischung mit anderen Früchten zur Herstellung von Konfitüre, Früchtejoghurt, Getränken oder Likör verwendet.
en: Oregon grape

Mais *(Zea mays – Poaceae)* ist hierzulande nicht nur in Form der Maiskörner, als Rohstoff für Maiskeimöl und in Form der Maiskölbchen und als Popcorn und Gundstoffe für *Tortillas* und *Polenta* bekannt. Eine Variante ist *Blauer Mais, en: blue corn,* der für die Pueblo-Indianer Nordmexikos als besonders heilig gilt. Er wird über Nadelholz getrocknet und erhält dadurch einen besonderen Geschmack. Man backt daraus Brot, das die Hopi-Indianer *Piki* nennen. Es gibt Mais auch in eher exotischen Zubereitungen, vor allem in den Südstaaten der USA und im benachbarten Mexiko. *Chocos* sind getrocknete Maiskörner der indianischen Küche, die man für Suppen und Eintöpfe verwendet. *Hominy* ist ein Brei aus frischem Mais, der mit gelöschtem Kalk vorbehandelt wurde. Er wird damit besser verdaulich, die

Majorantriebspitzen

in ihm enthaltenen Aminosäuren und Vitamine werden besser aufgeschlossen. Durch die Kalkbehandlung entstehen neue Aromastoffe, die den *Tortillas* ihr besonderes Aroma geben.
en: *Maize (GB), Corn (US)*

Majoran ist das Kraut einer im Mittelmeerraum heimischen Pflanze *(Origanum majorana – Lamiaceae)*. Man unterscheidet zwischen dem in Frankreich angebauten Staudenmajoran, Blattmajoran und Deutschem Majoran, auch Knospenmajoran genannt. Beide Sorten haben ein würziges thymianähnliches Aroma, wobei Blattmajoran etwas kräftiger ist. Majoran kann frisch verwendet werden, mehr gebräuchlich ist aber das getrocknete und gerebelte Kraut. Es dient vor allem als Wurstgewürz sowie zur Aromatisierung von Hülsenfrüchten, Kohl, fetten Fleischgerichten, Suppen, Soßen und Salaten.
en: *Marjoram, Sweet marjoram*

Makisushi ist gesäuerter Reis mit einer Gemüsefüllung, der auf einer Matte in Algenblätter eingerollt und in Scheiben zerschnitten in Japan zusammen mit Sojasoße verzehrt wird.

Makkara ist eine finnische Wurst. Sie besteht hauptsächlich aus fein passiertem Gemüse und enthält kaum Fleisch. Als Saunawurst brät man sie auf dem Saunaofen oder über offenem Feuer.

Malabarspinat, *Indischer Spinat,* sind die dickfleischigen, dunkelgrünen, jungen Triebe und fleischigen großen Blätter einer aus dem tropischen Asien stammenden, heute aber auch in anderen Ländern kultivierten krautartigen, rankenden Pflanze *(Basella alba – Basellaceae)*. Sie werden wie Spinat gekocht, aber auch lokal als Salat gegessen. Gekocht hat er eine für Europäer ungewöhnlich, schleimige Struktur. Der *Ceylonspinat (Basella rubra)* ist dem Malabarspinat sehr ähnlich, er hat aber rote Blattstiele.
en: *Malabar spinach, Slippery vegetable*

Málaga ist ein in Andalusien aus eingedicktem Traubenmost oder eingekochten Trauben hergestellter Dessertwein. Er wird aufgespritet und hat einen Alkoholgehalt zwischen 15 und 23%. Er reift ähnlich wie Sherry. Er kann trocken oder süß, hell oder dunkel sein.

Malayapfel, *Otaheite-Apfel,* ist die Steinfrucht eines in Malaysia und Thailand kultivierten Strauches

(*Syzygium malaccense – Myrtaceae*). Sie ist etwa 8 cm lang, blaßgelb bis dunkelrot und hat einen braunen Samenkern. Das Fruchtfleisch schmeckt etwas apfelartig, hat aber kein besonders ausgeprägtes Aroma.
en: *Malay roseapple, Pomerac*

Malfuf ist ein in Syrien und im Irak gegessener, mit Mandeln, Pistazien oder Walnüssen gefüllter Strudelteig.

Mali ist ein Auszug aus Jasminblüten, der in der thailändischen Küche zur Verfeinerung von Dessertspeisen und Getränken benutzt wird.

Malpoora ist ein indischer, in Öl ausgebackener, flacher Kuchen. Er wird mit Sirup gegessen, der mit Rosen, Fenchel, Kardamom oder anderen Gewürzen aromatisiert ist.

Mamaliga ist ein der *Polenta* ähnlicher Maismehlbrei der rumänisch-jüdischen Küche. Er wird mit Zwiebelsoße als Beilage zu Schmorgerichten gegessen oder zusammen mit einem traditionellen lokalen Frischkäse, *Brunza Alba*, als Hauptgericht.

Mammey-Apfel, *Mammi-Apfel*, ist die apfelgroße Frucht eines karibischen Baumes (*Mammea americana – Clusiaceae*). Er hat eine rostbraune, raue, lederartige, bittere Schale, die ein helles, festes Fruchtfleisch mit 1 bis 4 großen Samen umschließt. Es schmeckt süß-säuerlich, sein Aroma erinnert an Aprikosen. Der Mammey-Apfel wird frisch verzehrt oder zu Saft, Konfitüren oder Soßen verarbeitet. Der aus den Zweigen tropfende Saft der Pflanze und das unter der Fruchtschale liegende Mark kann zu einer Art Wein vergoren werden.
en: *Mammee apple, Mammi, Mammey*

Ma'mounia, *Machmunia*, ist eine früher aus Reis, heute mehr aus Weizengrieß, Zucker, Butter und Zimt bereitete syrische Süßspeise. Man isst sie mit *Aischta*, einer dicken Sahne aus Büffelmilch, zum Frühstück oder als Dessert.

Mana'isch Sater, *Manakeesh* ist ein in Plästina und Syrien zum Frühstück oder als Hauptmahlzeit gegessenes, mit Thymian, Sesamsaat oder anderen Gewürzen versetztes, leicht mit Hefe gelockertes, etwas Öl enthaltendes Fladenbrot aus Weizenmehl.

Mandu sind kleine koreanische Teigtaschen, ähnlich Ravioli oder kleinen Maultaschen, die mit Fleisch, Tofu, Gemüse oder Kimchi gefüllt sein können. Man isst sie trocken, mit Mehl bestreut, oder in einer Hühnerbrühe, *Manduguk*. Es gibt Mandu auch gedämpft als *Jiinmandu*, gebraten als *Gunmandu* oder gekocht als *Mulmandu*.

Mangabra ist die pflaumengroße gelbrote Frucht eines kleinen brasilianischen Baumes (*Hancornia speciosa – Apocyanaceae*). Ihr Saft hat ein sehr intensives Aroma und einen etwas malzigen Geschmack. Frucht und Saft werden zur Herstellung von Konfitüren und als Zusatz zu Eiscreme verwendet.

Mango ist die Steinfrucht eines ursprünglich aus Birma stammenden, heute in vielen tropischen Ländern angebauten Baumes *(Mangifera indica – Anacardiaceae)*. Sie ist die Nationalfrucht Indiens und neben der Banane eine der wichtigsten Tropenfrüchte überhaupt. Die grüne bis rötliche Frucht ist bis zu 25cm lang und 10cm dick und hat ein gelbes bis orangefarbenes saftiges Fruchtfleisch. Es schmeckt köstlich-aromatisch und riecht etwas terpentinartig. Die Mango ist wenig transportfähig und wird deshalb nur in geringem Umfang exportiert. Sie wird hauptsächlich frisch verzehrt. Unreife Mangos erkennt man an der schrumpeligen Haut. Sie reifen nach, wenn man sie 4-6 Tage in Papier oder einem Kunststoffbeutel eingepackt bei Zimmertemperatur aufbeawhrt. Vor dem Verzehr muss die Schale entfernt werden, weil sie die Mundschleimhaut angreift. Man zerteilt die Früchte am besten der Länge nach und löffelt das Fruchtfleisch aus oder zerteilt es ohne die Schale zu beschädigen in kleine Stücke, die man herausnehmen kann. Dabei ist Vorsicht geboten, denn der Saft enthält einen Farbstoff, der sich nur schwer aus Textilien entfernen lässt. Die Mango kann auch zu Saft, Desserts und Konfitüre verarbeitet werden. Aus unreifer Mango wird Chutney und Amchur bereitet. Es gibt Personen, die auf einen Inhaltsstoff der Mango allergisch reagieren oder die Frucht nicht zusammen mit Alkohol vertragen.
en: Mango

Mangostane, *Banita,* ist die Beerenfrucht eines südostasiatischen Baumes *(Garcinia mangostana – Clusiaceae)*. Sie hat die Größe und Gestalt einer kleinen Orange, eine dicke, lederartige, dunkelviolette oder bräunliche Schale. Beim Öffnen ist Vorsicht angebracht, denn die Schale enthält einen harzigen Saft, der auf der Kleidung hartnäckige rote Flecke hinterlässt. Manche Arten

Mango

Mangostane

werden sogar wegen des Farbstoffes angebaut. Das mild wohlschmeckende, saftige, süßsäuerliche Fruchtfleisch ist in Segmente unterteilt, wie bei einer Orange. Sein Aroma erinnert an Ananas und Pfirsich. Die Mangostane wird vorwiegend frisch verzehrt, aber auch zu Desserts und Speiseeis verarbeitet. Sie kann nur vollreif verwertet werden, denn sie reift nicht nach. Sie wird wenig exportiert, denn beim Lagern verholzt die Schale, so dass man sie kaum noch mit dem Messer öffnen kann. en: Mangosteen, Mangis, Mangus

Manila-Tamarinde ist die Frucht eines in Mexiko und Mittelamerika heimischen und im tropischen Amerika eingebürgerten Strauches *(Pithecellobium dulce – Mimosaceae)*. Das Fleisch des saftigen Samenmantels dient als Rohstoff für Getränke. Die zerkleinerten Samen sind Bestandteil von Gewürzmischungen.

Maniok, *Cassave, Kassava,* sind die Rhizome einer buschigen Staude *(Manihot esculenta – Euphorbiaceae).* Sie stammt aus dem tropi-

Maniok

schen Brasilien, wird aber inzwischen in vielen anderen tropischen Ländern kultiviert. Wegen seines Stärkegehaltes *(Tapioka-, Maniokastärke)* ist Maniok ein Grundnahrungsmittel für viele Millionen Menschen in Asien, Afrika und Südamerika, vor allem für die arme Bevölkerung. Maniok erbringt pro Flächeneinheit unter allen Knollengewächsen den höchsten Ertrag an nutzbarer Energie. Man kann die mehrere Kilo schweren Knollen wie Kartoffeln kochen, rösten oder zu Mehl verarbeiten. In Brasilien werden sie auch auf Brettern gerieben, die mit Steinsplittern oder Metallstiften besetzt sind; die Reibsel werden in *Tipitis* gefüllt, das sind geflochtene Pressschläuche. Dabei bildet sich ein milchiger Saft, der getrocknet oder zu Fladen weiterverarbeitet wird. Aus dem Brei oder den Fladen kann ein Gärungsprodukt, *Gari* oder *Yaraki* bereitet werden. Maniok muss wegen seines Gehaltes an toxischen Blausäure-Glycosiden vor dem Genuss erhitzt werden und darf nicht roh verzehrt werden. Er ist wenig lagerfähig. Die

Manila-Tamarinde

Manna

Blätter der Pflanze haben im Gegensatz zu den Rhizomen einen relativ hohen Eiweißgehalt und werden als Gemüse gegessen.
en: Cassava, Manihot

Manna ist eine Bezeichnung für sehr unterschiedliche Produkte. Aus der Bibel bekannt ist das vom Himmel gefallene Wunderbrot, für dessen Herkunft und Identität es unterschiedliche Meinungen gibt. Sodann ist Manna ein honigartiger Saft, der infolge Insektenbefalles aus dem Stamm einer vorderasiatischen *Tamariske (Tamarix mannifera - Tamaricaceae)* austritt. Er wird gesammelt und mit Zuckersirup und Mandeln zu Süßwaren, wie *Halva* verarbeitet. Weiter ist Manna das Exudat der im Mittelmeerraum heimischen Manna-Esche *(Fraxinus ornus - Oleaceae)*, das wegen seines hohen Gehaltes an *Mannit* früher als mildes Laxativum medizinisch verwendet wurde. Auch die Trockenfrüchte eines indischen Baumes *(Cassia fistula - Caesalpiniaceae)* werden Manna genannt. Die ebenfalls als Manna bezeichneten Blätter der in Steppen Nordafrikas und Vorderasiens verbreiteten *Manna-Flechte (Lecanora esculenta - Lecanoraceae)* werden lokal in Abmischung mit Mehl zu Brot verarbeitet.
en: Manna

Mansaf ist ein jordanisches Gericht aus mundgerechten, gut gewürzten, in Öl angebratenen und dann in Joghurt geschmorten Hammelfleischstücken, die mit gerösteten Pistazienkernen verziert und mit Safranreis oder Fladenbrot gegessen werden.

Manzanitas sind die Beeren einer im Westen der USA heimischen Bärentraube *(Arctostaphylos-manzanita - Ericaceae)*. Sie sehen aus wie kleine Äpfel, daher der aus dem Spanischen entlehnte Name. Sie werden frisch gegessen und wurden früher von den Indianern in getrockneter Form dem *Pemmican* zugegeben.
en: Manzanitas

Mao Tai ist ein in China sehr populärer klarer Schnaps auf Basis von vergorenem Getreide oder Melasse, der mit Anis aromatisiert werden kann. Man trinkt ihn vor, zum und nach dem Essen.

Maple syrup erhält man durch Eindicken des Blutungsaftes des in Nordamerika heimischen Zuckerahorns *(Acer saccharum - Aceraceae)*. Aus 40 Liter Saft entsteht ein Liter Ahornsirup, eine klebrige, fast honigartige Flüssigkeit, die etwa 58-65% Saccha-

rose enthält. Je reifer der Saft, umso dunkler ist der Sirup. Der helle gilt als der beste. Ahornsirup wird mit amerikanischen Pfannkuchen zum Frühstück gegessen und allgemein als Süßungsmittel verwendet.
de: Ahornsirup

Mapo doufu ist ein chinesischer *Tofu* mit Zusatz von Bohnenpaste, Fleisch und Chili.

Marag ist eine mit Kräutern gewürzte indische Fleischbrühe.

Mariengras, *Vanillegras, Bisongras,* ist ein wohlriechendes Rispengras *(Hierochloe odorata – Gramineae)*, das zum Aromatisieren von Wodka und anderen Getränken verwendet wird.
en: Sweet grass, Holy grass

Markat Ieft, *Markit,* ist ein manchmal leicht gesüßtes oder mit Essig gesäuertes tunesisches Eintopfgericht aus Hammelfleisch, Geflügel, Kichererbsen, Gemüse, Zwiebeln und Gewürzen, wie Chili, Koriander und Pfeffer.

Markouk ist ein lange haltbares Landbrot des libanesischen Hochlandes. Aus Weizenmehl bereiteter Sauerteig wird zu großen, runden, dünnen Fladen ausgewalzt und über Holzkohlefeuer einseitig stark gebacken.

Masaco ist ein bolivianischer Bananenbrei, den man zusammen mit Käse, Hackfleisch oder anderen Produkten verzehrt.

Masah ist ein in Öl gebackener, leicht süßer nigerianischer Pfannkuchen aus Mais- oder Reismehl.

Masala ist ein Sammelname für indische Gewürzmischungen. Am meisten bekannt sind *Curry* und *Garam Maala. Masala Bata* ist eine Paste aus Zwiebeln, Tomaten, Chili, frischem Ingwer, Knoblauch und Essig, die man zum Würzen von Fleischgerichten und Eierspeisen verwendet. *Masala Tshai* ist mit Zimt, Kardamom und Nelken gewürzter schwarzer Tee. Es gibt viele weitere Varianten.

Masato ist ein Gärungsgetränk aus dem Fruchtmark der Pfirsichpalme, *Amana*, einer in Mittelamerika wachsenden Palme *(Bactris gasipaes – Arecaceae)*.

Masgoof ist die Bezeichnung für eine Mahlzeit, bei der im Irak Flussfische gut gewürzt am offenen Feuer gebraten und aus der Hand zusammen mit Fladenbrot, Tomaten und Zwiebeln gegessen werden.

Massor Dal ist ein indisches Gericht aus gekochten roten Linsen, das als Gewürze Ingwer, Koriander, Circuma und Chili enthält.

Masta Tuma ist ein iranisches Gericht aus Joghurt, Gurken und Knoblauch, das mit Fladenbrot gegessen wird.

Mastikha ist ein griechisches Weindestillat. Im Gegensatz zu *Ouzo* wird es nicht mit Anisöl, sondern mit *Mastix* aromatisiert. Deshalb wird er beim Zusatz von Wasser nicht trüb, denn er enthält kein wenig wasserlösliches Anethol.

Mastix ist das gelbgrüne Harz der mediterranen Mastix-Pflanze *(Pistacia lentiscus – Anacardiaceae)*, die vor allem auf der griechischen Insel Chios kultiviert wird. Mastix dient als Überzugsmittel für Süßwaren, zur Aromatisierung von Getränken, wie *Mastikha* und als Basis für Kaugummi.
en: mastic gum, mastic

Mataha ist ein kenianisches Grundnahrungsmittel, ein Brei aus frischen Erbsen, frischen Maiskörnern und gestampften Kartoffeln.

Matcha ist pulverisierter grüner *Tee,* der in der japanischen Tee-Zeremonie eine große Bedeutung hat.

Mate, *Paraguaytee,* sind die getrockneten Blätter eines südamerikanischen Baumes oder Strauches *(Ilex paraguariensis – Aquifoliaceae)*. Die Blätter, Blattstiele und jungen Triebe werden nicht fermentiert, sondern nur am Feuer getrocknet. Mate hat einen ähnlich hohen Coffeingehalt wie schwarzer Tee. Er wird in Argentinien und Brasilien in geselliger Runde aus einer ausgehöhlten Kalebasse getrunken, wobei man ein Saugrohr mit Sieb benutzt, die sog. Bombilla.
en: Maté, Mate, Brazilian tea

Matoke ist ein in Zentralafrika als Beilage zu Geflügel oder anderem Fleisch gegessener Brei aus Kochbananen.

Matsutake ist ein großer, nicht zu kultivierender japanischer Pilz *(Tricholoma caligatum)*, der zur Familie der Ritterlinge gehört. Er wird dort in Kieferwäldern viel gesammelt, daher der Name matsu-take = Kieferpilz. Er gilt frisch zubereitet als große Delikatesse.
en: Pine mushroom

Matze, *Matzen, Mazze* ist das ungesäuerte Fladenbrot der jüdischen Küche, das an Pessach gegessen wird, wenn man kein gesäuertes Brot verzehren darf. Zur Herstellung von Matze muss ein Teig aus Weizenmehl und Wasser ohne Zusatz von Hefe innerhalb von 18 Minuten verbacken werden, weil andernfalls Gärung eintreten kann.
en: Mazzoh, Matzo

Maulbeere ist eine Sammelbezeichnung für die Beeren, botanisch kleine Nüsschen, eines aus Ostasien stammenden Baumes *(Morus spec. – Moraceae)*. Er wird seit Jahrtausenden als Futterpflanze für Seidenraupen angebaut. Es gibt die Weiße *(Morus alba)*, die Schwarze *(Morus nigra)* und die Rote Maulbeere *(Morus rubra)*. Die süßen, aber etwa fad schmeckenden, brombeerähnlichen, fleischigen, hellen, seltener rötlichen Früchte der Weißen Maulbeere werden roh oder getrocknet

gegessen oder zu Saft, Marmelade oder Konserven verarbeitet. Die kulinarisch höherwertige Schwarze Maulbeere hat saftreiche, aromatische, schwarz-violettfarbige Früchte, aus denen man auch Wein bereiten kann. Die Rote Form ist in Nordamerika verbreitet.
en: Mulberry

Maulbeerfeige, *Sykomorenfeige, Adamsfeige, Eselsfeige,* ist die Frucht eines vorderasiatischen Baumes *(Ficus sycomorus – Moraceae).* Sie hat eine gewisse Ähnlichkeit mit der Maulbeere, ist walnussgroß und gelb. Beim Anritzen tritt ein bitterer Saft aus, erst dann wird das Fruchtfleisch genießbar. Es schmeckt süß-würzig und wird von Einheimischen roh gegessen. In Äthiopien wird der Saft einer Unterart zu einem alkoholischen Getränk, *Angola,* vergoren.
en: Sycomore fig

Mayapfel, ist die Frucht einer krautigen nordamerikanischen Zierpflanze *(Podophyllum peltatum – Berberidaceae).* Sie ist goldgelb und hat die Größe einer Zitrone. Man kann sie roh essen oder zu Konfitüre oder Kuchen verarbeiten. Der Saft wird zur Herstellung limonadeartiger Getränke benutzt. Die anderen Teile der Pflanze gelten als giftig, weil sie das Alkaloid Podophyllin enthalten.
en: May apple

Mazamorra ist ein ecuadorianisches Eintopfgericht aus Kartoffeln, Mais, Kohl, Zwiebeln und Gewürzen.

Mazzun ist ein armenisches Getränk aus leicht milchsauer vergorener Büffel-, Schaf- oder Ziegenmilch. Es hat Ähnlichkeit mit Joghurt.

Medamis, *Medammes,* ist ein ägyptisches Eintopfgericht. Große Bohnen werden unter Zusatz von Natron über Nacht eingeweicht, in Salzwasser langsam geköchelt und mit Olivenöl, Knoblauch und Zitronensaft warm gegessen.

Medronhio, *Aguardente de Medronhio* ist ein Schnaps aus den vergorenen roten erdbeergroßen Beeren des im Hinterland der südportugiesischen Algarve, lokal *Medonheiro* genannten, wild wachsenden *Erdbeerbaumes (Arbutus unedo – Ericaceae).* Er wird mehr oder minder illegal von den dort lebenden Bauern in kleinen Mengen selbst gebrannt und ist deshalb eine Rarität, die man kaum im Handel erwerben kann.

Meeressalat, *Ulve,* ist eine *Grünalge (Ulva lactuca – Ulothrichales).* Sie wächst an den Küsten der Bretagne. Ihr blattförmiger Thallus sieht salatähnlich aus, schmeckt mild, getrocknet etwas an Spinat erinnernd.
en: Sea lettuce

Meerkohl, *Weißer Meerkohl, Strandkohl,* sind die Sprosse einer Strandpflanze der Nord- und Ostsee und des Schwarzen Meeres *(Crambe maritima – Brassicaceae).* Die zarten, saftigen Triebe und kaum ent-

falteten Blätter ähneln dem Spargel und werden wie dieser oder als Salat gegessen. Meerkohl fällt in Deutschland unter die Bundesartenschutzverordnung, ist aber nicht vom Aussterben bedroht. Er wurde früher als Wildgemüse gegessen. Heute stammt das Gemüse nur noch aus kontrolliertem Anbau, vor allem in Frankreich und England.
en: Sea kale

Netzmelone

Mefarka ist ein orientalisches Gericht aus magerem Rinderhack und dicken Bohnen, die mit Eiern und Pfeffer, Nelken, Muskatnuss, Knoblauch und Zimt in Öl gegart werden.

Mei sind die sauer eingelegten Früchte der *Japanischen Aprikose (Prunus mume – Rosaceae)*, die in China als Snack gegessen werden.

Meju ist eine koreanische Würzpaste auf Basis von fermentierten Sojabohnen.

Melaguetapfeffer, *Alligatorpfeffer, Paradieskörner,* sind die Samen eines im tropischen Westafrika („Pfefferküste") heimischen Strauches *(Afromomum melegueta – Zingiberaceae)*. Er wurde früher auch in Europa an Stelle des echten Pfeffers verwendet, hat heute aber nur noch lokale Bedeutung.
en: Malagueta pepper, Grains of paradise, Guinea pepper

Melonen ist die Sammelbezeichnung für die Früchte verschiedener Gurkengewächse *(Cucurbitaceae)*. Bei den Obstmelonen unterscheidet man zwischen der großen, grünen *Wassermelone (Citrullus lanatus vulgaris,* en: Watermelon*)* und der kleineren, feineren *Zuckermelone, Gartenmelone,* auch einfach Melone genannt *(Cucumis melo,* en: Melon, Sweet melon*)*. Alle haben ein etwas an Gurken erinnerndes Aroma. Melonen reifen nur wenig nach, sind leicht verderblich und schmecken vollreif am besten, wenn die Schale auf Druck leicht nachgibt und „singt", wenn man sie mit dem Finger anklopft. Die Wassermelone, die es in vielen Varianten gibt und oft als *Arbuse* bezeichnet wird, hat einen sehr hohen Wassergehalt und ist deshalb besonders durstlöschend. Sie kann bis zu 15 kg wiegen. Das Fruchtfleisch unter der dicken Schale ist rosa bis rot, bei der *Ananasmelone, Glatte Melone, Maltesermelone* gelblich. Es ist von lockerer Beschaffenheit und mit vielen ölhaltigen Samen durchsetzt, die meist nicht mitgegessen werden. Es enthält wenig Zucker und schmeckt leicht fade. Die *Zuckermelone,* von

der es ebenfalls viele Varietäten gibt, wächst besonders gut in heißen, trockenen Gebieten. Sie wird bis zu 4 kg schwer. Anders als bei der Wassermelone konzentrieren sich die Samenkerne auf einen Hohlraum in der Mitte der Früchte und sind deshalb leichter zu entfernen. Sie ist fettfleischiger, etwas weniger wasserreich und aromatischer als die Wassermelone. Zu den Zuckermelonen zählen die *Glatte Melone, Maltesermelone,* die *Netzmelone, en: Netted melon* und die *Kantalupmelone (Cucumis melo melo, en: Cantaloupe melon, Muskmelon, Nutmeg melon).* Die Glatte Melone wird wegen ihres Duftes auch *Ananasmelone* genannt. Die sehr süße Honigmelone, Kassaba *(Cucumis melo cassaba, en: Honeydew melon, Cassaba)* gehört zu den Glattmelonen, ebenfalls die in Ostasien als Gemüse gegessene *Wintermelone (Cucumis melo conomon).* Die Netzmelonen haben ihren Namen von der netzartig strukturierten Schale. Ihr aprikosenartiges, rötlichgelbes bis zartgrünes Fleisch schmeckt leicht süßlich. Die *Kantalupmelone,* benannt nach dem ersten Anbauort Cantalupe in der Nähe von Rom, ist mit einem Gewicht von etwa 400 g unter den M. die kleinste. Sie ist besonders süß und aromatisch. Die *Ogenmelone* ist eine israelische Kreuzung aus der Netz- und Kantalupmelone. Ebenfalls eine israelische Züchtung ist die *Galia,* eine kleine, runde Netzmelone mit kräftigem Aroma. Beide Arten haben ein grünes Fruchtfleisch. Die *Warzenmelone* ist eine Kantalupmelone mit einer wulstigen Schale. Die *Zuckermelonen* kann man roh essen, zu Desserts, Obstsalat oder Sorbets verarbeiten. Sie schmecken auch als Beilage zu Schinken, Käse oder Meerestieren. Die *Kiwano* ist eher ein Gurkengemüse.
en: Melons

Melookhyya, *Melokhia,* ist ein ägyptisches Nationalgericht, eine Bauernsuppe, die bereits zu Zeiten der Pharaonen gegessen wurde. Die Blätter eines spinatähnlichen grünen Krautes *(Corchorus olitorius – Tiliaceae),* die auch getrocknet verwendet werden können, werden in großen Töpfen mit Wasser oder besser Hühner- oder Fleischbrühe aufgekocht, wobei eine etwas klebrige Suppe entsteht. Sie wird mit Tomatenmark, Knoblauch, Pfeffer, Koriander und Salz gewürzt. Melookhyya kann wie Suppe gegessen werden oder als Zugabe zu Reis oder gekochtem Fleisch.

Menteng, *Kepundung,* ist die kirschgroße Frucht eines indonesischen Strauches *(Baccaurea racemosa – Euphorbiaceae).* Sie ist rund, gelbgrün mit braunen Flecken und hat ein weißliches, in Sektoren geteiltes, weiches, saftiges, herb, süß schmeckendes Fruchtfleisch. Sie wird von Einheimischen roh gegessen.

Merguez ist eine dünne, leicht gepökelte, mit Paprika gewürzte und gefärbte, ungeräucherte nordafrikanische Rohwurst aus Rind- oder

Hammelfleisch, in Frankreich auch mit Schweinefleisch. Sie wird meist gegrillt oder gebraten gegessen.

Merissa ist ein im Sudan hergestelltes Bier aus Sorghum. Ein zunächst 36 Stunden lang fermentierter Brei aus gemahlenen Sorghumkörnern wird zu einer dunkelbraunen Masse eingekocht, *Soorij* genannt. Diese wird dann mit angekeimtem Sorghum und einem Starter aus früheren Ansätzen vermischt, woraus nach einer weiteren alkoholischen Gärung Merissa entsteht. Es hat nur einen geringen Gehalt an Alkohol. In Westafrika produziert man ein Produkt des gleichen Namens aus den Blättern eines kleines Baumes *(Calotropis procera - Asclepiadaceae)*.

Meshwi bezeichnet im Arabischen alle Grillgerichte, ganze Tiere, wie *Méchoui*, ein am Spieß gebratenes Lamm, große und kleine Fleischstücke. In der Türkei ist *Döner Kebap* am meisten bekannt. Meist wird das Fleisch vor dem Grillen einige Stunden lang in Öl eingelegt, das mit Pfeffer, Zwiebeln, Petersilie, wildem Majoran, Oregano und/oder Thymian gewürzt ist.

Meslalla ist ein marrokanischer Salat aus Orangen und schwarzen Oliven, die mit Kreuzkümmel und Paprika gewürzt und mit Petersilie bestreut werden.

Mesu ist eine orientalische Süßware. Geröstetes Kichererbsenmehl wird mit Zuckersirup und Öl in einer Pfanne eingedickt und nach dem Festwerden in rechteckige Stücke geschnitten.

Mezcal ist der Branntwein aus dem zuckerhaltigen Saft der zerkleinerten und gerösteten Blattknospen und Sprossachsen der mexikanischer Mezcalagave *(Agave cantula - Agavaceae)*. Mezcal ist meist leicht braun und hat einen Alkoholgehalt von über 40 Vol%. Manchmal wird dem in Flaschen abgefüllten Mezcal der weiße *Mezcal-Wurm* beigegeben. Das ist die Larve eines Schmetterlings, der in großen Agaven lebt. Mutige spülen sie mit dem Mezcal herunter. Eine Variante ist der wasserklare Tequila, der nahe dem gleichnamigen Ort in der Provinz Guadalajara hergestellt wird.

Mezze, griechisch *Mezedés,* ist die Sammelbezeichnung für Vorspeisen der arabischen Küche. Sie bestehen zumeist aus Kichererbsen, Salaten, Gemüsen, frischen Kräutern, Weinblättern, Eiern, Joghurt, kleinen Fischen oder zubereitetem Hackfleisch, die man mit Fladenbrot isst.

M'hammer ist eine rote Würzsoße der orientalischen Küche auf Basis von Butter, Piment und Kümmel.

M'hanscha, *M'henscha,* ist ein nordafrikanischer Festtagskuchen. Er besteht aus hauchdünnen Teigblättern, die mit einer Masse aus zerkleinerten Mandeln, Butter und Zucker gefüllt und zu langen Würsten ausgeformt werden. Diese legt man schneckenförmig auf ein Backblech, sodass eine lange Schlange entsteht. Sie wird im Ofen gebacken und mit Zucker und Zimt bestreut.

Mibatara sind mit Knoblauch, Salz und Pfeffer gewürzte Rühreier mit Auberginen der ostarabischen Küche.

Midye tavasi ist ein türkisches Gericht aus kleinen Muscheln, die in einem Bierteig ausgebacken werden.

Milben, die zoologisch zu den Spinnentieren gehören, gelten gemeinhin als Parasiten und Vorratsschädlinge. Sie haben aber in Einzelfällen auch eine positiv Wirkung: In einigen ausländischen Hartkäsearten, wie bei dem englischen *Stilton* und dem französischen *Mimelotte* sind sie an der Ausbildung des Aromas beteiligt, indem sie in der harten Kruste des Käses feine Löcher erzeugen und dadurch die Reifung verbessern. Es muss Sorge dafür getragen werden, dass die Milben nicht auf andere Käsesorten oder gar andere Lebensmittel übergehen.
en: Mites

Milho frito ist ein in Madeira bereiteter mit Gemüse gekochter dicker Maisbrei, der anschließend in Würfel geschnitten und gebacken wird.

Minigurke ist eine kleine, nur etwa 100–200g schwere Salatgurke mit kräftigem Aroma, die in Israel und der Türkei kultiviert wird.

Mirakelfrucht ist die leuchtend rote Beere eines im tropischen Westafrika vorkommenden Strauches *(Synsepalum dulciferum – Sapotaceae)*, deren Samen nicht selbst süß schmecken; nach ihrem Genuss nehmen aber saure Früchte und andere saure Lösungen einen Süßgeschmack an, der über längere Zeit andauert.
en: Miracle fruit

Mirin ist eine durch Hefe- und Schimmelpilzgärung von gedämpftem Reis oder Kokosmilch hergestellte, leicht alkoholhaltige Flüssigkeit. Sie hat einen aromatischen Geruch und dient in der japanischen Küche zum Aromatisieren von Fleisch- und Fischgerichten.

Mishmishiya ist ein arabisches Gericht, das seinen Namen von dem arabischen Wort für Früchte: *Mishmish* hat. Es besteht aus fettem, Fleisch, meist vom Lamm, das in einem wässrigen Sud mit etwas Salz leicht angegart wird. Man setzt viel Gewürze zu, wie Koriander, Kümmel, Mastix, Zimt, Pfeffer und Ingwer. Daneben werden getrocknete Aprikosen eingeweicht und passiert, die man dem Fleisch zusammen mit gemahlenen Mandeln zugibt. Die Masse wird dann bei kleiner Hitze geschmort.

Miso ist eine aus gekochten Sojabohnen, Salz und Reis, Gerste oder anderen Getreidearten durch mehrmonatige Gärung gewonnene Paste von weicher Konsistenz und eher mäßigem Aroma. In China heißt sie Chiang. Gärungserreger ist Koji, d.s. Bakterien-, Hefe- und Schimmelpilzkulturen. In seiner Zusammensetzung entspricht Miso weitgehend der flüssigen Sojasoße. Miso dient in Japan hauptsächlich als Grundlage für Suppen und als Zugabe zu Fisch- und Fleischgerichten, Tofu und Gemüsegerichten sowie als Brotaufstrich. Je nach Salzgehalt und Farbe gibt es verschiedene Arten von Miso. *Akamiso* ist hellbraun und hat ein starkes Aroma. *Shiromiso* ist heller, leichter und süßlicher. *Memiso* basiert nur auf Sojabohnen.

Mispel, *Nespel,* ist die apfelförmige Sammelfrucht eines vorderasiatischen Baumes *(Mespilus germanica – Rosaceae).* Sie ist rostrot, später holzartig dunkelbraun, hat eine harte Schale, viele Kerne und wenig Fruchtfleisch. Dieses weist einen hohen Gehalt an Gerbstoffen auf, der sich durch Frosteinwirkung und Lagerung verliert. Man benutzt sie, oft in Abmischung mit anderem Obst, zur Herstellung von Konfitüre und Gelee.
en: Medlar

Mithai ist eine thailändische Dessertspeise aus eingedampfter Milch oder Sahne mit Zusatz von Mandeln oder Pistazien. *Barfi* ist eine mit Rosenwasser aromatisierte Variante.

Mitsuba sind die eigentümlich dreiteiligen Blätter einer japanischen, der Petersilie ähnlichen Pflanze *(Cryptotaenia japonica – Apiaceae).* Sie werden in Form kleiner, geknoteter Bündel oder zerkleinert zur Würzung benutzt.
en: Japanese parsley, Honewort

Mizutaki ist ein japanisches Gericht aus mit Algen gekochtem Hühnerfleisch, trockenem Reis und Sojasoße.

Mochi sind kleine runde oder viereckige japanische klebrige Kuchen aus gedämpftem Reis ohne Zusatz von Zucker. Man isst sie hauptsächlich zum Beginn des Neuen Jahres. Während der Tempelglockenschläge zum Jahresbeginn versuchen viele Japaner, einen *Kagami Mochi* schnell herunterzuschlucken. All-

Mispel

jährlich kommen dabei Kinder und Senioren zu Tode, die dabei ersticken.

Mohica ist das Kraut einer in Kenia wachsenden Staudenpflanze *(Asystasia schimperi – Acanthaceae)*. Es wird lokal als Wildgemüse gegessen.

Mohingga ist ein Nationalgericht Burmas, das auf der Straße zubereitet und verzehrt wird. Reis wird einige Tage unter Wasser durch Milchsäuregärung aufgeschlossen, nass vermahlen und zu runden Teigsträngen verarbeitet. Diese kocht man wie Nudeln und isst sie zusammen mit Soßen, z.B. aus Kokosmilch, oder mit Scheiben aus der Bananenstaude mit Galgant oder anderen gewürzen als Beilage zu Fleisch, Fisch oder Gemüse.

Moin-Moin, *Moyin-Moyin,* ist eine nigerianische Paste aus geschälten Bohnen, Tomaten und Zwiebeln, die mit Chili, *Daddawa,* und getrockneten Garnelen gewürzt in einem Bananenblatt gedäpft wird.

Mojo ist eine kanarische Soße aus Olivenöl mit vielerlei Gewürzen, wie Paprika, Chili, Safran, Petersilie und Koriander.

Mokh ist ein algerisches Schmorgericht aus Lammhirn und gewürfelter Lammzunge, das mit Kümmel, Chili, Knoblauch und Kräutern gewürzt wird.

Mollesaat

Mole ist eine Sammelbezeichnung für scharfe und weniger scharfe mexikanische Soßen auf der Basis von Zwiebeln, Tomaten, Chili und sonstigen Gewürzen, evtl. Sesamsaat und Nüssen. Mole poblano enthält zusätzlich Schokolade und wird vor allem zu Geflügel serviert.

Mollesaat, *Peruanischer Pfeffer, Schinusfrucht* oder *Rosa Pfeffer,* sind die roten bis rosaroten, pfefferkorngroßen Steinfrüchte des Peruanischen Pfefferbaumes *(Schinus molle – Anacardiaceae)*. Sie sehen dekorativ aus, haben aber nur einen geringen Geschmack, wohl aber ein an schwarzen Pfeffer erinnerndes Aroma.
en: *Pink pepper, Pink peppercorn, Red peppercorn*

Momiji-Oroshi ist ein mit Chili gespickter und anschließend in Scheiben geschnittener oder ausgepresster Rettich, der als würzende Speisezutat in der japanischen Küche verwendet wird.

Monarde

Monarde, *Scharlachmonarde, Rote Melisse, Indianernessel* ist eine in Nordamerika und in Russland wachsende krautige Pflanze *(Monarda didyma – Lamiaceae).* Die Blätter sind wegen ihres Gehaltes an ätherischen Ölen sehr aromatisch und werden zur Herstellung eines Aufgussgetränkes benutzt, dem *Oswegotee.*
en: Oswego bee balm

Mönchspfeffer sind die kugeligen Steinbeeren eines im Mittelmeergebiet und in Vorderasien heimischen Baumes *(Vitex agnus-castus – Verbenaceae).* Sie werden wegen ihres Aromas und ihres scharfen Geschmackes lokal als Gewürz für Fleischspeisen benutzt.

Mongolischer Feuertopf ist eine Art Fondue, die ihren Ursprung in der Mongolei hat, heute aber auch in Nordchina verbreitet ist. Jeder Gast gart in einer heiß gehaltenen Fleischbrühe stückiges Fleisch, Fisch, Gemüse oder Pilze, die vor dem Verzehr in scharfe Würzsoßen getaucht werden.

Monstera ist die tannenzapfenartige, bananendicke Frucht einer wild wachsenden mittelamerikanischen Kletterpflanze *(Monstera deliciosa – Araceae).* Das Fruchtfleisch ist sehr zart und schmeckt etwas nach Ananas und Banane. Es ist durchsetzt mit kleinen Oxalatkristallen, die zur Reizung der Zunge führen können. Die Außenhaut muss vor dem Genuss sorgfältig entfernt werden, weil der ihr anhaftende Blütenstaub Allergien verursachen kann.

Mooli ist ein indischer milder weißer Rettich, den man mit viel Gewürzen röstet, mit einer Yoghurt-Soße anrichtet und mit Fladenbrot isst.

Moosbeere, *Gemeine Moosbeere, Torfbeere,* ist die Beere eines in subarktischen Gegenden wachsenden kleines Strauches *(Vaccinium oxycoccus –*

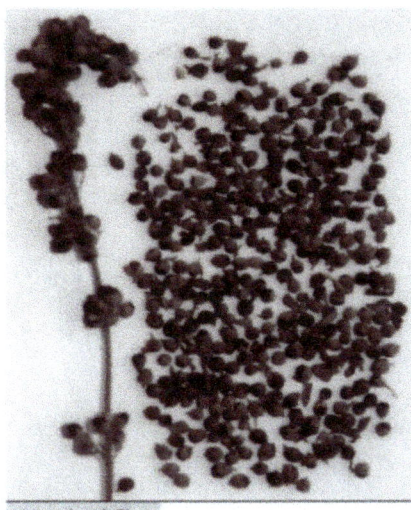

Mönchspfeffer

Ericaceae). Sie hat große Ähnlichkeit mit der *Cranberry,* der *Preiselbeere* und der *Trunkelbeere,* mit der sie oft verwechselt wird. Die rote Moosbeere ist sehr aromatisch und schmeckt säuerlich. Man kann sie roh oder getrocknet essen oder zu Saft, Gelee oder Konfitüre verarbeiten.
en: Small cranberry

Moqueca ist ein brasilianischer Fischeintopf. Er enthält neben vielen Gewürzen, wie Pfeffer, Knoblauch, Koriander und Chili in aller Regel Palmöl, süße Kokosmilch, Tomaten und Zitronensaft. Besonders edel ist Moqueca auf Basis von Langusten. Eine Variante ohne Zusatz von Palmöl heißt *Ensopado.*

Moros y Cristianos, (Mohren und Christen), ist ein scharf mit Chili, Pfeffer und Knoblauch gewürztes Gericht der karibischen Küche aus schwarzen Bohnen (Mohren), weißem Reis (Christen), Tomaten und Paprika.

Moschuskürbis, *Muskatkürbis, Bisamkürbis,* ist die Frucht einer mittelamerikanischen Kürbisart *(Cucurbita moschata – Cucurbitaceae).* Der Moschuskürbis ist wegen seiner Unempfindlichkeit gegen Hitze der in den Tropen am meisten verbreitete Kürbis. Das Fruchtfleisch ist wegen seines hohen Gehaltes an Carotinen sehr gelb, etwas gelatineartig und aromatisch. Der Moschuskürbis ist sehr gut lagerfähig.
en: Cushaw, Winter crook neck

Möwen brüten am Boden, sodass die als schmackhaft geltenden Eier früher an der nordamerikanischen Atlantikküste in großem Umfang eingesammelt werden konnten. Dies ist inzwischen aus Artenschutzgründen nicht mehr erlaubt, wird aber in einigen Ländern nach wie vor praktiziert.
en: Gull's eggs

Mpiho ist ein ghanesisches Eintopfgericht auf Basis von gekochtem, zerstampftem *Taro,* geräucherten Heringen und Trockenfisch, das mit Ingwer, Pfeffer und anderen lokalen Gewürzen abgeschmeckt wird.

M'qualli ist eine braune marokkanische Würzsoße auf Basis von pflanzlichen Ölen mit Ingwer und Safran.

Mruziya ist stundenlang bei niedriger Hitze im Backofen mit Honig, *Smen* oder Öl geschmorte Lammschulter, die mit *Ras el hanut* und Rosinen gewürzt und mit Fladenbrot verzehrt wird.

Mu-Err-Pilz ist ein in der chinesischen und thailändischen Küche, hier heißt er *Het kanoo,* verwendeter sehr aromatischer Baumpilz *(Auricularia polytrica – Auriculariaceae).* Er wird besonders in getrockneter Form gehandelt.
en: Cloud ear fungus

Muffuletta sind nordamerikanische Sandwiches sizilianischen Ursprungs. Rundes, mit Sesamsaat bestreutes Weizenbrot wird waagerecht durchgeschnitten und mit Wurst, Meerestieren, Salat und Oliven gefüllt.

Muhallebi, *Mahallebi,* ist eine türkische puddingartige Dessertspeise aus gemahlenem und bei gelinder Hitze gegartem Reis mit seinem Kochwasser, Milch, Eigelb und Zucker, die mit Rosenwasser und Zimtpulver aromatisiert wird. Eine Variante mit etwas mehr Biss ist *Sakizli,* bei der man zu Beginn des Kochens etwas *Mastix* zugibt.

Muhamra ist eine libanesische Vorspeise. Fein gehackte Walnüsse und Pinienkerne, in Scheiben geschnittene Lauchzwiebeln werden mit Chili und anderen Gewürzen kurz in Öl angebraten.

Mujaddara ist ein in Jordanien gegessenes Gericht aus Linsen, Reis, Tomaten und Fleischbrühe, das man mit gerösteten Zwiebelringen serviert.

Muktuk ist hauptsächlich von Eskimos in Kanada gegessene, in Streifen geschnittene Schwarte von Walen. Sie hat einen für Mitteleuropäer ungewöhnlich tranigen Geschmack.

Mukute ist ein im tropischen Afrika heimischer hoher Baum *(Syzygium guinense – Myrtaceae).* Die sehr schmackhaften Früchte werden lokal gegessen.
en: *Mukute, Waterberry, Waterpear*

Multbeere

Mulligatawni ist eine berühmte Suppe der südindischen Küche, die ursprünglich auf englische Einflüsse zurückgeht. Es gibt sie auf Basis von Hühner-, Lamm- oder anderem Fleisch, Reis oder Gemüse. Alle Varianten zeichnen sich durch eine raffinierte Würzung aus, die niemals scharf sein sollte: Zwiebeln, milder Curry, Kardamom, Kurkuma, Zimt, Nelken, Pfefferkörner, Koriander oder andere Gewürze.

Multbeere, *Moltebeere, Torfbrombeere, Schellbeere,* ist die Frucht eines nordeuropäischen Strauches *(Rubus chamaemorus – Rosaceae).* Die gelben Früchte sind säuerlich und haben ein ungewöhnlich starkes, etwas herbes Aroma. Sie werden roh gegessen oder zu Desserts, Kompott, Konfitüre, Saft oder zu einem *Lakkalikööri* genannten Likör verarbeitet.
en: *Cloudberry, Knotberry (US), Bakeapple (CA)*

Muluchija ist eine ägyptische Suppe aus Hammelschulter oder Hühnerfleisch. Ihr typischer Bestandteil ist ein geschmacklich dem Sauerampfer ähnliches Kraut, das die Suppe auch leicht andickt. So darf man sie nur wenig erhitzen, weil diese Wirkung beim Kochen verloren geht.

Mundu ist die Frucht eines auf Borneo und Java wachsenden Baumes *(Garcinia dulcis – Clusiaceae)*. Sie ist gelb, hat einen angenehm sauren Geschmack und wird von Einheimischen roh gegessen.

Mungra ist ein indischer Snack. Ein Teig aus Kichererbsenmehl, Butterschmalz oder Pflanzenfett wird leicht mit Backpulver gelockert und in Form kirschgroßer Bällchen schwimmend in Fett ausgebacken.

Murgh Massalam ist ein ganzes gekochtes indisches Huhn. Es wird in einer Soße aus Zwiebeln, Tomaten, Curcuma, Chili, Zimt, Kardamomen, Ingwer und anderen Gewürzen gegart und serviert.

Murtilla, *Chilenische Guave*, ist die Frucht eines nur in Chile wachsenden Strauches *(Ugni molinae – Myrtaceae)*. Die 5–10mm großen roten Beeren haben ein rotes, breiiges, leicht harzig riechendes Fruchtfleisch von angenehmem Geschmack. Eine etwas größere Art, *Murta* bringt korallenrote glänzende Beeren mit einem weißen Fruchtfleisch hervor.

Muscadine ist eine im Südosten der USA wild wachsende Rebe *(Vitis rotundifolia – Vitaceae)*. Ihre sehr großen purpurfarbenen Trauben werden roh gegessen oder zu Saft, Gelee, Konfitüre oder in Einzelfällen auch Wein verarbeitet. Eine Abart, *Scuppernong*, wird in Mississippi zunehmend angebaut.

Muscovado ist die lateinamerikanische Bezeichnung für einen von der Melasse weitgehend befreiten, aber sonst wenig gereinigten braunen rohen Rohzucker.

Mushimono ist die allgemeine japanische Bezeichnung für gedämpfte Lebensmittel.

Musiasi ist die Frucht eines in Sambia wachsenden Strauches *(Allophyus rubifolius – Sapindaceae)*. Sie wird von Einheimischen roh gegessen.

Muskatellersalbei sind die Blätter und Blütensprosse einer in Südeuropa und Kenia wachsenden Salbeiart *(Salvia sclarea – Lamiaceae)*, die wegen ihres würzigen Aromas zum Aromatisieren von Getränken und Süßspeisen dienen.
en: Clary, Clary sage

Muskatnuss ist der vom Samenmantel (Macis) und der Schale befreite Samen des im tropischen Asien und Amerika wachsenden Muskatnussbaumes *(Myristica fragrans – Myristicaceae)*. Die Samen wurden früher nach der Ernte in Kalkmilch getaucht, um sie gegen Insektenbefall zu schützen, daher die weißliche Farbe. Ur-

sprünglich wurden die Samen gekalkt, um die Keimfähigkeit und damit das holländische Anbaumonopol im seinerzeitigen Niederländisch-Indien zu wahren. Als *Rompen* werden durch Insektenbefall geschädigte und nachträglich gekalkte Samen gehandelt, die aber als Verfälschung anzusehen sind. Die Muskatnuss hat ein ähnliches aber weniger feines Aroma als *Macis*. Sie dient in geriebener Form zum Würzen von Gemüsen, besonders Blumenkohl und Spinat, Suppen, Soßen, Fleisch- und Fischgerichten sowie Getränken. Die Muskatnuss wirkt in Mengen von einigen Gramm halluzinogen. Sie wird deshalb gelegentlich als Rauschmittel benutzt. Bei Kindern sind nach dem versehentlichen Verzehr von 2-3 Nüssen tödliche Vergiftungen beobachtet worden.
en: Nutmeg

Mussaka, *Moussakás,* ist ein geschichteter Auflauf aus Auberginen, Tomatensoße mit Lamm- oder Rinderhack und vielerlei Gewürzen, die zum Schluss mit einer Art Bechamelsoße überzogen werden. Sie kann noch zusätzlich Kichererbsenbrei enthalten. Sie ist als griechisches Gericht bekannt, stammt aber aus dem Vorderen Orient.

Mustamakkara ist in Südfinnland gegessene gegrillte Blutwurst, die man zusammen mit Pellkartoffeln und Preiselbeeren isst.

Mutabbal ist ein ägyptisches und jordanisches Vorspeisengericht aus gerösteten, ohne Schale zu Brei verarbeiteten Auberginen, fettem Joghurt, Zitronensaft, Olivenöl und Gewürzen.

Mutternelken, *Anthophylli,* sind die vor der völligen Reife gesammelten dunkelroten bis braunschwarzen länglichen Beeren des Gewürznelkenbaumes *(Syzygium aromaticum – Myrtaceae).* Ihr Aroma entspricht weitgehend dem der Nelken. Mutternelken werden in der asiatischen Küche an Stelle von Nelken benutzt.
en: Anthophylli

Myrtenkörner sind die frischen oder getrockneten Samen eines mediterranen Strauches *(Myrtus communis – Myrtaceae).* Sie werden in Griechenland zum Würzen der Soße für Hammel- und Wildschweinbraten benutzt.
en: Myrtle berries

Myrtille ist die Frucht eines kleinen Strauches *(Gaultheria sphagnicola – Ericaceae),* der in den Hochmooren der Antillen wächst. Die violetten bis roten, 2–10mm großen Beeren schmecken leicht süß. Sie werden von Einheimischen roh verzehrt.

Mysore Pak ist eine indische Süßspeise aus Kichererbsen und Nüssen.

Naan, *Nan* ist ein mit wenig Hefe leicht gelockertes Weizenbrot, das es in verschiedenen Varianten im vorderen Orient und in Indien gibt. Man bäckt es flach auf heißen Steinen. In Indien wird es in Form eines großen Tropfens im *Tandoor-Ofen* gebacken und ist dann innen weich. Es kann trocken gelagert sehr haltbar oder weich leicht verderblich sein. Man isst es als Beilage zu anderen Speisen oder füllt es mit Fleisch oder gewürzten Soßen.

Nabemono ist die allgemeine japanische Bezeichnung für Eintopfgerichte; *Nabe* ist der entsprechende Kochtopf.

Nabet ist eine orientalische und indische Suppe auf Basis von leicht angekeimten dicken Bohnen, die meist mit *Kardamom* gewürzt und vor dem Verzehr mit etwas Zitronensaft aromatisiert wird.

Nahari, *Neehari*, ist ein mit weißem Sandelholz gewürztes indisches Ragout aus in Joghurt gekochten Lammzungen und -hachsen.

Nalesnik ist ein polnischer Eierpfannkuchen, ggf. auch mit Käse, Sahne, Gewürzen oder Obst gefüllt.

Nameko ist ein sehr kleiner, schmackhafter japanischer Pilz.

Na mool ist eine Sammelbezeichnung für kalte koreanische Beigerichte, z.B. Sauergemüse, Sprosse und Rettich.

Nam pla raa ist eine dunkelbraune, thailändische, mit Zitrusgras aromatisierte Würzsoße auf Basis fermentierter Fische. Sie enthält viel Salz und reift 5-18 Monate lang.

Nam prik ist eine scharfe thailändische chili- und knoblauchhaltige Würzsoße mit Zusatz fermentierter Garnelen.

Nashi, *Japanische Birne, Sandbirne, Apfelbirne,* ist die Frucht eines im Hochland Zentralasiens beheimateten Birnbaumes *(Pyrus pyrifolia – Rosaceae)*. Er wird inzwischen in vielen Ländern angebaut. Es gibt zwei Typen, die eher birnenförmige chinesische und die eher apfelförmige japanische Nashi. Die Nashi hat ein helles, saftiges, festes, angenehm süßes Fruchtfleisch mit leichtem Birnenaroma. Sie ist druckempfindlich und gut lagerfähig und eignet sich zum Rohessen und zur Berei-

Nashi

tung von Obstsalat, Konfitüre und Süßspeisen.
en: *Asian pear, Japanese pear*

Nasi ist die indonesische Bezeichnung für einen dort üblichen leicht klebrigen Rundkornreis. In der indonesischen Küche gibt es eine große Zahl von Gerichten auf dieser Basis, wie *Nasi Goreng*, d.i. gewürzter gebratener Reis, *Nasi Kunyit*, d.i. mit *Kurkuma* gewürzter Reis, den man besonders zu festlichen Anlässen isst, *Nasi Kuning*, d.i. mit *Ingwer* gewürzter Reis, *Nasi Lemak*, d.i. Kokosreis und viele andere.

Nasu sind kleine japanische *Auberginen*, die eine Woche lang mit *Miso*, *Mirin*, geriebenem *Ingwer* und Salz mariniert worden sind. Man isst Nasu als würzende Beilage zu anderen Gerichten.

Nata ist eine philippinische Dessertspeise. Sie entsteht durch eine Art Essiggärung aus Kokosmilch, Ananas oder anderen Früchten. Innerhalb von etwa 2 Wochen bildet sich eine dicke gelatinöse Masse, die mit Zucker aufgekocht wird.

Natal-Pflaume, *Carissa*, ist die Frucht eines südwestafrikanischen Strauches *(Carissa macrocarpa – Apocynaceae)*. Sie ist etwa pflaumengroß, rund bis eiförmig, leuchtend rot mit dunkelroten Streifen. Das tiefrote Fruchtfleisch enthält etwa 10 bis 12 kleine braune Samen. Es schmeckt leicht adstringierend und hat ein scharfes Aroma. Die Natal-Pflaume wird lokal vor allem zu Konfitüren verarbeitet. Aus den Samen wird lokal ein Öl gewonnen, das man zum Würzen und zur Herstellung von Getränken verwenden kann. Der harmlos aussehende weiße Milchsaft der Früchte kann im Kontakt mit den Augen Verätzungen hervorrufen.
en: *Natal plum, Carissa*

Natto ist ein seit mehr als 1000 Jahren in Japan hergestelltes käseartiges Produkt aus Sojabohnen. Diese werden zunächst über Nacht in Wasser eingeweicht und dann gedämpft. Die Masse wird mit Kulturen von *Bacillus natto* beimpft und 10–14 Stunden bei erhöhter Temperatur fermentiert. Die Sojabohnen überziehen sich mit einer grauen, viskosen, klebrigen Haut und nehmen einen strengen Geruch und einen dumpfen Geschmack an, der für Europäer nicht unbedingt angenehm ist. Natto ist ein preiswertes Würzmittel für Reisgerichte.

Ndizi na nyama ist ein ostafrikanisches Gericht aus gekochten Kochbananen, gegartem Hammel- oder Rindfleisch, Zwiebeln, Tomaten, Kokosmilch und lokalen Gewürzen.

N'Dole ist ein Nationalgericht Kameruns. Hauptbestandteil sind die gekochten jungen Blätter eines schnellwüchsigen Strauches *(Cestrum latifolium – Solanaceae)*. Ihr Geschmack ist leicht bitter und ähnelt dem des Rosenkohls.

Neem ist ein Nationalgericht Madagaskars, in Teig eingewickeltes und in Öl ausgebackenes, scharf gewürztes Hackfleisch mit Gemüse, das den chinesischen Frühlingsrollen ähnelt und als Snack gegessen wird.

Nektarine, *Glattpfirsich,* ist die Frucht von Kreuzungen verschiedener Mandel-, Pfirsich- und Pflaumensorten *(Prunus persica nucipersica – Rosaceae).* Sie unterscheidet sich vom Pfirsich vor allem durch die glatte, nicht flaumbedeckte Haut, ein festeres Fruchtfleisch und eine leuchtend rote Farbe. Die Nektarine wird wegen ihres wohlschmeckenden saftigen Fruchtfleisches hauptsächlich frisch verzehrt, kann aber auch zu Konfitüre verarbeitet werden. Sorten, deren Steine sich nicht leicht vom Fruchtfleisch lösen, nennt man *Brünellen* oder *Prünellen.*
en: Nectarine

Nelken, *Gewürznelken,* sind die getrockneten Blütenknospen des auf den Molukken heimischen, heute in vielen feuchtwarmen Regionen gedeihenden Gewürznelkenbaumes *(Syzygium aromaticum – Myrtaceae).* Ein Baum liefert pro Jahr 3–4kg Nelken, was bei einem Kilo 16000 bis 18000 einzelnen Knospen entspricht. Sie haben einen starken Geruch und einen brennend aromatischen Geschmack und dienen zum Würzen von Süßspeisen, Backwaren, Fisch- und Fleischgerichten, Suppen, Gemüse und Glühwein.
en: Cloves

Neuseelandspinat, *Neuseeländer,* sind die spitzen, dicken, fleischigen Blätter einer aus Neuseeland und Japan stammenden, heute vor allem in England für den Hausgebrauch kultivierten Pflanze *(Tetragonia tetragonioides – Aizoaceae),* die mit Spinat nicht verwandt ist. Neuseelandspinat kann den ganzen Sommer über geerntet werden. Man verwendet ihn wie Spinat, dem er im Geschmack ähnlich ist. Er kann auch als Salat zubereitet werden. In Japan ist wild wachsender Neuseelandspinat unter dem Namen *Turuna* bekannt.
en: New Zealand spinach

Ngan pya ye chet ist eine scharf gewürzte burmesische Soße auf Basis von Zwiebeln, Chili, Knoblauch und Zitrusgras.

Nguak wua thot sind die kurz gebratenen Lippen und das Zahnfleisch von Rindern, die in einigen südostasiatischen Ländern als Spezialität angeboten werden.

Nikon-Nuss, *Mabo-Samen, Mupundu,* ist der wohlschmeckende fettreiche Samen eines im tropischen Afrika und Südamerika kultivierten Baumes *(Parinari curatellifolium – Chrysobalanaceae).*

Nimono ist die allgemeine japanische Bezeichnung für langsames Köcheln stückiger Lebensmittel, z.B. Gemüse oder Fleisch in würzigen Soßen.

Nixtamal sind in Mexiko mit Kalk aufgeschlossene Maiskörner, die von Hand zu einem groben Brei, *Metates*, verarbeitet werden. Dabei entfernt man die Schalen. Er ist ein Rohstoff für Tortillas.

Nkrakra ist eine in Ghana als Pfeffersuppe bekannte Spezialität. Sie besteht aus gekochtem stückigem Yam, Zwiebeln, Tomaten, frischem, getrocknetem oder geräuchertem Fisch und Chili oder anderen scharfen Gewürzen.

Nobiru, *Wasserknoblauch,* sind die Zwiebeln einer in China kultivierten Zwiebelart *(Allium grayi – Alliaceae).* Er wird in Japan als Wildgemüse gesammelt.
en: *Chinese garlic, water garlic*

Noni ist die Frucht des im indo-polynesischen Raum verbreiteten *Indischen Maulbeerbaumes, (Morinda citrifolia – Rubiaceae).* Die ovalen, grünen, hühnereigroßen Früchte haben eine knubbelige Schale und enthalten einen harten Samenkern. Sie haben reif einen ekelerregenden, an ranzigen Käse oder alte Turnschuhe erinnernden Geruch. Das Fruchtfleisch schmeckt aber nicht unangenehm. Die jungen Blätter dienen wegen ihres angenehmen säuerlichen Geschmackes in der südostasiatischen Küche zum Aromatisieren von Fischsuppen und anderen Gerichten. Die Noni wird lokal auch in der Volksmedizin verwendet, weshalb neuerdings Noni-Säfte auch in Deutschland in einer an Scharlatanerie grenzenden Weise zur Behandlung der verschiedensten Krankheiten angeboten werden, von Krebs bis zur Bewältigung von Stress. Sie sind hierzulande nicht als Arzneimittel, sondern kürzlich als neuartiges Lebensmittel zugelassen worden.
en: *Noni, Indian mulberry*

Nopal, *Kaktusbirne,* sind die birnengroßen fleischigen Stengelglieder eines mexikanischen Kaktus *(Opuntia megacantha – Cactaceae).* Ihre zahlreichen Stacheln müssen vor dem Genuss entfernt werden. Man kann sie dann ungeschält frisch als Salat oder gekocht essen. Eine kleinere, noch wohlschmeckendere Art heißt *Nopalito.*
en: *Tuna*

Nori ist der getrocknete Thallus verschiedener *Rotalgen (Porphyra spec. – Rhodophyceae).* Man benutzt ihn in der japanischen Küche zum Einwickeln fritierter oder gekochter Gemüse oder Meeresfrüchte. Die frischen Algen werden fein zerhackt, zwischen Bambusmatten gepresst, an der Sonne oder in Trockenkammern getrocknet. Von besonderer Bedeutung ist *Susabi-Nori (Porphyra yezoensis).* Diese Alge wächst hauptsächlich in kalten Meeren.

Nougada ist ein im Orient verbreiteter Salat aus gemahlenen Mandeln, Zucker, Olivenöl, Zitronensaft, Petersilie und Gewürzen. Er wird mit Knoblauch und Pfeffer gewürzt und als Beilage zu kaltem Fleisch oder Geflügel gegessen.

Ntorewafroe ist ein Sammelname für viele ghanesische Gerichte, die grundsätzlich auf *Auberginen* basieren.

Nudeln und andere Teigwaren sind nicht nur wichtige Bestandteile der süddeutschen und italienischen Küche. Sie stammen ursprünglich aus Ostasien, wo sie auch heute noch eine bedeutsame Rolle spielen. Rohstoffe sind dort neben Weizen vor allem Reismehl, Soja, Buchweizen und Bohnen.
en: Noodles

Nunt ist eine süße Backware der ostjüdischen Küche, die besonders am Purimfest gegessen wird. Honig wird mit Zucker, zerkleinerten Walnüssen und Paniermehl zusammengekocht. Die Masse wird nach dem Erkalten in kleine viereckige Stücke geschnitten und hat Ähnlichkeit mit Nougat.

Nuoc mam ist eine scharfe, klare, braune bis gelbbraune Würzsoße der vietnamesischen und anderer südostasiatischer Küchen auf Basis von fermentierten Fischen, Salz und Ananas. Sie dient zum Würzen von Reis-, Gemüse-, Fisch- und Fleischgerichten. Ihr ammoniakalischer Geruch ist für die meisten Europäer nicht angenehm.

Nutria, *Biberratte (Myocastor coypus),* ein aus Südamerika stammendes, ca. 40-60 cm langes Nagetier, wurde in den Dreißiger Jahren des 20. Jahrhunderts in die USA exportiert und in Pelztierfarmen gezüchtet. Viele Tiere entwichen oder wurden freigelassen und vermehrten sich vor allem im Südwesten der USA, wo sie großen Schaden in der Landwirtschaft und an Dämmen und Deichen anrichteten. Junge Tiere werden dort gelegentlich wegen ihres wohlschmeckenden Fleisches gejagt.

Nuta ist ein japanisches Vorgericht aus *Aemono,* hauptsächlich auf Basis von Fisch, besonders Thunfisch, Tintenfischen und anderen Schalentieren sowie Gemüse, mit Zusatz von Sojasoße.

Oden ist eine langsam geköchelte japanisches Suppe aus vielerlei Zutaten, Kartoffeln, Rüben, Tofu, Algen, hart gekochten Eiern, Fischklößchen, Konnyaku, Sojasoße und anderen Gewürzen, besonders Meerrettich.

Odorigui bedeutet in der japanischen Sprache „tanzen und essen". Das so benannte Gericht besteht aus *Shirouo,* das sind kleine Weißfische oder in einer Luxusvariante aus *Hummern,* die noch lebend in Sojasoße serviert werden. Der Genuss dieser lebenden Kreaturen soll ein besonderes Geschmackserlebnis sein.

Ogbono, *Agbono, Apon,* sind die Kerne von in Nigeria wild wachsenden

Bäumen *(Irvingia gabonensis und Irvingia wombolu – Simarubaceae)*. Ihr Fett wird von Einheimischen zum Kochen verwendet. Die Kerne selbst sind zusammen mit Fleisch, gewässertem Trockenfisch, Garnelen und Gewürzen Bestandteil einer populären dicken nigerianischen Suppe.

Ofam ist ein westafrikanischer Kuchen aus Maismehlteig, aufgeschlagenem Brei aus Kochbananen, Palmöl, Eiern und Erdnüssen.

Ogi ist eine Sammelbezeichnung für fermentierte traditionelle Lebensmittel aus Nigeria aus stärkereichen Rohstoffen, wie Mais, Hirse, Sorghum, Maniok und Bataten. Sie werden mit Wasser übergossen, kurz aufgekocht, mit etwas Zucker versetzt und einer spontanen Gärung überlassen. Man isst sie als Brei oder Suppe. Eine Variante ist *Akasa*.

Ogiri ist ein dem *Ogi* ähnliches Produkt auf Basis von *Krobouko*, den Samen einer nigerianischen Kürbispflanze. Ogiri wird nach der Fermentation getrocknet und dient auch zur Würzung anderer Speisen.

Oka, *Apilla, Knollen-Sauerklee*, sind die orangefarbenen, rübenförmigen unterirdischen Stengelknollen eines in den Anden in Höhen über 3000 m wachsenden Sauerklees *(Oxalis tuberosa – Oxalidaceae)*. Sie werden seit urdenklichen Zeiten von Einheimischen in Bolivien roh als Salat oder gekocht wie Kartoffeln gegessen. Oka enthält viel Oxalsäure und hat deshalb einen scharfen Sauergeschmack.
en: Kechua

Okapi ist eine im tropischen Afrika heimische Waldgiraffe *(Okapia johnstoni)*, die weit kleiner ist als die sonstigen *Giraffen*. Es ist zwar geschützt, wird aber wegen seiner angeblich schmackhaften Fleisches gejagt.
en: Okapi

Okoho ist das Mehl aus den Wurzeln eines nigerianischen Strauches *(Cissus adenopoda – Vitaceae)*. Es wird von Einheimischen als Brei oder Suppe gegessen.

Okonomiyaki ist ein japanischer Eierpfannkuchen, dessen Füllung, Fisch, Tintenfisch oder andere Meerestiere, Fleisch oder Gemüse, sich im Restaurant jeder Gast aussuchen kann (Okonomi bedeutet: Ihre Wahl). Die Speise kann vom Koch zubereitet werden, oder der Gast stellt sie am Tisch slbst her. Gegessen wird sie mit Algenblättern, Soja- oder anderen Würzsoßen.

Okra, *Gemüse-Eibisch*, sind die schotenförmigen Samenkapseln einer aus Äthiopien stammenden Staude *(Abelmoschus esculentus – Malvaceae)*, die in vielen tropischen und subtropischen Ländern angebaut wird. Gegessen werden die unreifen grünen bis roten, fingerdicken, etwa

Okra

10–15 cm langen, sechskantigen, schnabelförmigen Kapseln mit ihren zahlreiche Samen, die wie kleine Papkrikafrüchte aussehen. Sie sind reich an Stärke und sondern beim Kochen einen milchigen Schleim ab, der nicht jedermanns Sache ist, manchen Gerichten aber eine gewisse Bindung gibt. Die Schleimbildung kann vermieden werden, wenn man die Früchte vor der Verwendung kurz mit Essigwasser blanchiert. Okra kann roh als Salat gegessen werden, gekocht als Eintopf oder Suppe, oder als Beilage zu Fleisch- oder Fischgerichten. Okra spielt in der Cajun- und der kreolischen Küche als Bestandteil von Suppen, z.B. der *Callaloo-Suppe* eine große Rolle. Die reifen Samen, auch *Bisamkörner* genannt, haben einen leicht moschusähnlichen Geruch und einen würzigen Geschmack. Sie dienen in einigen arabischen Ländern zum Aromatisieren von Kaffee und Likören. Man schreibt ihnen eine aphrodisierende Wirkung zu.
en: Lady's finger, Gumbo, Okra

Ok-Rong ist eine blassgelbe Mangoart, die in Thailand wegen ihres besonderen Aromas hoch geschätzt wird.

Okroschka ist eine russische, kalt gegesssene Suppe, die es in zwei Varianten gibt. Die eine besteht aus zuvor gekochtem Fisch, Gurken, Lauch, Sauerampfer und Fenchelkraut, die andere aus einer Bouillon mit einer Einlage aus Kalbfleisch, Lammfleisch, Schinken oder Geflügel mit Fenchel, Petersilie, Schnittlauch und anderen Kräuterm.

Oliven sind die Steinfrüchte des im Mittelmeerraum beheimateten Ölbaumes oder Olivenbaumes *(Olea europaea – Oleaceae)*, einer der ältesten Kulturpflanzen. Sie werden hauptsächlich zur Herstellung von Olivenöl benutzt. Rohe Oliven sind bitter und deshalb ungenießbar. Der Bittergeschmack verschwindet, wenn man sie mehrere Monate mit Salzlake behandelt. Grüne Oliven sind die unreifen Früchte, die schwarzen sind die reif geernteten oder durch Zusatz von Eisenverbindungen gefärbten grünen Früchte. Oliven geben Fisch-, Fleisch- oder Gemüsegerichten eine besondere Note. Der Kern eingelegter Oliven kann durch kleine Stücke Anchovis, Mandeln oder roter Paprika ersetzt werden. Sie werden als Beilagen zu Vorspeisen gegessen.
en: Olives

Olivenöl ist das fette Öl der Olive, das einen ausgeprägten Geruch und Geschmack aufweist. Es hat vor al-

lem im Mittelmeerraum eine große Bedeutung. Das *Jungfernöl,* die erste Pressung, gilt als das wertvollste. Auch die anderen, durch Pressen gewonnenen Öle sind von guter Qualität. Ihre Bezeichnung sind gesetzlich geregelt, können aber unter Umständen den Verbraucher in die Irre führen. Mindere Sorten werden durch Extraktion der ausgepressten Ölkuchen erhalten.
en: Olive oil

Olla ist der spanische Name für einen großen tönernen Kochtopf und darüberhinaus ein Sammelname für spanische und lateinamerikanische Eintopfgerichte aus Bohnen, Kichererbsen, Fleisch, Speck, Kartoffeln und Gemüse.

Om'Ali ist türkisches Fladenbrot, das in Stücke gebrochen in einer Backform mit Milch, Rosinen, Mandeln, Zucker, Butter und Kokosraspeln im Ofen goldgelb gebacken und als Süßspeise verzehrt wird.

Onigiri ist ein einfacher japanischer Imbiss, ein in Seetang eingewickeltes Reisklößchen mit einer Füllung aus Fisch, Sojasoße oder Gemüse.

Ontjom, *Oncom,* ist eine in Indonesien verbreitete Zubereitung aus Erdnuss- und Sojapresskuchen. Diese werden mit Maniok vermischt und mit Schimmelpilzen fermentiert. Man isst Ontjom gebraten oder geröstet als Suppeneinlage oder als Beilage zu anderen Gerichten.

Oregano, *Wilder Majoran, Dost,* ist das getrocknete Kraut einer im Mittelmeerraum und Kleinasien heimischen Staude *(Origanum vulgare – Lamiaceae).* Er riecht aromatisch und schmeckt scharf-würzig und ist eines der wichtigsten Würzkräuter der spanischen und italienischen Küche, vor allem für Soßen, Tomaten-, Fleisch- und Gemüsegerichten. Pizza ist undenkbar ohne Oregano. Er sollte erst gegen Ende des Erhitzungsprozesses zugegeben werden.
en: Oregano

Orzo, *Manestra,* ist eine reiskorngroße Teigware, die man in Griechenland zu Hammelbraten isst.

Ossobucco ist ein bekanntes Gericht der italienischen Küche, eine Scheibe einer Kalbshaxe mit dem Knochen und seinem Mark, die in einer Soße aus Weißwein, Butter, Zwiebeln und Kräutern, vor allem Salbei, gedünstet wird.

Ota sind die Blattstiele und Rhizomknollen einer in Mittelamerika und Brasilien heimischen krautigen Pflanze *(Xanthosoma nigrum – Araceae),* die von Einheimischen als Gemüse gegessen werden.

Otak-Otak ist ein malaysisches Fischgericht, das auf der Straße verkauft wird. Filets der Königsmakrele oder anderer Fische werden fein zerhackt und mit Kokosmilch, Kokosraspeln und Gewürzen, wie Chili, Galgant, Curry zu einer feinen Paste verarbeitet. Diese wickelt man in ein Blatt der Kokospalme ein und gart die Päckchen über Holzkohleglut, bis die Blätter leicht verkohlt sind. Es gibt auch eine Variante, bei der der Fisch in Form von Scheiben mit der Würzmischung bestrichen und in Bananenblättern gedämpft wird.

Otoshibuta ist eine japanische Kochmethode: Ein Holzdeckel, dessen Durchmesser etwas kleiner ist als der des Kochtopfes bedeckt das Kochgut während des Kochprozesses. Man benutzt den Prozess besonders bei Gemüsegerichten.

Ouzo ist ein hochprozentiges wasserklares griechisches Weindestillat, das mit dem französischen *Pastis* und dem türkischen *Raki* vergleichbar ist. Er wird stark mit Anisöl aromatisiert. Man trinkt ihn unverdünnt oder nach Zugabe von Wasser. Beim Zusatz von Wasser word Ouzo milchig trüb, denn das im Anisöl enthaltene Anethol ist nur in hochprozentigem, nicht aber in niedrigprozentigen Alkohol löslich und fällt beim Verdünnen mit Wasser aus.

Paak, *Padek,* in anderen südostasiatischen Ländern gibt es dafür viele weitere Namen, wird durch eine bakterielle Gärung aus einer Mischung von zerkleinertem gesalzenem Fisch, Shrimps, vorgekochtem Reis und Gewürzen hergestellt, meist in kleinen Anlagen oder gar Familienbetrieben; die insgesamt hergestellten Mengen sind aber erheblich. Es entwickeln sich, je nach Rezeptur, tiefrote bis braune Soßen, die teilweise noch Reste des Fischfleisches enthalten. Manche haben einen derartig penetranten Geruch, dass man die Vorratsgefäße außerhalb des Hauses lagert.

Paan ist eine indische Dessertspeise aus gehackten Arecanüssen, die mit Kampfer, weißem Sandelholz und Gewürzen aromatisiert und in ein Betelblatt eingelegt sind.

Padangzimt, *Bataviazimt,* ist die getrocknete Rinde eines in Indonesien heimischen Zimtbaumes *(Cinnamomum burmanii – Lauraceae).* Das Aroma ähnelt dem des Ceylonzimt, ist aber etwas kräftiger und schärfer. *en: Padang cassia, Batavia cassia*

Pad Taalee ist ein thailändischer Salat aus frischen Meeresfrüchten, bes. Garnelen, Tintenfischen, Filets von kleinen Fischen mit einer leicht mit Zucker gesüßten Soße aus Knoblauch und Curry.

Pad Thai sind gebratene Thai-Nudeln, die man mit Meeresfrüchten, hauptsächlich Muscheln, Erdnüssen und Sojasprossen garniert und mit Sojasoße würzt. Das Gericht wird in Garküchen auf der Straße angeboten und als Snack oder Hauptgericht verzehrt. Es gilt als ein Nationalgericht Thailands.

Paella ist ein valenzianisches Nationalgericht auf der Basis von Reis.

Er wird in einer großen Pfanne, der *Paellera*, mit Olivenöl angekocht. Man gibt dann sukzessive die anderen Zutaten zu, Meerestiere oder alternativ Hühner- oder Schweinefleisch, Gemüse, Tomaten, Bohnen oder anderes, und zwar so, dass alles zur gleichen Zeit gar wird. Gewürzt wird mit Majoran und vor allem mit *Safran*. Am Ende des Garprozesses klebt der Reis am Rand und am Boden der Pfanne zu einer knusprigbraunen Schicht an, die als *Spcorrat* besonders geschätzt ist.

Pajon sind einer Pizza ähnliche koreanische Pfannkuchen auf Basis eines Teiges aus Reis- und Weizenmehl mit Zusatz von Sesamöl. Der Belag besteht aus Frühlingszwiebeln, er kann aber auch andere Gemüse oder Shrimps enthalten. Man isst Pajon mit *Chojang*, einem Dip aus Reisessig, Sojasoße, Chili und geriebenem frischen Ingwer.

Pajura ist die fleischige Frucht eines südamerikanischen Baumes *(Parinari montanum – Chrysobalanaceae)*. Das Fruchtfleisch wird von Einheimischen als Obst verzehrt, die Kerne werden wie Mandeln gegessen.

Pak-Choi, *Paksoi, Bok-Choi, Chinesischer Senfkohl,* sind die Blätter und Blattstiele einer ostasiatischen Kohlpflanze *(Brassica rapa chinensis – Bassicaceae)*, die auch in Europa angebaut wird. Er ähnelt dem Mangold und bildet keine Köpfe aus.

Er wird leicht gedünstet als Gemüse, mit Käse überbacken oder als Rohkostsalat gegessen. Am besten schmecken die Blattrippen.
en: Chinese white cabbage

Pakoras ist ein indisches Gericht aus Gemüse, Kartoffeln, Maiskörnern, Kichererbsen und Gewürzen, besonders Korianderblättern. Die stückigen Zutaten werden zu kleinen Kuchen geformt und schwimmend in Öl oder in der Pfanne ausgebacken. Man isst sie als Vorspeise oder als Snack.

Palatschinken sind dünne ungarische Pfannkuchen, die auch in Österreich so heißen. Sie können auf vielerlei Art gefüllt werden, süß oder salzig, z.B. mit Schinken, Quark, Äpfeln, Konfitüre oder Nüssen. Man isst sie heiß als Vorspeise, Hauptgericht oder als Dessert. Der Name hat nichts mit Schinken zu tun. Er leitet sich von dem ungarischen Wort palacsinta ab, das vielleicht auf das lateinische Wort placenta (Kuchen) zurückgeht.

Palau ist ein mit Knoblauch, Koreander, Zimt und Nelken gewürztes afghanisches Gericht aus Langkornreis, Fleisch und Tomaten.

Palaver sauce ist ein in Mali und anderen westafrikanischen Ländern populäres Eintopfgericht für einen größeren Personenkreis aus Fleisch, Gemüse, *Okra* Tomaten, Pilzen und vielerlei anderer Zutaten, die der

Markt hergibt. Es wird mit Curry, Chili, Pfeffer scharf gewürzt und zusammen mit Reis oder *Fufu* gegessen. Es hat seinen Namen nach dem Palaver, den man während der Zubereitung abhält.

Palmitos, *Palmherzen,* sind das stangenförmige zarte Mark der Stämme, Blattansätze oder Sämlinge verschiedener süd- und mittelamerikanischer Palmenarten, das als Nebenprodukt beim Fällen der Bäume anfällt. Es werden aber auch intakte Bäume gefällt, denn für die Gewinnung von 1 kg Palmitos braucht man ein bis zwei 10–15 Jahre alte Bäume. Palmitos sind in Europa nur als Konserven erhältlich. Sie haben ein intensives, nussiges Aroma und werden meist roh als Zusatz zu Salaten verzehrt. *Palmkohl* sind die mit den jungen Hüllblättern gekochten Palmitos. Eingelegt und vergoren nennt man sie *Palmkäse.*
en: *Hearts of palm, Palm hearts*

Palmyra ist die Frucht einer aus Südostasien stammenden Palme *(Borassus flabellifer – Arecaceae).* Sie ist apfelgroß und hat eine farbenprächtige, meist dunkelviolette Schale. Das weiße Fruchtfleisch ergibt nach dem Ausdrücken *Neera,* ein köstliches Getränk.
en: *Palmyra, Sea apple, Lontar*

Palo ist eine mallorquinische Süßspeise. Sie besteht aus geschmolzenem Zucker, Sahne, Chinarinde oder anderen bitteren Drogen.

Palolowürmer, *Pazifischer Palolo,* sind *Ringelwürmer* der Gattung *Eunice vulgaris,* die u.a. in den Riffen der Samoa- und Fidschi-Inseln leben. Sie steigen nur einmal im Jahr zu einer bestimmten Mondphase in riesigen Schwärmen zur Paarung an die Meeresoberfläche auf. Dabei werden sie von Eingeborenen geerntet, die sie während eines eigens hierfür veranstalteten Volksfestes als Delikatesse verzehren.
en: *Palolo worms*

Palya ist ein schwach gewürztes südindisches Kartoffelgericht.

Panada ist ein argentinisches Gericht. Rindfleisch wird in kleine Würfel geschnitten, mit Zwiebeln und Knoblauch angebraten und mit Mehl bestreut. Nach dem Ablöschen mit Wasser werden entgrätete Sardellen hinzugeben. Danach wird so lange gekocht, bis das Fleisch zerfallen ist. Der Brei wird durch ein Sieb gestrichen und lauwarm als Beilage gegessen.

Panch Phoron, *Panch Poran* ist eine aus gleichen Mengen von fünf unzerkleinerten Gewürzen bestehende Mischung der bengalischen Küche: Senfsaat, Kreuzkümmel, Pfeffer, Bockshornkleesamen und Fenchel. Man benutzt sie zum Würzen von Gerichten aus Fleisch, Fisch, Gemüse und Hülsenfrüchten.

Pandanus, *Kewra,* sind die Blüten, Blätter und Früchte eines südasiatischen Schraubenbaumes *(Pandanus tectorius – Pandanaceae)*. Sie haben einen durchdringenden Duft und werden in Südostasien zum Aromatisieren von Reisgerichten und Süßspeisen verwendet. Die männlichen Blütenstände haben einen besonders starkes Aroma. Man destilliert es, bindet es an Speiseöl oder Wasser und benutzt diese Essenz zum Aromatisieren von Süßwaren und Getränken. Die Blätter sind Bestandteil mancher Currymischungen.

Panettone ist ein italienischer Festtagskuchen, der Butter, Rosinen und anderen Trockenfrüchte enthält. Der Teig wird langsam mit Hefe getrieben, wodurch er sehr locker wird. Er wird meist in Form großer länglicher Zylinder ausgebacken.

Panir, *Paneer, Chhena,* ist ein ungereifter indischer Frischkäse, der in seiner Struktur dem Hüttenkäse nahekommt. Frische Kuh- oder Büffelmilch wird mit Joghurt oder Zitronensaft dickgelegt. Der Bruch wird mit Tüchern abgetrennt und zu Kugeln ausgeformt. Ausgepresst kann er schnittfest werden.

Pansit ist ein mit Zwiebeln und Knoblauch gewürztes philippinisches Nudelgericht, das gebratenes Fleisch, Meeresfrüchte oder Gemüse enthalten kann.

Pap ist der Name für koreanischen Klebreis.

Papageifisch ist eine Sammelbezeichnung für verschiedene indo-pazifische, in Korallenriffen lebende 70-120 cm lange, meist blaue oder rote Fische *(Scaridae)*, die wegen ihres schmackhaften Fleisches geschätzt sind. Ihr Name geht auf die papageienschwanzähnlichen Vorderzähne zurück, mit denen er Korallen abweidet, womit er zu deren Zerstörung beiträgt.
en: Parrotfish

Papas arrugadas sind eine Spezialität Teneriffas. Kleine, schrumpelige Kartoffeln werden in einem Topf mit Meerwasser so lange gedünstet, bis die gesamte Flüssigkeit verdampft ist. Die mit einer Salzschicht überzogenenen Knollen genießt man mit oder ohne Schale zu vielerlei Speisen.

Papau ist die apfelgroße Frucht eines kleinen, in Nordamerika wild wachsenden Baumes *(Asimina triloba – Annonaceae)*. Das gelbliche Fruchtfleisch schmeckt ähnlich dem einer Banane. Es wird roh gegessen oder zu Gelees oder Konfitüren verarbeitet. Bei manchen Personen ruft die Papau Allergien hervor. Die Papau ist nicht zu verwechseln mit der *Papaya*, für die die gleiche englischsprachige Bezeichnung üblich ist.
en: Pawpaw, mayapple

Papaya, *Baummelone, Mammao* ist die Frucht, botanisch eine Beere, eines Baumes des tropischen Amerika *(Carica papaya – Caricaceae)*,

Papaya

Papaya

der inzwischen in vielen Ländern kultiviert wird. Es gibt viele Sorten, kleine runde mit einem Gewicht von ca. 400g und große, längliche mit einem Gewicht bis zu mehreren Kilo. Unter der druckempfindlichen, dünnen grünen bis orangen Schale befindet sich ein gelbes bis rotes, butterweiches, mild vanilleartig, leicht süß schmeckendes Fruchtfleisch ohne jede Säure. Es enthält viele ungenießbare Samen. Sie ist wenig lagerfähig. Ihr Aroma entwickelt sich erst beim Zerkleinern der Früchte. Die Papaya kann roh gegessen werden oder wird zu Getränken, Nektaren, Eiscreme oder Konfitüre verarbeitet. Als Spitzensorte gilt die Solo, neuerdings gewinnt die brasilianische Sorte *Bahia* an Bedeutung, die einen höheren Säuregehalt hat und deshalb erfrischender schmeckt. Sie enthält ein Enzym, mit dem man Fleisch zart machen kann. Spritzer von Papayasaft sollten wegen ihrer Eiweiß auflösenden Wirkung nicht mit den Augen in Berührung kommen; ggf. ist sofortiges Ausspülen angezeigt. Die Samen der Papaya werden an Stelle von schwarzem Pfeffer zum Würzen verwendet.
en: *Papaya, Pawpaw*

Pappadams, *Papadams,* sind kleine, dünne, knusprig in Öl ausgebackene indische Waffeln aus einem Teig aus Linsen-, Reis- oder Kartoffelmehl mit viel Gewürzen. Man isst sie oft gefüllt mit Fleisch oder Soßen.

Pappads, *Appalam,* sind weiche, flache südindische Waffeln mit einem Durchmesser von ca. 20 cm aus dem Mehl von Linsen, Sago, Reis, Bohnen, Kartoffeln, etwas Salz und Gewürzen. Der Teig wird dünn ausgewalzt, getrocknet und in Öl ausgebacken.

Paprika sind die Beerenfrüchte, nicht Schoten, aus Mittel- und Südamerika stammender Pflanzen *(Capsicum spec. – Solanaceae).* Sie können mild schmecken und als Gemüse gegessen werden (Gemüsepaprika), oder sie werden wegen ihres mehr oder minder scharfen Geschmackes als Gewürz verwendet (Gewürzpaprika, Chili).

Paprikás ist der ungarische Name für ein Gericht, das einem Gulasch aus magerem Fleisch, wie Kalb, Geflügel oder Hasen gleich kommt. Trotz seines Namens wird es nur wenig mit Paprika gewürzt, sondern eher mit Sahne verfeinert.

Paranuss, *Brasilnuss, Tukanuss* ist die dreikantige Nuss des im brasilianischen Tropenwald wild wachsenden, bis zu 40m hohen Paranuss- oder Brasilnussbaumes *(Bertholletia excelsa - Lecythidaceae)*. Die 1–2 kg schweren Kapselfrüchte, die bis zu 40 Nüsse enthalten, fallen nach dem Reifwerden von selbst zu Boden. Die Ernte ist wegen des Gewichtes der Früchte und der Höhe der Bäume recht gefährlich. Die einzelne Nuss hat eine sehr harte Schale und enthält viel Fett. Gehandelt werden die ungeschälten und geschälten Nüsse. Sie dienen hauptsächlich als Snacks.
en: Para nut, Brazil nut, Cream nut

Paratha, ist ein indisches blättriges Gebäck mit hohem Fettgehalt aus Weizenmehl ohne Zucker, aber mit etwas Salz. Der ganz dünn ausgewalzte Teig wird gerollt ode in Formen gebracht, fritiert und mit Konfitüre oder Honig gesüßt heiß gegessen.

Parkia ist die Hülsenfrucht eines tropischen Baumes *(Parkia javanica - Mimosaceae)*, der in Nigeria, Thailand und anderen Ländern angebaut wird. Die Früchte und Samen haben einen eigenartigen Geruch, der nicht jedermanns Sache ist. Sie werden als Gemüse gegessen.
en: Parkia, African locust bean

Parmaschinken, *Prosciutto di Parma,* ist ein in einem eng begrenzten Gebiet des früheren Herzogtums Parma hergestellter Schinken von wenigstens 10 Monate alten Schweinen. Die Schinken werden unter Verzicht auf Pökelhilfsstoffe, Zucker, Gewürze und Räucherung mehrfach trocken gesalzen und dabei maschinell massiert. Sodann werden sie zunächst in Kühlkammern, dann in Trockenräumen und schließlich an der Luft vorgereift. Man überzieht die schwartenlosen Teile mit einer Paste aus Schmalz, Reismehl und Pfeffer, um ein Austrocknen zu vermeiden. Schließlich wird der Schinken 10–12 Monate lang oder länger an der Luft getrocknet, wobei sich sein einzigartiges Aroma entwickelt.
en: Parma ham

Parmigiano Reggiano ist die geschützte Ursprungsbezeichnung für einen mindestens 18 Monate lang gereiften italienischen Hartkäse aus Kuhmilch aus den Provinzen Parma, Reggio Emilia und Modena. Er hat ein nussiges-pikantes Aroma. Man isst ihn als solchen oder vor allem gerieben als Zutat zu Teigwaren, Suppen, Salaten und anderen Gerichten. Die unter dem Namen *Parmesan* oder *Grana* angebotenen Käsesorten sind damit nicht unbedingt identisch.

Parwal ist ein indisches Gemüse aus den 6-8 cm langen gurkenähnlichen Früchten eines Kletterstrauches *(Trichosanthes dioica – Cucurbitaceae)*. Es wird in Fett ausgebacken und meist mit Kurkuma und Pfeffer gewürzt.
en: Viper gourd

Paschka ist eine traditionelle russische Osterspeise aus Frischkäse, Sauercreme, Eiern, gehackten Mandeln, Rosinen und Trockenfrüchten.

Passionsfrüchte, *Granadillas*, sind die Früchte verschiedener, hauptsächlich in tropischen Bergregionen Südamerikas und Afrikas wild wachsender oder angebauter Kletterpflanzen *(Passiflora spec. – Passifloraceae)*.
In Europa am bekanntesten ist die *Purpurgranadilla*, die *Rote Passionsfrucht (Passiflora edulis, en: Purple passionfruit, Purple granadilla)*. Ihre Früchte sind rund, etwa hühnereigroß, purpurfarben bis braunviolett. Sie enthalten zahlreiche Samenkerne, die abgetrennt werden. Das saftreiche, geleeartige Fruchtfleisch hat ein aprikosenartiges Aroma.
Es schmeckt süß-säuerlich und ist deshalb sehr erfrischend. Man kann es frisch oder in Form von Obstsalat essen, oder man verarbeitet den Saft zu Getränken und Desserts. Die *Maracujá*, die *Gelbe Passionsfrucht (Passiflora edulis flavicarpa, en: Yellow passionfruit)* hat eine gelbe Schale. Sie ist etwa doppelt so groß wie die *Purpurgranadilla*, hat ein weniger aprikosenartiges Aroma und schmeckt ähnlich wie diese. Sie wird hauptsächlich zu Säften und Nektaren verarbeitet, weil die vielen Samenkerne beim direkten Genuss der Früchte stören. Die hauptsächlich in Venezuela wachsende *Süße Passionsfrucht*, die *Süße Granadilla (Passiflora ligularis, en: Sweet passionfruit, Golden passionfruit)* ist goldgelb bis orangefarben, oval mit einer auslaufenden Spitze. Sie erinnert in ihrem Geschmack an eine säurearme Stachelbeere. Die *Badea*, die *Riesengranadilla (Passiflora quadrangularis, en: Giant granadilla)* ist mit einer Länge von 20 cm die größte Passionsfrucht. Sie wächst in Ostasien und hat nur lokale Bedeutung. Ihr Fruchtfleisch und ihr Saft sind

Maracujá

Curuba

weniger aromatisch. Die *Cholupa, Gulupa, (Passiflora pinnatistipula)* ist der Maracujá sehr ähnlich. Sie wird nur in Kolumbien angebaut und hat ein gelbes, außerordentlich aromatisches Fruchtfleisch. Man isst sie roh oder verarbeitet sie zu Konfitüren oder Getränken. Die *Curuba (Passiflora mollissima, en: Banana passionfruit)* ist die Nationalfrucht Kolumbiens. Sie wächst nur im Andenhochland. Es gibt sie in einer gelben und einer roten Variante. Sie sieht ähnlich aus wie eine Banane, ist aber kleiner und nicht gekrümmt. Das Fruchtfleisch ist geleeartig, gelb bis orange. Es riecht und schmeckt angenehm, fruchtig, etwas apfelähnlich. Die Curuba wird von Einheimischen roh oder in Form von Säften, Gelees, Konfitüren, Desserts oder Backwaren gegessen. Sie kann kurz vor der Vollreife exportiert werden, die Früchte sind aber sehr druckempfindlich. Die *Wasserlimone (Passiflora laurifolia, en: Waterlemon, Jamaica honeysuckle)* hat eiförmige, hellgelbe Früchte mit einer samtigen Haut. Sie sind saftig und haben im reifen Zustand ein besonders delikates Aroma.
en: Passionfruit

Pasta ist die italienische Bezeichnung für Nudeln, Teigwaren im weitesten Sinne.

Pastel de choclo ist ein scharf gewürzter chilenischer Auflauf aus Maismehl, gehacktem Rind- oder Hühnerfleisch und Gemüse.

Pastinake

Pastelle sind senegalesische Teigtaschen aus Weizenmehl, die mit Fisch, Gemüse, Zwiebeln und Kräutern, vor allem Petersilie gefüllt und in heißem Öl ausgebacken werden.

Pastinake, *Pastinak, Pasterna, Moorwurzel*, ist die Wurzel einer krautigen Pflanze *(Pastinaca sativa – Apiaceae)*. Sie ist eine der ältesten Gemüsepflanzen Eurasiens. Bis zum 18. Jahrhundert war sie hierzulande ein wichtiges Grundnahrungsmittel. Sie wurde dann durch die Kartoffel und die Karotte verdrängt und hat heute trotz ihres hohen Nährstoffgehaltes und ihres angenehmen Geschmackes und Aromas nur noch eine geringe Bedeutung. In den USA gilt sie als klassisches Weihnachtsgemüse. Sie ist eine Verwandte der Zuckerwurz.
en: Parsnip

Pastirma ist kräftig mit Paprika, Kümmel und Knoblauch gewürztes und langsam an der Sonne getrocknetes Rindfleisch, das in der Türkei als Vorspeise gegessen wird.

Pastrami ist gepökelter und geräucherter Rinder-Vorderschinken. Pastrami wird in der koscheren jüdisch-amerikanischen Küche wie Schinken gegessen, z.B. als Belag für Sandwichs.

Patacones sind kolumbianische, in Öl gegarte grüne Scheiben der Kochbanane.

Pata Negra Schinken ist ost- und südspanischer Schinken von freilaufenden, Kräuter, Gras und Eicheln fressenden Schweinen. Er wird gesalzen, gepökelt und 24 Monate lang an der Luft getrocknet und ist noch teurer als der auf ähnliche Weise hergestellte Serranoschinken.

Pataste ist die Frucht eines in Zentral- und im tropischen Südamerika heimischen Baumes *(Theobroma bicolor – Sterculiaceae)*. Sie wird bis zu 3 kg schwer und hat eine fleckige, gelbliche raue Schale. Das aromatische Fruchtfleisch wird von Einheimischen roh gegessen oder zu Getränken verarbeitet. Die darin enthaltenen 40–50 walnussgroßen Samen enthalten, wie der verwandte Kakao, viel Fett und etwas Theobromin.

Patia ist ein süßsaures südindisches Curry auf Fischbasis.

Patishapta sind mit Kokosnussflocken gefüllte, süße indische Krapfen.

Patisson, *Kaisermütze*, ist die Frucht der Kreuzung aus einer Gurke und einem Kürbis *(Cucurbita pepo pepo patissonia – Cucurbitaceae)*. Sie wurde bereits in vorkolumbianischer Zeit von den Indianern Nordamerikas gegessen und ist noch heute in den USA ein geschätztes Gemüse. Charakteristisch ist die flache, plattrunde Form der handtellergroßen Früchte. Sie sehen wie ein Stück gekneteter Teig aus, daher der Name vom französischen pâte. Die Farbe variiert zwischen elfenbein und hellgrün. Züchtungen kleinerer Formen werden unter dem Namen Mini-Squash angeboten. Die Patisson kann ungeschält roh als Salat oder mit Zwiebeln und Tomaten geschmort als Gemüse gegessen werden, mit oder ohne Fleischfüllung.
en: Custard marrow, Scallop, Squash

Pau sind ungelockerte indische Fladenbrötchen, die als Snacks gegessen werden.

Pebre ist eine scharfe chilenische Würzsoße auf Basis von Chili, Essig und Öl.

Pataste

Pejibay, *Pfirsich-Palmfrucht*, ist die Frucht einer mittel- und südamerikanischen Palme *(Bactris gasipaes – Arecaceae)*. Die pflaumengroßen, gelb- bis grünbraunen Früchte, von denen etwa 100 einen großen Fruchtstand bilden, haben ein trockenes, mehliges, aber festes, gelbes bis rotes, stärkereiches Fruchtfleisch, das ähnlich schmeckt wie das der Esskastanie. Pejibay wird in Salzwasser gekocht und kann getrocknet monatelang aufbewahrt werden, oder es wird geröstet zu Mehl verarbeitet. Die Frucht ist eine wichtige Nahrungspflanze für Einheimische.
en: Peach-palm fruit

Pekaris ist eine Sammelbezeichnung für verschiedene, in Mittel- und Südamerika lebende Nabelschweine *(Tayassuidae)*, die den Wildschweinen ähneln, aber etwas kleiner sind. Sie werden gejagt, weil sie in Herden auftretend in der Landwirtschaft großen Schaden anrichten und weil sie ein schmackhaftes Fleisch haben. Eine Art, *(Tayassu angulatus),* wird im Süden der USA *Javelina* genannt.
en: peccaries

Pekingente, *Bei Jing Kao Ya,* ist der Höhepunkt der nordchinesischen Peking-Küche, die nicht so scharf ist wie andere chinesische Küchen, wie z.B. die von Szechuan. Enten werden 65 Tage lang mit einem speziellen Futter aus Hirse, Weizenmehl und grünen Bohnen bis zu einem Gewicht von ca. 2-2,5 kg gemästet. Dadurch erreicht man einen ganz bestimmten Fettansatz. Man tötet sie durch Abdrehen des Halses, damit die Haut nicht verletzt wird. Mit einer Luftpumpe wird Luft unter die Haut geblasen, die man dann mit Sirup einreibt und mit Malzzucker lackiert. Die Ente wird als Ganze in einem Holzkohleofen kross gebraten. Die Haut lässt sich nach dem Braten leicht ablösen. Sie wird in Form kleiner Stücke gegessen, die in kleine Pfannkuchen eingewickelt und dann als solche oder in Soße getaucht werden.
en: Beijing duck, Peking duck

Pekmez ist ein in der türkischen Küche verwendeter dicker Sirup aus Traubensaft.

Pelmeni sind kleine, ravioli-ähnliche Teigtaschen, die aus der Mongolei und Sibirien stammen, heute aber in vielen Teilen Russlands gegessen werden. Die traditionelle Füllung ist gehacktes Pferdefleisch; der Teigmantel muss sehr dünn ein. Sie wurden früher als Vorrat hergestellt und im kalten Winter im Freien in Beuteln gelagert. Zum Verzehr taute man sie am Feuer oder in heißem Wasser auf.

Pembe ist ein gelbbräunlicher saurer Pflanzenkäse, der aus den gekochten, geschälten, zerquetschten Samen von *Afon* gewonnen werden. Pembe kann zu Fladenbrot verbacken werden, wobei der Eiweißwert stark gesteigert wird, wahrschein-

Pepino

lich durch Inaktivierung von Hemmstoffen.

Pepino, *Birnenmelone, Mellowfrucht, Andenbeere,* ist die Beerenfrucht eines krautigen südamerikanischen Halbstrauches *(Solanum muricatum – Solanaceae),* der auch auf den Kanarischen Inseln und in anderen subtropischen Gebieten angebaut wird. Sie wurde bereits in vorkolumbianischer Zeit gegessen. Sie ist eiförmig, manchmals rund, bis zu 400 g schwer und hat eine gestreifte gelbe Haut. Unter der glatten und sehr dünnen Schale liegt ein weiches, süß, aber etwas fad nach Birnen und Melonen schmeckendes Fruchtfleisch. Pepino wird lokal meist roh gegessen.
en: *Melon pear, Tree melon, Mellow fruit, Fruit cucumber, Pepino*

Perdeli Pilaw ist eine in der Türkei gegessene Speise. Reis, gedünstetes Hühnerfleisch, Karotten, Mandeln, Korinthen werden gut gewürzt in Form einer großen Kuppel serviert.

Perlhirse, *Kolbenhirse, Negerhirse, Rohrkolbenhirse* ist eine in Indien und im tropischen Afrika angebaute Körnerfrucht *(Pennisetum americanum – Poaceae).* Die Körner können hell bis dunkelrot sein. Sie liefern ein weißes Mehl von angenehmem Geschmack. Es wird in Form von Brei oder Fladenbrot gegessen. Perlhirse ist ein wichtiges Grundnahrungsmittel für die Einheimischen.
en: *Pearl millet, Bulrush millet*

Perlzwiebeln, *Echte Perlzwiebeln, Lüder-Perlzwiebeln,* sind die Zwiebeln einer dem Porree ähnlichen Pflanze *(Allium porrum sectivum – Alliaceae).* Sie dienen vor allem zur Herstellung von Mixed Pickles. Sie sind nicht identisch mit den ähnlich aussehenden Silberzwiebeln.
en: *Pearl onions*

Persimone, *Persimonpflaume, Dattelpflaume,* ist die Beerenfrucht eines in Ostasien und in den Wäldern des südlichen Nordamerikas wachsenden Baumes *(Diospyros virginiana – Ebenaceae).* Sie hat die Größe und das Aussehen einer Kakifrucht. Das Fruchtfleisch ist hellgelb, reich an Gerbstoffen und schmeckt adstringierend. Hellfrüchtige Sorten müssen nach der Ernte nachreifen, die dunkelfrüchtigen samenhaltigen Sorten sind direkt genießbar. Die Persimone hat hauptsächlich lokale Bedeutung und wird auch zu Branntwein und Likör verarbeitet.
en: *Persimmon, American persimmon, Common persimmon*

Pesto ist eine kalte Würzpaste der italienischen Küche aus zerstoßenem Knoblauch, Pinienkernen und/oder Walnüssen, frischen Basilikumblättern mit Olivenöl und geriebenem Pecorino oder Grana.

Pétoncles sind im Mittelmeer und im Atlantik vorkommende kleine Kamm-Muscheln, die den Jakobsmuscheln ähneln.
en: Queen scallops, Common scallops

Pfeffer ist die Steinfrucht des Pfefferstrauches *(Piper nigrum – Piperaceae)*. Er ist ist in Südwestindien heimisch, wird aber in vielen tropischen Gebieten Asiens und Südamerikas kultiviert. Der Pfeffer ist das wichtigste Gewürz des Welthandels. Schwarzer Pfeffer wird aus den noch unreifen Früchten gewonnen, wobei die grüne Fruchtschale sich beim Trocknen schwarz verfärbt und runzelig wird. Weißer Pfeffer wird aus den reifen Früchten gewonnen. Die roten bis gelben Früchte werden gewässert und fermentiert, wobei sich die harte Fruchtschale ablöst. Nach einem Waschvorgang erhält man durch Trocknen an der Luft die glatten weißen Pfefferkörner. *Grüner Pfeffer* sind die unreifen grünen, *roter Pfeffer* sind die reifen roten, in saure Salzlake eingelegten Pfefferkörner, die auch getrocknet werden können. *Weißer Pfeffer* hat einen feineren Geschmack als schwarzer, ist aber weniger aromatisch. Grüner und roter Pfeffer schmecken milder. Heller Pfeffer ist mechanisch geschälter *schwarzer Pfeffer*, der weniger wertvoll als weißer Pfeffer ist und nicht als solcher bezeichnet werden darf. Es gibt im Handel viele Pfefferarten, deren Preise wegen des unterschiedlichen Würzwertes erheblich differieren können. Pfeffer sollte grundsätzlich erst kurz vor der Anwendung gemahlen werden. Man benutzt ihn wegen seines charakteristischen Geruches und seines scharfen Geschmackes zum Würzen vieler Lebensmittel, wie Suppen, Soßen, Fleisch- und Fischspeisen, Würsten, Salaten, Gemüse und Salaten. Ein Hauch von Pfeffer verfeinert sogar das Aroma von frischen Erdbeeren und bestimmten Süßspeisen. Es gibt neben dem echten Pfeffer zahlreiche andere Früchte und Samen, die pfefferähnlich schmecken. Sie werden als pfefferartige Gewürze bezeichnet. Sie stammen teilweise von anderen Arten der Pflanzengattung *Piper*, teilweise aber auch von ganz anderen Pflanzenarten, die nicht mit Pfeffer verwandt sind.
en: Pepper

Pferdeeppich, *Alisander,* sind die jungen Sprosse, Wurzeln und Blätter einer in Südeuropa und Nordafrika wachsenden Pflanze *(Smyrnium olusatrum – Apiaceae)*. Sie werden lokal als Salat oder Gemüse zubereitet.
en: Alexanders

Pferdefleisch ist ein feinfaseriges, etwas dunkelfarbenes, leicht

süßlich schmeckendes, fettarmes Fleisch, das u.a in Frankreich und Belgien gegessen wird. Wegen der mythischen Bedeutung des Pferdes wird es hierzulande weitgehend abgelehnt, obwohl es dafür keine ernährungsphysiologischen Gründe gibt.
en: Horsemeat

Phaak, *Mamchao,* ist eine indonesische Würzsoße aus fermentiertem Fisch mit Zusatz von Zucker oder Pfeffer und Ingwer.

Phalsafrucht ist die Frucht einer in Indien wild wachsenden Linde *(Grewia asiatica – Tiliaceae)*. Sie schmeckt aromatisch, leicht süß-sauer und wird lokal verzehrt oder zu Getränken verarbeitet.
en: Phalsa fruit

Phinu ist die Knolle einer südamerikanischen Hochlandpflanze *(Solanum stenotomum – Solanaceae)*. Sie wird wegen ihres hohen Stärkegehaltes von Einheimischen als Gemüse gegessen.

Pho ist eine vietnamesische Gewürzmischung, die es in vielen Varianten gibt. Sie besteht hauptsächlich aus Ingwer, Chili, Zimt, Nelken, Fünf-Gewürz-Mischung, Koriander und Korianderblättern. *Pho bo* ist eine damit gewürzte, weit verbreitete, im Haus und auf der Straße gegessene Rindfleischsuppe mit einer Einlage von Reisnudeln. Ähnlich ist *Pho ga* auf Basis von Hühnerfleisch.

Physalis

Physalis, *Kap-Stachelbeere, Ananaskirsche,* ist die Beere einer in Peru heimischen, heute in Indien und im südlichen Afrika kultivierten krautigen Pflanze *(Physalis peruviana – Solanaceae)*. Die Physalis ist etwa kirschgroß, gelb und von einer dünnen, papierartigen Hülle umgeben. Ihr Geschmack ist fein süß-säuerlich, er erinnert an Ananas und Stachelbeeren. Physalis wird meist als Frischfrucht gegessen.
en: Cape gooseberry, Golden berry, Peruvian cherry

Piaz ist ein orientalisches Gericht aus getrockneten, über Nacht eingeweichten und gekochten grünen Bohnen und Olivenöl, das mit hartgekochten Eiern, schwarzen Oliven und Tomaten garniert als Beilage zu anderen Speisen gegessen wird.

Pibil ist eine klassische mexikanische Methode, in Bananenblätter eingehülltes Fleisch ohne Fett in Erdlöchern zu garen.

Piccalilli ist ein englische Würzsoße aus kleinen Gurken, Blumenkohl,

Silberzwiebeln in aromatischer Senfsoße, evtl. mit Zusatz von Curry und weiteren Gewürzen. Sie dient zum Würzen von kaltem Fleisch.

Pickerelweeds ist eine nordamerikanische Sumpfpflanze *(Pontederia cordata –Pontederiaceae)*. Man isst die jungen Triebe als Wildsalat oder gekocht als Gemüse. Die Samen werden von Indianern roh als Snack oder getrocknet als Zusatz zu Brot gegessen.

Pidan-Eier sind *Chinesische Eier*, deren Eiweiß eine gelartige braune Konsistenz aufweist. Der Dotter ist grüngelb.
en: Pidan eggs

Piki-Brot ist ein traditionelles, heute noch in den Südstasten der USA erhältliches Brot der Hopi-Indianer. Es ist ein Fladenbrot aus *Blauem Maismehl* und wird auf einem heißen Stein gebacken, den man vorher mit Schafshirn „eingefettet" hat.

Pikjilía ist ein gemischter griechischer Vorspeisenteller.

Pilaki ist ein in der Türke kalt als Vorspeise gegessener Brei aus gekochten dicken Bohnen, gehackten Zwiebeln, Tomatenmark, Karotten, Kräutern, Knoblauch und viel Olivenöl, der manchmal auch Fisch enthalten kann.

Pilav in unterschiedlichen Schreibweisen ist ein Sammelname für verschiedene orientalische Gerichte auf der Basis von Reis, Bulgur oder Weizen. Es gibt 3 prinzipielle Herstellungsmethoden: Bei der einfachen *Salma-Methode* wird die Hauptzutat in Brühe gekocht, bis diese absorbiert ist. Dann wird heißes Fett darübergegossen. Bei der *Süzme-Methode* wird die Hauptzutat in Salzwasser gekocht, abgegossen und mit heißem Fett beträufelt. Bei der *Kuvurma-Methode* wird die Hauptzutat zuerst gebraten und dann in Brühe gekocht, bis diese absorbiert ist. Neben den Grundzutaten enthält Pilaf Fleisch, besonders Lamm oder Geflügel, Fisch, Gemüse und andere Zutaten. Als Gewürze dienen je nach Region Kardamom, Zimt, Nelken, Pfeffer und andere.
en: Pilaf

Piloncillo ist ein brauner mexikanischer Rohrzucker, der in Form kleiner Kegel in den Handel kommt.

Piment, *Nelkenpfeffer, Jamaicapfeffer, Allgewürz*, sind die getrockneten Beeren des im tropischen Amerika

Piment

und in Westindien heimischen Piment- oder Nelkenpfefferbaumes *(Pimenta dioica – Myrtaceae)*. Sie werden vor der Vollreife geerntet, in der Sonne gelagert, wobei sie einer Fermentation unterliegen, die zu einer dunklen Verfärbung führt. Anschließend werden sie getrocknet. Der Erntezeitpunkt ist von großer Bedeutung, denn vollreife Beeren haben keinen Geschmack mehr. Piment riecht nelkenähnlich, im gemahlenen Zustand ähnelt der Geruch einer Mischung aus Nelken, Zimt und Muskat, daher der Name Allgewürz. Der Geschmack ist pfeffrig, würzig-brennend und leicht süßlich. Piment dient zum Würzen von Suppen, Soßen, Fisch- und Fleischgerichten, Würsten, Kuchen, Likör und Dessertspeisen. Er ist in Skandinavien als Gewürz vieler Gerichte des Smörgasbords beliebt.
en: *Allspice, Jamaica pepper, Myrtle pepper*

Pindang ist eine indonesische salzige Würzsoße. Gekochte Fische werden stark gesalzen und zusammen mit Maniokmehl und Gewürzen in großen Töpfen im Boden eingegraben einer bakteriellen Fermentation unterworfen.

Piniennüsse, *Pinienkerne, Pignolien, Piñon-Nüsse,* sind die Samenkerne der im Mittelmeerraum heimischen wild wachsenden Pinie *(Pinus pinea – Pinaceae)*. Die von der Schale befreiten, weißen Samen haben einen leicht an Terpentin erin-

Pinienkerne

nernden mandel- bis nussartigen Geschmack. Piniennüsse werden roh oder geröstet verzehrt, zu Backwaren verarbeitet oder dienen als wesentlicher Bestandteil von *Pesto* zur Verfeinerung von italienischen Fleischgerichten, Eierspeisen und Desserts. Piniennüsse sind relativ teuer, denn jeder Baum liefert pro Jahr nur etwa 2 Kilo davon, allerdings 80 Jahre lang.
en: *Pine nuts, Pine kernels, Pignolia*

Pinni sind geröstete indische Teigbällchen aus Weizenstärke, Pflanzen- oder Butterfett, eingedickter Milch, Zucker, Pistazien oder Mandeln.

Pinompoh ist ein im Wok gebackener, sehr nahrhafter und sättigender, von Einheimischen geschätzter malaysischer Pfannkuchen aus Sagomehl und Wasser mit Zusatz von Kokosraspeln.

Piñuela ist die Frucht eines kolumbianischen Baumes *(Bromelia pinguin – Bromeliaceae)*. Sie ist goldgelb, eiförmig bis länglich oval, ca. 10 cm lang und hat einen ananasähnlichen Geschmack.

Pipián ist eine mit Mehl, Brotkrumen oder Kürbiskernen angedickte mexikanischen Würzsoße, die der Mole ähnelt.

Piranhas und Menschen essen einander, so sagt man in Brasilien. Die Piranha ist ein im Amazonas lebender 40-50 cm langer Fisch mit außerordentlich scharfen Zähnen; er greift zwar den Menschen nicht an, ein Schwarm von 30 oder mehr Fischen kann aber ein großes Tier innerhalb einer Minute bis auf das Skelett abnagen. Piranhas werden lokal gefangen und verzehrt.

Pirarucú ist ein bis zu 250 kg schwerer und bis zu 4 m langer, im tropischen Südamerika lebender Süßwasserfisch *(Arapaima gigas)*. Er wird lokal mit Netzen, Harpunen oder Speeren gefangen. Wegen seines festen, weißen schmackhaften Fleisches erzielt er auf lokalen Märkten in Brasilien hohe Preise.

Piri Piri sind sehr scharfe, kleine, rote *Chili*, die über Angola den Weg nach Portugal gefunden haben. Sie dienen zum Würzen von Fleisch- und Fischgerichten, Meeresfrüchten, Eintöpfen und nach dem Anteigen mit Olivenöl als Tischgewürz.

Piroggen sind mit Fleisch, Fisch, Käse, Kohl, Pilzen, Eiern oder Obstgelee gefüllte, halbmondförmige Hefeteigpasteten der russischen Küche. Sie werden als Vorspeise oder Suppeneinlage gegessen.
en: Pirogen

Pisang Goreng ist eine Dessertspeise der indonesischen Küche. Bananen werden mit einem Teig aus Reismehl überzogen und goldgelb gebraten. Der Geschmack wird verfeinert, indem man das Reismehl mit Kokosmilch anteigt.

Pisco ist ein heller Branntwein aus besonderen Traubensorten Chiles und des südlichen Peru. Der Name geht auf den Hafen zurück, über den Pisco zur Zeit der US-amerikanischen Prohibition exportiert wurde. Pisco wird unverdünnt oder als Cocktail Pisco sour getrunken.

Pissala, *Pissalat,* ist eine in Südfrankreich verwendete salzige Würzpaste aus Sardellen oder anderen kleinen Fischen mit Nelken, Thymian, Lorbeerblättern und Pfeffer in Olivenöl.

Pistazien, *Pistaziennüsse,* sind die Samenkerne eines im Mittelmeerraum und in Vorderasien wachsenden kleinen Baumes *(Pistacia vera – Anacardiaceae)*. Pistazien haben einen milden, leicht würzigen, mandelartigen Geschmack. Sie sind sehr ölreich und werden nach dem Rösten als Knabberartikel verzehrt. Wegen der glänzend grünen Farbe des Fruchtfleisches dienen sie auch

zur Verzierung von Wurstwaren, z.B. Mortadella, Fleischgerichten und Torten. Je grüner die Farbe der Pistazien umso besser ist die Qualität.
en: *Pistachio nuts*

Pistou ist eine südfranzösische Würzpaste aus zerstampftem Basilikum, Knoblauch, Hartkäse und Olivenöl oder Tomatenmark, die man zu gegrilltem Fisch, Teigwaren oder Suppen isst.

Pita ist ein orientalisches Fladenbrot aus Weizenmehl. Es ist rund und wird bei hoher Temperatur schnell gebacken. Dadurch bilden sich zwei Schichten, die es ermöglichen, das Brot als Umhüllung für andere Lebensmittel zu verwenden.

Pitahaya, *Pitaya,* ist die ursprünglich spanischsprachige Sammelbezeichnung für mehrere Beeren süd- und mittelamerikanischer, heute aber auch in südostasiatischen Ländern und Israel angebauter dornloser kletternder Kakteen. Die Früchte der *Roten Pitahaya (Hylocereus undatus, H. costaricensis und H. polyrhizus – Cactaceae)* wiegen etwa 500 Gramm, sind etwa 10 cm lang, oval bis eiförmig, haben eine pinkfarbene Schale mit schuppigen warzenartigen Wülsten und ähneln der etwas kleineren Kaki. Wegen ihres bizarren Aussehens werden sie auch *Drachenfrucht, en: Dragon fruit* genannt. Ihr Fruchtfleisch ist weiß bis leicht violett und hat ein erfrischendes süß-säuerliches Aroma. Die zahlreichen kleinen Samen kann man mit verzehren. Rote Pitahayas sind transportempfindlich und waren daher im frischen Zustand hierzulande wenig bekannt. Neuerdings importiert man die Früchte aus israelischem Anbau und setzt das Fruchtfleisch in Kombination mit anderen Früchten wegen seines erfrischenden, leicht säuerlichen Geschmackes zunehmend als Rohstoff für alkoholfreie Getränke, Obstsalat, Molkereiprodukte und Speiseeis ein. Daneben gibt es die attraktiver aussehende glatthäutige Art *Gelbe*

Drachenfrucht ganz

Drachenfrucht offen

Pitanga

Pitahaya (Selenicereus magalanthus – Cactaceae). Sie hat ein rotviolettes Fruchtfleisch, ist etwas süßer als die Drachenfrucht und wird ähnlich benutzt wie die diese. Weitere, in den Ursprungsländern ebenfalls als Pitahaya bezeichnete Früchte stammen von *Stenocereus*- und *Cereus*-Arten.
en: *Pitahaya, Strawberry pear*

Pitanga, *Surinamkirsche,* ist die Beere eines aus Brasilien stammenden, inzwischen aber in vielen tropischen Ländern kultivierten Strauches *(Eugenia uniflora – Myrtaceae)*. Sie ist etwa 2–3 cm groß, rot und hat eine achtfach gerippte, dünne Haut. Das Fruchtfleisch ist saftig und weich. Es schmeckt leichter säuerlich. Die Pitanga wird meist lokal roh verzehrt, kann aber auch zu Konfitüre, Gelee, alkoholfreien Getränken und Wein verarbeitet werden.
en: *Pitanga, Surinam cherry, Brazilian cherry*

Pito ist ein in Bolivien von Einheimischen gegessener Brei aus gerösteten und grob zerkleinerten Gerstenkörnern. Durch Kochen mit Wasser, Zwiebeln, Salz und evtl. Fleisch erhält man *Chuchoka*.

Pizzaiola, d.h. italienisch „nach Art des Pizzabäckers", ist eine Zubereitungsart für gebratenes oder gegrilltes Fleisch, die aus einer Soße aus Tomaten, Oregano, Paprika, Zwiebeln und Knoblauch besteht.

Pla ra sind mit Hefen und Schimmelpilzen fermentierte gesalzene südostasiatische Süßwasserfische, denen später Reispulver zugesetzt wird. Das Erzeugnis dient Einheimischen als Würzzutat zu anderen Speisen. Sein durchdringender Verwesungsgeruch ist für die meisten Europäer unerträglich. Es sind keine Untersuchungen darüber bekannt, ob bei der Herstellung dieses und ähnlicher Produkte gesundheitsschädliche Toxine entstehen.

Platterbse, *Saatplatterbse, Deutsche Kichererbse,* ist der Samen einer vor allem in Indien angebauten Hülsenfrucht *(Lathyris sativus – Fabaceae)*. Sie wird hauptsächlich von der ärmeren Bevölkerung als Gemüse gegessen. Sie enthält ein Neurotoxin, das beim Genuss über längere Zeit Lähmungserscheinungen hervorruft. Durch Erhitzen auf 150° C wird es weitgehend zerstört. Deshalb wird die Platterbse vor dem Verzehr geröstet.
en: *Grass pea, Chickling vetch, Khesari (IN)*

Plava ist ein Biskuitkuchen der jüdischen Küche. Er wird hauptsächlich am Pessachfest gegessen. Dann ist der Genuss von ungesäuertem Brot verboten, also auch der von normalem Mehl und den daraus hergestellten Backwaren. Deshalb basiert Plava auf gemahlenen Matzen oder Kartoffelmehl. Plava wird meist mit einer schaumigen Zitronensoße serviert.

Po Boy, *Poor Boy* sind heiß servierte Sandwiches „für arme Schlucker" aus Louisiana, obwohl sie neben Salatblättern, Zwiebeln, Pickles, Ketchup und Mayonnaise durchaus excellente Füllungen enthalten können, wie Fleisch oder Krebsfleisch.

Poffert ist ein holländischer Napfkuchen mit viel Rosinen, den man in Scheiben geschnitten mit Butter, Kandiszukker und Sirup isst. Eine Miniaturausgabe sind Poffertjes, die als Imbiss gegessen werden.

Pogatschen, ungarisch *Pogácsa*, sind süße oder salzige ungarische Kleingebäcke, die mit Butter, Käse o.a. gefüllt werden können. Weizenteig mit den Zutaten wird dünn ausgewalzt und mehrfach übereinander gefaltet. Dann sticht man die Pogatschen rund aus. Sie können zum Schluss mit Kümmel oder Sesamsaat bestreut werden.

Poha, *Pawa*, sind hauptsächlich von der ärmeren indischen Bevölkerung gegessene, etwa 2 mm lange, extrem leichte Reisflocken. Billiger Reis wird gekocht, hauchdünn gepresst und getrocknet.

Poh Piah ist ein walzenförmiges südostasiatisches Gericht aus einem dünnen Teig und einer Füllung, der in heißem Öl ausgebacken wird. Nach dem Backen schneidet man das Gebäck in Scheiben. Die Füllung besteht aus gut gewürztem Gemüse, Bambussprossen, Bohnen, gehacktem Schweinefleisch oder anderen Zutaten, wie Fischen oder anderen Meeresfrüchten. Poh Piah ist die Vorstufe der hierzulande in Asien-Restaurants angebotenen Frühlingsrollen.

Poi ist ein Nationalgericht Hawaiis und anderer pazifischer Inseln. Eine Aufschlämmung aus Taromehl wird einer Milchsäuregärung unterworfen, wobei sich eine zähe Paste bildet, die als solche oder verbacken als Beilage zu anderen Gerichten gegessen wird. Ähnliche Produkte können auch aus anderen Rohstoffen hergestellt werden, wie unreifen Kochbananen und Brotfrucht.

Pokoray sind in Pflanzen- oder Butterfett ausgebackene indische Bällchen aus sehr süßem Reismehlteig.

Polenta ist ein Getreidebrei, der lange bevor Kolumbus den Mais nach Europa brachte, in Norditalien auf Basis von Hirse und anderem Getreide, Buchweizen, Bohnen und anderen Rohstoffen als Grundnahrungsmittel gegessen wurde. Heute wird Polenta hergestellt, indem man Maismehl oder -grieß unter kräftigem Rühren in kochendes Wasser einstreut. Er wird auf ein Brett gestürzt und mit einer Baumwollschnur in fingerdicke Scheiben geschnitten, die man als Beilage zu anderen Gerichten isst. *Polentone* ist ein großer Polenta-Esser, aber auch eine nicht sehr freundliche Bezeichnung der Süditaliener für die Bewohner Norditaliens.

Pollo ist ein persisches Reisgericht, bei dem der Reis zunächst für sich allein kurz vorgekocht und dann zusammen mit weiteren Zutaten, wie Fleisch, Gemüse, Früchte, Nüsse, Gewürze zu Ende gegart wird, oder bei dem man den Reis zusammen mit anderen Zutaten in einem einzigen Topf schichtweise übereinander kocht.

Poncha ist ein auf Madeira aus Zuckerrohr hergestelltes hochprozentiges alkoholisches Getränk mit Zusatz von Honig und Zitronen.

Ponki ist ein nigerianisches Eintopfgericht aus gekochten Gemüsen, wie Kürbis. Auberginen und Paprika, Zwiebeln, Tomaten und Hackfleisch mit eine kräftigen Würzung aus Kardamon, Koriander und Chili. Es wird mit Yam oder Reis serviert.

Ponzu-Soße ist eine scharfe japanische Würzsoße auf Basis von Zitrussäften, Essig, Sojasoße und Fisch. Sie wird vor allem als Dip für Meeresfrüchte benutzt.
en: Ponzu sauce

Poori sind flache indische Pfannkuchen, die zu besonderen Gelegenheiten gegessen werden. Der Teig besteht aus Weizenmehl, Wasser, etwas Salz und Öl. Er wird zu kleinen Fladen geformt, in Öl ausgebacken und heiß als Beilage zu anderen Gerichten serviert.

Pootu ist ein indischer Frühstücksbrei aus gekochtem süßen Reis mit Kokosraspeln.

Poo won sen sind thailändische, in Fett mit Ingwer, Knoblauch, *Pak-Choi* erhitzte Krebse, Garnelen oder andere Meerestiere, die zusammen mit Glasnudeln und würzenden Soßen gegessen werden.

Popover sind kleine, leicht gesalzene nordamerikanische Kuchen aus einem Teig aus Weizenmehl, Butter und Milch, die heiß gegessen werden.

Poricha ist ein koreanisches Aufgussgetränk aus gerösteter Gerste, das mit Zucker oder Honig gesüßt im Sommer kalt und im Winter heiß getrunken wird. Es hat einen eigentümlich rauchiges Aroma.

Pörkölt ist die Bezeichnung für ein ungarisches Fleischgericht, das etwa dem deutschen Gulasch entspricht. Es besteht aus gewürfeltem Rind-,

Hammel- oder Schweinefleisch und einer gut gewürzten sämigen Paprikasoße.

Poronpaisti ist ein finnisches Rentiersteak, das mit Pfifferlingen, Kartoffeln und einem Gelee aus *Moosbeeren* serviert wird.

Porotos granatos ist ein chilenisches Eintopfgericht aus Bohnen, Kürbis, Maiskörnern, Knoblauch und Zwiebeln.

Portulak, *Sommerportulak, Burzelkraut,* sind die Blätter einer schon im alten Ägypten bekannten, früher auch in Deutschland heimischen Pflanze *(Portulaca oleraca ssp. sativa – Portulacacae).* Sie wächst meist wild, wird aber auch in verschiedenen westeuropäischen Ländern angebaut. Die Blätter sind eiförmig und dickfleischig. Sie schmecken leicht säuerlich und haben ein nussartiges Aroma. Portulak kann wie Spinat als Gemüse gekocht oder roh als würzende Zutat zu Salat gegessen werden.
en: *Purslane, Common purslane, Kitchengarden purslane, Pursley (US)*

Pozole ist ein mit Zwiebeln, Chili, Oregano, Lorbeerblättern und anderen Gewürzen gewürztes mexikanisches Eintopfgericht aus Schweinefleisch und Maisgrütze, das manchmal auch Erde enthält.

Prahoc ist eine kambodschanische stark salzhaltige, fermentierte Fischsoße zur Suppenherstellung.

Prairie oyster ist der Name eines US-amerikanischen Cocktails aus einem rohen Ei, Essig, Salz, Gewürzen oder scharfen Soßen mit oder ohne Weinbrand. Mit dem gleichen Namen, auch *Animelles, Lamb fries, Rocky mountain oyster,* bezeichnet man in den USA weiterhin die Hoden von Stieren und Schafen, die paniert gebacken gegessen werden.

Presunto ist ein in Palmwein marinierter indischer Schinken.

Psito ist ein traditioneller griechischer Sonntagseintopf aus Fleisch aller Art, Kartoffeln, Karotten und Olivenöl, der mit Oregano gewürzt wird.

Puchero ist die allgemeine Bezeichnung für kanarische, spanische und südamerikanische Eintöpfe, die Kartoffeln, Hülsenfrüchte, Kohl, Zwiebeln, Tomaten und andere Gemüse, Rind-, Hammel-, Schweine- oder Geflügelfleisch, Speck, Wurst und Reis enthalten können.

Pudding ist im englischen Sprachgebrauch nicht unbedingt identisch mit der gleichnamigen deutschen, meist süßen Dessertspeise. Es ist vielmehr eher ein gedämpfter, gekochter oder gebackener Auflauf, der nicht immer Zucker enthalten muss, sondern auch aus Cerealien aller Art, Hackfleisch, Fett, Gewürzen, Kräutern und anderen Zutaten bestehen kann. Typisch sind der traditionelle englische *Christmas* *pudding*, eine mehrere Stunden lang gekochte, dann wochenlang gereifte und zu Weihnachten wieder aufgewärmte, schwere, fettreiche Speise aus Trockenfrüchten, Zucker, Rindertalg, Mehl und Gewürzen, der ähnliche, aber stärker gewürzte *Plum pudding*, der als Beilage zu Roastbeef gegessene *Yorkshire pudding*, eher eine Backware aus Mehl, Eiern und Milch und der *Black pudding*, eine Art Blutwurst mit Zusatz von Cerealien.

Pulque war früher, vor dem jetzt mehr getrunkenen Bier das mexikanische Nationalgetränk. Die Knospen des Blütenstandes von Agaven, besonders der Pulque-Agave *(Agave salmiana – Agavaceae)* werden angeschnitten, wobei ein zuckerhaltiger Saft, *Aguamiel* austritt. Dieser unterliegt spontan an der Luft einer Hefe- und Milchsäuregärung. Es entsteht ein eigentümlich säuerlich schmeckendes und fuselähnlich riechendes Getränk mit einem geringen Gehalt an Alkohol, das frisch getrunken werden muss, weil es bereits nach 2–3 Tagen verdirbt.

Pulusan ist die an langen Stielen hängende Frucht eines südostasiatischen Baumes *(Nephelium mutabile – Sapindaceae)*. Sie ist der Litchi und der Rambutan sehr ähnlich. Die Schale trägt zahlreiche Stachelhaare. Das Fruchtfleisch ist sehr saftig und süß. Man kann es frisch oder in Form von Kompott genießen.
en: Pulusan

Puran poli ist ein indisches Fladenbrot aus gesüßten Linsen, das zu besonderen Festlichkeiten gegessen wird.

Puri ist ein Sammelname für runde, in Öl ausgebackene indische Fladenbrote, die mit vegetarischen Einlagen gefüllt werden, wie Zubereitungen aus Linsen, Bohnen und Kartoffeln. Sie werden oft als Snacks gegessen.

Puto ist ein durch Hefe- und Milchsäuregärung von Reis gewonnener kleiner Kuchen, der in Indien, China und auf den Philippinen als Snack und zum Frühstück gegessen wird.

Putra ist eine in Lettland populäre, mit Milch oder Frischkäse, Dill und Zwiebelsoße angerichtete, kühl gereifte Getreidegrütze.

Qamaradin ist eine arabische Süßspeise aus Aprikosenpüree, das in dünner Schicht an der Sonne getrocknet wurde. Die Paste wird in Streifen geschnitten und kann als Snack gegessen werden oder nach dem Aufweichen in Wasser und Zugabe von Zucker als Dessert.

Quallen, die zu mehr als 95 % aus Wasser bestehen, sind Bestandteil der ostasiatischen und pazifischen Küche. Man behandelt sie nach dem Entfernen der Tentakel in getrockneter Form und weicht sie vor der Verarbeitung wieder in Wasser auf. Das glibberige zähe Fleisch, in

Hongkong *Blubber* genannt, hat so gut wie keinen Geschmack. Deshalb verarbeitet man Quallen zu Salaten oder würzt sie mit scharfen Soßen. Das Fleisch enthält geringe Mengen eines hochwertigen Eiweißes.
en: *jellyfish*

Quandong ist die Frucht eines australischen Baumes *(Santalum acuminatum – Santalaceae)*. Die Samen haben einen sehr unangenehmen Geruch und müssen vor dem Genuss des nach Aprikosen und Pfirsichen schmeckenden Fruchtfleisches entfernt werden.

Quenepa, *Spanische Limone,* ist die Frucht eines karibischen Baumes *(Melicoccus bijugatus – Sapindaceae).* Die Pflanze ist zweihäusig. Wenn nicht männliche Pflanzen in der Nähe wachsen, gibt es also auf den weiblichen keine Ernte. Sie hat die Größe einer großen Weintraube und eine grüne, lederartige Haut. Das saftige Fruchtfleisch ist gelb bis orangefarben. Der große Kern hängt fest am Fruchtfleisch, sodass er meist mit in den Mund genommen und später ausgespuckt werden muss. Er führt aber bei Kindern immer wieder zu Erstickungen. Die Quenepa kann frisch gegessen werden, oder man verarbeitet den Saft zu erfrischenden Getränken oder Konfitüre.
en: *Spanish lime, Genip, Quenette*

Quesadillas sind mit Käse gefüllte, oft mit Zimt gewürzte mexikanische Tortillas.

Quinoa, *Kiwicha, Inkakorn, Inkaweizen,* sind die Samen einer in den Hochtälern der Anden wachsenden krautigen Pflanze *(Chenopodium quinoa – Chenopodiaceae)*. Ihre Blätter, *Reisspinat, Reismelde, Peruspinat, Perureis* werden von Einheimischen als Gemüse oder Salat gegessen. Größere Bedeutung als lokales Grundnahrungsmittel haben die stärke- und eiweißreichen runden Samen, die nur einen Durchmesser von ca. 1,5 mm haben. Sie werden ungemahlen zu Brei, Suppe, Backwaren oder Süßspeisen verarbeitet. Quinoa ist leicht verdaulich und hat einen angenehmen Geschmack. Nachteilig ist der hohe Saponingehalt, der Verdauungsstörungen hervorrufen kann, wenn Quinoa in größeren Mengen gegessen werden.
en: *Quinoa*

Quorma ist ein stark gewürztes indisches Schmorgericht auf Basis von Hühner- oder anderem Fleisch und Gemüse.

Rabri ist eine in Indien durch langsames Kochen ohne Rühren eingedickte Milch.

Rachal ist ein bevorzugt am jüdischen Neujahrsfest gegessenes Gericht aus Schichten von geschnittenen Kartoffeln, Fisch und Zwiebeln, die mit Sahne und Butter überbacken werden.

Radicchio, *Rote Endivie, Roter Chicorée,* sind die weinroten Blätter

Radicchio

Rambutan

einer vorwiegend in Norditalien angebauten Pflanze *(Cichorium intybus foliosum – Asteraceae)*. Es gibt Sorten mit länglichen Blättern und solche mit runden Köpfen. Radicchio hat einen angenehmen, leichten Bittergeschmack und wird als Salat gegessen.
en: Radicchio

Raita, *Curd,* ist ein indisches Gericht aus geschlagenem Joghurt mit Zusatz von Gurken, Minzeblättern, evtl. Äpfeln oder anderen Früchten und Honig, gewürzt mit Salz, Pfeffer und evtl. Zimt. Raita wird als milde Beilage zu scharf gewürzten Currygerichten gegessen.

Rakkyo ist ein japanischer Lauch *(Allium chinense – Alliaceae),* dessen Zwiebeln man in eine salzhaltige Essiglake einlegt. Es dient als würzende Beigabe zu anderen Speisen.

Rambai ist die Frucht eines malaysischen Baumes *(Baccaurea motleyana – Euphorbiaceae).* Sie ist knapp pflaumengroß, ziemlich rund und gelbgrün bis beige. Das durchscheinend weiße Fruchtfleisch enthält 2–4 Kerne. Es schmeckt süß-sauer und wird in Südostasien lokal roh gegessen oder zu Konfitüre verarbeitet.
en: Rambai

Rambutan, *Behaarte Litchi, Falsche Litchi,* ist die Schließfrucht eines südostasiatischen Baumes *(Nephelium lappaceum – Sapindaceae),* der auch in Mittelamerika und Australien anzutreffen ist. Rambutan ist pflaumengroß, der Litchi ähnlich, rot oder gelb. Die Schale trägt viele wellige, etwas stachelige, rote Haare, daher der Name, denn rambut heißt in der malyischen Sprache „Haar". Das Fruchtfleisch, botanisch der Samenmantel, ist weißlich, dick, saftig und hat einen süßen Geschmack. Es umschließt einen großen Samen. Rambutan ist wenig haltbar, wird meist lokal roh gegessen und nur als Konserve nach Europa exportiert.
en: Rambutan, Hairy litchi

Ramen ist ein einfach zubereitetes japanisches Nudelgericht.

Ramontschi, *Tropenkirsche, Echte Flacourtie,* ist die Frucht eines kleinen Baumes, der in Madagaskar und Südasien wächst *(Flacourtia indica – Flacourtiaceae).* Sie ist rund, kirschgroß, tiefbraun mit gelblichweißem Fruchtfleisch. Es ist saftig, hat aber einen sehr adstringierenden Geschmack. Die Ramontschi ist deshalb nur im völlig reifen Zustand zum Rohessen geeignet. Man verarbeitet sie zu Gelee, Sirup oder Konfitüre.
en: Governor plum, Batako plum

Ramps ist ein nordamerikanischer Wildlauch *(Allium tricoccum – Alliaceae).* Gesammelt werden die jungen Blätter, die man zu Salat verarbeitet. Auch die Zwiebeln sind essbar. Alle Pflanzenteile haben einen strengen Geschmack, der nicht jedermanns Sache ist.

Ramsar, *Bugadi,* ist eine in Indien und Thailand angebauter Pflanze *(Vallaris solanacea – Apocyanaceae),* deren Früchte und Blüten von Einheimischen gegessen werden.

Rántott heißt in der ungarischen Sprache gebacken, Meist sind die so bezeichneten Gerichte zusätzlich dick paniert, wie das dem Wiener Schnitzel verwandte *Rántott hús,* das in Ungarn nicht aus Kalb-, sondern aus Schweinefleisch bereitet wird. *Rántott sertésborda* sind panierte Schweinekoteletts, *Rántott karfiol* ist paniert in Öl ausgebackener Blumenkohl. Ohne Panade sind Rühreirer, *Rántotta.*

Ras ist eine in Südindien verbreitete Soße aus verschiedenen Gemüsen, die als Beilage zu anderen Gerichten gegessen wird.

Rasam ist eine mit Tamarinden, Kreuzkümmel, Pfeffer und Chili scharf gewürzte indische Linsensuppe.

Rasedar ist eine brahmanische Suppe für besondere Anlässe, z.B Hochzeiten. Sie enthält Kartoffeln, Broccoli, Paprika, Zucchini, Mais, Pilze, Tomaten und andere Gemüse, aber aus religiösen Gründen weder Knoblauch noch Zwiebeln. Gewürzt wird sie mit Kreuzkümmel, Koriander, Kurkuma und Chili. Man isst Rasedar mit Chapaties.

Ras el Hanout ist eine marrokanische Gewürzmischung aus Piment, Pfeffer, Nelken, Paradieskörnern, Pfeffer, Safran, Macis, Kurkuma, Ingwer und Zimt, die als ganzes in der Pfanne geröstet und dann im Mörser zerkleinert werden. Sie ist ein wichtiger Bestandteil von *Tagine.*

Rasgulla sind in Mehl gewälzte, mit Kardamom und Zitronensaft gewürzte Käsebällchen, die in Zuckersirup gekocht und als Snack gegessen werden.

Rastegai sind halbmondförmige, mit gewürzter Fischfarce gefüllte, heiß gegessene Hefeteigpastetchen der russischen Küche.

Ratafia ist der Name für verschiedene alkoholische Getränke, z. B. für einen Zuckerrohrschnaps in einigen südamerikanischen Ländern (tafia = Rum), für einen Aperitif aus mit Traubensaft verdünntem Weinbrand in der Champagne, für einen Bittermandellikör oder einen damit getränkten kleinen süßen Keks in England.

Weinrautenblätter

Ratten, *Mäuse* und andere kleine Nagetiere werden in weiten Teilen Amerikas, Afrikas, Ozeaniens und vor allem in China auf verschiedene Weise zubereitet, hauptsächlich gegrillt oder gekocht, und als Vorspeise gegessen. In Nordamerika ist die *Bisamratte (Ondatra zibethica, en: Muskrat)* ein Bestandteil der Cajun-Küche. Sie wird gegrillt oder gekocht in scharf gewürzten Soßen verzehrt.
en: Rats and Mice

Rauke ist eine Bezeichnung für verschiedene Pflanzen, besonders den *Senfkohl,* die *Ölrauke,* den *Persischen Senf* oder die *Rucola, Jambaraps (Eruca sativa sativa – Brassicaceae, en: Salad rocket, Roman rocket).* Letztere wird vor allem in Italien angebaut. Die kräftig würzig, etwas scharf schmeckenden Blätter dienen zur Verfeinerung von Salat. Sie können auch leicht gedünstet als Gemüse gegessen werden.
en: Rocket

Raute, *Weinraute,* ist eine in Südeuropa wachsende buschige Pflanze *(Ruta graveolens – Rutaceae),* deren Blätter wegen ihres kräftigen, leicht bitteren Geschmackes als Gewürzkraut verwendet werden. Der sich beim Zerreiben der Blätter entwickelnde scharfe Geruch wird nicht von jedermann als angenehm empfunden, deshalb darf Raute nur in kleinen Konzentrationen verwendet werden. Sie ist eine klassische Zutat für manche Grappa-Sorten.
en: Rue, Herb of grace

Regenwürmer werden von Mitteleuropäern allenfalls als Köder beim Angeln verwendet. Im Regenwald von Venezuela werden sie von Einheimischen aufgesammelt. Man schlitzt die daumendicken, bis zu einem Meter langen und 250 g schweren, *Motto* genannten Würmer *(Andiorrhinus motto)* der Länge nach auf, entfernt die Innereien und gart sie in heißem Wasser oder räuchert sie und macht sie damit haltbar. Sie haben einen niedrigen Fett- und einen hohen Eiweißgehalt, gelten als Delikatessen und erzielen auf lokalen Märkten hohe Preise.
en: Earthworms

Reis ist die Schließfrucht einer Graspflanze *(Oryza sativa – Poaceae)*. Er ist das wichtigste Getreide der tropischen Länder und Nahrungsgrundlage für ca. 60% der Erdbevölkerung. 90% des auf der Welt geernteten Reises stammen aus Ost- und Südostasien, hauptsächlich aus China und Indien. 75% der Ernte werden für Ernährungszwecke, 9% für Futterzwecke und 16% für industrielle Zwecke verbraucht, wie der Herstellung von Reisstärke, Würzsoßen und Reiswein. Neben seinem Stärkegehalt ist der Reichtum an B-Vitaminen von Bedeutung. Es gibt viele Varietäten. Langkornreis, *en: Long grain rice*, hat ein längliches Korn, die Körner sind etwa 4 mal so lang wie dick. Er bleibt beim Kochen locker, trocken und körnig. Die wichtigsten Sorten sind *Patna-Reis* und der besonders aromatische indische *Basmati-Reis*. Rundkornreis, *en: Short grain rice*, indisch *Sada Chawal*, hat kleinere, runde Körner und neigt eher zum Kleben. Nach der Kornstruktur unterscheidet man zwischen *Glasigem Reis, en: Translucent rice* und dem mehr mehligen *Klebreis*, auch *Wachsreis* genannt, *en: Glutinous rice*. Letzterer kann besonders einfach mit Stäbchen gegessen werden. *Parboiled Reis* wird vor dem Schälen mit Dampf behandelt, damit ein Teil der in der Schale sitzenden Vitamine in das Innere des Korns wandert und nicht mit den Schalen verloren geht. Reis enthält keinen Kleber und kann deshalb kaum zu Backwaren verarbeitet werden.
en: Rice

Reisblätter sind hauchdünne runde Teigblättchen aus Reismehl, Wasser und Salz. Sie dienen zum Einhüllen chinesischer Speisen.

Reisfisch, *Reisaal*, ist ein kleiner Süßwasserfisch *(Monopterus albus)*, der in sauerstoffarmem Wasser leben kann. Er ist in chinesischen Reisfeldern verbreitet und wird wegen seiner leichten Verfügbarkeit in der dortigen Küche sehr geschätzt.
en: Rice Fish, Rice Eel

Reisnudeln sind Teigwaren aus einem sehr dünn ausgewalztem Teig aus Reismehl. Er wird extrudiert und zunächst auf sich langsam drehenden erhitzten Trommeln, dann auf Horden getrocknet.
en: Rice noodles

Reispapier sind sehr dünn ausgewalzte Reisnudeln. Sie können aber auch aus ganz anderen Rohstoffen hergestellt sein.
en: Rice paper

Remojón ist ein andalusianischer Salat aus bitteren Orangen, Zwiebeln, Oliven, Thunfisch, Essig und Öl.

Rempah ist eine Sammelbezeichnung für indonesische Würzpasten für Fleisch- und Fischgerichte aus mit Öl angeteigtem, zerstoßenem Limonengras, Chili, Zwiebeln, Knoblauch, Koriander, Ingwer, Kurkuma und Zimt.

Rendang ist in Malaysia, Indonesien und anderen südostasiatischen Ländern populäres, in Kokosmilch geschmortes gewürfeltes Rind- oder Büffelfleisch, eine Art Gulasch. Bessere Qualitäten basieren auf Geflügel- oder Hammelfleisch. Rendang wird scharf mit *Rempah*, Chili, Galgant, Koriander, Kreuzkümmel, Schalotten und Knoblauch gewürzt.

Das **Ren,** *Rentier (Rangifer tarandus)* ist für die Bewohner des arktischen Nordeuropas, Asiens und Amerikas ein wichtiger Lieferant für Milch und Fleisch. Es lebt wild und domestiziert. Bei Eskimos sind gekochte und dann geräucherte Rentierzungen besondere Delikatessen, die aber aus rituellen Gründen von Frauen nicht gegessen werden dürfen. In Schweden und in Finnland wird auch das Knochenmark sehr geschätzt.
en: Reindeer, Caribou (CA)

Retsina ist ein trockener, meist als Aperitif kühl servierter griechischer Weißwein, seltener auch Rosèwein, dem man vor oder während der Gärung pro 100 Liter bis zu 1 kg des Harzes der *Aleppo-Pinie (Pinus pinea – Pinaceae)* zugibt. Das Harz dient dazu, den oxidativen Ton des Weines zu überdecken. Es verleiht dem Wein einen eigentümlichen, für Ausländer manchmal ungewohnten Geschmack.
en: Retsina

Rigani ist eine Sammelbezeichnung für verschiedene griechische Wildformen des *Majorans (Origanum spec. – Lamiaceae)*, wie Suppenmajoran, Wintermajoran und andere. Sie sind im Aroma weniger fein als Majoran und dienen lokal zum Würzen von kräftigen Fleischgerichten.

Rishta sind frische, den italienischen Tagliatelle ähnliche Eiernudeln aus Weizenmehlteig der orientalischen Küche, die meist zu Hause hergestellt werden. Man isst sie ähnlich wie in Italien oder Mitteleuropa.

Risotto ist ein italienisches Gericht, mit Butter und Olivenöl angeschwitzter Rundkornreis, der dann mit Fleischbrühe abgelöscht und mit Parmesankäse vermischt wird. Man kann ihm Leber, anderes Fleisch, Safran, Pilze, Fisch oder andere Meerestiere beigeben oder den Risotto getrennt dazu als Beilage servieren.

Rockenbolle, *Schlangenknoblauch*, ist eine Abart des *Knoblauchs (Allium scorodoprasum – Alliaceae)*. Die Zwiebeln werden wie Knoblauch verwendet, schmecken und riechen aber milder als dieser. Sie können wie Perlzwiebeln in Essig eingelegt werden.
en: Rocambole, Sand leek, Spanish garlic

Rogan Josh ist ein Gericht der indischen Mogulenküche. Es besteht aus gewürfeltem Lammfleisch, das braun gebraten mit Ingwer, Knoblauch, Zwiebeln, Kardamom, Nelken, Pfeffer, Zimt, Chili, Kreuzkümmel und Bockshornkleesamen gewürzt mit einer Joghurtsoße serviert wird.

Rohrkolben ist eine weltweit verbreitete Sumpfpflanze *(Typha latifolia – Typhaceae)*. Ihre jungen Sprosse werden in den USA als Salat oder Wildgemüse gegessen.
en: Cattail

Rojak ist ein malaysischer Salat aus vielerlei Obst und Gemüse, wie Ananas, Mango, Guaven, Sternfrucht, Gurken und Bohnen mit einem Dressing aus Garnelenpaste, Ingwer, Chili, Zucker und Limettensaft. Die Knospe einer roten Ingwerpflanze verleiht ihm ein besonderes Aroma.

Romesco ist ein Nationalgericht der spanischen Provinz Tarragona. Ein Brei aus Paprika, Mandeln, Nüssen, Olivenöl, geröstetem Brot, Knoblauch und anderen Gewürzen wird erhitzt und mit Wasser abgelöscht. In einem daraus hergestellten Sud wird frischer Fisch gekocht.

Rømme ist eine Sauermilch, die in Norwegen als solche gegessen oder zu anderen Speisen weiterverarbeitet wird.

Rondini ist die Frucht einer aus dem tropischen Afrika stammenden Kletterpflanze *(Cucurbita pepo – Cucurbitaceae)*. Sie steht dem Kürbis nah, hat aber im Aroma auch Ähnlichkeit mit Gurken und Zucchini. Die Rondini wird inzwischen in Europa angebaut, u.a. in der Provence und in der Schweiz. Sie ist tennisballgroß, zunächst grün gesprenkelt, im reifen Zustand orangerot. Sie eignet sich weniger zum Rohessen. Das Fleisch der geschmorten Frucht ist leicht verdaulich und hat einen milden, angenehmen Geschmack.
en: Rondini

Rooibos-Tee, *Rotbusch-Tee, Massai-Tee, Roter Buschtee*, ist ein südafrikanisches Aufgussgetränk aus den nadelartigen grünen, nach kurzer Fermentation rotbraun werdenden Blättern eines mannshohen Busches *(Aspalathus linearis – Fabaceae)*. Sie enthalten kein Coffein und wenig Gerbstoffe, sind aber reich an Vitamin C, Flavonoiden und Mineralstoffen. Man trinkt den Tee zu jeder Tageszeit oder benutzt ihn zum Bräunen von Soßen. Wegen seines Gehaltes an eiweißspaltenden Enzymen verwendet man ihn auch zum Marinieren von Fleisch. Man sagt dem Tee auch Wirkungen gegen gewisse Krankheiten nach, die aber nicht bewiesen sind.
en: Rooibos tea, Roibush tea

Roselle, *Rama*, ist der Name einer im tropischen Afrika heimischen buschigen Pflanze *(Hibiscus sabdariffa – Malvaceae)*, deren junge Blätter und Triebe in Indien und anderen tropischen Ländern roh oder gekocht als Gemüse gegessen werden. Aus den unreifen Früchten kann

man Konfitüre bereiten. Die Samen werden geröstet verzehrt. Die wichtigste Nutzung finden die Blütenkelche, die einen schleimigen, sauren Saft enthalten, der zu Marmelade, Gelee oder Erfrischungsgetränken verarbeitet wird.
en: Roselle, Jamaican sorrel

Rosenapfel, *Jambos,* ist die Frucht eines tropischen Baumes *(Syzygium jambos - Myrtaceae),* die vor allem in Indien von Bedeutung ist. Sie ist oval, knapp apfelgroß, blassgelb bis hellrot und trägt purpurne Längsstreifen. Das weiße Fruchtfleisch ist etwas schwammig, trocken. Es hat ein stark an Rosen erinnerndes Aroma. Der Rosenapfel wird lokal frisch gegessen oder zu Kompott, Gelee oder Konfitüre verarbeitet. Es gibt verwandte Arten, die teilweise saftiger sind und zur Herstellung von Getränken benutzt werden.
en: Rose apple

Rosmarin ist das Kraut eines mediterranen Busches *(Rosmarinus officinalis - Lamiaceae).* Die ledrigen, lanzettartigen Blätter rollen sich zusammen und haben das Aussehen von Tannennadeln. Sie haben ein kräftig würziges Aroma, das gut zu Gemüse, Geflügel, Fleisch- und Fischgerichten, besonders Fischsuppe passt.
en: Rosemary

Rossoloye ist ein in Lettland und Estland populärer, pikant, u.a. mit Kümmel gewürzter Heringssalat, der Zwiebeln, Rote Bete und Salzgurken enthält. Man richtet ihn mit saurer Sahne an und isst ihn zu Pellkartoffeln.

Rotes Sandelholz, *Santalholz* ist das getrocknete außen schwarzbraune, innen rote Holz eines in Südasien und Afrika wachsenden Baumes *(Pterocarpus santalinus - Fabaceae).* Es dient in einigen Ländern, nicht in der EU, zur Färbung von Lebensmitteln und ist nicht mit dem aromatischeren *Weißen Sandelholz* verwandt.
en: Red sandalwood, Red sanders

Roti ist die allgemeine indische Bezeichnung für Brot, speziell aber auch für ein ungesäuertes, in einer Pfanne gebackenes rundes Fladenbrot aus Weizenvollkornmehl.

Rougail ist eine auf Mauritius und vorgelagerten Inseln populäre Soße aus Paprikafrüchten, roten und grünen Tomaten, zerstoßenen Erdnüssen und Pistazien, die man zu Reisgerichten isst.

Rouille ist eine scharfe Soße für südfranzösische Fischsuppen, ähnlich *Aïoli.* Sie unterscheidet sich davon durch einen Gehalt an Paprika, Chili, Safran und etwas Kartoffelbrei.

Rúgbraud ist ein isländisches dunkles, leicht süßliches Roggenbrot, das dem Pumpernickel ähnelt. Es wird über viele Stunden bei relativ niederigen Temperaturen in heißer Lavaerde gebacken.

Rugelach ist ein mit Nüssen oder Rosinen gefülltes und mit Zimt aromatisiertes süßes, frischkäsehaltiges Buttergebäck der jüdisch-osteuropäischen Küche.

Rukam ist die Frucht kleinen Baumes, der in Madagaskar und Südasien wächst *(Flacourtia rukam – Flacourtiaceae)*. Sie ist kirschgroß, der Ramontschi sehr ähnlich, reif aber schwarzrot. Das Fruchtfleisch ist saftig und sauer. Die Rukam eignet sich zum Rohessen.

Rum ist ein Branntwein aus vergorener Zuckerrohrmelasse. Er wird meist lokal unter einfachen Bedingungen destilliert. Die Destillate haben einen Alkoholgehalt von 80% und darüber. Sie werden aromatisiert oder ohne weitere Zusätze, farblos belassen oder mit Zuckerkulör oder Pflanzenextrakten gefärbt.

Rumbledethumps ist ein preiswertes schottisches, im Ofen gebackenes, Eintopfgericht aus Kartoffeln, Weißkohl, Zwiebeln, Salz, Gewürzen und geriebenem Cheddar.

Runzas sind im Norden der USA bekannte, ursprünglich aus Osteuropa stammende, mit Hackfleisch, Zwiebeln oder Kohl gefüllte Taschen aus süßem Hefeteig.

Rutabiya ist ein orientalisches Gericht aus gewürfeltem, gebratenem Lamm- oder Rindfleisch, getrockneten Datteln, ganzen Mandeln, viel Gewürzen, wie Mastix, Koriander, Pfeffer, Safran, Kümmel, Rosenwasser, Kampfer und Pistazien.

Sa ist die Wurzelknolle einer in Südafrika wild wachsenden Pflanze *(Vigna dinteri – Fabaceae)*, die für Einheimische wegen ihres hohen Gehaltes an Kohlenhydraten ein Grundnahrungsmittel darstellt.

Saafaid ist ein Sammelname für indische Gerichte auf Basis weißer Soßen aus Joghurt, Kichererbsen oder Mehl. Sie können zusätzlich Hackfleisch, Kartoffeln oder Gemüse und Gewürze, wie Kreuzkümmel, Kardamom, Nelken, Knoblauch oder Chili enthalten.

Sabzi ist die allgemeine indische Bezeichnung für Gemüse. *Sabzi Achar* sind sauer eingelegte Gemüse, *Sabzi Chop* sind eine Art Gemüsekoteletts; fein zerkleinerte gekochte Kartoffeln, Karotten, Rote Bete, Weißkohl und Zwiebeln werden mit Chili und Kreuzkümmel gewürzt in Öl ausgebacken.

Safayek sind offene jordanische Fleischpastetchen aus einem mit Hefe gelockerten Butterteig, einer Füllung aus gemahlenem Hammelfleisch mit viel angedünsteten Zwiebeln, Petersilie, Pfeffer und Pinienkernen, die im Ofen goldgelb gebacken werden. Man isst sie mit geschmolzener Butter oder Joghurt übergossen zusammen mit Tomatensalat.

Saffranspannkaka sind schwedische Pfannkuchen aus Reis, Eiern, Zucker und Sahne, die mit Safran und Kardamom aromatisiert, im Ofen goldgelb gebacken und mit Wildbeeren und/oder Sahne verzehrt werden.

Safran sind die getrockneten, orangeroten Narbenschenkel der Blüten einer in Vorderasien heimischen, heute aber im gesamten Mittelmeerraum, vor allem in Spanien angebauten Krokusart *(Crocus sativus – Iridaceae)*. Sie müssen sehr sorgfältig getrocknet werden, denn erst beim Trocknen bildet sich das Aroma aus. Safran hat einen kräftigen, an Iodoform erinnernden Geruch und eine enorme Färbekraft. Safran ist sehr lichtempfindlich. Er wird zum Würzen und Färben von Paella, Fischgerichten, insbesondere Fischsuppen, Backwaren („Safran macht den Kuchen geel") und anderen Lebensmitteln benutzt. Um 1 kg zu erhalten, müssen etwa 150 000 Blüten geerntet werden; ein Pflücker schafft 60–80g pro Tag. So kostet Safran bis zu 30-50% des Goldpreises und ist damit das teuerste Gewürz überhaupt. Entsprechend sind ist der Anreiz für Nachahmungen und Verfälschungen mit Kurkuma, Ringelblumen, Färberdisteln, Paprikapulver und anderen Drogen, sogar Ziegelstaub, die alle nur eine gelbe Farbe haben, nicht jedoch das einzigartige Aroma von Safran. Schon 1456 hat man in Nürnberg Fälscher „sammt ihrer gefälschten Ware lebendig

Safran

verbrennet". Es ist also nicht ratsam auf marokkanischen oder orientalischen Märkten preis(un)werten Safran zu kaufen. In Pulverform sollte man ihn überhaupt nicht erwerben. In Marokko unterscheidet man übrigens zwischen „Safran", der aus den o.g. Drogen besteht und nur zum Färben von Speisen dient, und „echtem Safran". Safran war in orientalischen Ländern ein beliebtes weibliches Aphrodiasiacum. Aber 10 Gramm Safran davon sollten auch eine unerwünschte Schwangerschaft beenden können. Ganz harmlos ist Safran nicht: Mehr als 1,5 Gramm pro Tag rufen Erbrechen, Durchfall und andere Beschwerden hervor. Die tödliche Dosis für den Menschen soll bei ca. 20 Gramm liegen. Allerdings kann man solche Mengen bei der Verwendung von Safran als Gewürz niemals zu sich nehmen.
en: Saffron

Sag Bhajee ist ein indisches Currygericht auf Basis von Spinat, das mit Kreuzkümmel und Garam Masala gewürzt wird.

Sago, *Perlsago,* ist teilweise verkleisterte, nach dem Anteigen mit Wasser granulierte Stärke. Ursprünglich bezeichnete man damit nur das Produkt aus der in Südostasien wachsenden Sago-Palme *(Metroxylon sagu* – Arecaceae), en: Sago palm. Die Stärke findet sich im Stamm der Bäume; zu ihrer Gewinnung müssen die Bäume also gefällt werden. Sago wird besonders in Südostasien zu vielerlei Gerichten verarbeitet, gekocht in Form von Brei, Aufläufen und ähnlichen Zubereitungen, z.T. mit Früchten oder Gemüse, oder gebacken oder in Form von Süßspeisen. In Europa und Nordamerika werden unter dem Begriff Sago auch entsprechende Zubereitungen aus anderen Stärken verstanden, wie aus Kartoffel-, Mais- und Weizenstärke. In diesen Fällen muss der Bezeichnung „Sago" der Grundstoff angefügt werden.
en: Sago, Palm sago

Sagowürmer sind die zentimetergroßen Larven eines Käfers, der seine Eier in die gefüllten Stämme der Sago-Palme ablegt. Sie sind sehr eiweißreich und werden nach gründlicher Reinigung mit Wasser zusammen mit Ingwer und Schalotten im Wok in Öl gebacken. Gegessen werden in Indonesien die Körper der Würmer, die Köpfe sind auch nach dem Garen noch hart.

Saguaro ist die größte Kaktee der Welt *(Carnegia gigantea* – Cactaceae). Er kann bis zu 15 Meter hoch werden und bis zu 8 Tonnen wiegen. Er wächst in der Sonora-Wüste Arizonas und Nordmexikos. Das Fleisch der Früchte schmeckt süß und wird lokal roh, gekocht oder als Kompott gegessen, getrocknet oder zu Sirup oder Süßigkeiten verarbeitet. Man kann den Saft auch vergären. Die Samen sind fetthaltig und werden in Form einer Paste zu Tortillas gegessen.
en: Saguaro, Giant cactus

Sahlab ist ein Wintergetränk der arabischen Küche aus eingedickter Milch, die mit fein gehackten Pistazien, Kokosraspeln, Nüssen, Zimt gewürzt und mit *Salep* verdickt wird, d.i. die Stärke der im Orient heimischen Knolle einer Orchidee *(Platanthera bifolia* – Orchidaceae).

Saijoor ist eine indonesische Gemüsesuppe aus grünen Erbsen, grünen oder weißen Bohnen, Porree, Kohl, Fadennudeln, Reis, Hühnerbrühe und Gewürzen.

Saindhi ist ein indisches alkoholfreies Erfrischungsgetränk aus Palmensaft.

Sake ist ein japanisches Getränk, das durch Vergärung von gedämpftem Reis hergestellt wird. Wenngleich Sake allgemein als Reiswein bezeichnet wird, so ist er vom Rohstoff her eher dem Bier ähnlich, denn der Grundstoff ist Stärke, nicht Zucker, wie beim Wein. Der Alkoholgehalt liegt bei etwa 15 Vol%. S. wird traditionell warm getrunken. Eine indonesische Variante heißt Brem Bali. *Chiu* ist ein ähnliches chinesisches Getränk, das nach dem gleichen Verfahren auch aus anderen Rohstoffen als Reis hergestellt werden kann, wie *Süßkartoffeln,* Hirse oder Mais. Chiu wird häufig mit Früchten aromatisiert.

Sakouski, *Zakouski,* ist ein Vorspeisenbüffet der gehobenen russischen Küche mit Kaviar, Austern, feinen gekochten Fischen und Pasteten. Man trinkt dazu meist Wodka.

Salade niçoise ist eine aus der französischen Riviera stammende Spezialität, ein mit Olivenöl angemachter Salat aus kleinen Artischocken, Puffbohnen, Gurken, schwarzen Oliven, Tomaten, kleinen Zwiebeln, Sardellen, hart gekochten Eiern, oft mit Thunfisch, der aber in seiner ursprünglichen Form keine Kartoffeln und keinen Essig enthält.

Salak, *Schlangenfrucht,* ist die Frucht einer in Indonesien und Thailand heimischen Palme *(Salacca zalucca – Arecaceae).* Die Haut ist schuppig-stachelig, wie eine Schlangenhaut, daher der Name. Die Frucht ist spitz-oval, glänzend rotbraun und ca. 10 cm lang. Das Fruchtfleisch schmeckt ähnlich wie ein Apfel, süß-sauer und etwas adstringierend. Die Salak wird lokal roh gegessen oder als Konfitüre. Im reifen Zustand kann sie durch Einlegen in zucker- und salzhaltiges Wasser konserviert werden.
en: Salak, Snakefruit, Snakeskin fruit

Salat-Chrysantheme, *Speise-Chrysantheme,* sind die jungen Blätter und Sprosse einer aus Portugal, nach anderen Angaben aus Südchina stammenden krautigen Pflanze *(Chrysanthemum coronarium – Asteraceae),* die in China und Japan vielfach angebaut wird. Die Blätter können roh als Salat, gekocht wie Spinat zubereitet oder als Suppe gegessen werden. In Ostasien nennt man die Blätter *Kimtschi,* ein Name der nichts mit dem koreanischen Gericht *Kimchi* zu tun hat.

Salbei sind die vor dem Aufblühen geernteten, stark behaarten Blätter und Sprosse eines mediterranen Halbstrauches *(Salvia officinalis – Lamiaceae).* Er hat ein intensives, leicht kampferartiges Aroma, das auch beim Kochen nicht verloren geht. Salbei wird zum Würzen von kräftigen und fetten Speisen verwendet, Aal, Schweine-, Hammel-

Salak

Salbeiblätter

und Gänsefleisch und italienischen Spezialitäten, wie Saltimbocca alla Romana.
en: Sage

Salgam ist ein türkisches Getränk. Es wird im Haushalt oder in Kleinbetrieben durch spontane Hefe- und Milchsäuregärung aus einer Aufschlämmung von rohen Karotten und Steckrüben hergestellt. Es schmeckt leicht säuerlich. Man trinkt es kühl zu würzigen Speisen.

Salim ist ein thailändisches Dessert aus Tapioka-Nudeln, Kokosmilch und Palmsirup.

Salsa ist ein Name, der in verschiedenen romanischen Ländern eine unterschiedliche Bedeutung hat: In Portugal ist damit Petersilie gemeint, in Mexiko bezeichnet man damit eine Brühe oder eine scharfe Soße, in Italien und in Spanien eine Soße schlechthin.

Saltimbocca ist eine italienische Spezialität. Kleine, dünne Kalbsschnitzel werden mit rohem Schinken und einem Salbeiblatt belegt in heißem Öl gebraten und mit einer Weißwein-Buttersoße serviert.

Salumi ist die Sammelbezeichnung für italienische Pökelwaren, meist aus Schweinefleisch, wie Rohschinken, Dauerwürste aller Art, Salami, Mortadella und gekochtem Schinken.

Salz, *Kochsalz,* stammt als *Seesalz* aus dem Meer oder als *Steinsalz* aus Salzbergwerken. Chemisch sind beide hochreines *Natriumchlorid.* Beide werden industriell gereinigt, indem man die unerwünschten Begleitstoffe entfernt. Die Handelsprodukte unterscheiden sich im wesentlichen nur durch ihre Korngröße; je grober das Salz ist, umso langsamer löst es sich auf und umgekehrt. Daneben gibt es auch exotische Arten von Salz, vor allem in Ländern, in denen die Reinigungstechnik unvollkommen entwickelt ist. Manchmal werden aber auch bewusst gewisse Farbe, Geruch und Geschmack beeinflussende Verunreinigungen nicht entfernt, um dem Salz ein besonderes Image zu verleihen. So gibt es in der Bretagne weniger gereinigtes und damit „gesünderes" graues Meersalz. *Fleur de sel* sind sehr feine Salzkristalle, federleichte Flocken, die von der Oberfläche der Erntebecken der französischen Salzbecken abgezogen werden; sie haben einen besonders hohen Gehalt an Spurenelementen, vergehen auf der Zunge, kosten allerdings

etwa 100 mal so viel wie normales Salz. In Indien gibt es aus unterirdischen Lagerstätten *Schwarzes Salz*, lokal *Kala namak* genannt. Roh ist es braunschwarz, gemahlen hellrosa. Es enthält Schwefelverbindungen, die ihm ein pikant-rauchiges Aroma verleihen, das an hart gekochte Eier und Zwiebeln erinnert. Man setzt es verschiedenen einheimischen Gewürzmischungen zu, wie *Chat masala* oder Süßspeisen aus Datteln und Sultaninen, wie *Churan*. Auf Hawaii gibt es mit Eisen verunreinigtes *Rotes Salz*. Ursprünglich benutzte man es zu kultischen Zwecken. Heute wird es unter dem Namen *Alaea* von Möchtegern-Gourmets hoch geschätzt. Auf einigen Inseln Ozeaniens wird Meerwasser direkt zum Salzen benutzt; man taucht die Speisen in mit Meerwasser gefüllte Kokosschalen ein.
en: Salt, table salt

Samak ist ein allgemeiner orientalischer Name für Fisch.

Sambal, Plural *Samballan*, ist eine Sammelbezeichnung für industriell gefertigte Würzpasten und -soßen der indonesischen und malaysischen Küche. Am bekanntesten ist *Sambal Oelek*, eine rote, brennend scharfe Soße auf Basis von Chili. Sambal muss nicht in jedem Fall scharf sein. Andere Sambal-Varianten enthalten Knoblauch, Erdnüsse, Koriander, Zwiebeln, Tamarindenmus, Limonensaft, Tomatenpüree und andere Zusätze.

Sambhar, *Sambaar, Sambar Masala*, ist eine rostrote südindische Gewürzmischung oder eine Soße daraus vor allem für vegetarische Gericht aus Chili, Kreuzkümmel, Koriander, evtl. Asant, schwarzem Senf, Bockshornkleesamen und in der Pfanne gerösteten Linsen. Man versteht unter dem Namen in Indien auch einen damit gewürzten Linseneintopf mit Gemüse und Tamarinden.

Samna ist ein dem indischen Ghee ähnliches, ägyptisches Butterschmalz aus Büffelmilch.

Samoosa, *Samaosa* sind dreieckige, ravioliähnliche, mit Fleisch, Gemüse oder Kartoffelbrei gefüllte, mit Kardamom, Kreuzkümmel, Chili oder anderem gewürzte, schwimmend in Fett ausgebackene Teigwaren, die in Indien als Snacks oder als Beilage zu anderen Gerichten gegessen werden.

Samsa ist eine tunesische Süßware. Blanchierte Mandeln werden mit Zucker, Zitronensaft und Orangenschalen zerstampft und mit heißem Wasser zu einem dicken Brei verarbeitet. Dieser wird in dünne Blätter aus Weizengrieß, *Malsouqua*, eingewickelt, die man in heißem Öl ausbäckt.

Samtfeige, *Araguato*, ist die Frucht eines kleinen Baumes des Hochlandes Venezuelas *(Ficus velutina – Moraceae)*. Sie hat die Größe einer großen Traube, schmeckt angenehm süß-säuerlich. Sie wird roh oder getrocknet verzehrt.

Sanbusak ist eine orientalische halbmondförmige Pastete mit einer pikanten Füllung aus Käse oder Hackfleisch. Sie kann warm oder kalt gegessen werden.

Sancho ist der japanische Name für *Szechuanpfeffer*.

Sancocho ist eine im Norden Südamerikas verbreitete Brühe aus grünen Kochbananen, Maniok, Mais und Gemüse.

Sandesh, *Sondesh,* ist eine bengalische Süßware mit Zusatz von Frischkäse.

San Daniele Schinken, *Prosciutto di San Daniele,* ist ein in einem eng begrenzten Gebiet des Friaul hergestellter Schinken. Die z.T. aus anderen Regionen Italiens stammenden Schinken werden nur kurz und unter Verzicht auf Pökelhilfsstoffe, Zucker, Gewürze und Räucherung gepökelt, im Prinzip nur so viele Tage, wie sie an Kilogramm wiegen. Sie werden dann gepresst, wobei sie die Form einer Gitarre annehmen. Sodann werden sie 10–13 Monate lang an der Luft getrocknet. Dabei entwickelt sich sein einzigartiges Aroma. San Daniele Schinken ist etwas kleiner als der ähnlich hergestellte Parmaschinken.
en: *San Daniele ham*

Sangak ist ein rechteckiges, ca. 70 cm langes, 30 cm breites und 5mm dickes persisches Fladenbrot. Es wird mit Sauerteig gelockert und mit Mohn- oder Sesamsaat bestreut. Man bäckt es ausschließlich handwerklich in einfachen, mit kleinen Steinen belegten Backöfen, weshalb es kleine Grübchen und manchmal Löcher aufweist. Sangak wird rasch altbacken.

Sangría ist ein kalt getrunkener spanischer Punsch aus Rotwein, Orangensaft und Früchten, evtl. Brandy und/oder Sodawasser. Die Früchte werden nicht mit verzehrt. Sangia entspricht etwa der deutschen „Kalten Ente".

Sankatti, *Mudda,* ist eine in Indien verzehrte Zubereitung aus grob gemahlener gekochter Hirse, die mit feinem Hirsemehl zu einem steifen Teig verarbeitet wird. Man isst sie als Brei oder in Form von Klößen als Beilage zu anderen Gerichten.

Santan ist der indonesische Name für Kokosmilch, die in der dortigen Küche zur Herstellung von Süßspeisen und *Saijoor* verwendet wird.

Santol, *Falsche Mangostan,* ist die Frucht eines malaysischen Baumes *(Sandoricum koetjape – Meliaceae)*. Sie ist etwa apfelgroß und hat eine gelbe Haut. Das Fruchtfleisch ist saftig und duftet pfirsichähnlich. Santol wird in Südostasien, Indien und Westafrika angebaut. Sie wird meist

frisch verzehrt. Eine rote Varietät ist die *Kechapi*.
en: Santol

Sapin-Sapin ist ein philippinischer Brei aus verschiedenen, oft unterschiedlich gefärbten Schichten von gedämpftem Reismehl, Kokosmilch und Zucker.

Sap Kacang Merah ist eine in Indonesien sehr beliebte Suppe, die auch als Eintopfgericht zubereitet wird. Es gibt viele Varianten, z.B. mit den Hauptzutaten Gemüse, Kartoffeln, Bohnen. Meist enthält sie Kokosmilch und als Gewürze Chili und Zitronengras.

Sapodilla, *Sapote, Sapotillapfel, Breiapfel, Westindische Mispel,* ist die Beerenfrucht eines südamerikanischen Baumes *(Manilkara zapota – Sapotaceae),* der auch in Südasien wächst. Der Latex des Stammes ist ein wichtiger Grundstoff zur Herstellung von Kaugummi. Die Sapodilla gibt es in vielen Varietäten. Sie kann pflaumengroß, rund oder länglich sein. Die Schale ist gelb bis hellbraun. Das rötliche Fruchtfleisch hat viel Aroma. Es hat nur einen geringen Säuregehalt und schmeckt dadurch aufdringlich süß, mispelähnlich. Die Sapodilla sollte nach der Ernte einige Tage lagern, damit sie weich wird. Sie wird als Dessertfrucht gegessen oder zu Konfitüre, Gelees oder Getränken verarbeitet.
en: Sapodilla, Naseberry, Chiku (IN)

Sapote ist die Bezeichnung für eine ganze Anzahl von Früchten, hauptsächlich aus dem mittelamerikanischen Raum, die teilweise aus ganz unterschiedlichen Pflanzenfamilien stammen, wie die Große Sapote, die Grüne Sapote, die Schwarze Sapote, die Weiße Sapote, die Sapodilla und die Sawo.
en: Sapote

Saranti sind die Blätter einer südostasiatischen Staudenpflanze *(Althernanthera sessilis – Amaranthaceae).* Sie werden in Südostasien von Einheimischen als Gemüse gegessen.

Sareptasenf, *Russischer Senf, Chinesischer Senf, Indischer Senf, Braunsenf, Amsoi,* sind die Samen des in vielen Ländern angebauten Senfblattkohls *(Brassica juncea – Brassicaceae).* Sie spielen eine zunehmende Rolle als Rohstoff für scharfen Senf. Die jungen Blätter einiger Sorten werden auch zu einem würzigen Salat zubereitet oder gekocht als Gemüse gegessen.

Sapodilla

Sareptasenfsamen

en: *Leaf mustard, Indian mustard, Chinese mustard, Mustard greens*

Sarli ist ein indisches Gemüse aus den frischen Blättern und Stengeln einer dortigen Staudenpflanze *(Vangueria spinosa – Rubiaceae)*. Wenn das Gemüse aus den getrockneten Blättern hergestellt wird, heißt es *Lupu*.

Sarmate ist eine rumänische Kohlroulade, die mit Reis, Rinder- und Schweinehack und Zwiebeln gefüllt und mit Pfeffer und Knoblauch gewürzt wird.

Sarrabulho in seiner Originalform à alentejana, ist ein portugiesisches Nationalgericht. Es besteht aus dem Bauch, der Leber und anderem Schweinefleisch, das mit Schweineblut, Zwiebeln und Kümmel geköchelt wird.

Sarson, *Sarisa, Indische Kolza,* sind die Blätter einer dem Raps verwandten Pflanze *(Brassica rapa trilocularis – Brassicaceae)*, die in Indien als Gemüse gegessen werden.
en: *Yellow sarson, Indian colza*

Sarumen ist der Thallus einer japanischen *Braunalge (Alaria esculenta – Phaeophyceae)*, der in Ostasien als Gemüse, in Form von Suppen oder als würzende Beilagen gegessen wird.

Sashimi sind aufgeschnittener roher Fisch oder andere Meeresfrüchte der japanischen Küche. Er kann nur aus absolut frischer Rohware bereitet werden. Die Tiere werden oft erst ganz kurz vor dem Verzehr getötet und ausgeblutet. Bei der Variante *Ikizuri* werden sogar die noch lebenden Fische dekorativ auf den Gräten angerichtet. Die Fische werden mit einem speziellen Messer in Würfel zerschnitten *(Kaku giri)*, in flache Stücke *(Hira giri)*, in hauchdünne Scheiben *(Usu zukuri)* oder, besonders Tintenfische, in Fäden *(Ito zukuri)*, damit der Geschmack voll zur Geltung kommt. *Arai* ist eine, besonders im Sommer gegessene Variante, bei der der Fisch kurz mit heißem Wasser übergossen wird, wobei sich die Scheiben leicht rollen. Als Sashimi gegessener *Octopus* (Kraken) wird vor dem Zerscheiden kurz gekocht, *Kalmar* wird dagegen roh zubereitet. Eine Abart von Sashimi ist *Namasu*. Hier wird die Rohware zuvor in eine essighaltige Marinade eingelegt. Man serviert Sashimi stets am Anfang einer Mahlzeit zusammen mit Soßen oder scharfem Meerrettich *(Tsuma* oder *Wasabi)*. Auf die ansprechende Präsentation des Fisches wird größter Wert gelegt. Außer Meerestieren kann auch frisches Geflügel-, Rind-, Pferde- oder Walfleisch wie Sashimi zubereitet werden.

Sassafras sind die Blätter, Sprosse, Wurzeln und Rinden eines in Nordamerika heimischen kleines Baumes *(Sassafras albidum – Lauraceae)*. Die jungen oberirdischen Teile werden roh als Salat gegessen. Aus den anderen Pflanzenteilen bereitet man einen aromatischen Kräutertee, oder man verwendet sie in der kreolischen Küche zum Würzen von Suppen, Soßen, Fleisch- und Fischeintöpfen. Das im ätherischen Öl der Sassafras enthaltene *Safrol* wirkt in höheren Konzentrationen cancerogen.
en: Sassafras

Satay, *Sateh,* sind marinierte und über Holzkohle gegrillte Schweine-, manchmal auch Rind- oder Hammelfleischstückchen oder kleine Meeresfrüchte, die in Malaysia mit einer dicken Soße aus Kokosmilch mit zerriebenen Erdnüssen, in Indonesien auch mit Sojasoße gewürzt werden. Auf Bali kann Satay auch aus Schildkrötenfleisch bestehen. Es gibt andere Varianten in weiteren südostasiatischen Ländern.

Savoury ist ein pikanter Happen, ein kleiner Toast mit Anchovies, Austern oder Kaviar, den man in England am Ende einer Mahlzeit isst.

Sawo ist die Frucht eines malaysischen Baumes *(Manilkara kauki – Sapotaceae)*. Sie ist der Sapodilla nahe verwandt. Die Früchte sind aber dunkelorange und sehr süß. Sie werden roh oder gekocht gegessen.
en: Sawo

Sayur ist ein indonesisch-malaysisches Gericht auf Basis von Gemüsen in einer Soße aus *Kokosmilch*. Es wir oft mit Fischpasten, Schalotten und Chili gewürzt.

Sbiten ist ein russisches Heißgetränk, das früher im Winter auf der Straße verkauft wurde, wie in Deutschland der Glühwein. Es besteht aus mit Wasser verdünntem Honig und Zuckersirup, gewürzt mit Nelken, Zimt, Muskatnuss und Piment.

Scampi, *Kaisergranat, Tiefseekrebse (Nephrops norvegicus)*, fälschlicherweise oft auch als *Schlankhummer* oder *Kaiserhummer* bezeichnet, sind Krebstiere. Sie sind schlanker und kürzer als ein Hummer und haben dünnere Scheren. Gegessen werden nur die Schwanzteile, die auch unter der unzulässigen Bezeichnung *Langustenschwänze* im Handel sind. Je kälter die Gewässer, in denen Scampi leben, umso besser ist die Qualität. Die besten Scampi kommen aus Irland, Island und Schottland.
en: Norway lobster, Danish lobster, Dublin bay prawn

Schakschuka sind mit Zwiebeln, Tomatenpüree, Paprika und Chili gewürzte, zusammen mit Hackfleisch gebratene Eier der tunesischen Küche.

Schalet ist nicht nur ein anderer Ausdruck für *Cholent*, sondern auch ein besonders am Sabbat gegessener offener Apfelkuchen.
en: Shalet

Schalotte, *Schlotte, Aschlauch,* ist die Zwiebel einer ursprünglich aus dem tropischen Asien stammenden Pflanze *(Allium cepa ascalonicum – Alliaceae).* Sie hat ihren Namen nach der Stadt Askalon und ist die feinste und mildeste Speisezwiebel, die in vielen Ländern angebaut wird. Besonders gefragt sind die leicht rötlichen Sorten.
en: Shallot

Schaschlik ist ursprünglich eine georgische Erfindung, vorher in Gewürzsoßen mariniertes Fleisch auf Spießen zu grillen. Über den Balkan erreichte der Schaschlik Deutschland, wo allerdings unter dem Namen meist minderwertiges Fleisch in trostlosen Soßen serviert wird.

Schildkröten, vor allem im Meer lebende Arten, haben ein früher sehr geschätztes Fleisch, das zu Ragouts und Schildkrötensuppe verarbeitet wurde. Hauptlieferant war die Große *Suppenschildkröte (Chelonia mydas),* die in tropischen und subtropischen Meeren lebt, bis zu 500 kg wiegt und unter allen Tieren mit 150-180 Jahren das höchste Alter erreichen kann. Aus Gründen des Artenschutzes ist der Handel mit Schildkröten seit 1988 international verboten. Die Eier verschiedener subtropischer Meeresschildkröten, die eine weiche Schale und einen kräftig öligen Geschmack haben, werden illegal unter den Bezeichnungen *Terrapineier* oder *Karetteneier* angeboten.
en: Turtles

Schirini ist eine Sammelbezeichnung für persische Süßspeisen, die man nach dem Essen mit Tee serviert, wie *Sulbia* aus frittiertem Teig mit einem Zuckerüberzug, *Baklava* oder *Halva.*

Schlangen, wurden früher auch in Europa gegessen, z.B. Vipern in England und die Grasschlange in Frankreich als *Anguille de haie, Heckenaal.* Im Süden der USA isst man gedünstete Klapperschlangen, (en: Rattlesnake), die ähnlich wie Aal zubereitet werden. Land- und Wasserschlangen sind heute noch in China und südostasiatischen Ländern beliebte Delikatessen. In Taiwan sagt man ihnen, besonders dem Schlangenblut eine aphrodisierende Wirkung zu. Weil nur die nicht gegessenen Köpfe der Schlangen evtl. Gift enthalten können, ist der Genuss von Schlangenfleisch völlig ungefährlich. Man isst Schlangenfleisch roh als *Sashimi*, gebraten, gekocht, als Ragout oder in Suppen.
en: Snakes

Schlangengurke

Schlangengurke, Schlangenhaargurke, Schlangenkürbis, ist die Frucht einer aus Indien stammenden Pflanze (Trichosanthes cucumerina anguina – Cucurbitaceae), die in vielen tropischen Ländern angebaut wird. Sie ist mit der Gemüsegurke nur entfernt verwandt. Sie wächst in bizarren, schnurartig verdrehten Formen und kann bei einem Durchmesser von 4–10 cm bis zu 2 m lang werden. Unreif schmeckt sie leicht süßlich und wird lokal als Gemüse oder Suppeneinlage gegessen. Im reifen Zustand ist sie faserig und bitter.
en: Snake gourd, Club gourd, Long tomato

Schlangenrettich ist eine in Indien und Indonesien kultivierte knollenlose Rettichart (Raphanus sativus caudatus – Brassicaceae). Ihre extrem langen reifen Schoten werden roh oder mariniert als Salat gegessen oder zusammen mit den Blättern gekocht als Gemüse.

Schlischkes ist ein Auflauf aus Kartoffeln, Nudeln und Mehl, das von Juden besonders am Laubhüttenfest gegessen wird.
en: Shlishkes

Schnecken sind Weichtiere, von denen essbare Arten im Meer, im Süßwasser und auf dem Land leben. Die wichtigsten Meeresschnecken sind Abalonen, Napfschnecken, Wellhornschnecken und einige Uferschnecken. Von den Landschnecken hat die Weinbergschnecke (Helix pomatia, en: Snail Bourgogne), die größte Bedeutung, vor allem in Frankreich. Früher wurde sie in Weinbergen gesammelt, daher der Name, wo sie großen Schaden anrichteten kann. Sie stellte in bestimmten Regionen ein Volksnahrungsmittel dar. Heute wird sie in Schneckengärten gezüchtet, weil der Bedarf nicht mehr aus den früheren Quellen gedeckt werden kann. An Ihrer Stelle wird auch die etwas größere Achatschnecke (Achatina fulica, en: Agate type snail, Giant African snail) verzehrt. Sie ist eine im tropischen Afrika beheimatete, hauptsächlich aber in Südostasien gezüchtete 20 cm lange und bis 500 g schwere Landschnecke, die in kleine Stücke zerteilt als Surrogat für die viel kleinere Weinbergschnecke angeboten

wird. Die *Napfschnecken (Petellidae, en: Limpets)* sind *Meeresschnecken*, deren Gehäuse wie ein Napf oder ein Hut aussieht, daher der Name. Sie kommen in tropischen und gemäßigten Meeren vor. Sie sind meist nicht allzu groß, haben wenig essbares Fleisch, das oft zäh ist. Am bekanntesten ist die *Gemeine Uferschnecke*, die unter dem französischen Namen *Bigorneaux* im Handel ist. Die Napfschnecken werden gekocht und mit einer Kräuter-Vinaigrette serviert. Man holt das Fleisch mit kleinen Nadeln oder Spießchen aus dem Gehäuse heraus. *Wellhornschnecken (Buccinidae* und *Melongenidae, en: Whelks)* sind große Meeresschnecken. Sie werden vor allem in Frankreich zu Suppen verarbeitet, in der Schale gekocht oder mariniert gegessen. Es gibt viele weitere essbare Arten im ostasiatischen Raum. Die Eier von Schnecken aus Schneckenfarmen werden als *Schneckenkaviar* verkauft.
en: *Snails*

Schokolade wurde in Mexico schon zur Zeit der Azteken hergestellt. Das aztekische Wort chocolatl bedeutet „Speise der Götter". Exotisch an Schokolade ist heute nur noch die Verwendung als Würzmittel zusammen mit Zwiebeln, Knoblauch, Chili und Tomaten für Fleisch-, Fischgerichte und gebackenen Tintenfisch in Italien und Spanien. In Mexiko ist Schokolade eine Bestandteil der Würzsoße *Mole poblano* für gebratenes Geflügel.
en: *Chocolate*

Schoowa ist in der arabischen Küche eine frisch geschlachtete junge Ziege oder ein Lamm, das man in Bananenblätter eingehüllt ein bis zwei Tage lang in einer Grube über glühende Holzkohle langsam gart.

Schtschi ist ein berühmter russischer Suppeneintopf aus rohem Sauerkraut, zerkleinerten Karotten, weißen Rüben, Porree, Zwiebeln, die mit Fett angedünstet werden und einer Brühe aus Rindfleisch und fettem Schweinefleisch serviert werden.
en: *Shchi*

Schwammgurke ist die Frucht einer der *Luffa* ähnlichen Gurkenart *(Luffa aegyptica – Cucurbitaceae)*. Sie hat weniger Längsrippen als diese, ist deutlich kürzer und hat ein watteartiges, weißes Fruchtfleisch. Sie dient mehr technischen Zwecken. Die jungen, unreifen Früchte haben in Südostasien eine gewisse lokale Bedeutung als Gemüse oder Suppeneinlage.
en: *Smooth luffa, Sponge gourd, Dish-cloth gourd, Vegetable sponge*

Schwarze Sapote ist die Frucht eines mittelamerikanischen Baumes *(Diospyros ebenum – Ebenaceae)*. Sie apfelgroß, flach, dunkelgrün und trägt leichte Einkerbungen. Die Haut ist glatt, das Fruchtfleisch ist dunkelgelb bis braun, weich, süß, etwas pikant. Die Schwarze Sapote wird von Einheimischen roh gegessen.

Schwarzkümmel

Schwarzkümmel sind die Samen einer mediterranen Pflanze *(Nigella sativa – Ranunculaceae)*, die mit dem Kümmel weder botanisch noch geschmacklich verwandt ist. Schwarzkümmel hat einen bitteren, leicht muskatartigen, pfefferartig-scharfen Geschmack. Er wird in Vorderasien und Indien zum Würzen von Fleisch- und Fischgerichten, Gemüse und Dessertspeisen sowie zum Bestreuen von Brot benutzt und ist Bestandteil mancher Curries.
en: Black cumin

Schwarznessel, *Perilla, Shiso,* ist eine im Ostasien verbreitete Pflanze *(Perilla frutescens – Lamiaceae).* Ihre Blätter enthalten ätherische Öle und werden deshalb als Würzkraut und Geschmacksstoff verwendet. Sie sind ebenso wie die Blüten, Knospen, Keimlinge und Samen lokal ein beliebtes Gemüse. In Japan verwendet man eine grüne Variante, *Aojiso,* zum Garnieren von *Sashimi* und fritierten Fischen. Eine rotschwarze Variante mit einem Duft nach Holz und Zimt, *Akajiso,* dient zum Aromatisieren und Färben von *Tsukemono,* Sojasoße und Reisgerichten. Kleine Blüten der Pflanze, *Hana hijoso,* werden zerkrümelt als Würzung für Sashimi und Tintenfische benutzt.
en: Perilla, Shiso, Beefsteak plant

Schwarznuß, *Schwarze Walnuß,* ist der ölhaltige Samenkern eines im Osten der USA wachsenden Baumes *(Juglans nigra – Juglandaceae).* Die Nüsse sind etwas größer als Walnüsse und haben eine dunkelgescheckte Schale. Das Fruchtfleisch schmeckt intensiver und erdiger als das der Walnuss.
en: Black walnut

Schwimmblasen von Fischen werden in getrockneter Form in China gegessen. Wenn man sie in Wasser aufquellen lässt, verringern sie im Gegensatz zu allen anderen Produkten ihr Volumen. Man verwendet sie als Grundstoffe für Suppen und Soßen.
en: Fish maw, swim-bladder

Scrapple ist eine pennsylvanische Spezialität, die auf deutsche Einwanderer zurückgeht. Warmes, fein zerkleinertes Schweinefleisch wird mit Buchweizen- oder Maismehl gekocht. Man lässt die Mischung in einer Brotform erkalten, schneidet sie in Scheiben und isst sie kalt oder wieder erwärmt, z.B. zum Frühstück mit pochierten Eiern, Apfelmus oder braunem Zuckersirup.

Seefenchel, *Meerfenchel,* sind die dickfleischigen Blätter eines auf den Küstenfelsen des Atlantiks und des Mittelmeeres wachsenden Strauches *(Crithmum maritimum – Apiaceae).* Sie haben einen charakteristischen Geruch, schmecken salzig und leicht bitter. Seefenchel kann roh als Salat oder Küchengewürz, gekocht als Gemüse verzehrt werden.
en: *Rock samphire, Samphire, Peter's cress, Sea fennel*

Seegurken, *Seewalzen,* sehen aus wie Pflanzenteile, sind aber die äußeren Muskeln von Stachelhäutern, skelettlosen Meerestieren *(Holothurioideae).* Sie haben eine walzenförmige Gestalt mit zahlreichen Ausbuchtungen. Sie werden vor allem in Ostasien und im Mittelmeerraum verzehrt. Das durchsichtige, relativ feste Fleisch wird durch Kochen gelatinös. In getrockneter Form werden sie als *Trepang* gehandelt, in Japan *Iriko* genannt. Seegurken dienen vorwiegend zur Herstellung von Suppen, wie *Bêche de mer.* Es gibt Arten, die in bestimmten Bachhöhlenorganen Toxine enthalten, die sich aber leicht entfernen lassen.
en: *Sea slugs, Sea cucumbers, Sea rat*

Seeigel, *Meerigel,* sind Stachelhäuter mit einem kugeligen, manchmal flachen scheibenförmigen Körper, der von einem Panzer umgeben ist. Nur einige von ihnen sind zum Genuss geeignet. Im Mittelmeerraum und im Atlantik kommen vor allem der bläulich bis grünliche Essbare Seeigel *(Echinus esculentus)* mit einem Durchmesser von bis zu 15 cm und der kleinere *Steinseeigel (Paracentrotus lividus)* vor. Man löffelt den Inhalt der ganz kurz gekochten und wie ein Ei oder längs halbierten Tiere aus. Besondere Delikatessen sind die roh gegessenen Rogen und das Sperma, die „Milch". In Frankreich ist der Verkauf von Seeigeln nur in den Monaten Oktober bis April erlaubt. In Ostasien werden die Rogen weiterer Arten zu Würzsoßen fermentiert.
en: *Sea urchin*

Seekohl ist der mehrere Meter lange Thallus verschiedener *Braunalgen (Laminaria spec. – Phaeophyceae),* die vorwiegend in Ostasien in Küstennähe am Meeresgrund festsitzen. Sie werden frisch, getrocknet oder konserviert als Gemüse, Suppeneinlage, Salat, Tee, Gewürz und in anderen Formen gegessen.

Seetraube, *Meertraube, Papaton,* ist die Frucht eines in Mittelamerika wachsenden Strauches *(Coccoloba uvifera – Polygonaceae).* Sie wird frisch verzehrt oder zu alkoholischen Getränken vergoren.
en: *Sea grape*

Seidenraupen wurden früher in den chinesischen Provinzen verzehrt, in denen man Seide produziert. Nach der Entfernung der Kokons wurden die Raupen in einen Topf mit heißem Wasser geworfen und dienten als eiweißreiche Nahrung.
en: *Silkworms*

Seetraube

Seleq ist ein Gericht aus Saudi-Arabien. Langkornreis wird mit Milch zu einer puddingartigen Masse eingekocht und mit Butter übergossen. Diese Zubereitung wird, je nach Zahl der Essensteilnehmer mit einem ganzen gebratenen Lamm oder Zicklein oder einer Lammkeule serviert. Zum Würzen dient Pfeffer oder Honig.

Sellou ist eine marokkanische Süßspeise für festliche Anlässe mit gegrillter Sesamsaat, Mandeln, Honig, Zimt und Anis, die zu einem Kegel ausgeformt wird.

Semianzwiebel ist eine rote, in Italien kultivierte Zwiebelart. Sie hat eine für Zwiebeln ungewöhnliche schmale Form und wird bis zu 30 cm lang.

Semit ist ein ringförmiges ägyptisches Hefegebäck mit Sesamsaat.

Senfspinat, *Mosterdspinat,* sind die jungen Blätter einer Kreuzung aus Chinakohl und Speiserüben *(Brassica rapa perviridis – Brassicaceae).* Er wird vorzugsweise in Ostasien und in den USA als Salat oder gedünstet wie Spinat als Gemüse gegessen. Er hat einen etwas scharfen Kohlgeschmack. In Japan isst man auch die rübenförmigen Wurzeln.
en: Tendergreen, Mustard spinach (US)

Senti ist auf Lorbeerblättern und Fenchel gebratener Fisch, wie man ihn in Haiti isst.

Seri ist das Kraut einer in feuchten Regionen Japans wachsenden Rebendolde, *(Oenanthe javanica – Apiaceae).* Es kann das ganze Jahr über geerntet werden und wird als Gemüse zu *Sukiyaki,* als Beilage zu Hühnerfleisch und als Suppeneinlage gegessen. Sein Geschmack ist würzig und erinnert an Petersilie.
en: Water dropwort

Serranoschinken, *Jamón serrano,* ist ein Sammelbegriff für spanischen Gebirgsschinken, der von mindestens 8 Monate alten, oft mit Eicheln gemästeten Zuchtschweinen stammt. Er wird gesalzen, gepökelt und 12–18 Monate lang an der Luft getrocknet. Man isst ihn in hauchdünn geschnittenen Scheiben oder in würfelförmigen Stücken als Vorspeise oder mit Brot als Mahlzeit.

Sesamsaat, *Sesamsamen,* sind die Samen einer krautigen Pflanze *(Sesamum indicum – Pedaliaceae),* die in vielen tropischen Gebieten wächst. Sie sind ein wichtiger Rohstoff zur Gewinnung von Speiseöl, werden aber wegen ihres hohen Nährwertes auch von Einheimischen als Brei gegessen. In Europa und Vorderasien benutzt man Sesamsaat wegen ihres nussartigen Geschmacks zum Bestreuen von Backwaren und als Zutat zu Würzpasten, wie *Tahina,* und Süßwaren, wie *Halva.* In Japan, wo sie *Goma* heißt, hat Sesamsaat eine große Bedeutung als Gewürz.
en: Sesame seed

Sesew Froe ist ein ghanesisches Eintopfgericht auf Basis von gekochten Auberginen, Tomaten und Zwiebeln, gewürzt mit Chili, Pfeffer und lokalen Kräutern. Man kann ihm Fisch oder Garnelen zugeben.

Sevian ist eine nudelähnliche Zubereitung aus *Kichererbsen.* Diese werden in der salzigen Variante in Öl ausgebacken und als Beilage zu Fleisch gegessen. Mit Zuckersirup getränkt sind sie eine Süßspeise.

Sfeng sind nordafrikanische Krapfen aus einem Hefeteig aus Weizenmehl, Butter, Zucker und Eiern, die kreisförmig ausgestochen mit Konfitüre gefüllt in Öl ausgebacken werden.

Sha bao fan ist ein chinesischer Eintopf, der in einem innen glasierten Tontopf langsam bei mäßiger Hitze auf dem Herd oder über offenem Feuer gegart wird, nicht im Ofen. Grundstoff ist Reis, dem vorher angebratenes Hühnerfleisch, Würstchen und Pilze beigegeben werden und Pfeffer und Ingwer als Gewürz.

Shabu-shabu ist ein fondue-ähnliches japanisches Gericht aus hauchdünn geschnittenem Rindfleisch, Pilzen und Gemüse, die in kochender Hühnerbrühe mit Zusatz von Seetang gegart und in Soße gedippt werden.

Shakar ist ein ungereinigter, brauner indischer Zucker.

Shakar Parey ist ein mit Backpulver gelockertes indisches Gebäck aus Weizenmehl, Ghee und Joghurt, das in Form kleiner Bällchen in Öl ausgebacken und mit Zuckersirup übergossen wird.

Shami kebabs sind im Orient gegessene gebratene Klößchen aus mehr oder minder zerkleinertem, gewürztem Fleisch mit Linsenbrei.

Shark's fins stammen ursprünglich aus Ostasien, wo die Rückenflossen des *Katzenhaies (Scyliorhinus spec.)* und des größeren *Blauhaies (Prionace glauca)* als Delikatesse gelten. Man kann sie trocknen, schmoren oder zusammen mit Schinken, Geflügel- oder anderem Fleisch und Gewürzen zur Herstellung von Suppen verwenden. In Deutschland werden die Rückenflossen vom *Dornhai* und einiger anderer

atlantischer Haie seit langem zu Räucherfisch verabeitet. Wegen der Abneigung gegen Haie werden sie unter Phantasiebezeichnungen verkauft, wie *Schillerlocken* oder *Seeaal*.
de: Haifischflossen

Shaoxing ist ein warm getrunkener chinesischer Reiswein mit Sherryaroma.

Sharonfrucht, *Japanische Aprikose, Chinesische Quitte,* ist eine israelische *Kaki*-Züchtung. Sie hat im Gegensatz zur Kaki eine essbare Schale, weniger Gerbstoffe und kaum Kerne. Sie ist leuchtend gelb, hat ein an Quitten, Birnen und Aprikosen erinnerndes Aroma, ein festes, knackiges Fleisch und eignet sich zum Rohessen oder zur Herstellung von Obstsalat. Man erntet sie kurz vor der Vollreife und lässt sie nachreifen.
en: Sharon fruit

Shatta ist eine scharfe sudanesische Gewürzmischung für Suppen und Auflaufgerichte.

Sheero ist eine indische Dessertspeise aus Weizengrieß.

Sherry ist ein spanischer Dessertwein, der seinen Namen der Stadt Jerez de la Frontera im Westen Andalusiens verdankt. Most der Traubenarten *Palomino* und *Pedro Ximenez* werden vergoren und ohne Zusatz von schwefliger Säure mehrere Jahre nach dem Solera-System gereift. Dabei entsteht bei Raumtemperatur unter dem Einfluss einer dicken Schicht *(Flor)* von obergärigen Kahmhefen und Luftsauerstoff in den nur halbgefüllten Fässern das typische Aroma. Jüngerer Wein wird kontinuierlich mit älterem verschnitten. Durch Zusatz von Alkohol aus Weindestillaten wird ein Alkoholgehalt von, früher 18-22%, heute eher 15-18% eingestellt. Es gibt trockene bis süße Sorten, die man schon an der Farbe unterscheiden kann. Wirklich trocken ist nur der hell-bernsteinfarbene *Fino* und meist der *Manzanilla*, fast trocken sind der *Oloroso* und der etwas dunklere *Amontillado*. Oloroso und *Dulces (Cream-Sherry)* sind am süßesten. *Seco* = Dry bedeutet bei Sherry keineswegs „trocken". Die für trockenen Wein geltende Grenze von maximal 4-9 Gramm Restzucker pro Liter gilt hier nicht. Eine alte Regel englischer Importeure besagt „Call it dry and ship it sweet". Da der Name Sherry nicht als Herkunftsbegriff geschützt ist, werden gleichartige Dessertweine, die aber die Qualität von spanischem Sherry kaum erreichen, auch in anderen Ländern hergestellt, wie Südafrika, Argentinien und in den USA.
en: Sherry

Shichimi, *Shichimi Togarashi,* ist ein japanisches Küchengewürz. Es enthält Chili, Szechuanpfeffer, Sesamsaat, Senfkörner, Mohnsaat, Hanfkörner und getrocknete Mandarinenschalen, Varianten zusätzlich

Shiitakepilz

geröstete Algen. Es kann ziemlich universell verwendet werden, vor allem in Gemüse- und Nudelgerichten.
en: Seven spice seasoning

Shiitakepilz, *Pasanipilz, Tongupilz,* ist ein aus Japan stammender Speisepilz *(Lentinus edodes – Tricholomataceae).* Er wird auf morschem Holz und Sägespänen kultiviert. Er hat Vorteile vor dem *Austernpilz,* den er mehr und mehr verdrängt. Man benutzt ihn frisch oder getrocknet zum Würzen und zur Verfeinerung von Soßen, Suppen und Fleischgerichten.
en: *Shiitake, Black forest shiitake, Japanese mushroom*

Shillou sind ist eine Mischung aus geröstetem Weizenmehl und Sesamkörnern, die man in zerlassene Butter einrührt, mit Mandeln, Zucker und Honig mischt und in Marokko zu festlichen Anlässen und, obwohl ungeheuer kalorienreich, während des Fastenmonats Ramadan isst.

Shinkafa ist ein den *Fufu* ähnlicher Brei der Haussa auf Basis von Reis.

Shioyaki ist eine japanische Methode Lebensmittel, besonders Meeresfrüchte, in einer dicken Kruste aus grobem Salz zu garen.

Shirmal, *Shermal* ist ein mittelgroßes, rundes ca. 2 cm dickes indisches Fladenbrot aus Weizenmehl, Ghee oder Milch. Es wird im Ofen gebacken. Die dicke Kruste bestreicht man mit safranhaltiger Milch.

Shiro Wot ist eine äthiopische Erdnusspaste mit Tomatenpüree, Zwiebeln und Gewürzen, die mit Hühnerfleisch oder frischem Fisch und Reis verzehrt wird.

Shochu ist ein japanischer Branntwein, der wie Wodka aus den verschiedensten Rohstoffen hergestellt werden kann, z.B. Reis, Süßkartoffeln, Buchweizen, Hirse, Gerste und anderen Getreidearten. Sein Alkoholgehalt liegt bei 36-45 Vol%. Man trinkt ihn kalt auf Eis. Gebräuchlicher ist eine Abmischung mit heißem Wasser, die allgemein als *Yuwari* bezeichnet wird; wenn sie aus gleichen Teilen Schochu und Wasser besteht, heißt sie *Gogowari,* wenn sie mehr Wasser enthält, heißt sie *Rokuyonwari.* Ein Mixgetränk mit Zusatz von Sirup und Zitronensaft heißt *Chuhai.*

Shoyu ist der allgemeine japanische Name für *Sojasoße.* Sie ist milder und weniger salzig als die chinesische.

Shrikand ist eine mit *Safran* aromatisierte indische Joghurt-Dessertspeise.

Shrimps, *Garnelen,* kommen in allen Weltmeeren vor, in den Tropen auch im Süßwasser. Es gibt sie in vielen Größen. Hierzulande am bekanntesten ist die hellrote *Tiefseegarnele,* der *Grönland-Shrimp (Pandalus borealis)* und die kleinere, graue *Sandgarnele,* der *Granat (Crangon crangon),* die oft als *Krabbe* bezeichnet wird. Auch die spanischen *Gambas* gehören zu den Shrimps, nicht aber *Scampi.* Am schmackhaftesten sind die aus kaltem Tiefwasser gefangenen Tiere. In einigen Ländern bezeichnet man die größeren Arten als *Prawns* und nur die kleineren als Shrimps; in anderen Ländern heißen alle nur Shrimps, in Australien werden bestimmte Arten als Shrimps und andere als Prawns bezeichnet, was zu erheblichen Verwirrungen im internationalen Handel führen kann. In Ostasien gibt es viele weitere Arten, die z.T. tiefgefroren nach Europa exportiert werden.

Shui dian fen ist eine Paste aus Weizenstärke. Sie dient in der chinesischen Küche zum Verdicken von Soßen.

Shungiku sind die Blätter der auch hierzulande bekannten Goldblume

Silberzwiebeln

(Chrysanthemum coronarium – Asteraceae). Sie haben einen kräftigen scharfen Geschmack und werden in Japan als Frühlingsgemüse geschätzt. Die im Herbst geernteten Blätter schmecken ganz anders und heißen *Kikuna.*
en: Garland chrysantemum

Silberzwiebeln sind die Zwiebeln einer den *Perlzwiebeln* ähnlichen, aber nicht mit ihr identischen Pflanze *(Allium fistulosum – Alliaceae).* Es sind runde, nur haselnussgroße milde Winterzwiebeln, die vor allem zu Mixed Pickles verarbeitet werden. Aufgrund ihres würzigen Aromas eignen sie sich auch als Beigabe zu Schmorgerichten.
en: Silverskin onions

Sillilaatikko ist ein finnisches Eintopfgericht. Schichten von gekochten Kartoffeln, Salzheringen und Zwiebeln werden mit einer Soße aus Milch, Butter und Eiern im Ofen gegart.

Simsimia ist eine irakische Süßware, in der Pfanne ohne Fett mit Zucker und Honig gebratene Sesamsaat, die man mit Zitronensaft eindickt und in einer gefetteten Form in Rauten oder Quadrate schneidet.

Singvögel, wie *Drosseln, Nachtigallen, Krammetsvögel* und *Lerchen* werden in Südfrankreich, Korsika und Italien immer noch wegen ihres wohlschmeckenden Brustfleisches gefangen. Man verzehrt sie gegrillt, in Butter oder am Spieß gebraten, manchmal mit Speck bardiert, oder in Soßen gekocht. Es gibt Vogelschutzrichtlinien der Europäischen Union, die aber nur den Fang mit Netzen und Bügelfallen verbieten. Leider ist es fraglich, ob sie überall eingehalten werden. In Südostasien werden in großem Umfang in Reisfeldern lebende Sperlinge gefangen und gegrillt mit den Köpfen und Knöchelchen verzehrt.

Sinigang ist ein suppenartiges philippinisches Eintopfgericht aus Fleisch, Fisch, Gemüse und sauer, adstringierend oder bitter schmeckenden Früchten.

Sinijeh ist ein traditionelles Gericht der jemenitisch-jüdischen Küche, eine koschere Variante der *Mussaka*. Die milchhaltige Bechamelsoße wird hier durch die milchfreie *Tahina* ersetzt, sodass Sinijeh zusammen mit Fleisch gegessen werden darf.

Sis kebap sind türkische Spießchen aus gewürfeltem, in einer Marinade vorgewürztem Lamm- oder Rindfleisch, die zusammen mit Tomaten, Zwiebeln und Paprikastücken gegrillt werden.

Sitsaron sind geröstete kleine Stücke von Schweineschwarte oder Schweinedarm, die auf den Philippinen als Snack verzehrt werden.

Skyr ist ein in Island gegessenes Sauermilchprodukt mit einer quarkähnlichen Struktur, das infolge einer Milchsäuregärung einen aromatischen Geruch aufweist.

Sladko sind in Zucker eingemachte Früchte, Gemüse und aromatische Blüten der südosteuropäischen und jüdischen Küche, ähnlich Konfitüren.

Slak ist der Thallus einer *Rotalge (Porphyra laciniata – Rhodophyceae)*, die an der europäischen und amerikanischen Atlantikküste vorkommt. Slak wird als Salat oder gekocht als Gemüse gegessen.

Smen ist ein marokkanisches, meist gesalzenes und mehr oder minder stark mit Käutern gewürztes Butterschmalz aus Kuh- oder Schafsmilch. Es reift wochen- bis monatelang und nimmt dabei einen mehr oder minder scharf ranzigen Geruch an. Man verwendet Smen als Würzmittel, u.a. für Couscous.

Smithfield ham ist ein nach der Stadt Smithfield, Virginia bezeichneter Schinken, dessen Name für diese

Region geschützt ist. Er stammt von mit Erdnüssen gefütterten Schweinen. Ihre Schinken werden trocken gepökelt, geräuchert und reifen mindestens 6 Monate.

Smørrebrød sind phantasievolle dänische Butterbrote mit Belägen von Fisch und andere Meerestiere, Fleisch, Schinken, Pasteten, Eiern, Käse und vielerlei anderen Köstlichkeiten. Die schwedische Version heißt *Smörgåsbord*, die finnische *Voileipäpöytä*, übersetzt Butterbrotbuffet. Hier stellt sich der Gast aus den genannten Beilagen seine Butterbrote selbst zusammen. Außerdem gehören kleine warme Gerichte und Fruchtsalat dazu.

Soba-Nudeln sind sehr dünne graue viereckige japanische Nudeln aus Buchweizenteig. Man isst sie als Suppenzutat oder kalt mit einer Dip-Soße.

Sobrasada ist eine mallorquinische luftgetrocknete Rohwurst aus Speck, gepökeltem Rind- und Schweinefleisch, gewürzt mit Paprika, Knoblauch und Rotwein.

Sojabohne ist der Samen einer seit 4000 Jahren in Ostasien, heute in vielen anderen Ländern angebauten krautigen Pflanze *(Glycine max – Fabaceae)*. Sie liefert wie keine andere Nutzpflanze gleichzeitig Fett, relativ hochwertiges Eiweiß und Kohlenhydrate. Alle werden im industriellen Maßstab für die mensch-

Sojabohnen

liche und tierische Ernährung genutzt. Die Sojabohne wird im Gegensatz zu anderen Hülsenfrüchten, auch in Ostasien, kaum direkt verzehrt, sondern nach der Weiterverarbeitung zu fermentierten oder nicht fermentierten Erzeugnissen, von denen es Hunderte gibt.
en: Soya bean (GB), Soybean (US)

Sojabohnensprosse sind die Keimlinge der Sojabohnen, die zu ihrer Herstellung über Nacht in Wasser zum Quellen gebracht werden; dann spült man sie ein bis zwei mal täglich an einem lichtarmen Ort mit handwarmem Wasser, das verworfen wird. Nach etwa einer Woche bilden sich die 3–6 cm langen Sojabohnensprosse. Sie werden als Salat oder kurz gedünstet als Gemüse gegessen und spielen in der chinesischen Küche eine große Rolle.
en: Soy sprouts

Sojasoße ist ein seit Jahrtausenden in Ostasien hergestelltes Fermentationsprodukt aus Sojabohnen, wobei auch Getreidearten mit ver-

arbeitet werden können. Es ist ein aromaintensives Eiweißhydrolysat. Die Fermentation erfolgt im industriellen Maßstab unter definierten Bedingungen im wesentlichen durch Schimmelpilze. Zur Verbesserung der Haltbarkeit wird die S. nach der Fermentation mit 10–15% Kochsalz versetzt. Es gibt viele Varianten und landesspezifische Namen, in Japan heißt sie z.B. Shoyu und in Indonesien Ketjap, woraus sich der Name *Ketchup* entwickelt hat.
en: *Soya sauce (GB), Soy sauce (US)*

Soljanka ist eine berühmte russische Suppe, von der es vielerlei Rezepte gibt. Sie besteht aus Fleischbrühe, Mehl, Tomaten, Gurken, Pilzen, Dill und saurer Sahne und kann zusätzlich Fisch oder Rindfleisch enthalten.

So Mei ist einer der teuersten chinesischen Fische. Er ähnelt dem Petersfisch. Wegen seines sehr hitzeempfindlichen Fleisches kann man ihn nur dämpfen. Er wird zu besonderen Anlässen mit Pilzen und Korianderblättern gegessen.
en: *Ladybird*

Somen-Nudeln sind sehr dünne japanische Nudeln aus Weizenmehlteig. Sie werden oft zu Schleifen gebunden und haben dadurch ein besonders attraktives Aussehen.

Som Khay ist ein laotisches Gericht aus den Rogen eines großen, im Mekong lebenden Fisches.

Songaya ist ein traditioneller, süßer, mit Jasmin oder Orangenblättern aromatisierter thailändischer Eierpudding mit Zusatz von Kokosmilch, der in Schalen junger Kokosnüsse gedämpft wird.

Sonnenblumenkerne sind die Samen der Sonnenblume (*Helianthus annuus* – *Asteraceae*), von denen der größte Teil zu Sonnenblumenöl verarbeitet wird. Sonnenblumenkerne dienen geschält und teilweise geröstet als Snack oder als Zusatz zu Backwaren.
en: *Sunflower seed kernels*

Soon Hook ist ein grätenreicher chinesischer Fisch mit einem lockeren, schlaffen Fleisch, wie es lokal geschätzt wird. Man isst ihn gekocht in einer mit Ingwer und Chili gewürzten Brühe.

Sop kambing ist eine Hammelsuppe der malaysischen Küche. Mit Fett leicht angebratene Hammelrippchen werden mit Zwiebeln, Knoblauch, Ingwer, Koriander, Kreuzkümmel, Zimt, Nelken, Kardamon und weiteren Gewürzen zu einer Suppe gegart.

Sorghum, *Mohrenhirse, Kaffernhirse,* sind die Früchte einer in vielen Ländern, u.a. in Südafrika, China und Indien angebaute Hirseart (*Sorghum bicolor* – *Poaceae*). Sorghum ist in diesen Ländern ein Grundnahrungsmittel, das in Form von Brei oder Fladenbroten verzehrt wird. Es gibt viele Varietäten mit

unterschiedlichen Gehalten an Eiweiß. Gemälztes Sorghum wird in Südafrika zu *Bantubier* vergoren, einem rosafarbenen, trüben, hefehaltigen Bier mit einem eigenartig säuerlich-fruchtigen, mehligen und kratzenden Geschmack und einem Alkoholgehalt von ca. 3 Vol%.
en: Sorgho, Sorghum, Durra, Indian millet

Sorkhu ist eine Spezialität, wie sie traditionell im iranischen Teil des Persischen Golfes zubereitet wird. Redsnapper oder ähnlich große Fische werden mit einer Paste aus angebratenen Knoblauchzehen, Koriander, Zwiebeln, Bockshornkleesamen, Curry, Tamarinden gefüllt, gebraten und mit Reis und Sauergemüse gegessen.

Sorpotel ist ein südindisches Currygericht aus Schweinefleisch und Leber.

Sorveira, *Dukaballi*, ist die kugelige Beerenfrucht eines kleinen, in Brasilien wild wachsenden Baumes (*Couma guianensis* – Apocyanaceae). Sie wird von Einheimischen roh gegessen.

Sosaties ist in Zimbabwe in Curry und anderen Gewürzen mariniertes Hammelfleisch, das in kleinen Stücken am Spieß gebraten und in einer scharfen Soße zusammen mit gestampften Kartoffeln gegessen wird.

Soujouk ist eine aus Armenien stammende, aber auch in Ägypten und einigen vorderasiatischen Ländern gegessene, u.a. mit Zimt, Piment und Kümmel gewürzte, an der Luft getrocknete Rohwurst aus Rind-, Lamm- oder Büffelfleisch.

Soul Food sind zum einen in den Südstaaten der USA von Afroamerikanern gegessene traditionelle Eintopfgerichte, zum anderen allgemein Speisen aus normalerweise nicht gegessenen Innereien.

Spaghetti-Kürbis ist die Frucht eines aus Japan stammenden, in Israel und Frankreich kultivierten Kürbisses (*Cucurbita pepo* – Cucurbitaceae). Er ist gelb, walzenförmig, oval-rund und ca. 20 cm lang. Beim Kochen der unzerteilten Früchte bilden sich im Inneren spaghettiähnliche Fäden. Sie können nach dem Entfernen der Samen herausgelöffelt und wie Spaghetti mit Soße oder Käse überstreut gegessen werden.
en: Vegetable spaghetti, Spaghetti squash

Spargelerbse, *Flügelerbse*, ist eine im Mittelmeerraum angebaute Hülsenfrucht (*Tetragonolobus purpureus* – Fabaceae). Sie hat hellgrüne, im Querschnitt nahezu viereckige Hülsen mit flügelartigen Ausbuchtungen. Die Spargelerbse wird vor der Vollreife geerntet, bevor sie mit den Samen hart wird. Sie wird gekocht, manchmal zusammen mit den jungen Blättern als Gemüse zubereitet und hat einen spargelähnlichen Geschmack.
en: Asparagus pea

Spargelsalat ist nicht nur ein aus Spargel bereiteter Salat. Man bezeichnet damit auch die oberirdischen Teile einer mit dem Spargel nicht verwandten, vielmehr dem wilden Lattich nahestehenden, aus China stammenden Pflanze *(Lactuca sativa angustana – Compositae)*. Eine amerikanische Saatgutfirma brachte sie unter dem Namen *Celtus* (aus Celery und Lettuce) in die westliche Welt. Die fleischigen Sprosse haben eine gewisse Ähnlichkeit mit Spargel und können bis zu einem Meter lang werden. Sie werden zusammen mit den jungen Blättern roh als Salat oder leicht gedünstet als Gemüse gegessen.
en: Stem lettuce, Asparagus lettuce

Stengelkohl, *Rapa,* sind die Stengel und Blätter einer Kohlart *(Brassica rapa cymosa – Asteraceae)*. Er ähnelt in seinem Aussehen sowohl der Speiserübe als auch dem Brokkoli. Stengelkohl wächst in Süditalien wild, wird aber inzwischen dort auch angebaut. Er wird wie andere Kohlarten als Gemüse gegessen. Er hat einen scharfen Kohlgeschmack.

Sternanis, *Badian,* sind die getrockneten Früchte eines ostasiatischen Baumes *(Illicium verum – Illiciaceae)*. Sie sind auch wegen ihrer interessanten Sternform beliebt, z.B. zum Basteln. Sternanis ist Bestandteil von Teemischungen. Er hat einen milden anisartigen Geruch und einen etwas an Lakritz erinnernden Geschmack und dient zum Würzen und Aroma-

Sternanis

tisieren von Backwaren, besonders Weihnachtsgebäck, Süßspeisen, Getränken und Bonbons. In Asien ist er ein wichtiges Gewürz für gebratenes Fleisch. Zusammen mit Pfeffer und Knoblauch wird er dort zum Würzen von Soßen, Reis-, Gemüse- und Eierspeisen benutzt. Er ist auch ein Bestandteil der Fünf-Gewürz-Mischung der chinesischen Küche und weiterer asiatischer Gewürzmischungen.
en: Star anise, Badiane

Sternapfel ist die Frucht eines in Mittelamerika heimischen Baumes *(Chrysophyllum cainito – Sapotaceae)*. Er ist apfelgroß, rund bis leicht oval. Er hat eine grünliche bis purpurfarbene Schale, die einen unangenehm schmeckenden Milchsaft enthält und nicht mitgegessen werden kann. Das Fruchtfleisch ist etwas gallertartig, schmeckt süß und hat ein entfernt an Birnen erinnerndes Aroma. Im Inneren der Früchte befinden sich sternartig angeordnete Samen, daher der Name. Der Sternapfel wird lokal roh gegessen oder zu Konfitüre verarbeitet.
en: Star apple

Stifado ist ein griechisches Ragout aus gewürfeltem Rindfleisch, ganzen Tomaten, Zwiebeln, Nelken, Gewürzen und Rotwein.

Stockfisch wird in Skandinavien aus Kabeljau, Schellfisch, Seelachs und Lengfisch durch Entfernen der Hauptgräte und Trocknen auf Stöcken an der frischen Luft hergestellt, daher der Name. Er wird im Unterschied zu Klippfisch nicht gesalzen. Früher war Stockfisch in katholischen spanischsprachigen Ländern eine wichtige Fastenspeise; er heißt dort *Bacalao*.
en: Stockfish

Strandaster, *Salzaster, Sumpfaster,* sind die jungen Blätter einer in Küstengebieten Europas, Afrikas und Ostasiens wild wachsenden Pflanze *(Aster tripolium – Asteraceae)*. Sie werden vor der Blüte gesammelt, weil sie dann besonders zart sind. Man isst sie gekocht als Gemüse besonders zu Austern und Muscheln.
en: Sea aster

Strauß, der nicht mit dem *Emu* identisch ist, ist der größte flugunfähige Vogel *(Struthio camelus)*. Sein ähnlich wie Putenfleisch schmeckendes Fleisch wird in Südafrika, neuerdings auch in Europa, wegen seines niedrigen Fett- und Cholesteringehaltes geschätzt. Straußeneier, die ebenfalls als Omeletten gegessen werden, sind etwa 20 mal so groß wie Hühnereier.
en: Ostrich

Strömming ist ein schwedischer Ostseehering, der nördlich der Linie Kalmar – Öland – Libau gefangen worden ist. Er ist kleiner und nicht so fett wie ein normaler Hering.

Su ist der allgemeine japanische Name für Essig. Man bezeichnet damit auch einen aus Reiswein hergestellten Gärungsessig. Als beste Qualität gil *Genmai mochigomo su,* der aus ungeschältem Reis hergestellt wird.

Succotash ist ein auf die Indianer zurückgehendes, heute im Süden der USA gegessenes Gericht aus gekochten Sojabohnen, Maiskörnern, Limabohnen, mit oder ohne Fleisch.

Sucuk ist eine mit Knoblauch und Kreuzkümmel pikant gewürzte türkische Rindersalami.

Sufu, *Fuju,* ist ein käseähnliches japanisches Sojaprodukt. Kleine würfelförmige Stückchen aus Tofu werden in eine Marinade aus Essig (japanisch *Su*) aus Reiswein, Zitronensäure und Kochsalz eingelegt, kurz aufgekocht und mit Schimmelpilzen beimpft. Nach einigen Tagen bildet sich ein gelblich-weißer Überzug. Die Masse reift dann einige Monate in einer Salzlake. Sufu hat einen mild aromatischen Geschmack. Es kann durch weitere Zusätze variiert oder leicht rot angefärbt werden. Man verzehrt es wie Käse oder gart es zusammen mit Fleisch oder Gemüse.

Suganijot sind mit Konfitüre gefüllte, mit Hefe gelockerte, in Öl ausgebackene Krapfen der osteuropäischen jüdischen Küche, die besonders am Chanukkah-Fest gegessen werden.

Sukiyaki ist ein japanisches Nationalgericht. Rindfleisch wird in fein dekorierten hauchdünnen Scheiben am Tisch zusammen mit Gemüsen, Pilzen, Nudeln in besonderen Eisenpfannen in Rinderfett gebraten und zusammen mit geschlagenem Eigelb und Soße oder Gemüse gegessen.

Sumach, *Gerbersumach,* sind die dunkelvioletten Früchte eines in der Türkei und im Iran heimischen Baumes *(Rhus coriaria – Anacardiaceae).* Sie haben einen sauren, stark adstringierenden Geschmack. In Pulverform und nach dem Aufkochen mit Wasser kann Sumach als Gewürz und Säuerungsmittel für Salate dienen. In der türkischen, arabischen und libanesischen Küche ist gemahlener Sumach ein wichtiger Bestandteil von Fleisch- und Fischgerichten, Bohnen, Auberginen und anderen Gemüsen.
en: Sumac, Sicilian sumac

Suman ist eine philippinische Süßspeise. Reis wird mit Kokosmilch in junge Bananen- oder Kokosnussblätter eingewickelt und gedämpft. Er wird mit Kokosraspeln und Zucker bestreut gegessen.

Sumashijiru ist eine japanische Suppe aus Dashi, einer Grundbrühe, Sojasoße und vielerlei Zutaten, wie Spinat, Bambussprossen, Erbsen, Pilzen, Kräutern und Fisch.

Sung nyung ist ein koreanisches Aufgussgetränk aus leicht angebräuntem Reis.

Sunomono sind in Essig (japanisch *Su*) eingelegte Produkte, die wie Salat verzehrt werden, besonders Gemüse und andere Pflanzenteile, aber auch Geflügel und Meeresfrüchte. Sie werden zusammen mit Dressings als Beilage gegessen.

Supari ist ein Gemisch aus mit Kampfer und weißem Sandelholz aromatisierten, fein gehackten Arecanüssen, Kardamom, Kümmel und Fenchel. Man isst sie in Indien als Digestiv.

Surimi ist ein aus Japan stammendes Fischerzeugnis. Zu seiner Herstellung an Bord der Fangschiffe wird grätenfreies, fein zerkleinertes Fischfleisch mit viel Wasser gewaschen; der entstehende gummiartige Brei wird mit Zucker, Salz und Phosphaten versetzt und tiefgefroren. Er wird später an Land aufgetaut und zu allerlei Imitaten verarbeitet. Man verformt Surimi nach Zugabe von Farbstoffen zur Oberfläche zu krebsfleischähnlichen Stücken und gibt ihm die Form von Garnelen, Hummerfleisch oder anderen Meeresfrüchten. Surimi wird häufig zur Verbrauchertäuschung benutzt, vor allem in der Gastronomie: Billiges Fischfleisch wird ohne oder unter einer falschen Deklaration als teures „Krebsfleisch" verkauft. Bei seiner Herstellung werden dem Fischfleisch wertvolle Bestandteile entzogen, wie hochungesättigte Fettsäuren, Mineralstoffe und Vitamine.

Surinam-Portulak, *Surinam-Spinat,* sind die Blätter und Triebspitzen einer aus Mittelamerika stammenden, heute in vielen tropischen und subtropischen Ländern angebauten krautigen Pflanze *(Talinum triangulare – Portulacaceae).* Die Blätter sind dreieckig, spatelförmig, fleischig glänzend. Sie schmecken ähnlich wie *Portulak,* leicht säuerlich. Man verarbeitet Surinam-Portulak lokal zu Suppen und Gemüse-Eintöpfen.
en: Surinam purslane

Surströmming ist eine schwedische Fischspezialität. Ursprünglich wurde der Fisch in Erdgruben gereift. Heute werden leicht gesalzenene Heringe 8 Tage in eine offenen Tonne gelegt, die dann umgedreht und kühl gelagert wird, wobei die Fische reifen. Nach der Tradition muss die Reifung am 24. August beendet sein. Die Fermentation bewirkt ein Weichwerden des Fischfleisches und die Entwicklung von Geruchskomponenten, die nicht jedermanns Sache sind. Surströmming wird hauptsächlich in der Provinz Norrland mit Brot, saurer Sahne, Zwiebeln und Käse gegessen.

Sushi ist ein japanisches Reisgericht. Mit Essig, Reiswein, Sojasoße, Zucker und Salz angemachter gekochter Reis wird zu flachen Scheibchen, kleinen Bällchen oder länglichen Klößchen geformt, mit Meerrettich oder einer scharfen Soße versetzt. Es gibt Sushi in unzähligen Variationen. Die bekanntesten sind: *Nigiri Zuchi* aus rohen Meeresfrüchten, oft mit Meeresalgen umhüllt. *Hako Zuchi* ist in einer Schachtel zu einem Block gepresster, in Stücke zerteilter Reis mit einer Füllung aus rohem Fisch. *Maki Zuchi* sind in Scheiben geschnittene Reisrollen mit vielerlei Füllungen. Dabei können auch die Zutaten den Reis einwickeln. *Gunkan Zuchi* sind von Hand geformte Schiffchen aus Seetang mit einer Füllung aus Reis mit einer Garnierung aus Rogen oder Kaviar. *Temaki* ähneln einer Eiswaffel; Seetang wird kegelförmig gerollt und mit Reis und anderen Zutaten gefüllt. *Buo Zuchi* enthalten Makrelen, *Chirashi Zuchi* Gemüse. Entscheidend ist stets, dass alle Zutaten roh und absolut frisch sind. Es wird größter Wert darauf gelegt, dass ihre Darbietung eine Augenweide ist.

Susine, *Japanische Pflaume,* ist die Steinfrucht eines ostasiatischen Pflaumenbaumes, der in verschiedenen wärmeren Ländern angebaut wird *(Prunus salicina – Rosaceae).* Sie sieht ähnlich aus wie ein hellgrüner bis leicht rötlicher Apfel. Sie hat ein gelbes bis rotes, saftiges, leicht säuerliches Fruchtfleisch, das sich je

nach Sorte leicht oder weniger leicht von dem Samenkern ablösen lässt. Die Susine wird meist roh gegessen.
en: Plumcot

Susni ist ein kleiner indischer Wasserfarn *(Marsilea quadrifolia – Marsileaceae)*, dessen Blätter in Indien als Gemüse gegessen werden.

Szechuanpfeffer, *Japanischer Pfeffer, Anispfeffer,* sind die Kapseln eines in China und Japan angebauten Baumes *(Zanthoxylum piperitum – Rutaceae).* Obwohl die Provinz, nach der der Pfeffer benannt ist, heute nicht mehr Szechuan, sondern Sichuan heißt, wird der Pfeffer nach wie vor unter seinem bisherigen Namen gehandelt. Die Früchte werden unreif geerntet und frisch verwendet, können aber auch reif getrocknet werden. Sie sind dann außen braun, innen gelblich. Es gibt wohl kaum ein Gewürz, das in reinem Zustand nicht nur eine solch enorme Schärfe hat; einige wenige Körner betäuben die Geschmacksnerven wie ein Lokalanaesthetikum, dessen Wirkung erst nach mehr als einer Stunde abklingt. Man verwendet Szechuanpfeffer hauptsächlich zum Würzen von Fleischspeisen. Er ist ein wesentlicher Bestandteil von *Shichimi* und der chinesischen *Fünf-Gewürz-Mischung.* Die jungen Blätter des Baumes dienen unter dem Namen *Kinome* in der japanischen Küche als Würzkraut für Suppen, Gemüse- und Grillgerichte.
en: Szechuan pepper, Anise pepper, Japanese pepper, Chinese pepper

Tabakmaas ist ein scharf gewürztes bengalisches Lammgericht.

Tabasco ist eine extrem scharfe Soße auf Basis einer kleinen mexikanischen Chilisorte.
en: Tabasco sauce

Tabbouleh ist ein mit Öl und Zitronensaft angemachter arabisch-libanesischer Salat aus gequollenem *Bulgur,* gehackten Zwiebeln, evtl. Tomaten, Petersilie, Minze, gekochten Weinblättern.

Tabil ist ein tunesisches Gewürz aus gleichen Teilen Chili, gerösteten Kümmelkörnern, geröstetem Koriander und zerkleinertem Knoblauch. Es dient zur Aromatisierung von Fleischgerichten und wird mitgekocht.

Tacos sind in Mexico kleine gefüllte *Tortillas,* die als Snack gegessen werden. In Spanien sind Tacos klei-

Szechuanpfeffer

ne Snackhäppchen im allgemeinen, z.B. aus Fleisch oder Käse.

Tadig, *Tahdig*, ist in der persischen Küche die goldbraune knusprige Kruste, die sich beim gezielten Einkochen von Basmati-Reis mit wenig Wasser am Topfboden bildet.

Taesa ist die Frucht eines mexikanischen Baumes *(Pouteria campechiana – Sapotaceae)*, der auch in Süostasien wächst. Sie sieht der *Mango* sehr ähnlich, ist aber nicht mit ihr verwandt. Aus der gleichen Pflanzenfamilie gibt es im Westen Südamerikas die *Lucuma*, die unter dem gleichen englischen Namen läuft. Man löffelt das weiche Fruchtfleisch der Taesa heraus. Es kann auch gekocht werden.
en: *Canistel*

Tagine ist eine dickwandige glasierte Tonpfannne mit einem spitz zulaufenden Deckel. Man bezeichnet damit auch vielerlei Eintopfgerichte der maghrebinischen Küche, die darin bereitet werden. Sie können aus vorher angebratenem Lamm-, Kalb- oder Geflügelfleisch bestehen oder aus Fisch oder aus Gemüse. Eine tunesische Variante, die eher Geflügelfleisch, Hülsenfrüchte und Gemüse enthält, heißt *Tajine*. In Marokko isst man Tagine mit Hilfe von Brot direkt aus dem Topf und zerteilt größere Fleischstücke mit den Fingern.

Tahina, *Tehineh*, ist der Rückstand, der beim Auspressen des Öles von *Sesamsaat* verbleibt. Man röstet ihn und bereitet daraus mit Zitronensaft, Kräutern, Kümmel und Knoblauch eine Soße, die fälschlicherweise in der arabischen Küche ebenfalls so genannt wird. Sie wird zusammen mit Fladenbrot als Vorspeise gegessen, dient zur Herstellung von *Taratoor* oder als solche zum Würzen oder zum Anmachen von Salaten.

Tahiti-Kastanien, *Ratta*, *Kayam*, sind die Samen eines auf pazifischen Inseln vorkommenden Baumes *(Inocarpus fagifer – Fabaceae)*. Sie sind, vor der Vollreife geerntet, roh, gekocht oder geröstet, für Einheimische ein wichtiges Nahrungsmittel. Ihr Geschmack erinnert an Kastanien.

Takako ist die Frucht eines in Costa Rica vorkommenden Strauches *(Sechium tacaco – Cucurbitaceae)*. Sie ist der Chayote sehr ähnlich und wird lokal als Gemüse gegessen.

Takenoko ist die japanische Bezeichnung für junge *Bambussprosse* eines großen Baumes *(Phyllostachys bambusoides – Poaceae)*. Sie werden gekocht warm als Gemüse oder kalt als Gemüsesalat gegessen.

Taklia ist eine arabische Gewürzmischung aus gemahlenem Kardamom, in manchen Ländern auch Koriander und gestoßenem Knoblauch, die zusammen gebraten werden.

Tamago Dofu ist ein pikantes festes kleines viereckiges japanisches Omlett. Es wird kalt in einer Brühe mit einer Blüte garniert oft zusammen mit einer Garnele in Sojasoße als Vorspeise serviert.
en: Egg dofu

Tamales sind Spezialitäten Mexikos und einiger Länder des nördlichen Südamerikas. Gewürzte Teige aus Mais- oder Weizenmehl mit Zusatz von Fleisch, Käse, gemahlenen Erdnüssen, Eiern, Fett oder anderen Zutaten werden in Maisblätter eingewickelt und gedünstet.

Tamarindenmus ist das Fruchtmus der Hülsenfrucht eines tropischen Baumes *(Tamarindus indica – Caesalpiniaceae)*. Es schmeckt leicht säuerlich süß und aromatisch. Es ist Bestandteil von indischen Soßen, Currymischungen und unter der Bezeichnung *Asam* eine wichtige Gewürzmischung der indonesischen Reistafel.
en: Tamarind

Tamarinde

Tamija sind ägyptische Kroketten aus zuvor eingeweichten weißen Bohnen, die zerstampft, mit Petersilie und gedünsteten Zwiebeln gewürzt in Form walnussgroßer Kugeln in Öl ausgebacken werden.

Tammer ist ein aus Mehl und Dibs gebackenes orientalisches Brot.

Tandoor ist ein indischer fassähnlicher, oben offener Lehmofen, in dem man Brot bäckt oder Fleisch, besonders Geflügel, am Spieß über glühender Holzkohle gart. Die Fleischstücke werden zuvor in einer Joghurtsoße mariniert, die einen roten Naturfarbstoff enthält; dadurch nimmt das Fleisch eine rote Farbe an. Während des Bratens wird das Fleisch mit Butter bepinselt. Bei deren Abtropfen auf die heiße Holzkohle entsteht ein charakteristisches Aroma.
en: Tandoor

Tannia, *Okumo,* sind die Rhizomknollen einer aus dem tropischen Amerika stammenden, inzwischen in Afrika eingebürgerten krautigen Staude *(Xanthosoma sagittifolium – Araceae)*. Die stärkereichen, stark oxalathaltigen Knollen werden geröstet oder gekocht von Einheimischen gegessen. Sie werden qualitativ geringer eingeschätzt als der ähnliche Taro. Tannia ist aber leichter zu kultivieren. In Puerto Rico wird das rosarote Fleisch der frisch geernteten Wurzel unter den Namen *Malanga* als Gemüse geschätzt. Die

jungen Blätter können wie Spinat als Gemüse zubereitet werden. Tannia hat Ähnlichkeit mit *Yautia* und *Yamswurzeln*.
en: *Yellow yautia, Tania, Tannia*

Tannouri, *Taftoon, Bazari* ist ein orientalisches Brot. Ein leicht mit Backpulver gelockerter Teig aus dunklem Mehl von Weizen, Hülsenfrüchten und Knollen wird auf heißen Eisenplatten oder in speziellen Öfen zu großen Fladen verbacken, die als solche oder mit Dattelsirup übergossen verzehrt werden.
en: *Tannoor*

Taotje ist ein in Ostindien gegessenes halbfestes Erzeugnis aus mit Schimmelpilzen fermentierten Sojabohnen und geröstetem Weizen- oder Reismehl.

Tapas ist eine Sammelbezeichnung für kalte und warme kleine Gerichte, die in Spanien zum Aperitif gegessen werden oder als Mahlzeit dienen, Oliven, kleine Fische, Hackfleischbällchen, Schinkenstücke, Muscheln, Tintenfisch, Stockfisch, Paprikaschoten und vieles andere. *Tapeo* ist das Essen von Tapas. Der Name Tapas war ursprünglich die Bezeichnung für die Deckel, mit denen man die Gläser gegen hereinfallende Insekten abdeckte.

Tape ist eine in Indonesien verbreitete süßsaure, milde, leicht nach Alkohol riechende Reispaste. Sie wird durch Fermentation mit Schimmelpilzen gewonnen. Es gibt zwei Typen, den aus Wachsreis hergestellten *Tape-Ketan, Tepej* und die aus Maniok hergestellte *Tape-Keballa*. Tape wird meist in Öl ausgebacken und als Beikost oder als Snack verzehrt.

Tapia, *Knoblauchbirne, Payagua*, ist die 2–3 cm große kugelige bis ovale, langstielige Frucht eines im tropischen Südamerika heimischen Baumes *(Crateva tapia – Capparidaceae)*. Ihr Fleisch hat einen süßsäuerlichen Geschmack und einen stark knoblauchartigen Geruch. Es wird lokal verzehrt und zum Aromatisieren anderer Speisen benutzt.

Tarako sind die Eierstöcke mit den Rogen verschiedener pazifischer Fische, besonders des *Alaska-Pollack*, die man in Japan roh oder in gegrillter Form zusammen mit gekochtem Reis verzehrt. Eine gesalzene Version ist *Mentaiko*; mit Chili gewürzt nennt man sie *Karashi Mentaiko*.

Taramo salata sind die gesalzenen und getrockneten Rogen der Meeräsche oder des Karpfens. Sie werden in der griechischen und türkischen Küche mit in Milch eingeweichtem Brot zerstampft, mit Knoblauch und Zwiebeln gewürzt und mit Olivenöl und Zitronensaft zu einer cremigen Paste aufgeschlagen, die als Vorspeise gegessen wird.

Taranome sind die Sprosse einer in Ostasien wachsenden Staude *(Ara-*

lia elata – Araliaceae), die in Japan und Korea als Gemüse gegessen werden.

Taratoor ist eine mayonnaiseähnliche Würzsoße der arabischen Küche aus Tahina, einer Sesamsamenpaste, Knoblauch, Zitronensaft und Gewürzen. In manchen Ländern enthält sie zusätzlich Mandeln und/oder Haselnüsse. Taratoor isst man zusammen mit gebackenem Fisch oder Gemüse.

Tarhana ist eine türkische Trockensuppe. Ein Teig aus Weizenschrot, Sojagrütze, Joghurt oder Quark und Tomaten wird vergoren und anschließend getrocknet.

Tari ist ein in Indien hergestellter Wein aus dem Saft der Dattelpalme.

Tari Aloo ist ein indisches Eintopfgericht aus Kartoffeln, die in Öl gebacken und mit Zwiebeln, Chili, Ingwer, Koriander, Kurkuma und weiteren Gewürzen angerichtet und zusammen mit Fladenbrot und Joghurt verzehrt werden.

Tarka ist eine Gewürzzubereitung der südindischen Küche, bei der fein zerkleinerte Kräuter oder Gewürze mit Öl oder *Ghee* zu einer Paste verarbeitet werden, die man zum Würzen anderer Speisen benutzt. *Tarka Dhal* ist ein mit Zwiebeln und einer solchen Würzpaste aus Kreuzkümmel, Pfeffer und Curcuma zubereitetes Linsengericht.

Taro

Taro, *Wasserbrotwurzel, Coco-Yam,* sind die Wurzelknollen eines aus Südostasien stammenden, inzwischen in vielen anderen Ländern eingebürgerten krautigen Busches *(Colocasia esculenta – Araceae)*. Die kiloschweren, stärkereichen, stark oxalathaltigen Knollen werden geröstet, gebraten oder gekocht wie Kartoffeln gegessen. Sie werden qualitativ höher eingeschätzt als die ähnliche Tannia. Sie sind sehr leicht verderblich. Es gibt viele Varietäten. Die wichtigsten sind die hauptsächlich in Afrika angebaute *Eddo, Eddro (Colocasia esculenta antiquorum)* mit einer kleinen Haupt- und vielen ebenfalls essbaren Seitenknollen und die besonders in Hawaii angebaute *Dasheen (Colocasia esculenta esculenta,* en: *Dasheen)* mit einer großen Haupt- und kleinen Seitenknollen. Sie ist dort die Basis für das Nationalgericht *Poi.*
en: *Taro, Cocoyam*

Taschenkrebs ist ein in der Tiefsee lebender Krebs, der bis zu 6 kg

schwer sein kann. In Europa ist der Gemeine Taschenkrebs *(Cancer pagurus)* am bekanntesten, in den USA auch der *Kalifornische Taschenkrebs, (Cancer magister, en: Dungeness crab)*. Besonders delikat sind das Fleisch der Scheren und der Bruststücke, die Leber und die Eierstöcke.
en: Common edible crab, European rock crab, Puncher

Taskabab ist ein persischer Auflauf aus gewürfeltem Lammfleisch, dicken Kartoffelscheiben sowie evtl. Quitten und Pflaumen, bei dem die Zutaten schichtweise übereinander gelegt gegart werden. Man würzt mit Zitronensaft, Curry, Kurkuma, Pfeffer und Salz.

Tatale ist ein ghanesisches Gericht aus gekochten, sehr reifen Kochbananen, Reis- oder Weizenmehl, Zwiebeln und Palmöl.

Tätte, *Langmilch,* ist ein in Skandinavien übliches Sauermilchgetränk, das durch alkoholische und Milchsäuregärung entsteht und eine gewisse Haltbarkeit aufweist.

Taushe ist ein nord- und mittelafrikanischer Eintopf aus Rind- oder Lammfleisch, Tomaten, Zwiebeln, Kürbissen und anderen lokalen Gemüsen sowie frischen Erdnüssen, der mit Reis als *Tuwon Chinkafe* oder mit Hirsebrei als *Tuwon Dawa* gegessen wird.

Tava ist die türkische Bezeichnung für eine Bratpfanne und für Pfannengerichte ganz allgemein.

Taybeere ist eine Hybride aus der Brombeere und Himbeere. Sie wurde in Schottland entwickelt und nach dem dortigen Fluss Tay benannt. Sie ist länglich-konisch, purpurrot und brombeergroß. Das Aroma entwickelt sich erst bei der Vollreife, dann sind die Früchte aber sehr weich und wenig transportfähig. Die Taybeere eignet sich zum Rohessen, kann aber auch zu Gelee, Konfitüre und Fruchtsoße verarbeitet werden. Für die Tiefkühlkonservierung werden nicht ganz vollreife Früchte verwendet, die aber nicht das volle Aroma haben.
en: Tay berry

Tee sind die getrockneten jungen Blätter, Blattknospen und jungen Triebe des Teestrauches *(Camellia sinensis – Theaceae)*. Die besten Qualitäten wachsen im tropischen Hochland, vor allem Indiens und anderer südasiatischer Länder. *Grüner Tee* sind die lediglich kurz gedämpften und dann an der Sonne getrockneten Pflanzenteile. Ihnen fehlt das typische Teearoma. Er wird vor allem in Ostasien getrunken. Neuerdings wird er hierzulande zu alkoholfreien Erfrischungsgetränken verarbeitet. *Schwarzer Tee,* der die größte Bedeutung hat, sind die angewelkten, bei hoher Luftfeuchtigkeit fermentierten Pflanzenteile, die anschließend mit heißer Luft

getrocknet werden. Dabei bildet sich die dunkle Farbe aus und das typische Aroma. Die höchste Qualität haben die Blattspitzen und die ungebrochenen ersten Blätter *(Orange pekoe)*. Von mittlerer Qualität sind die dritten Blätter *(Pekoe)* und die gröberen vierten bis sechsten Blätter *(Pekoe souchong)*. *Fannings* ist der feinblättrige Abfall, der aber keine Stiele oder Blattrippen enthält. *Oolong-Tee* ist ein halbfermentierte Erzeugnis. Tee ist weiterhin der Name für das aus den Pflanzenteilen hergestellte Aufgussgetränk, das wegen seiner anregenden Wirkung getrunken wird. Sie beruht auf dem Gehalt an Coffein, das man früher als Thein bezeichnet hat. Die Herstellung von coffeinfreiem Tee ist problematisch, weil man bei der Extraktion des Coffeins aus dem fermentierten Tee die Aromastoffe mit extrahiert. Beim Kaffee besteht dieses Problem nicht, denn man extrahiert die ungerösteten Bohnen; das Aroma entwickelt sich erst beim Rösten. Tee wird in vielen Ländern nicht nur als bloßer Aufguss getrunken, sondern wegen seines nicht immer geschätzten leicht bitteren und adstringierenden Geschmackes oft zusätzlich geschmacklich und geruchlich abgerundet, am häufigsten mit Zitrone, Milch, Zucker oder anderen süß schmeckenden Produkten, wie kandierten Früchten oder Konfitüre. Der Zusatz von Gewürzen und stark riechenden Parfums hat in China eine alte Tradition, in Persien wird auch Safran verwendet. Daneben gibt es exotische Zusätze, wie die oft ranzige *Yak-Butter* in Tibet oder Stutenmilch in der Mongolei. Tee ist im deutschen Sprachgebrauch auch die Bezeichnung für Aufgussgetränke aus anderen getrockneten Pflanzenteilen (Kräutertee).
en: Tea

Teff, *Tefi, Zwerghirse, Trotter, Äthiopisches Liebesgras* ist eine Kulturhirse *(Eragrostis tef – Poaceae)*. Sie ist die wichtigste Nahrungspflanze Äthiopiens. Ihr Mehl wird von Einheimischen in Form von Brei oder *Njera*, eins mit Hefe gelockerten, leicht süßen Brotes gegessen.
en: Teff, Love gras

Teijocote ist die Beere eines mexikanischen Strauches *(Crataegus mexicana – Rosaceae)*. Sie hat 5 harte Samen. Das gelbliche Fruchtfleisch hat einen herb säuerlichen Geschmack. Man verwendet es zur Herstellung von Kompotten und Getränken.

Tejglach ist ein mit Backpulver getriebenes und mit Ingwer gewürztes Kleingebäck der jüdischen Küche aus Mehl, verquirlten Eiern, Honig und Nüssen.

Tel Kadayif ist ein türkischer Kuchen aus einem Teig aus gebrühten Weizenflocken, der dick mit Pistazien, gehackten Wal- oder Halsenüssen und Pinienkernen gefüllt, im Ofen ausgebacken und mit einer Safransoße und Rosenwasser gewürzt wird.

Tempeh ist eine seit urdenklichen Zeiten in Indonesien und angrenzenden Ländern hergestellte Paste aus angekeimten Sojabohnen, Weizen, Gerste oder anderen Getreidearten, zuweilen unter Zusatz von Leguminosen. Die Rohstoffe werden vorgekocht, mit Schimmelpilzkulturen *(Rhizopus oligosporus)* beimpft und bei leicht erhöhter Temperatur einige Tage lang gereift. Dabei bildet sich ein kompakter, schnittfester weißer Kuchen mit einem frischen Pilzgeruch. Tempeh kann frisch gegessen werden, z.B. als Zusatz zu Suppen, oder er wird an der Luft getrocknet. Tempeh wird wegen seines hohen Eiweißgehaltes als vegetarische Alternative zu Fleisch angesehen und in den USA und Europa auch industriell produziert. Der Genuss von Tempeh ist nicht zu empfehlen, wenn eine Allergie gegen Sojaeiweiß besteht, die nicht ganz selten ist.

Tempura ist ein dünner, ei- und backpulverhaltiger Weizenmehlteig der japanischen Küche zum Panieren kleiner Stücke Gemüse, Fleisch, Fisch oder anderer Meerestiere, die schwimmend in Fett ausgebacken werden. Sie werden mit Meerrettich, Soja- oder anderen Soßen gegessen. Auch die so hergestellten Speisen werden Tempura genannt.

Tepary-Bohne ist die getrocknete Hülsenfrucht einer in Mexikos wild wachsenden, inzwischen aber auch in anderen Erdteilen kultivierten, schnell wachsenden strauchigen Kletterpflanze *(Phaseolus acutifolius latifolius – Fabaceae)*. Man sollte die Bohnen wegen des Gehaltes an Blausäureglykosiden, wie alle Bohnen, nicht roh essen; Kochen zerstört die Giftstoffe. Die Tepary-Bohne wird, wie andere Hülsenfrüchte als Gemüse oder Suppeneinlage verzehrt.
en: Tepary bean

Teradot ist eine in der Türkei gegessene Würzbeilage aus *Tahina*, einer Sesampaste, zerstampften Walnüssen und Knoblauch. Man isst Teradot zu gebratenem Fisch oder als Beilage zu Gemüse oder Salaten.

Teriyaki ist eine japanische Kochmethode, bei der Fisch- oder Fleischscheiben oder Gemüse in *Sojasoße* oder ähnlichen Medien gegart werden.

Terrinen waren ursprünglich französische Pasteten ohne Teighülle, die man in einer Schüssel zubereitete und servierte, während man die Pasteten mit Teigumhüllung Pâtés nannte. Heute sind beide Begriffe weitgehend austauschbar geworden.

Thal ist ein in Indien gebräuchliches Essgeschirr. Es besteht aus einer runden Metallplatte, auf der die einzelnen Gerichte in kleinen Näpfchen *(Katoris)* angeordnet sind, denn man mischt die Gerichte oft nicht, sondern isst sie separat.

Thalipeeth ist ein mit Chili, Koriander, Kurkuma und Joghurt gewürztes indische Brot.

Thunfisch ist die Sammelbezeichnung für eine Vielzahl von makrelenartigen Fischen mit einem meist fetten roten Fleisch, die in allen Weltmeeren vorkommen, bis zu 3 m lang, 500 kg schwer und 18 Jahre alt werden können. Am hochwertigsten ist der hellfleischige *Weiße Thun (Thunnus alalunga*, en: Albacore). Thunfisch wird hierzulande meist als Konserve in Öl oder im eigenen Saft angeboten. In mediterranen Ländern wird er aber auch frisch gegrillt.
en: *Tuna*

Ti, *Ti Plant, Cabbage Tree,* ist eine von Südostasien nach Hawaii eingeschleppte Agavenart *(Cordyline terminalis - Agavaceae)*. Ihre Blätter kann man dämpfen und wie Zuckerrohr kauen. Vor allem dienen sie aber zur Herstellung von *Laulau*. Das sind kleine, zusammengebundene Päckchen, bei denen eine Hülle von Ti-Blättern andere Speisen, wie Schweinefleisch oder Fisch, umschließt und die man dünstet. Die saftigen Ti-Blätter verhindern das Austrocknen beim Garen. Die lanzettförmigen glatten Blätter schmücken auch andere Gerichte. Aus dem Saft der Wurzeln wird lokal eine Art Bier gebraut, aus dem man eine Spirituose destilliert, *Okoleaho* genannt. Auch die Beeren sind essbar.

Tiebou dienne, *Chay bou jen,* ist ein senegalesisches Nationalgericht. Es besteht aus in Öl angebratenen Auberginen, Tomaten und anderen Gemüsen, Reis und gekochtem Fisch. Es gibt viele Varianten, z.B. mit *Okra*.

Tiefseehummer ist eine falsche und verbotene Bezeichnung für *Scampi*.

Tiffin ist die indische Bezeichnung für eine Zwischenmahlzeit oder ein leichtes Mittagessen.

Tinda ist die Frucht einer indischen Pflanze *(Citrullus vulgaris fistulosus - Cucurbitaceae)*. Die apfelgroße hellgrüne Tinda wird mit ihrem weißen Fruchtfleisch gekocht als Gemüse oder kandiert gegessen. Die gerösteten Samen sind in Indien beliebte Knabberartikel.
en: *Round melon, Squash melon, Round gourd, Tind (IN)*

Tindola, *Tindori,* sind die Früchte einer Kletterpflanze des tropischen Asiens und Afrikas *(Coccinia grandis - Cucurbitaceae)*. Die ca. 10 cm langen gurkenähnlichen, grünen Früchte haben ein saftiges Fruchtfleisch, das ähnlich wie eine Salatgurke schmeckt. Sie werden nicht ganz reif zusammen mit den Blättern und den Trieben gekocht als Gemüse gegessen. Die im reifen Zustand roten Früchte können auch konserviert werden.

Tinko ist ein westafrikanisches Ragout aus dort vorkommenden sorgfältig vom Schleim befreiten großen Schnecken und Innereien von Rind, Lamm oder Ziegen.

Tintenfische sind Weichtiere mit Fangarmen, die eine oder zwei Reihen von Saugnäpfen tragen. Aus kulinarischer Sicht kann man sie in drei große Gruppen einteilen: die zehnarmigen eigentlichen Tintenfische, die *Kalmare* und die achtarmigen *Kraken*. Der wichtigste Tintenfisch im engeren Sinne ist der *Gemeine Tintenfisch*, die *Sepia (Sepia officinalis, en: Sepia, Common sepia)*. Er kann bis zu 60 cm lang und 5 kg schwer werden. Von den 10 Fangarmen sind nur 2 verlängert und sichtbar. Er besitzt einen großen Tintenbeutel. Sein Fleisch wird zuweilen mit der Tintenflüssigkeit gekocht *(spanisch: en su tinta)*, die dem Gericht eine schwarze Farbe verleiht. Die Kalmare haben einen langen, schlanken Körper, der in einer rhombenförmigen Schwanzflosse endet. Hauptsächlich gegessen wird der im Mittelmeer und im östlichen Atlantik vorkommende *Gemeine Kalmar (Loligo vulgaris, en: Calamary, European squid)*. Er kommt hierzulande hauptsächlich in Ringen tiefgefroren auf den Markt, die fritiert als *Calamares* (spanisch) oder *Calamari* (italienisch) angeboten werden. Der kleinere, gedrungenere *Oktopus*, die Krake oder *Gemeine Krake*, italienisch *Polpo (Octopus vulgaris, en: Octopus)* kommt besonders im Mittelmeer vor. Er hat 8 kräftige Arme.

Pulpo, Oktopus

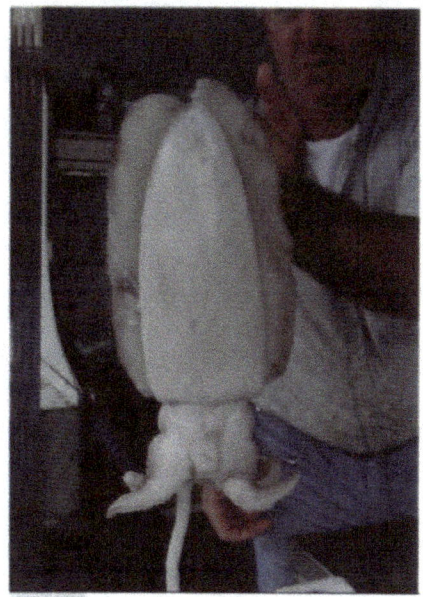
Sepia

Größere Exemplare müssen zuvor weich geklopft werden, sonst bleibt das Fleisch zäh. Es ist rein weiß, bei ostasiatischen Arten auch bräunlich. *en: Inkfish*

Tippileippä ist ein finnisches Spritzgebäck, das vorzugsweise am 1. Mai gegessen wird und zu dem man einen Zitronenmet trinkt.

Tirphal, *Falsche Kubeben,* sind die Beeren eines in den indischen Regenwäldern wachsenden Baumes (Zanthoxylum rhetsa – Rutaceae). Sie haben ein holziges Aroma und einen scharfen Geschmack und werden lokal zum Würzen von Fisch- und Hülsenfruchtgerichten verwendet.
en: Indian pepper, lemon pepper

Tkaout ist eine marokkanische Süßspeise aus Zucker, gerösteter Sesamsaat und Mandeln.

Toddy, *Palmwein,* ist ein alkoholisches Getränk aus dem Saft von Cocos-, Borassus- oder anderen Palmen. Die unreifen männlichen Blütenstände oder die Stämme werden unterhalb der Vegetationskegel angezapft, wobei sich pro Tag und Baum etwa 1–2 Liter eines süßen Saftes gewinnen lassen. Er wird unter einfachen Bedingungen einer spontanen Gärung überlassen, an der Hefen und Milchsäurebakterien beteiligt sind. Es entsteht ein erfrischendes Getränk mit einem Alkoholgehalt von bis zu 5 Vol%. Als Toddy wird auch ein Punsch aus Whisky, Zucker und Wasser bezeichnet.
en: Toddy

Tofu ist eines der bedeutendsten traditionellen Lebensmittel Ostasiens, eine quarkähnliche Masse aus *Sojamilch,* einem Heißwasserextrakt aus fein pürierten Sojabohnen. Sie wird durch Zugabe von *Nigari,* einem magnesiumhaltigen Meersalz, anderen Salzen und Säuren und Erhitzen zum Gerinnen gebracht. Der Bruch wird abgepresst und weiter entwässert. Tofu ist sehr eiweißreich und kann frisch, fritiert, gegrillt, gedämpft oder anderweitig zubereitet oder als Zusatz zu anderen Lebensmitteln verzehrt werden, wie z.B. Suppen und Soßen. Die Grundform heißt auch *Momentofu. Kinugoshitofu* hat eine etwas feinere Textur. Er wird in Form von Rollen oder kleinen Platten gehandelt und vor allem im Sommer gegessen. Der Genuss von Tofu ist nicht zu empfehlen, wenn eine Allergie gegen Sojaeiweiß besteht, die nicht ganz selten ist.

Togarashi ist ein scharfes japanisches Gewürz auf Basis von Chili.

Togbey ist ein westafrikanisches Hefegebäck aus Weizenmehl, Eiern und Zucker mit Zusatz von Palmwein und Gewürzen. Der Teig wird in der Pfanne gebraten oder zu Fladen verbacken.

Tokajer, im Ursprungsland Ungarn heißt er *Tokaji,* ist ein Weißwein aus den Traubensorten *Furmint* und *Hárslevelü,* die mit kleinen Mengen weiterer hocharomatischer Sorten vermischt werden. Er entspricht in seiner Qualität einer Trockenbeerenauslese. Besonders hochwertig ist *Tokaji aszú,* der nur noch von dem seltenen *Tokaji aszú eszencia* übertroffen wird, der nie völlig ausgärt.

Tokány ist ein ungarisches gulaschähnliches Gericht aus Rind-, Hammel- oder Wildfleisch. Anders als bei normalem Gulasch wird das Fleisch nicht in Stücke sondern in schmale Streifen geschnitten und als Würze dient nicht Paprika sondern Pfeffer und/oder Majoran.

Tolee molee ist die Sammelbezeichnung für burmesischen Gewürze und Würzsoßen.

Tomalley ist in den USA die Bezeichnung für die Leber und das Fett des Hummers. In der chinesischen Küche ist Tomalley das Fett und die Rogen von Krebsen.

Tomatillo, *Mexikanische Tomate, Mexikanische Blasenkirsche,* ist die Beere eines mittelamerikanischen Strauches *(Physalis ixocarpa – Solanaceae),* der mit der Kap-Stachelbeere, nicht aber mit der Tomate verwandt ist. Die grünen, runden, nur 5 cm großen Früchte reifen in einem papierartigen Kelch. Sie eignen sich trotz ihres stachelbeerartigen Geschmackes nicht zum Rohessen. Gekocht werden sie lokal zu Suppen, Soßen und Eintopfgerichten verarbeitet.
en: *Jamberry, Mexican husk tomato*

Tompo ist die fleischige, leicht säuerlich schmeckende Frucht einer in Ostafrika wild wachsenden Krautpflanze *(Antidesma vogelianum – Euphorbiaceae).* Sie wird von Einheimischen roh verzehrt.

Tom Yang Goong ist eine thailändische Suppe. Sie enthält in einem Fischsud Krevetten und Pilze und wird mit Chili, *Zitronengras,* Koriander und Zitronensaft gewürzt.

Tonkabohne ist der gebräuchliche, aber nicht ganz korrekte Name für die Samen eines im tropischen Amerika heimischen, inzwischen auch im tropischen Afrika angebauten hohen Baumes *(Dipteryx odorata – Fabaceae).* Sie werden wegen lokal wegen ihres hohen Fettgehaltes verwertet. Früher hatten sie eine große Bedeutung als Aromatisierungsmittel für Liköre, Eiscreme und andere Lebensmittel, weil sie bis zu 3 % Cumarin enthalten, das sich in Form kleiner Kristalle auf den Samen abscheidet.
en: *Tonka bean*

Tonkatsu ist in Japan ein einfaches, gebratenes Schweinekotelett oder ein schwimmend in Fett gebratenes Schweinefilet, das zuvor mit geschlagenen Eiern und Panko paniert worden ist, einem grobem Paniermehl. Es wird mit einer dicken scharfen Soße auf einem Kohlbett serviert.

Topinambur, *Erdartischocke, Erdbirne, Jerusalem-Artischocke,* sind die Rhizome einer aus Nordamerika stammenden, heute in vielen Ländern angebauten sonnenblumenähnlichen Pflanze *(Helianthus tuberosus – Asteraceae).* Sie war für die Indianer schon in vorkolumbianischer Zeit eine wichtige

Topinambur

Nahrungsquelle. Die birnen- bis spindelförmigen Knollen, 24 bis 36 Stück pro Pflanze, haben eine hauchdünne braune Schale und ein weißes, gelbes, rotes oder violettes Fleisch. Es schmeckt leicht süßlich. Topinambur enthält als Kohlenhydrat nicht Stärke, sondern Inulin. Dadurch ist sie und der daraus hergestelle Saft für Diabetiker verträglich. Man isst Topinambur mit der Schale roh als Salat, gekocht als Gemüse, wie Schwarzwurzeln oder Spargel, als Püree oder in Öl ausgebacken. Vor der Einführung der Kartoffel war sie in vielen Ländern ein Grundnahrungsmittel, heute ist sie eher zum Exoten geworden oder wird zu Viehfutter oder Alkohol verarbeitet.
en: *Jerusalem artichoke, Girasole, Sunflower artichoke*

Torshi sind in Essig und/oder Salzlösung eingelegte orientalische Gemüse, vergleichbar mit Pickles. *Torshi Basal* sind eingelegte Zwiebeln, *Torshi Left*, eingelegte weiße Rüben, *Torshi Khiar* eingelegte Gurken und *Torshi Betingan* sind eingelegte Auberginen.

Tortillas sind in Spanien Omeletten auf Basis von geriebenen Kartoffeln, die mit Garnelen, Muscheln, Fleisch, Tomaten oder süßen Zutaten gefüllt sein können. In Mexico sind Tortillas meist warm verzehrte Fladen aus Maismehl, die mit vielerlei Zutaten gefüllt sein können und dann *Enchilladas* heißen.

Totopos sind in Mexiko dünne, den *Tortillas* ähnliche Maismehlfladen, in Mittelamerika versteht man darunter auch eine Art Zwieback aus Maismehl.

Trassie ist eine meist im Haushalt zubereitete indische Gewürzmischung für Reisgerichte auf Basis von in einer Salzlake vergorenen Garnelen.

Treya sind in Ägypten Brathähnchen, die man in einer Kasserolle nach *Sofrito-Art*, d.h. mit Öl, Zitronensaft, Pfeffer und Kardamom langsam gart und zusammen mit Nudeln serviert.

Tridschataka ist ein Gewürz der indischen Küche für Reisgerichte, das neben Ingwer und schwarzem Pfeffer weitere Gewürze enthalten kann.

Trüffel, Plural: Trüffeln, sind im Boden an den Haarwurzeln von Bäumen wachsende Pilze *(Tuber spec. – Tuberaceae).* Am wertvollsten ist die, umgangssprachlich der, *Perigord-*

Trüffel, Echter Trüffel, Schwarzer Trüffel (Tuber melanosporum, en: *Black truffle, Perigord truffle).* Sie wächst vorwiegend im Périgord in Südwestfrankreich in Laubwäldern, hauptsächlich an den Wurzeln von Eichen und wird neuerdings durch Impfung des Waldbodens mit den Pilzsporen auch kultiviert. Bedeutsam ist auch die *Burgunder-Trüffel (Tuber uncinatum).* Dafür abgerichtete Schweine, heute eher Hunde, spüren sie aufgrund ihres starken Geruches im Boden auf. Sie wird von Hand ausgegraben und erscheint als unansehnlicher kirsch- bis walnussgroßer, in seltenen Fällen noch größerer Erdklumpen. Ihr Aroma ist ungewöhnlich intensiv und erinnert an Moschus und bleibt im Gegensatz zur Weißen Trüffel auch nach dem Erhitzen erhalten. Perigord-Trüffel ist extrem teuer, zur Aromatisierung von Gänseleberpastete, Braten oder anderen Lebensmitteln genügen aber bereits geringste Mengen. Ebenso aromatisch wie die Perigord-Trüffel ist die Weiße Trüffel *(Tuber magnum),* die in Piemont wächst. Sie wird ebenso aufgespürt wie die Perigord-Trüffel. Ihre Oberfläche ist glatt, ihr Fleisch grau-weiß mit einem bräunlichen Ton. Die wenig ansehnlichen Knollen sind nuss- bis faustgroß und haben ein Gewicht von 50 bis 100g. Sie ist noch teurer als die Perigord-Trüffel und kann bis zu 5000 Euro pro kg kosten. Weiße Trüffel wird hauchdünn über Risotto, Pasta oder Eiergerichte gehobelt und verleiht diesen Speisen ein unvergleichliches Aroma. Jedoch können etwa 1/3 der Menschen Trüffel geruchlich gar nicht wahrnehmen.
Weiterhin gibt es die auch in Süddeutschland wachsenden Arten *Wintertrüffel, Muskattrüffel (Tuber brumata), Sommertrüffel (Tuber aestivum)* und *Großporiger Trüffel (Tuber macrosporum).* Sie haben im Vergleich zu den beiden erstgenannten Arten so gut wie kein Aroma, werden aber dennoch, eher aus optischen Gründen, in Leberwurst verarbeitet. Erstaunlich ist das Vorkommen eines lokal *Fuga* oder *Kumba* genannten trüffelähnlichen Pilzes *(Tirmania nivea – Terfeziaceae)* in der Sandwüste von Kuweit und des Persischen Golfes. Er hat ebenfalls nur ein geringes Aroma.
en: *Truffle*

Trunkelbeere, Moorbeere, Rauschbeere, Sumpfheidelbeere ist die Beerenfrucht einer krautigen Pflanze *(Vaccinium uliginosum – Ericaceae).* Sie wächst hauptsächlich im nördlichen Nordamerika und in Skandinavien. Die Trunkelbeere ist der Heidelbeere sehr ähnlich. Ihr Fruchtfleisch ist weiß, der Saft farblos, der Geschmack eher fade.
en: *Bilberry*

Tschalau ist ein einfaches afghanisches Gericht aus weißem Langkornreis, das mit Kardamom und Kümmel gewürzt und als Beilage zu Fleisch gegessen wird.

Tschanachi ist ein georgisches Eintopfgericht aus Kartoffeln, fettem Hammelfleisch, Tomaten, Auberginen und lokalen Gewürzen.

Tschello bedeutet in der persischen Küche, dass Reis als Beilage serviert werden soll und daher im Gegensatz zu *Pollo* für sich allein gekocht oder gedämpft wird.

Tschumak ist ein mit Minze gewürzter ukrainischer Eintopf aus Hirse, Pilzen und fettem Speck.

Tsire ist ein in Nigeria populäres Fleischgericht. Fleisch, meist vom Rind, wird einige Stunden in eine Marinade eingelegt, die aus Erdnussöl und Gewürzen, wie Pfeffer, Chili und Ingwer besteht. Das Fleisch wird dann an Holzspießen am offenen Feuer gebraten und mit Reis gegessen.

Tsukemono sind industriell oder im Haushalt durch Milchsäuregärung hergestellte japanische Pickles auf Basis von Gemüse oder unreifem Obst. Sie werden als Beilage zu anderen Gerichten oder zum Ende einer Mahlzeit als Dessert zusammen mit Reis serviert.

Tsuma ist geriebener grüner Meerrettich, der in der japanischen Küche zusammen mit geriebenem Ingwer und anderen Zutaten zum Würzen von Sashimi dient.

Tuba ist ein auf den Philippinen hergestelltes Gärungsgetränk aus den zerstoßenen Sprossen der Kokospalme.

Tuong ist eine durch Vergärung von Cerealien hergestellte vietnamesische Soße mit Zusatz von Zucker, Ingwer und Chili zum Würzen von geröstetem Fleisch.

Die **Türkische** Küche stellt eine kulinarische Brücke zwischen der Europas und der des Orients dar und ist von beiden stark beeinflusst. Kenner zählen die türkische Küche in ihrer Qualität und Vielfalt neben der chinesischen und französischen zu den besten der Welt. Typisch sind, wie in Griechenland, eine Vielzahl von Vorspeisen, *Meze* genannt. Fleisch wird häufig gegrillt oder am Spieß gebraten. Am häufigsten wird Lamm- und Hammelfleisch verzehrt. Schweinefleisch ist aus religiösen Gründen verpönt. Man isst viel Gemüse und Obst. Als Kohlenhydratnahrung sind neben Reis, Kichererbsen und Nudeln vor allem verschiedene Fladenbrote populär. Die als Dessert gegessenen Süßspeisen und Backwaren zeichnen sich teilweise durch eine extreme Süße aus. Ähnlich wie in Griechenland ist das Essen nicht an feste Tageszeiten gebunden. Deshalb gibt es viele, auf der Straße angebotene kleine Zwischenmahlzeiten. Die Türkei gehört zu den weltweit bedeutsamsten Produzenten von Weintrauben, die aber vorzugsweise frisch verzehrt oder zu Rosinen verarbeitet werden. Der Konsum an Wein ist wegen des islamischen Verbotes alkoholischer Getränke nur gering, steigt aber an, ebenso wie seine Qualität. Schwarzer Tee ist ein Alltagsgetränk, Kaffee wird weniger getrunken.

Tutmaj ist eine mit Pfeffer und Minze gewürzte armenische Suppe aus Joghurt, geschlagenen Eiern, Nudeln und gedünsteten Zwiebeln.

Tuwo ist ein nigerianischer Stärkebrei, bei dem stärkehaltiges Mehl mit Wasser aufgekocht wird. Rohstoffe können Weizenmehl oder *Sorghum* sein. Man verfeinert den Brei mit Erdnussöl und isst ihn als Beilage zu anderen Gerichten.

Txangurro ist ein baskisches Gericht aus *Centollos*, das sind der *Königskrabbe* vergleichbare, bis 2 kg schwere Krebse *(Paralomis granulosa)*. Sie werden mit Lauch, Karotten, Tomaten oder anderem Gemüse gegart.

Tyropitta ist eine griechische Pastete auf Basis von Feta-Käse mit viel Dill, Schnittlauch und anderen Kräutern.

Tzatziki, *Tsatsiki, Satziki,* ist eine griechische Vorspeise aus geschlagenem Joghurt, Olivenöl, frischen gewürfelten Gurken und Knoblauch, etwas Essig und Zitronensaft.

Uchepos sind dünne, den *Tortillas* ähnliche mexikanische Maismehlfladen.

Udon sind dicke, runde oder flache japanische Nudeln aus Weizengrieß. Sie werden als Einlage zu kalten oder warmen Suppen oder mit Soßen, Kräutern oder Gewürzen als Hauptgericht gegessen.

Ugali ist eine kenianische Maismehlsuppe, die als Grundlage für Gemüsesuppen, gewürzte Fleischgerichte und andere Speisen dient.

Ukpo ist eine in Nigeria gegessener Brei aus überreifen Kochbananen, Mehl, Zwiebeln, Pfeffer und Palmöl, der in Blättern gegart wird.

Ulluko, *Papa lisa,* ist die Knolle eines in den Anden noch in 4000 m gedeihenden kleinen Busches *(Ullucus tuberosus – Basellaceae)*. Ulluko hat einen ausgeglichenen Eiweiß-/Kohlenhydratgehalt und wird von Einheimischen wie Kartoffeln gekocht als Gemüse gegessen.

Umai ist ein malaysischer marinierter Fischsalat.

Umbido ist ein im Zululand verbreitetes Gemüsegericht aus den Blättern Roter Bete und Tomaten. Es wird mit Maisbrei und gekochten Eiern verzehrt.

Ume sind die Früchte einer japanische Aprikose *(Prunus mume – Rosacea)*, die hauptsächlich zu *Umeboshi* und *Umeshu* weiterverarbeitet werden.
en: Japanese apricot

Umeboshi sind sehr kleine japanische Aprikosen, die in einer salzhaltige Essiglake vergoren und durch Zugabe von *Shiso*, das sind *Schwarznesselblätter*, rosarot gefärbt werden. Man isst sie hauptsächlich roh oder mit Reisgrütze *(Kayu)* zum Frühstück oder verarbeitet sie zu einer Paste, die man zum Aromatisieren von *Tempura*, Gemüsen, Salatsoßen oder anderen Speisen benutzt.

Umeshu, im Westen als japanischer Pflaumenwein bekannt, ist eine Art Likör aus *Ume*, kleinen Aprikosen. Man mazeriert, meist im Haushalt, die frischen, nicht ganz reifen Früchte einige Monate lang unter Zusatz von Zucker mit *Shochu*, einem Alkoholdestillat. Dabei wird die Blausäure aus den Steinen der Früchte mit extrahiert, sodass das Getränk ein deutliches Bittermandelaroma aufweist.

Unagi ist ein traditionelles japanisches Gericht aus gegrilltem oder fritiertem Flussaal. Er wird mit Bergpfeffer und Sojasoße gewürzt auf Reis gegessen, das Gericht heißt *Unadon*.

Usjanmajan ist eine chinesische Gewürzmischung für Fleischgerichte, Dessertspeisen und Konditoreiwaren aus Dill, Sternanis, Nelken und Zimt, in einer schärferen Form zusätzlich mit Pfeffer und Ingwer.

Ussuri-Birne ist die Frucht einer in kalten Regionen Ostasiens und Nordamerikas wachsende Birnenart *(Pyrus ussuriensis – Rosaceae)*. Sie ist relativ klein, schmeckt herb süß und ist recht aromatisch.
en: *Ussurian pear*

Usus Ayam sind gereinigte Hühnerdärme, die in Indonesien in kleine Stücke geschnitten, der Länge nach halbiert, getrocknet und fritiert werden. Man isst sie als Snacks.

Vanghibath ist ein südindisches Gericht aus gekochten Auberginen, Reis und Gewürzen.

Vanille, *Echte Vanille,* sind die Kapseln, nicht Schoten, einer ursprünglich aus Zentralamerika stammenden tropischen Orchidee *(Vanilla planifolia – Orchidaceae)*, die heute in vielen

Vanille

anderen tropischen Regionen angebaut wird, vor allem auf Madagaskar und benachbarten Inseln. Die Früchte werden im halbreifen Zustand geerntet. Das charakteristische Aroma entwickelt sich erst bei der anschließenden Behandlung. Die Früchte werden kurz in heißes Wasser eingetaucht, anschließend über Wochen fermentiert und dann getrocknet. Der Hauptaromabestandteil ist Vanillin, das leicht synthetisch oder auf mikrobiologischem Weg hergestellt werden kann; solches Vanillin hat aber wegen des Fehlens der Aroma-Nebenkomponenten nicht die Aromafülle von natürlichem *Vanillin* oder Vanille. Vanille dient zum Würzen von Backwaren, Desserts, Getränken, süßen Soßen und Speiseeis. Sie wird in kleinen Mengen manchen anderen Lebensmitteln zugesetzt; dabei wird das Aroma dieser Produkte verstärkt, ohne dass man den Vanillegeschmack bemerkt. Es gibt eine Anzahl weiterer Vanille-Arten, deren Aroma aber nicht das der Echten Vanille erreicht.
en: *Vanilla*

Vape Macch ist ein bengalisches Gericht aus Karpfen, der in einer mit Chili und Kurkuma gewürzten Jughurt-Soße zubereitet wird.

Varaq sind hauchdünn geschlagene Silber- oder Goldfolien, mit denen man in Indien festliche Speisen und Desserts dekoriert. Sie werden mitgegessen. Man sagt ihnen eine Wirkung als Aphrodisiakum nach.

Vatalappum ist eine in Sri Lanka populäre puddingartige Dessertspeise aus geschlagenen Eiern, Palmzucker und Kokosmilch, die ihren Ursprung in Malysia hat.

Vatapá ist ein nordbrasilianischer Eintopf aus Fischen, Garnelen, Fleisch oder Geflügel in einer Soße aus Erdnüssen und Palmöl, der mit Ingwer und Pfeffer gewürzt wird. Er soll seinen Ursprung in Schwarzafrika haben.

Vesiga ist das getrocknete Rückenmark des Hausens und anderer Störarten. Sie sieht aus wie ein gelbes Band. Zur weiteren Verarbeitung wird sie einige Stunden in Wasser gelegt, wobei sie etwa die fünffache Menge an Wasser aufnimmt. Sie wird dann in Fleischbrühe gekocht, fein gehackt und zu Pasteten weiterverarbeitet, z.B. zu *Rastegai*.

Vindaloo ist ein Sammelbezeichnung für südindische Fleischgerichte, die sehr scharf mit einer Paste aus Knoblauch, Chili, Koriander, Tamarinden, Pfeffer, Kardamom, Kurkuma und anderen Gewürzen in einem *Karai*, d.i. eine Art Wok gebraten werden. Auch Eier können damit gewürzt werden.

Vino Santo ist ein süßer italienischer Dessertwein aus getrockneten Weintrauben. Es ist strittig ist, ob der Name religiösen Ursprungs ist oder auf die griechische Insel Xantos zurückgeht. Der sehr zuckerreiche Most wird in kleinen Eichenholzfässern *(Caratelli)* oxidativ vergoren, wobei bis zu 17% Alkohol entstehen. Der Wein ist leicht süßlich, hat eine kräftige Säure und ist lange lagerfähig. Man kann ihn als solchen trinken; er wird aber hauptsächlich zum Eintunken der *Cantucci* verwendet, einem harten Gebäck.

Visne ist mit Zucker angedickter Sauerkirschensaft, der in der Türkei auf der Straße verkauft wird. Man verdünnt ihn mit Wasser zu einem Erfrischungsgetränk.

Vogelnester, besonders die von bestimmten schwalbenähnlichen Seglern, *Salanganen (Collocalia fuciphaga)*, werden unter großen Gefahren von schwer zugänglichen Höhlenwänden abgesammelt, nachdem die Brut die Nester verlassen hat. Sie sind milchig-weiß und bestehen aus Flaumfedern und dem zähem, an der Luft erhärteten Speichel der Vögel. Nach aufwendigen Reinigungsoperationen sind sie in einigen Ländern Ostasiens extrem teure Rohstoffe für Suppen, die hierzulande (wahrscheinlich vielfach in Form von Imitaten) als *Schwalbennestersuppe* bekannt sind. Sie sind eher Prestigeobjekte, denn sie haben kaum einen Geschmack. So setzt man den Suppen Zucker oder Hühner- oder Schweinefleisch zu.
en: *Bird's nests*

Wachskürbis, *Chinesischer Squash, Chinesische Wintermelone*, ist die Frucht einer südostasiatischen Kletterpflanze *(Benincasa hispida – Cucurbitaceae)*, die in vielen anderen Ländern angebaut wird. Er ist kugelrund bis länglich, hell- bis dunkelgrün und bis zu 45 kg schwer. Er trägt eine kalkweiße Wachsschicht, die ihn vor dem Austrocknen schützt und sehr lagerfähig macht. Das Fruchtfleisch ist weiß und saftig. Es enthält zahlreiche ölhaltige Samen. Es kann gekocht als Gemüse oder Suppeneinlage gegessen werden. In Indonesien wird es auch kandiert.
en: *Wax gourd, White gourd, Ash gourd, Chinese preserving melon, Winter melon*

Wachteleier sind die Eier der japanischen *Zwergwachtel (Coturnix coturnix japonica)*, die nur etwa 1/5 des Gewichtes von Hühnereiern haben. Sie haben gegenüber Hühnereiern einen wesentlich höheren Gehalt an Avidin, einem Eiweißstoff, der die Wirkung bestimmter B-Vitamine aufhebt. Dieser wird durch Erhitzen inaktiviert, deshalb sollte man sie nur gekocht essen. Ihr prozentualer Cholesteringehalt ist deutlich höher als der der Hühnereier; gegenteilige Werbeaussagen sind irreführend, weil sie nicht das geringere Gewicht der Wachteleier erwähnen.

Waina ist ein in Nigeria zusammen mit Brot gegessenes, mit Salz und Pfeffer gewürztes Omelett aus geschlagenen Eiern.

Wajik ist eine indonesische Süßigkeit. Klebreis wird mit Palmzucker gekocht und in unterschiedliche Formen gebracht, die mit Naturfarben eingefärbt werden

Wakame ist der Thallus einer ostasiatischen *Braunalge (Undaria pinnatifida – Laminariales)*. Er wird frisch oder getrocknet gegessen und ist für sich allein oder in Abmischung mit Reisessig, Zucker und Sojasauce ein eiweißreiches Würzmittel für Reisgerichte und Suppen.

Wake-Ewa ist ein nigerianisches Gericht aus gekochten Bohnen und einer scharfen Soße aus Erdnussöl, Tomaten, gerösteten Zwiebeln, Chili, etwas Zucker, Thymian und Koriander.

Walfleisch in gegrillter oder gekochter Form, der Speck und vor allem das Fett des Wales *(Waltran)* wurden früher in vielen Fischfang treibenden Ländern sehr geschätzt. Hauptsächlich aus Gründen des Artenschutzes, dessen Berechtigung nach Ansicht mancher Experten aber gar nicht gegeben ist, werden Wale außer in Japan, Russland und einigen anderen Staaten kaum mehr gejagt. Walfleisch enthält mehr Protein und weniger Kalorien und Cholesterin als Rind- oder Schweinefleisch. Am schmackhaftesten ist das marmorierte Fleisch des Schwanzansatzes, in Japan *Onomi* genannt. Auch der Speck des nur etwa 10 Meter langen *Minkwales (Balaenoptera acutorostrata, en: Minke whale)* gilt als besonders delikat.
en: Whale meat

Wampi ist die Frucht eines südchinesischen strauchartigen Baumes *(Clausena lansium – Rutaceae)*. Sie ist rund oder oval, kirschgroß, weiß bis gelblich und hat ein leicht säuerlich schmeckendes geleeartiges aromatisches Fruchtfleisch. Sie wird roh gegessen oder zu Dessertspeisen, Konfitüren oder Getränken verarbeitet. Die Blätter des Baumes, die einem anisartigen Geruch haben, werden als Gewürz verwendet.
en: Wampee

Wan Tan sind südostasiatische dünne Blätter aus Reismehlteig in vielerlei Formen, in die man Gemüse, Hackfleisch, Fisch oder andere Meerestiere einwickelt. Sie können gebraten, fritiert, gebacken oder gedämpft oder in Suppen gegart werden. Man isst sie als Snacks.

Warenik ist ein mit Fleisch oder Weißkäse gefüllter kleiner Krapfen der jüdischen Küche, der besonders in Polen und Russland populär ist.

Wari, *Panjabi wari*, ist eine indische pastöse Gewürzzubereitung. Mungbohnen oder andere Hülsenfrüchte, Reis, Mais oder Weizen werden in Wasser eingemaischt, zerkleinert und mit heißem Wasser zu einem Brei verarbeitet. Er wird nach Zugabe von Salz, Kümmel, Koriander und Kurkuma einer spontanen

Gärung überlassen. Die Masse wird dann zu Kugeln verformt, die man an der Luft trocknet.

Wasabi, *Japanischer Meerrettich,* sind die Rhizome einer japanischen Rettichart *(Wasabi japonica – Brassicaceae)*, die vor allem auf der Insel Honshu angebaut wird. Er ist ähnlich scharf wie Meerrettich und wird in der japanischen Küche frisch gerieben oder nach dem Trocknen als Würzmittel benutzt.
en: *Japanese horseradish, Mountain hollyhock*

Washami Tatami sind hauchfeine gepresste Blätter aus dem gedörrtem Fleisch von kleinen sardinenähnlichen Fischen aus dem Japanischen Meer. Sie haben ein filigranartiges Aussehen. Man reißt sie in kleine Stücke, die in Öl fritiert werden.

Wasserapfel ist die Frucht eines in Südostasien und in der Karibik wachsenden Baumes *(Syzygium aqueum – Myrtaceae)*. Er hat eine rote Schale und ähnelt einem Apfel. Er kann leicht mit dem verwandten *Javaapfel* verwechselt werden, ist aber kleiner und gedrungener als dieser. Das helle saftige Fruchtfleisch hat einen sehr hohen Wassergehalt und schmeckt deshalb sehr erfrischend. Einige Sorten haben eine angenehme Säure.
en: *Water rose apple*

Wasserkastanie, *Chinesische Wasserkastanie, Süße Sumpfsimse* ist die Sprossknolle eines in China im stehenden Wasser kultivierten Sumpfgrases *(Eleocharis dulcis – Cyperaceae)*. Sie ist botanisch nicht mit der europäischen Kastanie verwandt. Die Wasserkastanie hat das Aussehen einer abgeplatteten Zwiebel. Die dunkelbraune bis schwarze Schale wird vor dem Genuss entfernt. Das Fruchtfleisch ist rein weiß, fest und reich an Stärke. Es schmeckt leicht süßlich. Man verwendet es als Zutat zu Suppen und anderen ostasiatischen Speisen. In China ist die Wasserkastanie weniger ein Gemüse, sondern eher eine Zutat zu Desserts und Süßspeisen oder püriert die Basis für *Dim Sum*. Die Wasserkastanie ist auch als Konserve erhältlich.

Wasserapfel

Wasserkastanie

en: *Chinese water chestnut, Waternut, Water chestnut*

Wassermais sind die Samen der *Königlichen Wasserlilie*, einer Seerose des Amazonasgebietes *(Victoria amazonica – Nymphaeaceae)*. Sie sind erbsengroß, dunkel olivgrün und in den faustgroßen, stacheligen, unter der Wasseroberfläche reifenden Früchten enthalten. Wassermais enthält viel Stärke und wird von Einheimischen in roher oder gekochter Form gegessen.

Wassernuss, *Spitznuss*, ist die Steinfrucht einiger ursprünglich in Europa, Vorder- und Mittelasien bis Indien heimischer Wasserpflanzen *(Trapa spec. – Trapaceae)*. Einige werden auch als Wasserkastanie bezeichnet. Am bedeutendsten ist die *Chinesische Wassernuss (Trapa natans bicornis)* und die *Singharanuss (Trapa natans bispinosa)*. Sie ist ca. 4 cm lang, dunkelbraun und stachelig. Die Samen haben ein helles, stärkereiches, wohlschmeckendes Fleisch mit einem nussartigen Aroma. Man darf sie nicht roh essen, weil sie Toxine enthalten, die erst durch Kochen zerstört werden.
en: *Water caltrop*

Wasserspinat sind die Blätter einer im tropischen Asien heimischen kleinen Sumpfpflanze *(Ipomoea aquatica – Convolvulaceae)*. Sie werden lokal roh oder wie Spinat gekocht verzehrt.
en: *Water spinach, Swamp cabbage*

Wasserwanzen sind Insekten, die bis zu 14 g wiegen können. Sie sind gegrillt und in Essig eingelegt Delikatessen der chinesischen Küche.

Water lettuce ist eine in tropischen und subtropischen Regionen Afrikas, Asiens und Amerikas verbreitete, in Teichen und Seen wachsende Wasserpflanze *(Pistia stratiotes – Araceae)*. Man kann ihre Blätter als solche zu Salat verarbeiten oder besser zuvor kurz in Wasser kochen.
de: *Wassersalat*

Waterzooi ist ein flämischer Eintopf aus frischen Nordseefischen mit Kartoffeln und Gemüse.

Weinblätter sind in Salzlake eingelegte frische Blätter des Weinstocks *(Vitis vinifera – Vitaceae)*, die im Frühsommer geerntet werden. Man entnimmt von jeder Rebe die dritten und vierten Blätter. Sie sind nicht so zäh wie ältere Blätter. Weinblätter werden in östlichen Mittelmeerländern als Hülle für pikant gewürzte Farcen benutzt, wie Fleisch, Reis

Wassernuss

oder Gemüse. Dabei liegt die glänzende Blattoberfläche außen.
en: Vine leaves

Weiße Sapote, *Mexikoapfel, Matasano,* ist die Frucht eines mittelamerikanischen Baumes *(Casimiroa edulis – Rutaceae).* Sie hat die Größe einer Orange und ist gelbgrün. Unter einer dünnen Schale liegt ein gelbliches, weiches, süß, wenig sauer, eher zartbitter schmeckendes Fruchtfleisch mit einem leichtem Terpengeschmack. Die Weiße Sapote ist wenig transportfähig und wird lokal roh gegessen.
en: White sapote

Weißes Sandelholz ist das Kernholz eines indischen Baumes *(Santalum album – Santalaceae).* Es riecht würzig bis rosenartig. Extrakte dienen als Aromastoffe. Weißes Sandelholz ist nicht mit dem mehr als Farbstoff verwendeten *Roten Sandelholz* zu verwechseln.
en: White sandalwood

Wildreis, *Indianerkorn,* ist kein Reis, sondern der Samen einer seit vorkolumbianischen Zeiten in Nordamerika heimischen Getreidepflanze *(Zizania aquatica – Gramineae).* Er war einst ein Grundnahrungsmittel der Indianer. Er hat die Form einer Tannennadel, ist relativ reich an Eiweiß, dunkelbraun und schmeckt leicht nussartig.
en: Wild rice, Indian rice

Wildzwiebel ist die Zwiebel der *Schopf-Traubenhyazinthe (Muscari comosum – Liliaceae).* Sie wächst in Mittelmeerländern wild, wird teilweise auch kultiviert und als Gemüse gegessen. In Deutschland ist sie durch die Bundesartenschutzverordnung geschützt.

Winterkresse, *Barbarakraut,* sind die jungen Blätter einer in Südwesteuropa heimischen Staudenpflanze *(Barbarea vulgaris – Brassicaceae),* die in vielen anderen Ländern einbürgert ist. Sie hat einen strengen Geschmack und dient als Würzkraut für Salate und Soßen oder als würziger Butterbrotbelag.
en: Yellow rocket

Wishna ist eine als Dessert mit Schlagsahne gegessene arabische Konfitüre aus dunklen Kirschen. Man kann sie auch mit kaltem Wasser verdünnen und dann trinken.

Der **Wok** ist ein aus China stammender gewölbter Topf. Seine Form wurde ursprünglich aus der Not geboren, denn das teure Brennmaterial musste optimal genutzt werden. Im Wok kann man die Zutaten schneller in heißem Öl braten als in einer flachen Pfanne, weil das Bratgut beim Wenden immer wieder von selbst in den Wok zurück fällt. Der Wok macht eine Vielzahl von Garmethoden möglich macht, vom Kurzbraten über das Dämpfen, Kochen, Fritieren bis hin zum Braten und Schmoren. Traditionell besteht er aus dünnem Eisenblech, das eine optimale Wärmeverteilung möglich macht. Eine etwas teurere, heute mehr übliche Alternative ist dickes Gusseisen, das aber nicht so schnell auf Veränderungen der Hitzezufuhr reagiert und sich eher für längere Garvorgänge eignet. Beim Garen im Wok benötigt man in aller Regel besonders wenig Fett.

Wollhandkrabbe ist ein kleiner chinesischer Krebs *(Eriocheir sinensis)*, der seinen Namen den dick bepelzten Scheren der Männchen verdankt. Sie ist Anfang des 20. Jahrhunderts erstmals nach Europa gelangt, wo sie großen Schaden anrichtet, weil sie gefangene Süßwasserfische frisst und Deiche und Dämme an der Küste beschädigt. Sie ist eine Delikatesse der chinesischen Küche, in Deutschland aber ohne kulinarische Bedeutung.
en: Chinese mitten crab

Wonton, in China *Hun dun* genannt, sind runde oder eckige Blätter aus dünnem Weizenmehlteig mit Ei-Zusatz. Man benutzt sie zum Enwickeln von Speisen, die darin gedünstet, gekocht oder auf andere Weise gegart werden. Die Variante *Shao Mai* enthält eine Füllung aus gehacktem Schweinefleisch.

Woodapple, *Elefantenapfel,* ist die Frucht eines in Sri Lanka wachsenden Baumes *(Limonia acidissima – Rutaceae).* Sie ist knapp apfelgroß, braun und dunkel gefleckt. Sie ist reif, wenn man beim Schütteln der Früchte hört, dass sich das Fruchtfleisch von der harten Schale getrennt hat. Der Woodapple wird lokal frisch oder als Püree verzehrt. Mit der ebenfalls als Elefantenapfel bezeichneten *Chaltha* ist der Woodapple nicht verwandt.
en: Woodapple, Elephant's apple

Worcester-Soße ist eine in der englischen Grafschaft Worcestershire entwickelte Soße. Sie wird durch Extraktion von Curry mit heißem Weinessig hergestellt. Diesem Auszug setzt man Tamarindenmus, Tomatenmark, Malzextrakt, Zitronensaft, Sardellen, Dessertwein und Gewürze zu.
en: Worcester sauce

Wo-Tan-Blätter sind chinesische dünne, runde oder quadratische Blätter aus Getreide- oder Eierteig zum Umwickeln anderer Speisen.

Wurst ist nicht nur eine deutsche Spezialität mit etwa 1500 Varianten. Besonders die durch Reifung, Trocknung, mit und ohne Räucherung aus rohem Fleisch hergestelle Rohwurst hat in vielen Ländern eine große Tradition, z.B. in Italien, Frankreich, Ungarn und Spanien. Auch in China wird in großem Umfang rohes oder getrocknetes Fleisch, hauptsächlich Schweinefleisch, zusammen mit Reiswein und Gewürzen zu Wurst verarbeitet. Wurst wird in China weniger direkt als Snack verzehrt, sondern

mehr zum Würzen anderer Lebensmittel benutzt.
en: Sausage

Wurzelpetersilie ist die fleischige Pfahlwurzel einer Petersilien-Art *(Petroselinum crispum var. radicosum – Apiaceae)*, die frisch oder getrocknet in südeuropäischen Ländern als würziges Suppengemüse gegessen oder zum Würzen anderer Speisen benutzt wird.

Ximenia, Sauerpflaume ist die in den USA in Mode gekommene Steinfrucht eines aus Afrika stammenden, heute in Kalifornien angebauten Baumes *(Ximenia americana – Olacaceae).* Sie hat viele amerikanische Namen, Hogplum wird z.B. auch für eine mit ihr nicht verwandte Balsampflaume benutzt. Ihr Geschmack ist etwas adstringieren und liegt zwischen dem einer Pflaume und einer Zitrone.
en: Ximenia, Hogplum, seaside plum

Yahni, *Yakhni* ist ein einfaches türkisches Eintopfgericht auf Basis von Gemüsen verschiedenster Art, wie Bohnen, Zwiebeln u.a., manchmal mit Zusatz von Fleisch, aber immer mit viel Olivenöl.

Yaji ist eine westafrikanische scharfe Gewürzmischung, die u.a. aus Chili, Pfeffer und Ingwer besteht.

Yakayake ist ein in Westafrika gegessenes Fladenbrot aus fermentiertem Maniokamehl.

Yaki dofu ist in der japanischen Küche als Suppeneinlage verwendeter gegrillter Tofu.

Yakimono ist die allgemeine japanische Bezeichnung für gegrillte Gerichte.

Yakkwa sind kleine, in Pflanzenöl fritierte koreanische Backpulverkuchen, die mit etwas Zimt und dem Saft frischer Ingwerwurzeln aromatisiert werden.

Yakon ist die Knolle einer krautigen Pflanze des tropischen und subtropischen Südamerikas *(Polymnia sonchifolia – Asteraceae).* Sie schmeckt aufgrund ihres hohen Inulingehaltes leicht süß und ist ein wichtiges Nahrungsmittel für die dortigen Einheimischen. Yakon wird meist geschält roh gegessen oder zusammen mit den oberirdischen Stengeln als Gemüse zubereitet.

Yalanci Dolmasi ist ein türkisches Gericht aus mit Zwiebeln angebratenen und kräftig gewürzten Hammel- oder Lammfleischstücken, die zusammen mit Reis in Weinblätter eingewickelt, in Brühe gegart und kalt serviert werden. Eine ähnliche griechische Speise enthält Korinthen und Pinienkerne.

Yam, *Yamswurzel,* ist ein Sammelbegriff für die Knollen und Wurzeln verschiedener aus dem tropischen Asien stammende Kletterpflanzen, Stauden und Sträucher *(Dioscorea*

Yam

spec. – *Dioscoreaceae*). Sie sind sehr stärkereich und gehören zu den wichtigsten Nahrungspflanzen für die Bewohner der Tropengebiete Afrikas, Asiens und Südamerikas. Die Yam wiegt meist etwa 20 kg, kann aber auch sehr viel schwerer werden. Sie kann rötlich, gelb oder violett aussehen. Die Knollen sind im getrockneten Zustand gut lagerfähig. Sie werden zu Mehl verarbeitet, das als Brei oder Fladenbrot gegessen wird. Sie wird auch roh, gebraten oder geröstet gegessen. *Embeme (Dioscorea minutiflora)* und *Wasser-Yam, Weiße Yam, Große Yam (Dioscorea alata, en: White Yam, Water Yam)* sind die am meisten angebauten Arten, deren Knollen bis zu 50 kg schwer werden. Sie wird in Afrika in Form von *Fufu* gegessen, einem scharf gewürzten Brei aus den gekochten und zerstampften Knollen. *Kartoffel-Yam, Brotwurzel (Dioscorea batatas, en: Chinese potato, Chinese yam)* ist eine in Ostasien angebaute Varietät, die Ähnlichkeit mit der Kartoffel hat. Unter dem gleichen Namen existiert eine in Afrika und Südostasien angebaute Art *(Dioscorea bulbifera, en: Air potato)*. *Japan-Yam, Mukago (Dioscorea japonica)*, deren Blätter auch als Gemüse verzehrt werden, *Asiatische Yam, Kleine Yam (Dioscorea esculenta, en: Potato yam, Fancy yam)* und die südamerikanische *Cush-Cush-Yam, Faser-Yam (Dioscorea trifida)* zeichnen sich durch besonderen Wohlgeschmack aus. Die *Guinea-Yam, Gelbe Yam (Dioscorea cayenensis, en: Guinea yam, Yellow yam)* hat Knollen, die beim Lagern sehr hart werden. Einige Yam-Arten, z.B. die im tropischen Afrika heimische Afrikanische *Bitteryam, Eusuriyam, Dreiblattyam (Dioscorea dumetorum)* und die *Ostasiatische Bitteryam (Dioscorea hispida)*, enthalten in der Wildform ein so giftiges Alkaloid, dass bereits wenige Bissen tödlich wirken. So dient der Saft der Knollen den Einheimischen als Pfeilgift. Das Gift wird durch Einweichen und Erhitzen der Knollen zerstört. *Elefanten-Yam* ist zwar ebenfalls eine Knolle, stammt aber von einer in Südostasien wachsenden Pflanze einer anderen Familie ab *(Amorphophallus paconiifolius – Araceae)* ab. Die Knollen enthalten als Kohlenhydrat Mannose.
en: Yam

Yao Horn ist eine kambodschanische Fondue, bei der kleine Stücke Rind- oder Geflügelfleisch oder Meeresfrüchte am Tisch nach dem Eintauchen in Eigelb in heißer Erdnusssoße gegart werden.

Yaraki ist ein von südamerikanischen Indianern hergestelltes leicht alkoholisches Getränk aus Maniokmehl.

Yassa ist ein senegalesisches Gericht aus Geflügelfleisch, das in einer scharf mit Pfeffer gewürzten Tunke aus Zitronensaft, Zwiebeln, Essig und Erdnussöl mariniert wird. Das Fleisch wird dann gegrillt oder gebraten und in der Marinade geköchelt. Man isst es mit Reis.

Yautia, *Mafaffa, Raskerada*, sind die Rhizomknollen und oberirdischen Teile einer in Westafrika und Brasilien kultivierten Staude *(Xanthosoma mafaffa – Araceae)*. Sie werden von Einheimischen als Gemüse gegessen.
en: Yautia, Malanga

Yerba buena sind die getrockneten Blätter einer wilden mexikanischen Minze *(Mentha cordifolia – Lamiaceae)*, die als Gewürz verwendet werden.

Yin Yang, was hell und dunkel bedeutet, sind Begriffe der chinesischen Philosophie, die auch Eingang in die Ernährung gefunden haben. Dort bedeuten sie Ausgewogenheit. Man sollte sich mit Lebensmitteln von beiden Typen ernähren. Yin-Lebensmittel sind u.a. Reis, Mehlspeisen, grünes Gemüse und Fisch. Yang-Lebensmittel sind u.a. rotes Fleisch, scharfe Soßen, Chili, Paprika, Fett, Alkohol, Ananas und Mango.

Yista ist die Asche der Stengel des Perureis, die den Einheimischen der Andenregionen als Zutat bei Kauen von Cocanüssen dient.

Ymer ist ein dänisches Sauermilchprodukt, das man durch Zusatz spezieller Milchsäurekulturen zu Milch herstellt. Es hat eine dicke, zähe Struktur und wird mit dem Löffel zum Frühstück gegessen.

Yosenabe ist ein japanisches Eintopfgericht aus Fischen und anderen Meerestieren, Tofu, Gemüsen und Pilzen, gewürzt mit Sojasoße.

Youngbeere ist eine nordamerikanische Kreuzung aus der Himbeere und der Brombeere. Sie ist größer als beide und hat ein dunkelrotes, feinsäuerlich, wohlschmeckendes festes Fruchtfleisch mit viel Aroma. Sie ähnelt der *Taybeere*.

Ysop sind die getrockneten Blätter eines mediterranen Halbstrauches *(Hyssopus officinalis – Lamiaceae)*. Sie werden kurz vor dem Aufblühen der Pflanzen geerntet und haben ein

Ysop-Blätter

thymianähnliches Aroma. Der Geschmack ist leicht bitter. Ysop dient zum Würzen von Suppen, Soßen, Salaten und Bratfleisch. Er ist auch Bestandteil von Kräuterlikören.
en: Hyssop

Yuba ist eine sehr dünne Haut, die sich beim Erhitzen auf der Oberfläche von Sojamilch bildet. Sie hat einen extrem hohen Gehalt an Eiweiß und ist sehr reich an ungesättigten Fettsäuren und Zucker. Sie ist relativ teuer und wird besonders in der Gegend von Kyoto frisch als Zutat zu verschiedenen Gerichten benutzt. Man verwendet Yuba auch getrocknet in Form dicker Scheiben oder gerollter Blätter als Suppeneinlage oder als würzende Zutat. Yuba ist ein wichtiger Bestandteil der vegetarischen buddhistischen Küche *Shojin Ryori*.

Yucca ist die Frucht des im Südwesten der USA wild wachsenden Josuabaumes, einer Palmlilie *(Yucca brevifolia – Agavaceae)*. Sie schmeckt sehr süß und wird von Indianern roh oder getrocknet gegessen oder zu Backwaren verarbeitet.

Yudeazuki ist eine kühl servierte japanische Dessertspeise aus weich gekochten Mungbohnen und viel Zucker.

Yufka, *Yufka Ekmegi,* ist ein anatolisches, leicht gesalzenes, maximal 3 mm dickes Fladenbrot aus Weizenmehlteig. Es wird kurz auf beiden Seiten gebacken und ist an einem trockenen Platz wochenlang lagerfähig. Vor dem Verzehr beträufelt man es mit warmem Wasser, rollt es zu einer Art Tüte aus und füllt es mit Fleisch, Käse, Gemüse, Kräutern, würzigen Soßen oder anderen pikanten oder süßen Zutaten.

Yukuka ist ein von südamerikanischen Indianern durch Extraktion von Maniokmehl mit Wasser hergestelltes alkoholfreies Getränk.

Yum Cha sind, ähnlich wie Dim Sum traditionelle chinesische Snacks, die zum Tee gereicht werden.

Yünnan Fo Toy ist ein chinesischer Schinken von kleinen Mastschweinen. Er kann an der Luft getrocknet oder in einer Form mit einer Lake gekocht werden, die mit Zimt, Knoblauch, Reiswein und Orangenschalen gewürzt wird. Man isst ihn weniger als solchen, sondern benutzt ihn eher zum Würzen von Suppen und anderen Gerichten.

Zaatar, *Zahtar* ist eine orientalische Gewürzmischung aus Sesamsaat, Sumach und Thymian, die man für Lammfleisch und Joghurt verwendet.

Zampone ist eine italienische Spezialität. Ein entbeinter Schweinsfuß wird mit einer Farce aus Fleisch, Gänseleber, Pökelzunge, Speck, Trüffeln und Pistazien gefüllt und in Fleischbrühe gargezogen. Er wird eiskalt in Scheiben geschnitten serviert, warm mit Kartoffelbrei oder als Bestandteil von *Bollito misto* gegessen, gemischtem gekochtem Fleisch mit Kräutersauce.

Zarda ist ein süßes indisches Reisgericht. Es wird mit Safran aromatisiert und mit Kardamom, Nelken und Zimt gewürzt, wobei man die Gewürze nicht mitverzehrt. Zarda wird hauptsächlich von Muslimen zu ihrem religiösen Fest Muhurram gegessen.

Zarzuela ist ein spanisches Gericht aus verschiedenen, in Olivenöl gebackenen oder geschmorten Fischen und/oder anderen Meerestieren, Zwiebeln, Tomaten, Knoblauch, Petersilie und anderen Gewürzen.

Zeytinyagli Prasa ist ein türkisches Gericht aus in Olivenöl mit Zwiebeln und etwas Reis geschmortem Porree. Es wird kalt mit Zitronenspalten gegessen.

Zhug ist eine feurige Würzpaste auf Basis von *Cilantro,* Chili, Kardamom, Kümmel, Pfeffer und Knoblauch, die man vor allem im Jemen, aber auch in anderen angrenzenden arabischen Ländern mit Brot als Appetitanreger verzehrt.

Zibetkatzen wurden früher wegen ihres in der Parfümerie geschätzten Analsekretes, dem *Zibet* gejagt. Inzwischen stehen sie in China unter Schutz. Dennoch werden Tiere einer vor allem in Süchina lebenden Art, *(Viverricula indica)*, chinesisch *Guozili,* in Farmen gezüchtet. Ihr Fleisch wird als wohlfeile Delikatesse geschätzt. Nach der im Jahre 2002 vor allem in dieser Region aufgetretenen SARS-Epidemie spekuliert man darüber, ob sie in einem Zusammenhang mit dem Verzehr des Fleisches der Zibetkatze steht; der die Krankheit auslösende Virus wurde in Körper der Katzen nachgewiesen.
en: civet cat

Zimmes, *Tsimmes,* ist ein Eintopf der jüdischen Küche aus Fleisch und Gemüse mit oder ohne Früchten, oft mit Karotten. Man isst ihn speziell am Neujahrstag.

Zimt, *Echte Zimtrinde, Ceylonzimt,* ist die von der äußeren Korkschicht befreite, getrocknete hellbraune Rinde des aus Sri Lanka, dem früheren Ceylon stammenden Zimtbaumes *(Cinnamomum zeylanicum – Lauraceae),* der auch in anderen südostasiatischen Ländern wächst und in Brasilien angebaut wird. Zimt wird meist in Form kleiner, einige Millimeter dicker Stücke oder in Pulverform gehandelt. Man benutzt Zimt als aromatisierende Zutat zu Süßspeisen, Backwaren, Getränken und in der asiatischen Küche auch zu Fleisch- und Fischgerichten. Es gibt neben dem Echten Zimt mehrere andere Zimtarten von regionaler Bedeutung, die meist billiger, weniger delikat im Aroma sind, wie den *Cassiazimt.*

en: Cinnamon bark, Ceylon cinnamon bark

Zitrusfrüchte ist die Sammelbezeichnung für die Beerenfrüchte von Sträuchern und Bäumen *(Citrus spec. – Rutaceae)*, die aus Ostasien stammen. Es gibt etwa 15 botanisch differenzierbare Arten und eine große Zahl von Abarten und Kreuzungen. Die Zitrusfrüchte wachsen fast ausschließlich in subtropischen Gebieten. Sie sind neben Bananen und Trauben die wichtigsten Obstarten überhaupt. Viele sind keine Exoten mehr, wie die Orange, Apfelsine *(Citrus sinensis, en: Orange)* und die Zitrone *(Citrus limon, en: Lemon)*. Die Schalen enthalten ätherische Öle, einige Zitrusfrüchte sind deshalb Rohstoffe für die Parfümerie, wie die *Bergamotte (Citrus bergamia, en: Bergamot)*. Das Fruchtfleisch aller Zitrusfrüchte hat einen hohen Gehalt an Vitamin C und einen mehr oder minder harmonischen Gehalt an Zucker und Säure. Der essbare Teil besteht aus 8 bis 12 Segmenten, deren Saft leicht ausgepresst werden kann.

Ganz grob kann man zwischen den runden Orangen und den abgespitzten Zitronen unterscheiden. Die größte Bedeutung hat die relativ süße Orange, von der es allein 400 Sorten und Varietäten gibt, wie die Navel-Orange und die Shamouti. Eine bitter schmeckende Orange ist die *Bitterorange, Pomeranze (Citrus aurantium, en: Sour orange, Seville orange)*. Sie eignet sich nicht zum Rohessen und wird zu Marmelade oder Orangeat verarbeitet. Auch die *Chinois (Citrus myrtifolia)* geht hauptsächlich in die industrielle Verarbeitung. Die mit Abstand größte Orange ist die *Pampelmuse (Citrus maxima, en: Pomelo, Shaddock)*, die bis zu 6 kg schwer werden kann. Sie wird oft mit der sehr ähnlichen Grapefruit gleichgesetzt. Diese ist aber eine eigene Art *(Citrus paradisi, en: Grapefruit)*. Als *Pomelo* wird auch eine israelische Züchtung aus Grapefruit und Pampelmuse bezeichnet. Die *Mandarine (Citrus*

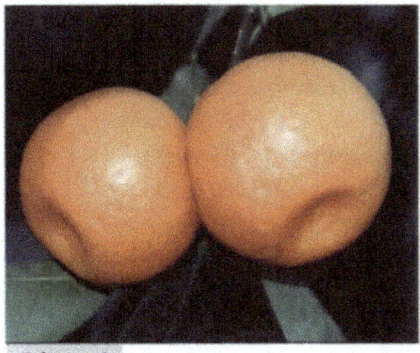

Calamansi

Kumquat

reticulata, en: Mandarine orange) hat eine etwas dünnere Schale als die Orange und ist kleiner als diese. Abarten sind die noch kleinere *Tangerine (Citrus reticulata tangerina, en: Tangerine)* und die aus der japanischen Provinz Satsuma stammende *Satsuma (Citrus reticulata unshiu)*.

Die Zitrone zeichnet sich durch einen hohen Säuregehalt aus und wird daher kaum roh gegessen. Auch von ihr gibt es viele Varianten. Die *Zedrat-Zitrone, Zitronat-Zitrone (Citrus medica, en: Citron)* wird hauptsächlich zu *Zitronat* verarbeitet. Die *Limette, Limone (Citrus aurantiifolia, en: Lime)* ist klein und grün. Sie wächst hauptsächlich in den Tropen und zeichnet sich durch ein besonders starkes Aroma und einen hohen Säuregehalt aus. Varianten sind die *Süße Limette (Citrus limetta)* und die auf den Philippinen kultivierte *Calamansi (Citrus madurensis, en: Calamondin)*. Eine eigene Art ist die aus China stammende *Zwergorange, Kumquat (Fortunella spec., en: Kumquat)*. Sie ist nur etwa pflaumengroß und wird mit der süß schmeckenden Schale verzehrt. Das Fruchtfleisch schmeckt säuerlich. Es gibt eine ovale *(Fortunella margarita)* und eine runde Form *(Fortunella japonica)*. Klein und grün ist die *Kaffir-Limette*, auch *Papeda* genannt, die warzige Frücht eines relativ hohen südostasiatischen Baumes *(Citrus hystrix, en: porcupine orange, leech lime, kaffir lime)*. Ihre Früchte, Fruchtschalen und Blätter sind au-

ßerordentlich aromatisch und werden nicht nur als solche gegessen, sondern auch zum Würzen benutzt. Ähnlich ist die japanische grüne, tischtennisballgroße *Sudachi (Citrus sudachi)*. Sie ist das Wahrzeichen der Stadt Tukushima. Sie wird so gut wie nicht exportiert. Man kann sie mit der Schale verzehren oder benutzt sie wegen des intensiven Aromas als Zusatz zu Soßen, Marinaden und Matsutake. Etwas größer ist die *Yuzu (Citrus junos, en: Japanese citron)*, die ebenfalls sowohl in der Schale als auch im Fruchtfleisch sehr aromareich ist. Sie dient als würzende Zutat zu vielen japanischen Speisen. In Europa ist sie kaum bekannt. Es gibt zahlreiche Kreuzungen der Citrusarten untereinander die in Tabelle 1 dargestellt sind.

Wichtige Kreuzungen von Zitrusfrüchten

Chironja	Orange × Grapefruit
Citrange	Orange × Citrus trifoliata
Citrangequat	Kumquat × Zitrone × Orange
Clansellina	Clementine × Satsuma
Clementine	Mandarine × Pomeranze
Clemenvilla	Clementine × Orlando
Fortuna	Clementine × Tangerine
Kara	King × Satsuma
King	Orange × Satsuma
Lee	Clementine × Orlando

Limequat	Kumquat × Limette
Malaquina	Orange × Mandarine
Mapom	Mandarine × Grapefruit
Michal	Clementine × Tangarine
Minneola	Grapefruit × Tangerine
Orangequat	Kumquat × Orange
Orlando	Grapefruit × Dancy-Tangarine
Ortanique	Orange × Tangerine
Suntina	Clementine × Orlando
Tangelo	Tangerine × Pomelo
Tangor	Mandarine × Tangarine × Orange
Temple	Mandarine × Grapefruit
Ugli	Grapefruit × Tangerine × Orange
Wilking	Mandarine × Temple

Zitrusfrüchte sind gut transportfähig und stehen infolge einer gut entwickelten Transportlogistik das ganze Jahr hindurch zur Verfügung. Sie werden in großem Umfang frisch, in Form frisch gepresster Säfte, Marmelade oder sonstiger Zubereitungen verzehrt. Weiterhin werden sie, wie kaum eine andere Obstart industriell verarbeitet, z.B. in den Ursprungsländern zu Saftkonzentraten, die zu Säften oder Erfrischungsgetränken rückverdünnt werden.
en: *Citrus fruit*

Zitrusgras sind die Blätter eines südostasiatischen Grases *(Cymbopogon citratus* – *Poaceae)*. Sie dienen zusammen mit den Stengelansätzen in frischer Form wegen ihres angenehmen zitronenartigen Geruches und Geschmackes in Indien zum Würzen von Suppen, Fleisch- und Fischgerichten. Getrocknet sind sie Bestandteile asiatischer Würzsoßen.
en: *Lemon grass*

Zitwer sind die Blätter und jungen Sprosse einer in Südostasien heimischen Pflanze *(Curcuma zedoaria* – *Zingiberaceae)*, die lokal roh oder gekocht als Gemüse gegessen werden.
en: *Zedoary sprouts*

Zitwerwurzeln sind die getrockneten Rhizomknollen einer in Südostasien heimischen Pflanze *(Curcuma zedoaria* – *Zingiberaceae)*. Sie haben eine leicht kampferartigen, ingwerähnlichen Geruch. Der Geschmack ist scharf und schwach bitter. Zitwerwurzeln dienen in Indien als Gewürz und als Zutat zu Currymischungen. Hierzulande werden sie zur Aromatisierung von Likören und Magenbittern verwendet.
en: *Zedoary, White turmeric*

Zitwerwurzeln

Zoni ist eine japanische Suppe, die am Neujahrstag gegessen wird. Sie besteht aus Reis, Kamaboko, Geflügelfleisch, Gemüse, Dashi und einem Schuss Limonensaft.

Zucchini, *Gemüsekürbis,* sind die fleischigen Beerenfrüchte einer in den Mittelmeerländern kultivierten Kletterpflanze *(Cucurbita pepo giromontina – Cucurbitaceae).* Sie sind meist hell- bis dunkelgrün und haben das Aussehen einer kleinen Gurke. Ihr Fleisch ist aber wesentlich fester als das der Gurke. Es gibt viele Varietäten, z.B. *Rondini,* eine kugelrunde Frucht und *Goldrush,* eine gelbe nordamerikanische Art. Man isst Zucchini roh als Salat, vorzugsweise jedoch gekocht oder geschmort, auch mit Fleisch, Käse oder Reis gefüllt und in Form des Eintopfgerichtes Ratatouille.
en: Courgette

Zuckermais, *Gemüsemais, Süßmais,* ist eine leicht süß schmeckende Maisart *(Zea mays saccharata – Poaceae).* Man kocht, dünstet oder grillt die vom Kolben abgetrennten Körner und isst sie als Salat oder Gemüse. Minimais, Babymais sind die jung geernteten Kölbchen einer kleinen Varietät, die meist zu Mixed Pickles verarbeitet werden. Puffmais, Popcorn wird aus einer anderen Maisart *(Zea mays microsperma)* hergestellt.
en: Sweet corn, Sugar corn

Zuckertang ist der hauptsächlich in Norwegen gegessene Thallus einer *Braunalge (Laminaria saccharina – Laminariales).* Er wird roh als Salat oder gekocht als Gemüse verzehrt.

Zuckerwurz, *Merk, Zuckermerk, Klingelmöhre,* ist die Wurzel einer krautigen Pflanze *(Sium sisarum – Apiaceae),* einer Verwandten der *Pastinake.* Sie war früher in Europa weit verbreitet und hat dann in botanischen Gärten überlebt. Heute wird sie wieder in einigen europäischen und asiatischen Ländern angebaut. Sie ist sehr gut lagerfähig. Man kann die Zuckerwurz roh essen oder wie Karotten zubereiten. Die holzige Ader im Inneren muss vor dem Verzehr entfernt werden *en: Skirret, Chervin*

Glossar

In folgendem Glossar werden nicht allgemein bekannte oder manchmal falsch verwendete Begriffe, hauptsächlich aus den Gebieten Botanik und Zoologie erläutert, die nicht als Textstichwörter aufgeführt sind.

Beeren sind botanisch meist mehrsamige Früchte mit einer fleischigen oder saftigen Fruchtwand und einem saftigen, weichen Fruchtfleisch. Allerdings sind nicht alle landläufig als solche bezeichneten Früchte, wie Erdbeeren und Brombeeren, Beeren im botanischen Sinne. Echte Beerenfrüchte sind hingegen Bananen und Gurken.
en: Berries

Farce ist eine mit Sahne, Butter, Eiern, Brötchenteig oder anderen Zutaten gebundene, gewürzte Mischung aus fein zerkleinertem Fleisch, Fisch, Krustentieren, Gemüse oder anderen Grundstoffen, die zum Füllen von Geflügel, Wild oder Gemüse oder in Form kleiner Kugeln als Beilage oder Suppeneinlage dient.
en: Stuffing

Fermentation, Gärung ist eine durch Mikroorganismen, meist Bakterien oder Hefen, bewirkte Umwandlung eiweiß- oder kohlenhydratreicher Rohstoffe in Lebensmittel, wie Wein, Bier, Käse, Sauerkraut, Rohwurst, Fischsoßen und viele andere.
en: Fermentation

Fladen sind flache Gebäcke aus wenig oder gar nicht mit Hefe, Sauerteig oder Backpulver gelockertem Teig.
en: Unleavened loaf

Frischkäse ist nicht oder fast nicht gereifter, meist zum alsbaldigen Verbrauch bestimmter Käse, wie Quark.
en: Uncured cheese, unripened cheese

Früchte sind die Organe einer Pflanze, welche die Samen bis zur Reife umschließen, wie Kapseln, Nüsse, Beeren, Steinfrüchte und andere. Im allgemeinen Sprachgebrauch werden manchmal fälschlicherweise Früchte mit Samen verwechselt.
en: Fruit

Gärung siehe Fermentation.

Gerbstoffe sind Pflanzeninhaltsstoffe mit einem meist unangenehmen herbem, zusammenziehendem Geschmack.
en: (Vegetable) tannins

Gummiharze, *Pflanzengummen*, sind Exsudate (Ausscheidungen und Ausschwitzungen) von Früchten, Stämmen und anderen oberirdischen Teilen meist tropischer Pflanzen, die teilweise als Rohstoffe für Kaugummi, Würzzutaten oder Zusatzstoffe für Lebensmittel verwendet werden.
en: Gums

Hülsen sind Früchte, deren die Samen sowohl an der Bauchnaht als auch an der Rückennaht sitzen, wie bei den Hülsenfrüchten Bohnen und Erbsen. Sie werden im allgemeinen Sprachgebrauch manchmal fälschlicherweise mit Schoten gleichgesetzt; es gibt aber keine Erbsenschoten.
en: Pods

Kaldaunen, Kutteln sind Rinder- und Kälbermägen. Im weiteren Sinne werden manchmal darunter zusätzlich auch andere weniger wertvolle Innereien verstanden, wie Bauchfell und Därme verstanden.
en: Tripes

Kapseln sind trockenschalige Früchte, die sich auf verschiedene Weise öffnen können, wobei die Samen ausgestreut werden.
en: Capsulses

Kernobst ist keine botanische, sondern die Handelsbezeichnung für mehrsamige Früchte mit kleinen Samen, wie Äpfel, Birnen, Hagebutten und andere.
en: Pomes, pome fruit, pomiferous fruit, seed fruit

Knollen sind meist unterirdische Speicherorgane bestimmer Pflanzen. Es gibt Spross- und Wurzelknollen. Bei ersteren handelt es sich um verdickte Teile des Sprosses, d.h. des Stengels, bei letzteren um verdickte Teile der Wurzel. Beispiele für Sprossknollen sind Kartoffeln und Radieschen, Beispiele für Wurzelknollen sind Bataten.
en: Tubers

Kraut ist die Bezeichnung für die Gesamtheit der oberirdischen Teile grüner, nicht verholzter Pflanzen, also Stengel, Blätter und Blüten.
en: Herb

Kutteln siehe Kaldaunen.

Narbenschenkel sind Teile der weiblichen Blütenorgane.
en: stigma

Nüsse sind botanisch trockene Schließfrüchte, bei denen meist nur ein einziger Samen von einem harten Schale umhüllt ist. Allerdings sind nicht alle landläufig als solche bezeichneten Früchte, wie Walnüsse und Erdnüsse, Nüsse im botanischen Sinne. Echte Nüsse sind die Haselnüsse; Erdbeeren sind Sammelfrüchte aus vielen kleinen Nüssen.
en: Nuts

Presskuchen sind die Rückstände, die nach dem Auspressen von Pflanzenteilen zum Zwecke der Öl- oder Saftgewinnung verbleiben.
en: Press cakes

Rhizome sind die unterirdischen, meist waagerecht wachsenden verdickten Stengelteile mancher Pflanzen.
en: Rhizomes, rootstocks

Rogen sind die Geschlechtsprodukte, der Laich, weiblicher Fische. Am bekanntesten ist der Kaviar.
en: Roes

Rohwurst ist Wurst aus zerkleinertem rohem Fleisch und Depotfett. Sie enthält meist Salz und Pökelhilfsstoffe, manchmal Gewürze und etwas Zucker, aber kein zusätzliches Wasser. Sie reift über mehr oder minder lange Zeit, wobei sie austrocknet und infolge bakterieller Gärung ihr typisches Aroma erhält.
en: Fermented sausage, Raw sausage

Sammelfrüchte sind aus vielen kleinen Einzelfrüchten, z.B. Nüßchen oder Steinfrüchten bestehende, wie eine einzige Frucht aussehende Gebilde. Typische Sammelfrüchte sind Erdbeeren.
en: Multiple fruit, aggregate fruit

Sauermilchkäse ist ein durch Säuerung von Milch hergestellter, meist fettarmer, durch eine von der Oberfläche nach innen wachsende Bakterien- oder Schimmelpilzflora gereifter Käse.
en: Acid curd cheese

Schoten sind Kapselfrüchte, bei denen die Samen im Gegensatz zu den Hülsen auf einer inneren Scheidewand sitzen. Sie werden im allgemeinen Sprachgebrauch manchmal fälschlicherweise mit Hülsen gleichgesetzt.
en: Silique

Sprosse, (nicht Sprossen, die es bei einer Leiter gibt) sind die oberirdisch wachsenden Triebe einer Pflanze. Junge Sprosse, z.B. der Soja, werden vor der Entwicklung der ersten Blätter als Lebensmittel verwertet.
en: Shoots

Sprossknollen siehe Knollen.

Stachelhäuter sind im Meer lebende radialsymmetrische Tiere, deren Haut von starren kalkhaltigen Stacheln bedeckt ist. Gegessen werden u. a. Seegurken und Seeigel.
en: Echinoderms

Steinobst ist keine botanische, sondern die Handelsbezeichnung für Früchte mit einem saftigen Fruchtfleisch, das einen meist ungenießbaren Samenkern (Stein) umschließt, wie Kirschen, Pflaumen und Aprikosen.
en: Drupe, stone fruit

Thallus ist der im Gegensatz zu höheren Pflanzen nicht in Wurzeln, Sprosse und Blättern gegliederte Körper u. a. von Algen, die zu Nahrungszwecken dienen.
en: Thallus

Wurzelknollen siehe Knollen.

Weiterführende Literatur

Achaya, K.T.: A Historical Dictionary of Indian Food. Delhi: Oxford University Press 1998
Allison, S.: The Cassell Food Dictionary. London: Cassell 1990
Ayto, J.: The Glutton's Glossary. A Dictionary of Food and Drink Terms. London: Routledge 1990
Bašán, G. und Jonathan, B.: Die orientalische Küche. München: Heyne 2001
Bašán, G.: Die klassische türkische Küche. München: Heyne 1997
Bennani-Smirès, L.: La cuisine marocaine. Casablanca: Al Madariss 1983
Bharadwaj, M.: Die indische Küche. München: Heyne 2000
Birle, H.: Die Sprache der Küche. Ein kulinarisches Lexikon für Gastrosophen und Gourmets. Weil der Stadt: Hädecke 1983
Brillat-Savarin, Anthelme: Physiologie des Geschmacks oder transzendentalgastronomische Betrachtungen. Erste französische Ausgabe von 1825 mit vielen deutschen Übersetzungen
Cost, B.: Asian Ingredients. A Guide to the Foodstuffs of China, Japan, Korea, Thailand, and Vietnam. Imprint Quill Harper Collins Publishers 2000
Danforth, R., Feierabend, P. und Chassman, G.: Culinaria USA. eine kulinarische Entdeckungsreise. Köln: Könemann 1999
Davidson, A.: The Oxford Companion to Food. Oxford: University Press 1999
Dede, A.: Ghanian Favourite Dishes. Accra: Anowuo 1969
Dolezalová, J. und Krekulová, A.: Jüdische Küche. Hanau: Dausien 2000
Douglas, J.S.: Alternative Foods. A World Guide to Lesser-known Edible Plants. London: Pelam ca. 1980
Dumont, C.: Kulinarisches Lexikon. Kochkunst, Lebensmittel, Länderküchen, Nährwerte. Stuttgart: Hallwag o. J. ca. 2000
Engelbrecht, B. und Keyser, U.: Mexikanisch kochen. Gerichte und ihre Geschichte. Göttingen: Die Werkstatt 1999
Erhardt, W., Götz, E., Bödeker, N. und Seybold, S.: Zander, Handwörterbuch der Pflanzennamen. Stuttgart: Ulmer, 16. Aufl. 2000
Fernández, A.: La tradicional cocina mexicana y sus mejores recetas. Mexico: Panrama 1989
Firth, E. und Lück, E.: Comprehensive Dictionary of Food Topics. German-English. Hamburg: Behr 1997
Fischer, W.: Exotische Gerichte. Rezepte aus der orientalischen und asiatischen Küche. Stuttgart: Matthaes 1961
Gergely, A.: Ungarische Spezialitäten. Köln: Könemann 1999
Gohary, M, Gohary, C. und Lagunaoui, B.: Arabisch kochen. Gerichte und Geschichte. Berlin: Die Werkstatt 1998
Goode, J. und Willson, C.: Fruit and Vegetables of the World. Melbourne: Ross 1987
Grigson, J.: Exotic Fruits & Vegetables. London: Jonathan Cape 1986
Haidari Kahkesh, R. und Weipert, G.: Kulinarisches aus Persien. Frankfurt a.M.: Regura 2002
Herrmann, K.: Exotische Lebensmittel. Inhaltsstoffe und Verwendung. Berlin: Springer, 2. Aufl. 1987
Hocking, G.M.: A Dictionary of Natural Products. Medford N.Y.: Plexus Publishing 1997

Hopkins, J.: Skurrile Spezialitäten. Insekten, Quallen und andere Köstlichkeiten. Frechen: Komet 1999
Hosking, R.: A Dictionary of Japanese Food. Ingredients & Culture. Rutland: Tuttle 1996
Jackson, E.A.: South of the Sahara. Traditional Cooking from the Lands of West Africa. Hollis NH: Fantail 1999
Jaros-Matsuo, K.: Die echte japanische Küche. München: Mary Hahn 2000
Jue, J.: Genießer unterwegs. Südostasien. München: Christian 2000
Kazuko, E.: Japanischer Kochkurs für Feinschmecker. München: Christian 2002
Kong Foong Ling: Asien kulinarisch. München Mosaik 1999
Koyama, H.: Japan und seine Eßkultur. München: Heyne 1999
Kumar, M. und Kumar, B.: Küche der Welt. Indien. München: Gräfe & Unzer 1994
Küster, H.: Wo der Pfeffer wächst. Ein Lexikon zur Kulturgeschichte der Gewürze. München: Beck 1987
Liebster, G. und Levin, H.-G.: Warenkunde Obst. Weil der Stadt: Hädecke 1999
Liu, Z. und Franz, U.: Die echte chinesische Küche. München: Gräfe & Unzer 2. Aufl. 1994
Livingston, A.D. und Livingston, H.: Edible Plants and Animals. Unusual Foods from Aardvark to Zamia. New York: Facts On File 1993
Lück, E.: Großwörterbuch des Lebensmittelwesens. Englisch-Deutsch. Hamburg: Behr, 4. Aufl. 2002
Merkle, R.: Aceto balsamico tradizionale. Mannheim: PAL 2002
Mo Pham Lan und A. Blohmann: Vietnam. Genussreise und Rezepte. Weil der Stadt; Hädecke 2000
Montemayor, E.L.: La industria del pulque. Mexico: Banco de Mexico 1956
Mowe, R.: Südostasiatische Spezialitäten. Köln: Könemann 1998
Nickles, H.G.: Die Küche des Vorderen Orient. Reinbek: Rowohlt 1979
Nowak, B. und Schulz, B.: Tropische Früchte. Biologie, Verwendung, Anbau und Ernte. München: BLV 1998
Olaore, O.: Traditional African Cooking. London: Foulsham 1990
Paradissis, C.: Das beste Kochbuch der griechischen Küche. Athen: Efstathiadis 1972
Passmore, J.: The Letts Companion to Asian Food & Cooking. London: Letts 1991
Phillipps, K. und Dahlen, M.: A Guide to Market Fruits of Southeast Asia. Hong Kong: South China Morning Post 1985
Pini, U.: Das Gourmet-Handbuch. Köln: Könemann 2000
Poladitmontri, P., Lew, J. und Warren, W.: Streifzüge durch die Küchen der Welt: Thailand. München: Christian 2001
Pruthi, J.S.: Spices and Condiments. Chemistry, Microbiology, Technology. New York: Academic Press 1980
Rios, R.: Moderna cocina peruana. Lima: Navarrete 1979
Roden, C.: Die Küche des Vorderen Orients. München: Heyne 1982
Roden, C.: The Book of Jewish Food. An Odyssey from Samarkand and Vilna to the Present Day. London: Penguin Books 1996
Rosengarten, F.: The Book of Edible Nuts. New York: Walker 1984
Sahni, J.: Das große indische Kochbuch. München: Heyne, 7. Aufl. 1995
Sahni, J.: Genießer unterwegs. Indien. Rezepte und kulinarische Notizen. München: Christian 2002
Schenk, E.-G. und Naundorf, G.: Lexikon der tropischen, subtropischen und mediterranen Nahrungs- und Genußmittel. Herford: Nicolaische Verlagsbuchhandlung 1966
Schneider, E.: Uncommon Fruits & Vegetables. A Commonsense Guide. New York: Harper & Row 1986

Schneider, O.: Lexikon der Suppen.Stuttgart: Matthaes 1996
Schwabe, C.W.: Unmentionable Cuisine. Charlottesville: University Press of Virginia 1999
Seidemann, J.: Würzmittel-Lexikon. Ein alphabetisches Nachschlagewerk von Abelmoschussamen bis Zwiebeln. Hamburg: Behr 1993
Sencil, E.: Turkish Cookery. Istanbul: Minyatür 1985
Siewek, F.: Exotische Gewürze. Herkunft, Verwendung, Inhaltsstoffe. Basel: Birkhäuser 1990
Sitole, D.: Die Küche Afrikas. Vom Kap bis Kairo. München: Christian 2002
Solomon, C. und Solomon, N.: Encyclopedia of Asian Food. London: New Holland 1998
Steckhan, I. Die Küche der Pueblo Indianer. Freiburg: Dreisam 1986
Steckhan, I.: Die Küche der Azteken. Rezepte einer versunkenen Kultur. Freiburg: Dreisam 1987
Tainter, D.R. und Grenis, A.T.: Spices and Seasonings. A Food Technology Handbook. Weinheim: VCH 1993
Täufel, A., Ternes, W., Tunger, L. und Zobel, M.: Lebensmittel-Lexikon A-Z. 2 Bände. Hamburg: Behr, 3. Aufl. 1993
Teubner, C.: Asiatisch Kochen. München: Teubner 6. Aufl. 2002
Thaller, J.: Ethnic Food. New Age Cuisine. Stuttgart: Matthaes 1996
Tomikel, J.: Edible wild plants of Eastern United States and Canada. California, PA: Allegheny Press 1976
Uphof, J.C.T.: Dictionary of Economic Plants. Lehre: Cramer. 2. Aufl. 1968
Verheij, E.W.M., Coronel, R.E.: Plant Resources of South-East Asia. Vol. 2: Edible Fruits and Nuts. Wageningen: Pudoc 1991
von Welanetz, D. und von Welanetz, P.: The von Welanetz Guide to Ethnic Ingredients. New York: Warner 1987
Vormweg, P.: Persisch kochen. Gerichte und ihre Geschichte. Göttingen: Die Werkstatt 2001
Wagschal, S.: The New Practical Guide to Kashruth. Jerusalem: Feldheim 1991
Westrip, J.P.: An ABC of Indian Food. Totnes: Prospect 1996
Wilson, A.: Marokkanische Küche. Köln: Könemann 1996
Wilson, A.: Thai Küche. Köln: Könemann 1991
Wolke, R.L.: Was Einstein seinem Koch erzählte. Naturwissenschaft in der Küche. München; Piper 2002

Bildnachweis

Die Zahlen beziehen sich auf die Seiten im Buch.

Peter Enders: 28, 57, 60, 67, 77, 91, 101, 137, 143, 145, 160, 166, 172, 174, 178, 199, 201, 216, 228, 230, 235, 238, 251, 255

Dr. Johannes Seidemann: 14, 15, 30, 37, 55, 58, 78, 85, 95, 97, 100, 104, 117, 130, 137, 139, 144, 153, 154, 155, 176, 181, 185, 209, 213, 222, 226, 242, 246, 247, 255, 257

Dr. Hilke Steinecke und Dipl. Biol. Peter Schubert (aus der 1. Aufl. übernommen): 12, 13, 16, 19, 23, 24, 27, 34, 46, 48, 55, 64, 82, 85, 90, 96, 98, 103, 107, 108, 109, 117, 127, 133, 135, 139, 143, 144, 149, 172, 174, 175, 180, 182, 191, 205, 211, 235, 246

Dr. Karin Steinecke: 157

Prof. Dr. Eberhard Teuscher: 6, 33, 70, 107, 141, 155, 193, 202, 206, 217, 219, 252

Rudolf Wild GmbH: 184

Sachwortverzeichnis

> **Warnhinweise**
> Die Angaben zur Verwendung der Früchte orientieren sich an den vorwiegenden Nutzungsarten in den Ursprungs- bzw. Anbauländern. Sie stellen keine Rezepte oder Anleitungen zur Zubereitung dar. Diese Angaben sowie eventuelle Hinweise auf medizinische Anwendungen stammen aus mündlichen oder publizierten Quellen und konnten im Einzelnen naturgemäß nicht überprüft werden. Eine nicht unbeträchtliche Zahl tropischer Früchte, auch solche von Kulturpflanzen, sind ganz oder teilweise oder in bestimmten Reifestadien oder ohne besondere Vorbehandlung giftig oder können zu nicht unerheblichen Unverträglichkeiten und damit gesundheitlicher Beeinträchtigung führen! Deswegen wird davor gewarnt, unbekannte oder nicht sicher bekannte Früchte zu verzehren. Auch Früchte vom Markt sollten nur nach Anleitung zubereitet werden.

Die im folgenden Sachregister **halbfett** hervorgehobenen Stichwörter und Seitenzahlen weisen auf Hauptstichwörter mit umfassenderem Informationsgehalt hin.

A

Aakerbeere 15
Aale 12
Aamchur 9
Aardvark 68
Aasch 1
Abalone 1, 209
Abavo 1
Abelmoschus esculentus 165
Abguscht 1
Abish 1
Abiu 1
Ablemanu 2
Aboboe 2
Abongo 2
Absinth 2
Absinthe 2
Absit 95
Abu 2
Abura-age 18
Abutilon 2
Abutilon esculentum 2
Acacia pennata 45
Açai 2
Acca sellowiana 72

Acer saccharum 5, 145
Acerola 3
Acerolakirsche 3
Aceto balsamico 3
Acha 75
Achar 4
Achatina fulica 209
Achatschnecke 209
Achia 24
Achira 4
Acid curd cheese 260
Acorns 66
Acorn squash 66
Acorus calamus 104
Actinidia arguta 117
Actinidia chinensis 118
Adalu 4
Adamsfeige 148
Adansonia digitata 25
Adean berry 11
Adlerfarn 4
Adobe 4
Adwieh 5
Adzuki bean 34
Adzuki Bohne 10, 34

Aegle marmelos 21
Ägyptische Bohne 21
Ägyptische Zwiebel 137
Ägyptischen Lotosblume 21
Ägyptischer Lauch 128
Älggryta med trattkantareller 8
Aemono 5
Äthiopisches Liebesgras 232
Affen 5, 40
Affenbrotbaum 25
Aflata 5
Aflegna 95
Afon 5, 177
African grains of selim 127
African locust bean 173
Afrikanische Bitteryam 251
Afrikanische Brotfrucht 5
Afrikanische Horngurke 117
Afrikanische Locustbohne 60
Afrikanischer Pfeffer 127
Afromomum melegueta 149
Agate type snail 209
Agathiblüten 5
Agave 189
Agave cantula 151
Agave salmiana 189
Agbono 5, 13, 164
Agemono 5
Aggregate fruit 260
Agraz 5
Aguacate 19
Aguamiel 189
Aguardente de Medrouhio 148
Ahorn 5
Ahornsirup 5, 145, 146
Aïoli 6, 36, 197
Air 6
Air potato 251
Airag 6
Aish Merahrah 6
Ajmud 6, 59
Ajowan 6, 10
Ajowan seeds 6
Ajwain 6
Ajwar 6
Akajiso 211
Akamiso 153
Akara 7

Akasa 120, 165
Akebi 7
Akebia quinata 7
Akee 7
Akerbeere 15
Akinüsse 7
Akipflaume 7
Akoori 7
Akotonshi 7
Alaea 203
Alapa 7
Alaria esculenta 206
Alaska king crab 121
Alaska-Pollack 229
Albacore 234
Albondigas 7
Alcaparrón 7
Aleppo-Pinie 195
Aleurites moluccana 113
Alexanders 179
Algae 8
Algarobe 100
Algen 7
Alisander 179
Allergene 8
Allergien 8
Allergies 8
Allgewürz 181
Alligatorbirne 19
Alligatorpfeffer 149
Allium cepa ascalonicum 208
Allium chinense 191
Allium fistulosum 217
Allium grayi 163
Allium kurrat 128
Allium porrum sectivum 178
Allium proliferum 137
Allium scorodoprasum 195
Allium tricoccum 192
Allium tuberosum 51
Allophyus rubifolius 158
Allspice 182
Almondette 45
Alo Samosa 8
Alpinia galanga 77
Alpinia officinarum 77
Altchim 8
Althernanthera sessilis 205

Alu Gobi 8
Alu Koftas 78
Alu Posto 9
Alya 9
Amala 9
Amana 146
Amani 1
Amanori 9, 91
Amarant 9
Amaranth 9
Amaranthus spec. 9
Ambarella 23
Ambari 113
Ambla 9
Amchor 9
Amchur 9
Ameisen 9, 96
Ameisenlarven 96
Amelancher spec. 72
American basil 22
American persimmon 178
American white walnut 41
Amerikanische Spöke 49
Amerikanische Walnuss 41
Amerikanischer Zürgelbaum 87
Amla 9
Ammei 6, 10
Ammi majus 10
Amontillado 215
Amorphophallus konjak 121
Amorphophallus paconiifolius 251
Amourette 118
Ampesi 10
Amphioxi 131
Amra 10
Amsoi 205
Amti 10
An 10
Anacardium occidentale 109
Anan Geil 11
Ananas 10
Ananas comosus 10
Ananas-Guave 72
Ananaskirsche 180
Ananasmelone 149, 150
Anatina anatina 68
Anchosen 11
Anchoveta 11

Anchovis 11
Anchovy 11
Anda Kari 11
Anda Masala 11
Andan men zhu ti 11
Andean berry 11
Andean blueberry 51
Andenbeere 11, 178
Anden-Blaubeere 51
Andiorrhinus motto 193
Andouillettes 11
Andrasa 11
Angelica 11
Angelica archangelica 11
Angelica sinensis 59
Angkak 12
Angled loofah 137
Angola 148
Angostura 12
Angostura bitter 12, 45
Angosturarinde 12
Anguille de haie 208
Angulas 12
Animelles 188
Anise pepper 226
Anisöl 2
Anisophyllea boehmii 77
Anispfeffer 226
Annona cherimola 12
Annona muricata 12
Annona reticulata 12
Annona spec. 12
Annona squamosa 12
Annone 12
Antelope 13
Anthophylli 159
Anticuchos 13
Antidesma bunius 30
Antidesma vogelianum 237
Antillenkirsche 3
Antilope 13, 40, 79
Antojitos 13
Ants 10
Anyang pakis 4
Aojiso 211
Ao-Yose 13
Apes 5
Apfelbeere 15

Sachwortverzeichnis

Apfelbirne 160
Apfelsine 255
Apilla 165
Apios americana 68
Apium graveolens dulce 32
Apon 164
Aponogeton spec. 94
Appa 13
Appalam 172
Apple butter 13
Aprarannsa 13
Apu 13
Arabian tea 110
Arabische Küche 13
Aracajé 14
Arachis hypogae 68
Aragosta 3
Araguato 203
Arai 206
Aralia elata 229
Arame 14
Arapaima gigas 183
Arbuse 149
Arbute 14
Arbutus unedo 14, 148
Arbutusbeere 14
Arctium lappa 118
Arctostaphylos manzanita 145
Ardjan 14
Areca catechu 29
Arecanüsse 29, 168
Arepa 14
Argan tree fruit 14
Argania spinosa 14
Argento 4
Arhar Dal 15
Arktische Himbeere 15
Armadillo 87
Aronia 15
Aronia fruit 15
Aronia melanocarpa 15
Arook taheem 15
Arracacha 15
Arracacia xanthorrhiza 15
Arrack 15
Arrak 15, 60
Arraueier 15
Arrauschildkröte 16

Arrowhead 51
Arrowroot 16, 89
Arrowworms 131
Arroz brut 16
Artemisia abrotanum 65
Artemisia dracunculus 70
Artichoke 16
Artischocken 16
Artocarpus altilis 37
Artocarpus champeden 46
Artocarpus heterophyllus 97
Asado 16
Asafoetida 17
Asakusanori 16
Asam 228
Asam pedes 228
Asant 17
Asaro 17
Asaron 105
Asarum canadense 96
Aschantipfeffer 17
Aschlauch 208
Ash gourd 244
Ashanti pepper 17
Asian pear 161
Asiatische Yam 251
Asimina triloba 171
Asinan 17
Aspalathus linearis 196
Asparagus bean 34
Asparagus lettuce 222
Asparagus pea 221
Asses meat 69
Aster tripolium 223
Asure 17
Asystasia schimperi 154
Ataïf 17
Atemoya 13
Atieke 17
Atole 17
Atr 17
Atsarang Ampalaya 18
Atsuage 18
Atta 18
Aubergine 18, 161, 164
Augen 18
Augenbohne 14, 34
Auricularia polytrica 116, 156

Sachwortverzeichnis

Ausbruchwein 18
Austern 18
Austernpilz 19, 216
Australnüsse 139
Auxis thazard 110
Averrhoa bilimbi 31
Averrhoa carambola 107
Avidin 244
Aviziene Kose 19
Avocado 19, 69
Avocadobirne 19
Awabi 1
Awayuki 19
Awwami 19
Ayam 20
Ayam Buah Keluakk 38
Ayran 20
Azarole 20
Azerole 20

B

Baba 20
Babaco 20
Baba Ganusch 20
Babassú-Nuss 20
Babassu nut 20
Babi 20
Babi Gulong 20
Babirusa 20
Babymais 258
Bacalao 223
Baccaurea motleyana 191
Baccaurea racemosa 150
Bacillus natto 161
Bactris gasipaes 146, 177
Bactris minor 56
Bacuri 21
Badea 174
Badian 222
Badiane 222
Bado 21
Baelfrucht 21
Bael fruit 21
Bärenkrebse 39
Bagel 21
Baghar 21
Baghlawa 22
Bagna cauda 21

Bagoong 21
Baharat 21
Bahia 172
Bai manglak 21
Baigan Bhurta 22
Baincha 64
Bajra 22
Bakeapple 157
Baklava 22, 208
Balachaung 22
Baladi 22
Baladi bread 22
Baladi tarri 22
Balaenoptera acutorostrata 245
Bal-Ahar 22
Baldrian 22
Balimbing 107
Balouza 22
Balsamapfel 22
Balsam apple 23
Balsambirne 18, 22
Balsam pear 23
Balsampflaumen 23
Balushahi 23
Balut 23
Bamboo leaves 24
Bamboo shoots 24
Bambusa spec. 24
Bambusblätter 24
Bambussprosse 24, 227
Bami Goreng 82
Banáfüle 25
Banana 24, 25
Banana leaves 25
Banana passionfruit 59, 175
Banane 24
Bananenblätter 25
Bananen-Granadilla 58
Banita 143
Bankulnuss 113
Bantubier 221
Baobab 25, 59
Baozi 25
Bap 122
Barbados cherry 3
Barbados gooseberry 26
Barbadoskirsche 3
Barbadosstachelbeere 25

Barbarakraut 248
Barbarea vulgaris 248
Barbari 26
Barbari bread 26
Barbarienten 26
Barbecue 26
Barberry fig 103
Barches 26
Bare 26
Barfi 153
Barhi 60
Bariyani 26
Barnacle 67
Basbousa 26
Basella alba 141
Basella rubra 141
Basil 26
Basilikum 21, 26
Basmati-Reis 37, 95, 114, 194
Bastela 38
Bastourma 27, 105
Batako plum 192
Batarekh 27
Batata 27
Batate 27, 260
Batavia cassia 168
Batavia-Salat 27
Bataviazimt 168
Battera Sushi 27
Batwinja 36
Baummelone 171
Baumstachelbeere 107
Baumtomate 27, 28
Bauno 28
Bay leaves 136
Bayo-Bohnen 48
Bazari 229
Beans 35
Bêche de mer 212
Bechkito 28
Bedaoui 28
Beedana 28
Beefalo 28
Beefsteak plant 211
Beer 30
Beeren 259
Beetroot 51
Beg Wot 28

Beghrir 28
Behaarte Litschi 191
Bei Jing Kao Ya 178
Beid 28
Beifuß 65
Beigel 21
Beijing duck 177
Beiried 28
Belifrucht 21
Beli fruit 21
Belila 28
Belimbi 31
Bell pepper 80
Belons 18
Beluga 110
Beluga-Linsen 133
Bemuelos 29
Bencao de dios 2
Bengal gram 115
Bengal quince 21
Bengalpfeffer 130
Benincasa hispida 244
Bento 29
Berber-Dattel 60
Berbere 1, 29
Berches 26
Berebere 29
Bergamot 255
Bergamotte 255
Bergpapaya 29
Berries 259
Bertholletia excelsa 173
Besan 29
Besi 29
Bessara 29
Beta vulgaris vulgaris 51
Betel bites 30
Betelbissen 29, 30
Bettau 6
Beyaz peymir 30
Bhagar 21
Bhatura 30
Biberratte 164
Bier 30
Bignay 30
Bigorneaux 210
Bigos 30
Bihun goreng 82

Sachwortverzeichnis

Bihun soup 31
Bihun-Suppe 31
Biko 31
Bilberry 239
Bilimbi 31
Biltong 31
Bird's nests 244
Biriani 31
Birnenmelone 178
Biryani 31
Bisamkörner 166
Bisamkürbis 156
Bisamratte 193
Biscochuelos 31
Bison 31
Bison bison 31
Bisongras 146
Bitter cucumber 23
Bitter gourd 23
Bitter melon 23
Bittere Springgurke 23
Bittergurke 23
Bitterorange 12, 225
Bitteryam 251
Blacan 32
Black bean 34
Black butter 32
Black chokeberry 15
Black cumin 211
Black-eyed pea 34
Black forest shiitake 216
Black gram 34
Black pudding 189
Black truffle 239
Black walnut 211
Blasentang 54
Blatjang 32
Blattmajoran 141
Blattzichorie 32
Blauer Mais 140, 181
Blauhai 214
Bleichsellerie 32
Blighia sapida 7
Blini 32
Blood 32
Blooms 33
Blubber 190
Blue corn 140

Blüten 33
Blumenkohl 119
Blumenkresse 107
Blut 32
Bobotie 33
Bocksbart 33
Bocksdorn 33
Bockshornkleesamen 6, 33
Boder 64
Börek 33
Bohnen 33
Bohnenkraut 35
Bois de Panama 138
Bok-Choi 169
Bokoto 35
Bollito misto 254
Bollos 35
Bolo de mel 35
Bombay duck 35
Bombay Perray 35
Bombil 35
Bombilla 147
Bondas 35
Bone marrow 118
Borani 35
Borassus flabellifer 170
Bo ri tscha 35
Borlotto-Bohne 35
Borschtok 36
Borschtsch 35
Borshch 36
Botargo 27
Bottarga 27
Bottle gourd 104
Botwinja 36
Bouea macrophylla 78
Bouillabaisse 6, 36
Bouquet garni 36
Bourride 36
Bouza 36
Boxthorn 33
Boxty 36
Boysenbeere 36
Boysenberry 36
Bracken 4
Bradypodidae 71
Branchiostomidae 131
Brandade 37

Brasilian tea 147
Brasilnuss 173
Brassica aloglabra 47
Brassica juncea 205
Brassica nigra 61
Brassica parachinensis 51
Brassica rapa chinensis 169
Brassica rapa cymosa 222
Brassica rapa pekinensis 49
Brassica rapa perviridis 213
Brassica rapa trilocularis 206
Brassica spec. 119
Braunkäse 38
Braunsenf 205
Brazil nut 173
Brazilian cherry 185
Brazilian cocoa 85
Brazilian guava 86
Brazilian tea 147
Breadfruit 38
Breiapfel 205
Brem Bali 201
Bretonne longue 37
Briani 37
Briggs 37
Brinjal 18
Briouat maa kefta 37
Briouat maa formag dial maaza 37
Briouats 37
Broccoli raab 51
Brodet 37
Brokkoli 33
Bromelia pinguin 182
Bromelin 10
Brosimum alcastrum 42
Brot 37
Brotfrucht 37
Brotwurzel 251
Brudet 37
Brünellen 162
Brunost 38
Brunswick stew 40, 66
Brunza Alba 142
Bruschetta 38
Bstella 38
Bstilla 38
Buah Keluak 38
Bubur 38

Buccinidae 210
Buchanania lanzan 45
Büffel 28, 40
Büffelbeere 39
Büffelmilch 39, 77
Bündnerfleisch 40
Buffalo 31
Buffallo berry 39
Buffalo milk 39
Bugadi 192
Bulbenik 39
Bulgogis 39
Bulgur 39, 115, 128, 226
Bulgurweizen 39
Bulla 39
Bullace 59
Bullbrier 83
Bulldozer 39
Bullock's heart 12
Bulrush millet 178
Bumalo 35
Bumbu 39
Buñuelos 40
Buo Zuchi 225
Burdock root 118
Burghul 39
Burgoo 40
Burgunder-Trüffel 239
Buri 40
Burma tak 40
Burong dalag 40
Burritos 40
Burrul 40, 112
Burzelkraut 188
Buschfleisch 40
Bush meat 40
Butifarra 16, 40
Butter bean 34
Butter nut 41
Butterfrucht 19
Butternuss 41

C

Cabanossi 41
Cabbage tree 234
Cachaça 41
Caesar salad 41
Caipirinha 41

Sachwortverzeichnis

Cajanus cajan 15, 35
Cajun-Küche 41
Calabash gourd 104
Calabash nutmeg 104
Calabaza 41
Calamansi 256
Calamares 235
Calamari 235
Calamary 235
Calamondin 256
Calamus 105
Caldeirada 41
Callaloo 42, 166
Caloptris procera 151
Calpis 42
Calsones 42
Camel meat 105
Camel milk 105
Camellia sinensis 231
Camelus ferus bactrianus 105
Camu Camu 42
Canarium ovatum 50
Canarium spec. 50
Canavalia ensiformis 34
Cancer magister 231
Cancer pagurus 231
Candlenut 113
Canistel 137, 227
Canna edulis 4
Cantaloupe melon 150
Cantucci 42, 244
Cape gooseberry 180
Capers 106
Capirotada 42
Capomo 42
Capparis spinosa 106
Capsicum annuum 79
Capsicum frutescens 48
Capsicum spec. 80, 172
Capsules 259
Capulin 98
Capulun 42
Capybara 42
Carambola 107
Caratelli 244
Cardamom 108
Cardamom seed 108
Cardamon 108

Cardoon 43
Cardy 42
Caribou 195
Carica momoica 64
Carica papaya 171
Carica pentagona 20
Carica pubescens 29
Carissa 161
Carissa carandas 108
Carissa edulis 54
Carissa macrocarpa 161
Carne de vinhos e alhos 43
Carnegia giganta 200
Carob 100
Carya illinoensis 90
Caryocar nuciferum 41
Cas 86
Cashew apple 109
Cashew nut 109
Casimiroa edulis 248
Cassaba 150
Cassarep 43
Cassava 145
Cassave 144
Cassia bark 43
Cassia fistula 145
Cassia obtusifolia 111
Cassiazimt 43, 254
Cassine 43
Cassoulet 43
Catalanga 32
Cataplana 43
Catawissazwiebel 137
Catha edulis 110
Cattail 196
Cattley-Guave 86
Cava 43
Cavendishia cordifolia 56
Caviar 111
Cayenne pepper 48
Cayennepfeffer 48
Cazón 43
Cazuela 43
Cazzuola 43
Cellophan noodles 81
Celtus 222
Celtus occidentalis 87
Cemen 44

Centollos 241
Ceratonia siliqua 100
Cervimunida johni 130
Cestrum latifolium 161
Ceviche 44
Ceylon cinnamon bark 255
Ceylon gooseberry 117
Ceylon-Spinat 141
Ceylonstachelbeere 117
Ceylonzimt 43, 254
Chaat 44
Cha Gio 44
Chakchouka 44
Challach 26
Challes 44
Chaltha 44
Chalupas 44
Chalwa 88
Champro 44
Champurrado 44
Chana Dal 45
Chanfaina 44
Channa 45
Channa flour 29
Cha-om 45
Chapati flour 18
Chapaties 45
Chapman 45
Charolinuss 45
Charosset 45
Chasni 45
Chat masala 203
Chaucha 45
Chawa 46
Chawan mushi 46
Chawruma 46
Chay bou jen 234
Chayote 46
Cheegay 46
Chee How Sauce 46
Chekkur 46
Chelonia mydas 208
Chelou 46
Chempedak 46
Chenopodium ambrosioides 68
Chenopodium quinoa 190
Cherimoya 12
Chermoula 47, 114

Cherry tomato 55
Chervin 258
Chhena 171
Chhundo 47
Chiang 153
Chicha 47
Chicharrón 47
Chicken feet 92
Chickling vetch 185
Chick pea 115
Chicos 47
Chieh-Lan 47, 119
Chiku 205
Chikuwa 47
Chikuzenni 47
Chilau 47
Chilekrabben 130
Chilenische Guave 158
Chili 48, 68, 99
Chili con carne 34, 48
Chilke urad dal 34
Chilli pepper 48
Chimäre 49
Chimera 49
Chimichangas 49
Chimti 49
China cabbage 49
Chinakohl 49, 119
China-Restaurant-Syndrom 81
Chinarinde 12
Chinchilla lanigera 49
Chinchillas 49
Chin-chin 49
Chinese artichoke 119
Chinese broccoli 47
Chinese cassia bark 43
Chinese chives 51
Chinese date 101
Chinese eggs 49
Chinese five spices 76
Chinese flowering cabbage 51
Chinese garlic 163
Chinese kale 47
Chinese laurel 30
Chinese mitten crab 249
Chinese mustard 206
Chinese olives 51
Chinese pepper 226

Chinese persimmon 103
Chinese potato 251
Chinese preserving melon 244
Chinese radish 59
Chinese spinach 9
Chinese water chestnut 247
Chinese white cabbage 169
Chinese wolfberry 33
Chinese yam 251
Chinesische Artischocke 118
Chinesische Dattel 101
Chinesische Dattelpflaume 102
Chinesische Eier 49, 63, 181
Chinesische Küche 49
Chinesische Haselnuss 133
Chinesische Oliven 50
Chinesische Quitte 215
Chinesische Stachelbeere 118
Chinesische Wasserkastanie 246
Chinesische Wassernuss 247
Chinesische Wintermelone 244
Chinesischer Brokkoli 47
Chinesischer Feuertopf 92
Chinesischer Rettich 59
Chinesischer Schnittlauch 51
Chinesischer Senf 205
Chinesischer Senfkohl 169
Chinesischer Squash 244
Chinesischer Zimt 43
Chinesisches Pfeilkraut 51
Chinois 255
Chioggia 51
Chirashi Zushi 225
Chirimoya 12
Chirinabe 51
Chirongi-Nuss 45
Chironja 256
Chironya kernel 45
Chiu 201
Chivaco 51
Chkembé Tchorba 51
Chlodnik 51
Chocolate 210
Chocos 140
Choisum 51, 119
Chojang 169
Chokeberry 15
Cholent 51, 208

Cholupa 175
Chomez 52
Chongos zamoranos 52
Chopone 52
Chop Suey 52
Chorba adass 52
Chorek 52
Chorizo 52
Choua 52
Chow chow 46
Chowder 52, 56
Christmas pudding 188
Christophine 46
Chrysanthemen 52
Chrysanthemum 52
Chrysanthemum coronarium 201, 217
Chrysanthemum spec. 52, 116
Chrysobalanus icaco 93
Chrysophyllum cainito 222
Chrysophyllum lanceolatum 132
Chubs 115
Chuchai 216
Chuchoka 185
Chuckwalla 53
Chufa 53, 91
Chufanuss 53
Chulta 44
Chuño 53
Chupa Chupa 84
Chupé de pescado 53
Churan 203
Chutney 53, 102
Ciabatta 53
Cicer arietinum 115
Cichorium endivia crispum 123
Cichorium intybus foliosum 32, 89, 191
Cilantro 122, 254
Cinkaluk 53
Cinnamomum aromaticum 43
Cinnamomum burmanii 168
Cinnamomum zeylanicum 254
Cinnamon bark 255
Cissus adenopoda 165
Citrange 256
Citrangequat 256
Citromelon 118
Citron 256
Citrullus lanatus vulgaris 149

Citrullus vulgaris fistulosis 234
Citrus aurantiifolia 256
Citrus aurantium 255
Citrus bergamia 255
Citrus fruit 257
Citrus hystrix 256
Citrus junos 256
Citrus limetta 256
Citrus limon 255
Citrus madurensis 256
Citrus maxima 255
Citrus medica 256
Citrus myrtifolia 255
Citrus paradisi 255
Citrus reticulata 255
Citrus reticulata tangerina 256
Citrus reticulata unshiu 256
Citrus sinensis 255
Citrus sudaachi 256
Citrus spec. 255
Civet cat 254
Civet durian 64
Cizaki 54
Clambake 54
Clansellina 256
Clapshot 87
Clary 158
Clary sage 158
Clausena lansium 245
Claytonia 125
Clementine 256
Clemenvilla 256
Cloudberry 157
Cloud ear fungus 156
Cloves 162
Club gourd 209
Club Sandwich 54
Cluster bean 34
Cobb salad 54
Coca 54
Coccinia grandis 234
Coccoloba uvifera 212
Cochenille 54
Cochineal 54
Cocido 54
Cocktail-Tomate 55
Coco de mer 55
Coco plum 93

Cocona 55
Coconut 120
Cocos milk 120
Cocos nucifera 120
Cocos water 120
Coco-Yam 230
Coffea arabiaca 121
Cola acuminata 55
Cola nut 55
Colanuss 55
Collocalia fuciphaga 244
Colocasia esculenta 230
Colocasia esculenta antiquorum 230
Colocasia esculenta esculenta 230
Colonche 55
Columbian blueberry 51
Columbian sapote 84
Comb mint 105
Common edible crab 231
Common fennel 72
Common nasturtium 107
Common persimmon 178
Common purslane 188
Common scallops 179
Common sepia 235
Conch 56
Confit 56
Congee 56
Conpoy 56
Corail 56
Coral 56
Corchorus olitorius 102, 150
Cordyline terminalis 234
Coriander 122
Coriandrum sativum 122
Corn 141
Corned Beef 56
Cornelian cherry 122
Cornus mas 122
Coronilla 86
Corozo 56
Corvinas 44
Coturnix coturnix japonica 244
Couma guianensis 221
Courgette 258
Couscous 52, 56
Cowberry 133
Crab cakes 57

Crambe maritima 148
Cranberries 57, 90, 156
Crangon crangon 217
Crateagus azarolus 20
Crataegus mexicana 232
Crateva tapia 229
Cream nut 173
Crépinettes 57
Crithmum maritimum 212
Crocodiles 125
Crocus sativus 199
Crosne 118
Crostini 57
Cryptotaenia japonica 153
Crystalline 66
Cuban squash 41
Cubebe pepper 125
Cucumber tree fruit 31
Cucumeropsis mannii 65
Cucumis melo 149
Cucumis melo cassaba 150
Cucumis melo conomon 150
Cucumis melo melo 150
Cucumis metuliferus 117
Cucurbita moschata 41, 156
Cucurbita pepo 65, 196, 221
Cucurbita pepo giromontina 258
Cucurbita pepo pepo patissonia 176
Cucurbita spec. 125
Cumberland sauce 58
Cumberland-Soße 57
Cumin 124
Cuminum cyminum 124
Cupuaçu 58
Curamba 58
Curanto 58
Curcuma 128
Curcuma longa 127
Curcuma zedoaria 257
Curd 191
Curled-leaved endive 124
Curry 58, 95, 96, 146, 249
Curry leaves 58
Curry powder 58
Curryblätter 58
Currypulver 45, 58
Curuba 58, 174, 175
Cush-Cush-Yam 251

Cushaw 156
Custard apple 12
Custard marrow 176
Cuy 59
Cyamopsis tetragonoloba 34
Cyclanthera pedata 122
Cyclopterus lumpus 111
Cymbopogon citratus 257
Cynara cardunculus 42
Cynara scolymos 16
Cyperus esculentus 53
Cyphomandra betacea 27

D

Dactylopius coccus 54
Daddawa 60, 154
Dahi 59
Daikon 59
Dal 34, 59
Damaszenerpflaume 59
Damson 59
Dana Roti 6, 59
Dang gui 59
Danish lobster 207
Danwake 59
Dasheen 230
Dashi 46, 59
Dasypodiae 87
Date plum 103, 136
Dates 60
Datteln 60, 97
Dattelbrot 60
Dattelpflaume 136, 178
Dattelwein 60
Dattelzwetsche 60
Daun Ketumbar 122
Dawadawa 60
Dekkanhanf 113
Delphine 60
Delphinidae 60
Demerara sugar 61
Demerara-Zucker 60
Dendrocalamus spec. 24
Deutsche Kichererbse 185
Deutscher Ingwer 104
Deutscher Kaviar 111
Deutscher Majoran 141
Dfeena 61

Dhal 59
Dhokla 61
Dibbis 61
Dibs 61
Dig 48
Digitaria exilis 75
Dihe 61
Dijon mustard 61
Dijon-Senf 61
Dika 61
Dilbis 61
Dillenia indica 44
Dim Sum 50, 61, 246
Dimer Chop 61
Dimocarpus longan 135
Diombre 61
Dioscorea alata 251
Dioscorea batatas 251
Dioscorea bulbifera 251
Dioscorea cayenensis 251
Dioscorea dumetorum 251
Dioscorea esculenta 251
Dioscorea hispida 251
Dioscorea japonica 251
Dioscorea minutiflora 251
Dioscorea spec. 250
Dioscorea trifida 251
Diospyros ebenum 210
Diospyros kaki 102
Diospyros lotus 136
Diospyros virginiana 178
Dipterix odorata 237
Dirty rice 62
Dish-cloth gourd 210
Distelfeige 103
Disznósajt 62
Dizi 62
Djelou Khabab 62
Djon Djon 62
Djuvec 62
Dobostorta 62
Dögme 17
Döner Kebap 112, 151
Dog meat 92
Doldol 62
Dolichos lablab 34
Dolma 62
Dolmades 62

Dolmadhákja 62
Dolphins 60
Doogh 62
Doro Wot 62
Dornhai 214
Dosai 62
Dost 167
Double coconut 55
Doulma 63
Doumpalmenfrucht 63
Doum palm fruit 63
Dovyalis caffra 112
Dovyalis hebecarba 117
Drachenauge 135
Drachenfrucht 184
Dragon 70
Dragon fruit 184
Dragon's eye 135
Dreiblattyam 251
Dromaius novaehollandiae 67
Drosseln 218
Drumsticks 63
Drupes 261
Dsaudan-Eier 49, 63
Dublin bay prawn 207
Duck clam 68
Duck feet 67
Dudhi 63
Dukaballi 221
Dukkah 63
Duku 130
Dulce de leche 63
Dulces 215
Dulse 7, 63
Dum 63
Dundu 64
Dungeness crab 231
Duraznil 64
Durian 64, 132
Duri Rukem 64
Durio zibethinus 64
Durra 221

E

Eagle fern 4
Earth 68
Earth almond 53
Earth nut 68, 69

Sachwortverzeichnis

Earthworms 193
East Indian galangal 113
Eba 65
Eberebe 65
Eberraute 65
Ebi 65
Echinoderms 261
Echinus esculentus 212
Echte Flacourtie 192
Echte Perlzwiebel 178
Echte Vanille 242
Echte Zimtrinde 254
Echter Bergkümmel 112
Echter Französischer Estragon 70
Echter Galgant 77
Echter Trüffel 239
Echtes Karmin 54
Edamame 65
Eddo 230
Eddro 230
Efo 65
Egbo 65
Eggah 28, 65, 126
Egg dofu 228
Egg plant 18
Eggfruit 1, 136
Egusi 65
Egypt leek 128
Egyptian bean 34
Egyptian onion 137
Eichelkürbis 65
Eicheln 66
Eichhörnchenfleisch 40, 66
Eierfrüchte 18
Einab 62
Eisbergsalat 27
Eisenia bicyclis 14
Eishta 17, 66
Eiskraut 66
Ekiben 29
Ekuro 66
Eland 66
Elchfleisch 8
Elefanten 40, 66
Elefantenapfel 44, 249
Elefantenfüße 67
Elefanten-Yam 251
Elegante 67

Eleocharis dulcis 246
Elephants 66
Elephant's apple 44, 249
Elettaria cardamomum 107
Eleusine 73
Eleusine corocan 73
Embeme 251
Empanadas 67
Emufleisch 67
Emu meat 67
en su tinta 235
Enchiladas 67, 238
Engelwurz 11
Engraulis 11
Enokitake 67
Ensaimada 67
Ensalada de Navidad 67
Ensopado 156
Enteneier 23
Entenfüße 67, 92
Entenmuscheln 67
Enzianwurzel 12
Epazote 68
Epok-epok 68
Eragrostis tef 232
Erbsenkrabbe 68
Erdartischocke 237
Erdbeerbaum 14, 148
Erdbeerguave 86
Erdbirne 68, 237
Erde 68
Erdferkel 68
Erdmandel 53
Erdnussbutter 68
Erdnüsse 68
Eriobotrya japonica 135
Eriocheir sinensis 249
Eruca sativa sativa 193
Eryngium foetidum 74
Escabeche 69
Escamoles 10
Escudella 69
Eselfleisch 69
Eselsfeige 148
Eshkeneh 69
Esteler 69
Estofado 69
Estragon 70

Etagenzwiebel 137
Eugenia uniflora 185
Eunice vulgaris 170
Euphausia superba 124
Euro 70
European rock crab 231
European squid 235
Eusuriyam 251
Ezme 70

F
Fabada 70
Fajitas 70
Falafel 71
Falsche Kubebe 17, 236
Falsche Litschi 191
Falsche Mangostan 204
False bischop's weed 10
Faltenkürbis 124
Fan shell 98
Fancy yam 251
Fanesca 71
Fannings 232
Farce 259
Farfel 71
Faselbohne 34
Faser-Yam 251
Fata 71
Fatayer 71
Fatta 71
Fattoush 71
Faultiere 71
Feggas 71
Feige 71
Feijoa 72
Feijoada 72
Felafel 71
Felsenbeeren 72
Fenchel 72
Fenchelgemüse 72
Fennel 72
Fenni 72
Fenugreek seed 33
Feqqas 71
Ferique 72
Fermentation 259
Fermented sausage 260
Ferni 73

Ferula assa-foetida 17
Fessih 73
Feta 30, 73
Fettschwanzschafe 73
Feuerbohne 34
Ficus carica 71
Ficus coronatus 72
Ficus sycomorus 148
Ficus velutina 203
Fig 72
Fila 73, 123
Fines Herbes 73
Finger millet 73
Fingerhirse 73
Fino 215
Fireek 88
Firni 73
Fisch, roher 99
Fischpasten 73
Fischsoßen 74
Fish maw 211
Fish pastes 74
Fish sauces 74
Fish's gravy 74
Fiskeboller 74
Fitweed 74
Flacourtia indica 192
Flacourtia ramontchi 65
Flacourtia rukam 198
Fladen 259
Flamingos 74
Flammulina velutipes 67
Flan 74
Flaschenkürbis 104
Fledermäuse 74
Fleischkraut 89
Fleur de sel 202
Flor 215
Florence fennel 72
Flusspferd 74
Flügelbohne 34
Flügelerbse 221
Flugenten 26
Flusspferd 40
Focaccia 74
Foeniculum vulgare 72
Foeniculum vulgare vulgare azoricum 72
Foie gras 74

Sachwortverzeichnis

Fonio 75
Forchmack 75
Fortuna 256
Fortunella japonica 256
Fortunella margarita 256
Fortunella spec. 256
Foto 79
Foul medemmes 76
Fraxinus ornus 79, 145
Frejon 75
Frisée 123
Frogdrums 75
Frogging 75
Frog's legs 75
Froschschenkel 75
Früchte 259
Frühlingsrollen 44, 75, 134
Fruit 259
Fruit cucumber 178
Fu 76
Fünf-Gewürz-Mischung 43, 50, 76, 226
Fufu 7, 62, 76, 170, 216
Fuga 239
Fugu 76
Fuju 223, 251
Fuki 76
Ful 76
Fula 76
Fungo 77
Funkaso 77
Furmint 236
Futu 77

G

Gadid 27
Gado gado 77, 106
Gaeng liang 77
Gänse 78
Gaimar 77
Galangal 78
Galat Dagga 77
Galbanwurzel 77
Galbi 77
Galgant 77
Galia 150
Galingal 78
Gambas 217
Gamoussa 66
Gandaria 78
Ganmodoki 78
Garam masala 11, 78, 123, 146
Garcinia dulcis 158
Garcinia indica 120
Garcinia mangostana 143
Garcinia schomburgkiana 140
Gareng Jued Lag Roj 78
Gari 13, 78, 144
Garland chrysanthemum 217
Garnelen 217
Gartenbohnenkraut 35
Gartenmelone 149
Garudiya 79
Garum 74
Gaultheria sphagnicola 159
Gau Wong 79
Gaz 79
Gazella thomsoni 79
Gazelle 79
Gazpacho 79
Gebna beida 79
Gecarcinidae 129
Gefilte fish 79
Gefilter Fisch 79
Gelbe Balsampflaume 23
Gelbe Lupine 138
Gelbe Mombinpflaume 23
Gelbe Passionsfrucht 174
Gelbe Pitahaya 184
Gelbe Yam 251
Gelbwurz 127
Geleemelone 117
Gemeine Krake 235
Gemeine Moosbeere 155
Gemeine Uferschnecke 210
Gemeiner Kalmar 235
Gemeiner Taschenkrebs 231
Gemeiner Tintenfisch 235
Gemüse-Eibisch 165
Gemüsefenchel 72
Gemüsekürbis 258
Gemüsemais 258
Gemüsepaprika 79
Genip 190
Genmai mochigomo su 223
Geophagie 68
Gerbersumach 224

Gerbstoffe 259
Gewürze 80
Gewürznelken 12, 162
Gewürznelkenbaum 162
Gewürzpaprika 80
Ghee 45, 80, 230
Ghorayebah 80
Ghoriba 80
Giant African snail 209
Giant cactus 200
Giant granadilla 174
Giant pumpkin 125
Ginger 96
Ginkgo-Baum 80
Ginkgo biloba 80
Ginkgo nuts 81
Ginnan 80
Ginseng 81
Giottini 42
Giraffe 81, 118
Girasole 238
Gjetost 38
Glarner Schabziger 33
Glasaale 12
Glasiger Reis 194
Glasnudeln 81
Glasschmalz 81
Glasswort 81
Glatte Melone 149, 150
Glattpfirsich 162
Globe artichoke 16
Glutamate 81
Glutamates 81
Glutinous rice 194
Glycine max 219
Goa bean 34
Goabohne 34
Gobo 118
Gochujang 81
Gofio 81
Gogo 82
Gohan 82
Goi Cuon 82
Goldapfel 22
Golden apple 23
Golden berry 180
Golden lilies 87
Golden passionfruit 174
Goldpflaume 23
Goldrush 258
Goma 214
Golombki 82
Gomasio 82
Gongbao Jiding 82
Goosefoot 68
Goose neck 67
Goreng 82
Gorillas 5
Goroka 82
Gosht 82
Governor plum 192
Goy Koi Mot Daeng 10
Grains of paradise 149
Granadillas 174
Grana 173
Granat 217
Granatapfel 82
Grapefruit 255
Grappa 193
Grass pea 185
Graue Walnuss 41
Graved salmon 83
Graviola 12
Gravlaks 83, 87
Great scallop 98
Green gram 33
Greenbrier 83
Gremolata 83
Grenadine 83
Grewia asiatica 180
Gribiche 83
Griechische Küche 83
Griouch 84
Grissini 84
Grönland-Shrimp 217
Grosella 84
Große Igelgurke 117
Große Sapote 84
Große Suppenschildkröte 208
Große Yam 251
Großer Galgant 77
Großfrüchtige Aktinidie 118
Großfrüchtige Moosbeere 57
Großporige Trüffel 239
Groundnut 68, 69
Grüner Pfeffer 179

Sachwortverzeichnis

Grüne Sapote   84
Grüner Tee   231
Guacamole   70, 85
Guajaba   85
Guajave   85
Guama   85
Guanabana   12
Guaraná   85
Guar bean   34
Guarbohne   34
Guava   86
Guave   85
Guayusa-Tee   86
Guchul Pan   86
Gudek   86
Gueuze   30
Guinea pepper   127, 149
Guineapfeffer   17
Guinea-Yam   251
Gulab Jaman   86
Gulai   86
Gulao Rou   86
Gull's eggs   156
Gulupa   91, 175
Guluzpa   91
Gumbo   85, 166
Gum Jum   86
Gummiharze   259
Gums   259
Gundruk   87
Gunkan Zuchi   225
Gunmandu   142
Guozili   254
Gürteltier   87
Gurnard   119
Gurunuss   55
Guveç   87
Gwaar Ki Phalli   87
Gyrophora esculenta   97

H

Habbiyah   87
Hackberries   87
Haferpflaume   59
Haferschlehe   59
Haferwurzel   33
Hagapfel   14
Haggis   87

Haifischflossen   215
Hairy gourd   104
Hairy litchi   191
Hakarl   87
Hako Zuchi   225
Hakusai   87
Halal   87
Hálaszlé   88
Haliotis   1
Halva   88, 145, 208, 214
Hamaguri   88
Hamam Mashi   88
Hamanatto   88
Hamantaschen   88
Hamine-Eier   88
Hamud   88
Hana hijoso   211
Hana Ketsuo   110
Hancornia speciosa   142
Hapokapsa   88
Haram   87
Haricot vert de mer   7, 88
Harira   88
Harissa   47, 88
Harosset   89
Harpodon nehereus   35
Hárslevelü   236
Harusame   89
Hashoga   96
Haupia   89
Hausen   110
Hawayii   89
Head garlic   89
Hearts of palm   170
Heckenaal   208
Heinan Chicken Rice   89
Helianthus annuus   220
Helianthus tuberosus   237
Helix pomatia   209
Helmbohne   34
Helwa   88
Hemerocallis fulva   133
Herb   260
Herbel   89
Herbes de Provence   123
Herb of grace   193
Herbs of Provence   123
Herbstzichorie   86

Sachwortverzeichnis

Hernekeitto 89
Het kanoo 156
Heuschrecken 89, 96
Hibachi 90
Hibiscus cannabinus 113
Hibiscus sabdariffa 196
Hibuskusblüten 108
Hickory nuts 90
Hickorynüsse 90
Hierochloe odorata 146
Highbush cranberries 90
Hijiki 90
Hilbeh 90
Himanthalia elongata 88
Hinava 90
Hippopotamus amphibius 74
Hira giri 206
Hirneola auricola-judae 101
Hirse 91
Hiyamugi 91
Hizikia fusiforme 90
Ho bit long 24
Hog jowl 91
Hog maw 91
Hogplum 23, 250
Hoisin sauce 91
Hokkaido-Kürbis 91
Holischkes 91
Holothurioideae 212
Holy grass 146
Hominy 91
Honeywort 153
Honeydew melon 150
Hongo 121
Honigmelone 150
Hop sprouts 91
Hopfenspargel 91
Hopfensprosse 91
Horchata 53, 91
Horenso 91
Horned cucumber 118
Hornmelone 117
Horse brier 83
Horsemeat 180
Hosi-Nori 91
Htamin lethoke 92
Htipiti 92
Huachinango 92

Huango 92
Hühnerfüße 92
Hülsen 259
Huevos rancheros 92, 100
Humitas 92
Hummer 111, 164
Hummer Thermidor 92
Hummus 92
Humulus lupulus 91
Hun dun 249
Hundefleisch 92
Hundeschinken 92
Huo-fu 93
Huso huso 110
Hussaini Kebab 93
Hyacinth bean 34
Hydrochoeris hydrochoeris 42
Hydrolgaus colliei 49
Hylocereus costariacesis 184
Hylocereus polyrhizus 184
Hylocereus undatus 184
Hyphaene thebaica 63
Hyssop 253
Hyssopus officinalis 252

I

Ibapuru 97
Icaco-Pflaume 93
Ice plant 66
Ichiban dashi 60
Idli 93
Iflagun 93
Iftar 93
Iguana 93, 132
Iguanidae 132
Ikan bilis 93
Ikisanga 93
Ikizuri 206
Ikokore 94
Ikura 94
Ilex cassine 43
Ilex guayusa 86
Ilex paraguariensis 147
Illicium verum 222
Imam bayildi 83, 94
Immos 94
Imoyo 94
Imtabal 94

Imu 105, 136
Indian almond 95
Indian colza 206
Indian fig cactus 103
Indian gooseberry 84
Indian jujube 94
Indian millet 221
Indian mulberry 163
Indian mustard 206
Indian pepper 236
Indian rice 248
Indianerkorn 248
Indianer-Möhre 15
Indianernessel 155
Indische Feige 103
Indische Jujube 94
Indische Kolza 206
Indische Küche 94
Indische Mandel 95
Indische Stachelbeere 9
Indischer Lotos 136
Indischer Maulbeerbaum 163
Indischer Safran 128
Indischer Senf 205
Indischer Spinat 141
Indonesische Reistafel 95
Inga spec. 85
Inghera 95
Ingwer 18, 95, 161
Injera 95
Inkakorn 190
Inkaweizen 190
Inkfish 235
Inocarpus fagifer 227
Insects 96
Insekten 96
Ipomoea aquatica 106, 247
Ipomoea batatas 27
Iriko 212
Irio 96
Irvingia gabonensis 61, 165
Irvingia wombolu 165
Isaña 96
Isiewu 96
Isopho 97
Ito zukuri 206
Iwatake 97

J
Jaboticaba 97
Jabuticaba 97
Jáca 97
Jack bean 34
Jackbohne 34
Jackfrucht 69, 97
Jackfruit 97
Jaggery 97, 114
Jakobsmuschel 98
Jalebi 98
Jalfreizi 98
Jamaica cherry 98
Jamaica honeysuckle 175
Jamaica nutmeg 104
Jamaica pepper 182
Jamaica plum 23
Jamaica-Blaubeere 5
Jamaicakirsche 3, 98
Jamaican sorrel 197
Jamaicapfeffer 181
Jambalaja 41, 98
Jambaraps 193
Jamberry 237
Jambolan 98
Jambolanapflaume 98
Jambos 197
Jamón serrano 213
Janzabil 96
Jaozi 25, 98
Japanese apricot 241
Japanese butterbur 76
Japanese citron 256
Japanese horseradish 246
Japanese medlar 135
Japanese mushrooms 216
Japanese parsley 153
Japanese pear 161
Japanese pepper 226
Japanese persimmon 103
Japanese plum 135
Japanese radish 59
Japanische Aprikose 215
Japanische Birne 160
Japanische Kartoffel 118
Japanische Klettenwurzel 118
Japanische Küche 98
Japanische Mispel 135

Japanische Persimone 102
Japanische Pflaume 225
Japanische Rübe 102
Japanische Weinbeere 99
Japanischer Hummer 121
Japanischer Meerrettich 246
Japanischer Pfeffer 59, 226
Japanischer Rettich 59
Japankrabbe 121
Japan-Yam 256
Jara-Salat 77
Javaapfel 99, 246
Java apple 99
Javagalgant 77
Javamandel 95
Java Pflaume 98
Java plum 98
Javelina 177
Jayan Pasar 99
Jellyfish 190
Jelly melon 118
Jengganan 99
Jerk 99
Jerky 99
Jerusalem artichoke 238
Jerusalem-Artischocke 237
Jerusalembohne 33
Jerusalem oak epazote 68
Jésus 100
Jew's ear 101
Jew's mellow 102
Jícama 100
Jiinmandu 142
Jira pani 100
Jitomate 92, 100
Johannisbrot 100
Johannisbrotkernmehl 100
Joint 16
Jollof 101
Jorco 140
Joulukinkku 101
Judas' ear 101
Judasohr 101
Jüdische Küche 101
Juglans cinerea 41
Juglans nigra 211
Jujube 101
Juneberries 72

Jungfernöl 102, 167
Jute 102

K

Ka'ak 102
Kaanga-Kopuwai 102
Kabanos 102
Kabanossi 102
Kabayaki 102
Kabu 102, 119
Kachoomar 102
Kadinbudu Köfte 102
Käfer 96
Kaempferia galanga 113
Kaffeewurzel 53
Kaffernhirse 220
Kaffir lime 256
Kaffir-Limette 256
Kagami Mochi 153
Kahk 102
Kaisergranat 207
Kaiserhummer 207
Kaisermütze 176
Kajmak 102
Kajoores 31
Kaki 102, 103, 215
Kakifeige 102
Kakipflaume 102
Kaklo 103
Kakro 103
Kaktusbirne 103, 163
Kaktusfeige 103
Kaku giri 206
Kala namak 203
Kalabassen-Muskat 103, 104
Kalakand 104
Kalakeitto 104
Kalakukko 104
Kalalaatiko 104
Kalan 104
Kaldaunen 259
Kale 119
Kalebasse 104, 125
Kalifornischer Taschenkrebs 231
Kalmar 206, 235
Kalmus 104
Kalua pig 105
Kalua Pua'a 136

Kamaboko 105
Kamameshi 105
Kamelfleisch 105
Kamelmilch 105
Kammama 105
Kamm-Minze 105
Kampyo 105, 106
Kamtschatkakrebs 121
Kanariennuss 50
Kandelnuss 113
Kangaroo 106
Känguruh 106
Kani 127
Kanji 106
Kankong 106
Kantalupmelone 150
Kanton-Küche 50
Kantu 106
Kapern 7, 106
Kapernäpfel 106
Kapi 32
Kapschwein 68
Kapseln 259
Kap-Stachelbeere 180
Kapusniak 106
Kapuzinerkresse 107
Kara 256
Karabij 138
Karai 9
Karambole 107
Karashi 107
Karashi Mentaiko 229
Karasumi 107
Karat 100
Karaunda 108
Kardamom 104, 107, 108, 129, 160
Karde 42
Kardonenartischocke 42
Kare Kare 108
Karela 23
Karendang 108
Karetteneier 208
Karibische Landkrabbe 129
Kari Kari 108
Kari Podi 58
Karjalanpaisti 108
Karkade 108
Karmin 54

Karobe 100
Karstbohnenkraut 108
Kartoffel 27
Kartoffelbohne 100
Kartoffel-Yam 251
Kascha 108
Kaschu-Apfel 109
Kaschukern 109
Kaschunuss 109
Kashk 109
Kassaba 150
Kassava 144
Kasy 109
Katayef 109
Kath 110
Katjangbohne 35
Katlana 110
Katoris 233
Katsuobushi 110
Kattapabaum 95
Katuraiblüten 5
Katzenhai 214
Kava-Kava 111
Kaviar 107, 110
Kawa 111
Kawal 111
Kaweni 128
Kawurma 111
Kayam 227
Kayu 242
Kazunoko 112
K'dra 112
Kebab 112
Kebap 112
Kechapi 205
Kechua 165
Kedgeree 112
Keema 112
Kefe Kimyonu 112
Kefir 112
Keftedes 112
Kei-Apfel 112
Kelp 121
Kemiri 113
Kenaf 113
Kenima 113
Kenkey 113
Kentjoer 113

Kentumere 113
Kepundung 150
Kermesbeere 113
Kernobst 260
Keskul 113
Keta Kaviar 110
Ketchup 114
Ketembilla 117
Ketjap 114
Kewra 170
Khabeli 114
Khaman 114
Khameri-Roti 114
Khamir 114
Khanom 114
Khao phoune 114
Khas-Khas 114
Kheer 114
Khesari 185
Khichari 114
Khlii 114
Khoa 115
Khobz 115
Kholombo 115
Khoreshta 115
Khubz 115
Kibbeh 115
Kichererbsen 45, 115, 129, 214
Kichlach 116
Kidney bean 34
Kidney-Bohne 34
Kikuna 217
Kikunori 116
Kikurage 116
Kikushi 116
Kimchi 116, 122
Kimizu 116
Kimtschi 201
Kimwah ham 92
King 256
Kinnie 116
Kinugoshitofu 236
Kippers 116
Kirfa 116
Kiriboshi daikon 116
Kirschtomate 55
Kishimen 116
Kishk 109

Kisra 116
Kitchengarden purslane 188
Kitembilla 117
Kitfo 117
Kiwai 117
Kiwano 117, 150
Kiwi 118
Kiwi fruit 118
Kiwicha 190
Klapperschlangen 208
Klebreis 194
Kleine Yam 251
Kleiner Galgant 77
Klettenwurzel 118
Klingelmöhre 258
Klipfish 118
Klippfisch 118
Knisches 118
Knoblauch 195
Knoblauchbirne 229
Knochenmark 118
Knollen 260
Knollenbohne 100
Knollenfenchel 72
Knollen-Sauerklee 165
Knollenziest 118
Knorpelmöhre 10
Knospenmajoran 141
Knotberry 157
Knurrhahn 119
Kobe beef 119
Kochbanane 4, 24
Kochsalz 202
Kochujang 119
Kødboller 119
Köfte 112
Königsdattel 60
Königskrabbe 121, 241
Kofta 112
Kohl 119
Koji 153
Kokada 119
Koko 120
Kokoreç 120
Kokosfleisch 69
Kokosmark 120
Kokosmilch 39, 69, 75, 86, 89, 120, 135, 207
Kokosnuss 120

Sachwortverzeichnis

Kokospalme 120
Kokoswasser 120
Kokum 120
Kolaches 120
Kolatschen 120
Kolbenhirse 178
Kombu 7, 120, 121
Kombucha 121
Kombujime 121
Kombusalz 121
Komtata 95
Kona-Coffee 121
Konafa 121
Kona-Kaffee 121
Konbu 120
Konnyaku 121
Konwai 51
Kooral 121
Kopra 120
Koreanische Küche 121
Koriander 122
Korila 122
Korma 122
Kornelkirsche 122
Koro-Koro 123
Korokan 73
Korsan 123
Kosai 7
Kosai Akara 123
Koscher 101, 123
Koscheri 123
Koshaf 123
Kosher 123
Kotopitta 123
Kotschuri 123
Kouha 123
Koukla 123
Krabbe 217
Kraftwurz 81
Krake 206, 235
Krammetsvögel 218
Kranichbeere 57
Krause Endivie 123
Kraut 260
Kräuter der Provence 123
Kren 124
Kreplach 124
Kreplech 124

Kreuzkümmel 124
Kriek 30
Krill 124
Krimpkochen 124
Kristallkraut 66
Krobouko 124, 125, 165
Kroepoek 124
Krokodile 124
Kronenkrebs 121
Krung Gaeng 125
K'seksu 57
Kubaneh 125
Kuba-Spinat 125
Kubba 115
Kubebenpfeffer 125
Kürbis 125
Kufteh 125
Kugel 125
Kugelfisch 76
Kuhbohne 2, 4, 7, 34
Kujolpan 126
Kukah 126
Kuku 126
Kulebiaki 126
Kulfi 126
Kuli Kuli 126, 130
Kulith 126
Kulitsch 126
Kul Kuls 126
Kultscha 127
Kulurakija 127
Kumba 239
Kumbapfeffer 127
Kumin 124
Kumiss 127
Kumquat 256
Kumys 127
Kunafa 127
Kung-Kong 106
Kurigurke 127
Kurkuma 127, 161
Kurma 127
Kurrat 128
Kuru Fasulye 128
Kurut 128
Kusaya 128
Kushi 128
Kushiage 128

Sachwortverzeichnis

Kushuk 128
Kusk 109
Kutteln 259
Kuvurma 181
Kuwini 128
Kuwini mango 128
Kwass 36, 128

L

Laab 129
Laban 132
Labaneya 129
Lab Chung 129
Labna 132
Lactuca sativa angustana 222
Lactuca sativa capitata 27
Lactuca sativa crispa 135
Laddu 129
Ladoicea maldivica 55
Ladybird 220
Lady's finger 166
Lagenaria siceraria 63, 104
Lagmi 60
Lahmacun 129
Lahmé 129
Lakka likööri 157
Laksa 129
Lamb fries 188
Lambic 30
Laminaria japonica 121
Laminaria saccharina 258
Laminaria spec. 212
Lampagione 129
Lampascione 129
Land crabs 129
Landkrabben 129
Lange Bretonin 37
Langkornreis 194
Langmilch 231
Lángos 129
Langosch 129
Langostinos 130
Langpfeffer 130
Langsat 130
Langusten 130
Langustenschwänze 207
Lansium domesticum 130
Lansur 126, 130

Lantong 130
Lanzettfischchen 131
Lanzon 130
Lap 131
Lapacho 131
Lapsi 131
Large leaved chicory 32
Larven 131
Laser trilobum 112
Laserwort fruit 112
Lassi 131
Lathyris sativus 185
Lathyrismus 115
Latik 131
Latkes 131
Lattice leaf plants 94
La tsan 92
Lattughino 135
Lauch, ägyptischer 128
Laulau 136, 234
Laurus nobilis 136
Lavandula angustifolia angustifolia 132
Lavash 131
Lavendel 132
Lavender 132
Lawalu 132
Leaf mustard 206
Leben 112, 132
Lecanora esculenta 145
Lechon sarsa 132
Lecsó 132
Leech lime 256
Leguan 132
Lekach 132
Lemang 132
Lemon 255
Lemon grass 257
Lemon pepper 236
Lemon vine 26
Lempog 64
Lempol 132
Lentils 133
Lentinus edodes 216
Lepas anatifera 67
Lepidium meyenii 139
Lerchen 218
Lethok son 132
Lichee 134

Sachwortverzeichnis

Lichtnuss 113
Lilienknospen 133
Lilienzwiebeln 133
Lilium lancifolium 133
Lily buds 133
Lily bulbs 133
Lima bean 34
Limabohne 34
Lime 256
Limequat 257
Limette 256
Limone 256
Limonia acidissima 249
Limpets 210
Lingonberry 133
Linsen 133
Litchi 133, 134
Litchi chinensis 133
Litchinüsse 134
Litchipflaume 133
Litchi, behaarte 191
Liwanzen 134
Liza ramada 27
Llampuga 134
Llapingachos 134
Lobster Thermidor 92
Locro de queso 134
Locust 90
Locustbohne 100
Lodoicea maldivica 55
Loempia 134
Loganbeere 134
Loganberry 134
Lokschen 134
Loligo vulgaris 235
Lollo rosso 135
Lombok 135
Lon 135
Longan 135
Longanpflaume 135
Long grain rice 194
Long pepper 130
Long tomato 209
Lontar 170
Lontong 135
Lop Chong 135
Loquat 135
Lorbeerblätter 135

Lotoko 136
Lotos 136
Lotosblume, ägyptische 21
Lotosnüsse 136
Lotoswurzeln 136
Lotus 136
Lotus candy 136
Lotusfrucht 136
Lotuspflaume 136
Love grass 232
Lu'au 136
Lubia 136
Luchi 137
Lucuma 1, 137, 227
Lüder-Perlzwiebel 178
Luffa 137
Luffa acutangula 137
Luffa aegyptica 210
Luftzwiebel 137
Lulo 137
Lulu 137
Lupin kernels 138
Lupinenkerne 138
Lupinus luteus 138
Lupu 206
Lutefisk 138
Lycium chinense 33
Lycopersicon esculentum cerasiforme 55

M

Ma'alube 138
Ma'amoul 138
Maasa 138
Maatjes 138
Mabela 139
Mabo-Samen 162
Maca 139
Macadamia nut 139
Macadamia ternifolia 139
Macadamianuss 139
Macchar Jhol 139
Mace 139
Machmunia 142
Macis 139, 159
Macisbohne 103
Macropus robustus erubesceus 70
Madagascar plum 65
Macrotyloma uniflorum 126

Sachwortverzeichnis

Madeira 139
Madeira wine 140
Maden 96
Madhan 140
Madrone 140
Madroño 140
Mämmi 140
Mäuse 193
Mafaffa 252
Maferka 140
Magda 96
Magou 140
Mahallebi 157
Mahewu 140
Mahonia aquifolium 140
Mahonienbeere 140
Mais 140
Maize 141
Majoran 141, 195
Makisushi 141, 225
Makkara 141
Malabar spinach 141
Malabar-Kardamom 107
Malabarspinat 141
Málaga 141
Malagueta pepper 149
Malaguetapfeffer 149
Malanga 228, 252
Malaquina 257
Malay gooseberry 84
Malay roseapple 142
Malayapfel 141
Malfuf 142
Mali 142
Malossol 110
Malpighia glabra 3
Malpighie 3
Malpoora 142
Maltesermelone 149, 150
Mamaliga 142
Mamchao 180
Mammao 171
Mammea americana 142
Mammee apple 142
Mammee sapote 142
Mammey 84, 142
Mammey-Apfel 142
Mammi-Apfel 142

Ma'mounia 142
Mana'ish Sater 142
Manakeesh 142
Mandarine 255
Mandarine orange 256
Mandu 142
Manduguk 142
Manestra 167
Mangabra 142
Mangifera indica 142
Mangifera odorata 128
Mangifera verticillata 28
Mangis 144
Mango 9, 58, 143, 227
Mangopflaume 23
Mangostane 143
Mangosteen 144
Mangus 144
Manihot 145
Manihot esculenta 144
Manila-Tamarinde 144
Manilkara kauki 207
Manilkara zapota 205
Maniok 17, 65, 144
Maniokmehl 144
Maniokstärke 144
Manisan 31
Manna 145
Manna-Esche 145
Manna-Flechte 145
Mannit 145
Mansaf 145
Manzanilla 215
Manzanitas 145
Mao Tai 145
Maple syrup 6, 145
Mapo doufu 146
Mapom 257
Maracujá 174
Marag 146
Maranta arundinaceae 16
Marantastärke 16
Maranta starch 16
Mariengras 146
Marjoram 141
Markat left 146
Markit 146
Markouk 146

Sachwortverzeichnis

Marmalade plum   84
Marmeladenfrucht   84
Marsh samphire   81
Marsilea quadrifolia   226
Masa   138
Masaco   146
Masah   146
Masala   11, 146
Masato   146
Masgoof   146
Mashua   96
Massaitee   196
Massor Dal   146
Masta Tuma   146
Mastechekide   35
Mastic   147
Mastic gum   147
Mastikha   146, 147
Mastix   147, 157
Masur Dal   133
Mataha   147
Matasano   248
Matcha   147
Mate   147
Maté   147
Matisia cordata   84
Matjes   138
Matoke   147
Matsutake   147
Mattenbohne   34
Matze   52, 147
Matzo   147
Maulbeere   147
Maulbeerfeige   148
Mauritia flexiosa   3
Mawaju   25
Mayapfel   148
May apple   148, 171
Mazamorra   148
Mazze   147
Mazzoh   147
Mazzun   148
Méchoui   151
Medamis   148
Medammes   148
Medlar   153
Medonheiro   148
Medronhio   148

Meeräsche   27
Meereseiche   14
Meeressalat   148
Meeresschnecken   1, 210
Meeresspaghetti   88
Meerfenchel   212
Meerfrucht   14
Meerigel   212
Meerkohl   148
Meerohr   1
Meerschweinchen   59
Meertraube   212
Meesa   138
Mefarka   149
Mehlbanane   24
Mei   149
Meju   149
Melaguetapfeffer   77, 149
Melano   118
Melicoccus bijugatus   190
Mellow fruit   178
Mellowfrucht   178
Melokhia   150
Melon   149
Melon pear   178
Melonen   149
Melongenidae   210
Melons   150
Melookhyya   150
Menemen   44
Mentaiko   229
Menteng   150
Mentha cordifolia   252
Mentha patrini   105
Merguez   150
Merissa   151
Merk   258
Mesembryanthemum crystallinum   66
Meshwi   151
Mesimarja   15, 153
Mesimarjalikööri   15
Meslalla   151
Mespilus germanica   153
Mesu   151
Metates   163
Metroxylon sagu   200
Mexican husk tomato   237
Mexican sausage   52

Mexikanische Blasenkirsche 237
Mexikanische Tomate 237
Mexikanisches Teekraut 68
Mexikoapfel 248
Mezcal 96, 151
Mezcal-Wurm 151
Meze 240
Mezedés 151
Mezze 151
M'hammer 151
M'hanscha 151
M'henscha 151
Mibatara 152
Mice 193
Michal 257
Midye tavasi 153
Milben 152
Milho frito 152
Mimelotte 152
Miner's lettuce 125
Minigurke 152
Minimais 258
Mini-Squash 176
Minke whale 245
Minkwal 245
Minneola 257
Miracle fruit 152
Mirakelfrucht 152
Mirin 152, 161
Mishmish 152
Mishmishiya 152
Miso 152, 161
Mispel 153
Mites 152
Mithai 153
Mitsuba 153
Mizutaki 153
Mochi 153
Mönchspfeffer 155
Möwen 156
Mogul Kebab 93
Mohica 154
Mohingga 154
Mohrenhirse 220
Mohrenpfeffer 127
Moin-Moin 154
Mojo 154
Mokh 154

Mole 154
Mole poblano 210
Mollesaat 154
Molletes 35
Mullifruit 59
Moltebeere 157
Momentofu 236
Momiji-Oroshi 154
Momordica balsamica 22
Momordica charantia 23
Mompe 23
Monarda didyma 155
Monarde 155
Mondbohne 34
Mondkuchen 136
Mongolischer Feuertopf 155
Monodora myristica 103
Monopterus albus 194
Monstera 155
Monstera deliciosa 155
Montia perfoliata 125
Moorbeere 239
Moorwurzel 175
Moosbeere 188
Moqueca 156
Moraya 53
Morinda citrifolia 163
Moringa oleifera 63
Moros y Cristianos 156
Mortiño 51
Morus alba 147
Morus nigra 147
Morus rubra 147
Morus spec. 147
Moschusenten 26
Moschuskürbis 125, 156
Mosterdspinat 213
Moth bean 34
Mot Som 9
Motto 193
Mountain crawberrry 131
Mountain hollyhock 246
Mountain papaya 29
Moussakás 159
Moyin-Moyin 154
Mozzarella 39
Mpiho 156
M'qualli 156

Sachwortverzeichnis

Mruziya 156
Mudda 204
Mu-Err-Pilz 156
Muffuletta 156
Muhallebi 157
Muhamra 157
Mujaddara 157
Mukago 251
Muktuk 157
Mukute 157
Mulberry 148
Mulligatawni 157
Mulmandu 142
Multbeere 157
Multiple fruit 260
Muluchija 157
Mundu 158
Mungbohne 10, 33
Mungra 158
Muntingia calabura 98
Mupundu 162
Murgh Masalam 158
Murraya 58
Murraya koenigii 58
Murta 158
Murtilla 158
Musa paradisiaca 24
Muscadine 158
Muscari comosum 248
Muscari spec. 129
Muscheln 18
Muscovado 158
Mushimono 158
Musiasi 158
Muskatblüte 139
Muskatellersalbei 158
Muskatkürbis 156
Muskatnuss 12, 158
Muskattrüffel 239
Muskmelon 150
Muskrat 193
Mussaka 18, 159, 218
Mustamakkara 159
Mustard greens 206
Mustard spinach 213
Mutabbal 159
Mutterkümmel 124
Mutternelken 159

Mwenge 25
Myocastor coypus 165
Myrciaria cauliflora 97
Myricaria dubia 42
Myristica fragrans 139, 158
Myrobalan 95
Myrtenkörner 159
Myrtille 159
Myrtle berries 159
Myrtle pepper 182
Myrtus communis 159
Mysore Pak 159
Mysost 38

N

Naan 159
Naatiffe 138
Nabe 160
Nabelschweine 177
Nabemono 160
Nabet 160
Nachtigallen 218
Nahari 160
Nalesnik 160
Na mool 160
Nam pla raa 160
Nam prik 160
Namasu 206
Nameko 160
Nangka 97
Napfschnecken 209, 210
Naranjilla 137, 138
Naseberry 205
Nashi 160
Nasi 161
Nasi Goreng 82
Nasturtium 107
Nasu 161
Nata 161
Natal plum 161
Natal-Pflaume 161
Natriumchlorid 202
Natto 161
Navel-Orange 255
Ndizi na nyama 161
Neapolitan medlar 20
Nectarine 162
Neehari 160

Neem 162
Neera 170
Negerhirse 178
Negro pepper 127
Nehalta 44
Nektarine 162
Nelken 162
Nelkenpfeffer 181
Nelumbo nucifera 136
Nephelium lappaceum 191
Nephelium mutabile 189
Nephrops norvegicus 207
Nespel 153
Netted melon 150
Netzannone 12
Netzmelone 149, 150
Neuseeländer 162
Neuseelandspinat 162
New Zealand spinach 162
Ngan pya ye chet 162
Nguak wua thot 162
Niban dashi 60
Nigari 236
Nigella sativa 211
Nigiri Zuchi 225
Nikon-Nuss 162
Nimono 162
Nixtamal 163
Nkrakra 163
Nobiru 163
Noni 163
Nonpareilles 106
Noodles 164
Nopal 163
Nopalito 163
Nordamerikanische Schneeballbeere 90
Nori 7, 163
Norimaki Zushi 106
Norway lobster 207
Nougada 163
Ntorewafroe 164
Nudeln 164
Nüsse 260
Nunt 164
Nuoc mam 164
Nuta 164
Nutmeg 159
Nutmeg melon 150

Nutria 164
Nuts 260
Nymphaea lotos 21

O
Obstbanane 24
Ochsenherz 12
Ocimum americanum 21
Ocimum basilicum 26
Octopus vulgaris 235
Oden 164
Odorigui 164
Ölbaum 166
Ölrauke 193
Oenanthe javanica 213
Ofam 165
Ogbono 164
Ogenmelone 150
Ogi 165
Ogiri 124, 165
Oka 165, 166
Okapi 165
Okoho 165
Okoleaho 234
Okonomiyaki 165
Okra 11, 62, 86, 165, 234
Ok-Rong 166
Okroschka 166
Oktopus 206, 235
Okumo 228
Olea europaea 166
Olio extra vergine 102
Olive oil 167
Oliven 166
Olivenöl 102, 166
Olives 166
Olla 167
Oloroso 215
Om Ali 167
Oncom 167
Ondatra zibethica 193
Onigiri 167
Onomi 245
Ontjom 167
Oolong-Tee 232
Opuntia 103
Opuntia ficus-indica 103
Opuntia megacantha 163

Opuntie 103
Orange 255
Orange pekoe 232
Orangeat 255
Orangequat 257
Orbignya martiana 20
Oregano 167
Oregon grape 140
Oriental radish 59
Origanum majorana 141
Origanum spec. 195
Origanum vulgare 167
Orinocoapfel 55
Orinoco hog 42
Orlando 257
Oro 4
Oroko 124
Ortanique 257
Orycteropus afer 68
Oryza sativa 194
Orzo 167
Osietra 110
Ossobucco 167
Ostasiatische Bitteryam 251
Ostrich 223
Oswego bee balm 155
Oswegotee 155
Ota 167
Otaheite apple 23
Otaheite gooseberry 84
Otaheite-Apfel 23, 141
Otak-Otak 167
Otoshibuta 168
Ouarka 38
Ouzo 2, 84, 146, 168
Oxalis tuberosa 165
Oyster fungus 19
Oysters 19

P
Paak 168
Paan 168
Pachyrhizus erosus 100
Pad Taalee 168
Padang cassia 168
Padangzimt 168
Padek 169
Pad Thai 168

Paella 62, 168
Paellera 168
Pajon 169
Pajura 169
Pak-Choi 119, 169
Pakoras 169
Paksoi 169
Palatschinken 169
Palau 169
Palaver Sauce 169
Palinuridae 130
Palm hearts 170
Palmherzen 170
Palmitos 170
Palmkäse 170
Palmkohl 170
Palm sago 200
Palmwein 236
Palmyra 97, 170
Palo 170
Palolo worms 170
Palolowürmer 170
Palomino 215
Palya 170
Pampelmuse 255
Panada 170
Panamakirsche 98
Panax ginseng 81
Panch Phoron 170
Panch poran 170
Pandalus borealis 217
Pandanus 170
Pandanusblätter 39
Pandanus tectorius 171
Paneer 171
Panettone 171
Pangabaum 38
Panga edule 38
Panir 171
Panjabi wari 245
Panko 237
Pansit 171
Pap 171
Papa lisa 241
Papadams 172
Papageifisch 171
Papas arrugadas 171
Papaton 212

Papau 171
Papaya 171, 172
Papayuela 29
Papeda 256
Pappadams 172
Pappads 172
Paprika 79, 80, 172
Paprikás 173
Paracentrotus lividus 212
Paradieskörner 149
Paraguaytee 147
Paralithodes camtschatica 121
Paralomis granulosa 241
Paranuss 173
Para nut 173
Paratha 173
Parboiled Reis 194
Parinari curatellifolium 162
Parinari montanum 169
Parkia 173
Parkia filicoidea 60
Parkia javanica 173
Parkia speciosa 35
Parma ham 173
Parmaschinken 173
Parmesan 173
Parmigiano Reggiano 173
Parsnip 175
Parwal 174
Parrotfish 171
Pasanipilz 216
Paschka 174
Passiflora edulis 174
Passiflora edulis flavicarpa 174
Passiflora laurifolia 175
Passiflora ligularis 174
Passiflora mollissima 175
Passiflora pinnatistipula 175
Passiflora quadrangularis 174
Passiflora spec.
Passiflora trioartita molissima 58
Passionfruit 175
Passionsfrüchte 174
Pasta 175
Pastel de choclo 175
Pastelle 175
Pasterna 175
Pastinaca sativa 175

Pastinak 175
Pastinake 175, 258
Pastirma 175
Pastis 2, 168
Pastrami 176
Patacones 176
Pata Negra Schinken 176
Pataste 176
Pâtés 233
Patia 176
Patishapta 176
Patisson 125, 176
Patna-Reis 194
Pau 176
Paullinia cupana 85
Pawa 186
Pawpaw 17, 172
Payagua 229
Pazifischer Palolo 170
Peach tomato 55
Peach-palm fruit 177
Pea crab 68
Peanut 69
Peanut butter 68
Pearl millet 178
Pearl onions 178
Pebre 176
Pecan nut 90
Peccaries 177
Pecten jacobaeus 97
Pedro Ximenes 215
Pejibay 177
Pekannüsse 90
Pekaris 177
Peking duck 177
Pekingente 177
Pekingkohl 49
Peking-Küche 50
Peking sauce 91
Pekmez 177
Pekoe 232
Pekoe souchong 232
Pelmeni 177
Pembe 177
Pemmican 72, 145
Pennisetum americanum 22
Peperoni 80
Pepinello 46

Sachwortverzeichnis

Pepino 11, 178
Pepper 179
Percebes 67
Perdeli Pilaw 178
Pereskia aculeata 25
Pergedel Goreng 82
Peria 23
Perigord-Trüffel 238
Perigord truffle 239
Perilla 211
Perilla frutescens 211
Perlhirse 178
Perlsago 200
Perlzwiebel 178, 217
Persea americana 19
Persimmon 178
Persimone 178
Persimonpflaume 178
Persischer Senf 193
Peruanische Möhre 15
Peruanischer Pfeffer 154
Perureis 190
Peruspinat 190
Peruvian carrot 15
Peruvian cherry 180
Peruvian parsnip 15
Pesto 179, 182
Petasites japonicus 76
Peteh-Bohne 35
Petellidae 210
Peter's cress 212
Pétoncles 179
Petroselinum crispum radicosum 250
Pfeffer 179
Pfeilkraut 51
Pferdeeppich 179
Pferdefleisch 179
Pfirsich-Palmfrucht 177
Pfirsichtomate 55
Pflanzengummen 259
Phaak 180
Phalsa fruit 180
Phalsafrucht 180
Phaseolus acutifolius latifolius 233
Phaseolus coccineus 34
Phaseolus lunatus 34
Phaseolus spec. 33
Phaseolus vulgaris 34

Phinu 180
Pho 180
Phoenicoper ruber 74
Phoenix dactylifera 60
Phyllanthus acidus 84
Phyllanthus emblica 9
Phyllostachys spec. 24
Phylostachys bambusoides 227
Physalis 180
Physalis ixocarpa 237
Physalis peruviana 180
Phytolacca americana 113
Piaz 180
Pibil 180
Piccalilli 180
Pickerelweeds 181
Pickles 4
Pidan eggs 181
Pidan-Eier 49, 181
Pidgeon pea 35
Pignolia 182
Pignolien 182
Piki-Brot 140, 181
Pikjilía 181
Pilaf 181
Pilaki 181
Pilav 6, 26, 94, 181
Pilgermuschel 97
Pili nut 50
Pilinuss 50
Piloncillo 181
Piment 181
Pimenta dioica 182
Pimiento 80
Pindang 182
Pineapple 10
Pineapple guava 75
Pine kernels 182
Pine mushroom 147
Pine nuts 182
Pinienkerne 42, 182
Piniennüsse 182
Pink pepper 154
Pink peppercorn 154
Pinni 182
Pinnotheres pisum 68
Pinompoh 182
Piñon-Nüsse 182

Pintobohnen 48
Piñuela 182
Pinus pinea 195
Piper betle 29
Piper cubeba 125
Piper guineense 17
Piper longum 130
Piper methysticum 111
Piper nigrum 179
Pipián 183
Piranhas 183
Pirarucú 183
Piri Piri 92, 183
Pirogen 183
Piroggen 183
Pisang Goreng 183
Pisco 183
Pissala 183
Pissalat 183
Pistachio nuts 184
Pistacia lentiscus 147
Pistacia vera 183
Pistazien 17, 183
Pistaziennüsse 183
Pistia stratiotes 247
Pistou 184
Pita 184
Pitahaya 184, 185
Pitanga 185
Pitaya 184
Pithecellobium dulce 144
Pito 185
Pizzaiola 185
Plantain 24
Plantanthera bifolla 200
Pla ra 185
Platonia esculenta 21
Platterbse 185
Plava 186
Pleuroncodes monodon 130
Pleuroteus cystidiosus 1
Pleurotus ostreatus 19
Plinsen 32
Plum pudding 189
Plumcot 226
Po Boy 186
Podephyllum peltatum 148
Podocnemis expansa 16

Pods 259
Pörkölt 187
Poffert 186
Poffertjes 186
Pogácsa 186
Pogatschen 186
Poha 186
Poh Piha 186
Poi 186
Pokoray 186
Polenta 140, 142, 186
Polentone 187
Pollo 187, 240
Polpo 235
Polygonum plebeium 49
Polymnia sonchifolia 250
Pome fruit 260
Pomegranate 83
Pomelo 255
Pomerac 142
Pomeranze 255
Pomes 250
Pomiferous fruit 260
Poncha 187
Pongge 64
Ponki 187
Pontederia cordata 181
Ponzu sauce 187
Ponzu-Soße 187
Poor Boy 186
Poori 187
Pootu 187
Poo won sen 187
Popcorn 258
Popoi 38
Popover 187
Porcupine orange 256
Poricha 187
Poronpaisti 188
Porotos granatos 188
Porphyra laciniata 218
Porphyra spec. 163
Porphyra tenera 16, 91
Porphyra yezoensis 163
Portulaca oleraca sativa 188
Portulak 188, 225
Poshintang 92
Potato bean 68

Potato yam   251
Pouteria campechiana   1, 227
Pouteria lucuma   137
Pouteria sapota   84
Pozole   188
Prahoc   188
Prairie oyster   188
Prawns   217
Preiselbeere   156
Press cake   260
Pressdatteln   60
Presskuchen   260
Presunto   188
Prickly apple   12
Prickly artichoke   43
Prickly pear   103
Prionace glauca   214
Prosciutto di Parma   173
Prosciutto di San Daniele   204
Prünelle   162
Prunkbohne   34
Prunus domestica oeconomica   60
Prunus domestica var. insititia   59
Prunus mume   149, 241
Prunus persica nucipersica   162
Prunus salicina   225
Pseudoallergien   8
Psidium acutangulum   86
Psidium friedrichsthalianum   86
Psidium guajava   85
Psidium guineense   86
Psidium littorale   86
Psito   188
Psophocarpus tetragonolobus   34
Pteridium aquilinum   4
Pterocarpus santalinus   197
Puchero   188
Pudding   188
Puerto Rican cherry   3
Puffbohne   34
Pufferfish   76
Pulque   189
Pulusan   189
Pumpkin   125
Puncher   231
Punica granatum   83
Puran poli   189
Puri   189

Purple granadilla   174
Purple passionfruit   174
Purpurgranadilla   174
Purslane   188
Pursley   188
Puto   189
Putra   189
Puy-Linsen   133
Pyrus pyrifolia   160
Pyrus ussuriensis   242

Q

Qamaradin   189
Quallen   189
Quandong   190
Queen scallops   179
Queenslandnüsse   139
Queller   81
Quenepa   190
Quenette   190
Quercus spec.   66
Quesadillas   190
Quinoa   190
Quito-Orange   137
Quorma   190

R

Rabri   190
Rachal   190
Radicchio   190, 191
Rahmapfel   12
Raita   191
Raki   2, 168
Rakkyo   191
Rama   196
Rambai   191
Rambutan   191
Ramen   191
Ramontschi   192
Ramps   192
Ramsar   192
Rana spec.   75
Rangifer tarandus   195
Rántott   192
Rántott hús   192
Rántotta   192
Rapa   222
Raphanus sativus caudatus   209

Raphanus sativus longipinnatus 59
Rapini 51
Ras 192
Ras el Hanout 156, 192
Rasam 192
Rasedar 192
Rasgulla 192
Raskerada 252
Rastegai 192, 243
Ratafia 193
Ratatouille 18
Ratfish 49
Rats 193
Ratta 227
Ratten 193
Rattlesnakes 208
Rauke 193
Rauschbeere 239
Rauschpfeffer 111
Raute 193
Raw sausage 260
Red crab 130
Red king crab 121
Red pepper 48
Red peppercorn 154
Red sandalwood 197
Red sanders 197
Regenwürmer 193
Reindeer 195
Reis 194, 248
Reisaal 194
Reisblätter 194
Reisbohne 34
Reisfisch 194
Reismelde 190
Reisnudeln 194
Reispapier 194
Reisspinat 190
Reiswein 200
Remojón 194
Rempah 194
Ren 195
Rendang 195
Renkon 136
Rentier 195
Rentierfleisch 8
Retsina 84, 195
Rhizome 260

Rhizomes 260
Rhodymenia palmata 63
Rhus coriaria 224
Rice 194
Rice bean 34
Rice eel 194
Rice fish 194
Rice noodles 194
Rice paper 194
Ridged gourd 137
Ridged loofah 137
Riesengranadilla 174
Rigani 195
Ringelwürmer 170
Rishta 195
Risotto 195
Roast 16
Rocambole 195
Rockenbolle 195
Rocket 193
Rock samphire 212
Rock weed 54
Rocky mountain oyster 188
Römischer Kümmel 124
Rømme 196
Rogag 123
Rogan Josh 195
Rogen 260
Roher Fisch 99
Rohrkolben 196
Rohrkolbenhirse 178
Rohwurst 249, 260
Roibush tea 196
Rojak 196
Roman rocket 193
Romesco 196
Rompen 159
Rondini 196, 258
Rooibos tea 196
Rooibos-Tee 196
Rootstocks 260
Rosa Pfeffer 154
Rose apple 197
Roselle 196, 197
Rosemary 197
Rosenapfel 197
Rosenkohl 119
Rosmarin 197

Sachwortverzeichnis

Rosmarinus officinalis   197
Rosskümmel   112
Rossoloye   197
Rotbusch-Tee   196
Rote Balsampflaume   23
Rote Bete   119
Rote Bohne   34
Rote Endivie   190
Rote Melisse   155
Rote Mombinpflaume   23
Rote Passionsfrucht   174
Rote Piahaya   184
Roter Buschtee   196
Roter Chicorée   190
Roter Pfeffer   179
Rotes Salz   203
Rotes Sandelholz   197, 248
Roti   197
Rotkohl   119
Rougail   197
Rouille   36, 197
Round gourd   234
Round melon   234
Rubus arcticus   15
Rubus chamaemorus   157
Rubus glaucus   11
Rubus loganbaccus   134
Rubus phoenicolasius   99
Rucola   193
Rue   193
Rúgbraud   197
Rugelach   198
Rujak   22
Rukam   198
Rum   198
Rumbledethumps   198
Rumex bequaertii   116
Rundblättrige Stechwinde   83
Rundkornreis   194
Runner bean   34
Runzas   198
Russischer Senf   205
Ruta graveolens   193
Rutabiya   198

S

Sa   198
Saafaid   198
Saatplatterbse   185
Sabat Urad   34
Sabzi   198
Sabzi Achar   198
Sabzi Chop   198
Sada Chawal   194
Saeng Galbi   77
Safayek   198
Saffranspannkaka   199
Saffron   199
Safran   16, 112, 169, **199**, 217
Safrol   207
Sag Bhajee   199
Sage   202
Sagittaria graminea   51
Sago   200
Sago palm   200
Sago-Palme   200
Sagowürmer   200
Saguaro   200
Sahlab   200
Saijoor   200, 204
Saindhi   200
Saltatoriae   89
Sake   200
Sakizli   157
Sakouski   201
Salacca zalucca   201
Salacia laevigata   82
Salad leek   128
Salad rocket   193
Salade niçoise   201
Salak   201
Salangane   244
Salat-Chrysantheme   201
Salatlauch   128
Salbei   201
Salgam   202
Salicorn   81
Salicornia europaea   81
Salim   202
Salma   181
Salsa   202
Salsify   33
Salt   203
Saltimbocca   202
Salumi   202
Salvia officinalis   201

Sachwortverzeichnis

Salvia sclarea 158
Salz 202
Salzaster 223
Salzkraut 81
Samak 202
Samaosa 203
Sambaar 203
Sambal 203
Sambal Oelek 48, 203
Sambar Masala 203
Sambhar 203
Sammelfrüchte 260
Samna 9, 93, 203
Samoosa 203
Samphire 212
Samsa 203
Samtfeige 203
Sanbusak 204
Sancho 204
Sancocho 204
San Daniele ham 204
San Daniele Schinken 204
Sandbeere 14
Sandbirne 160
Sandelholz
– rotes 197
– weißes 248
Sandesh 204
Sandgarnele 217
Sand leek 195
Sandoricum koetjape 204
Sandpapierfeige 72
Sangak 204
Sangría 204
Sankatti 204
Santalholz 197
Santalum acuminatum 190
Santalum album 248
Santan 204
Santol 204, 205
Sap Kacang Merah 205
Sapin-Sapin 205
Sapodilla 205
Sapote 84, 205
Sapotillapfel 205
Saranti 205
Sareptasenf 205
Sarisa 206

Sarli 206
Sarmate 206
Sarrabulho 206
Sarson 206
Sarumen 206
Sashimi 1, 206, 208, 211
Sassafras 207
Sassafras albidum 207
Satay 207
Sateh 207
Satsuma 256
Satureja hortensis 35
Satureja montana 108
Satziki 241
Sauce Béarnaise 70
Sauermilchkäse 260
Sauerpflaume 250
Sauersack 12
Saurauia paucisserata 42
Sauromalus spec. 53
Sauropus androgynus 46
Sausage 250
Savarie 41
Savory 35
Savoury 207
Sawo 205, 207
Sayur 207
Sbiten 207
Scallop 176
Scampi 130, 207, 217, 234
Scaridae 171
Scarlet runner bean 34
Schakschuka 207
Schalet 51, 208
Schalotte 208
Schantungskohl 49
Scharlachmonarde 155
Schaschlik 208
Schellbeere 157
Schildkröten 208
Schillerlocken 215
Schimpansen 5
Schinus molle 154
Schinusfrucht 154
Schirini 208
Schlangen 208
Schlangenbeere 30
Schlangenbohne 34

Schlangenfrucht 201
Schlangengurke 209
Schlangenhaargurke 209
Schlangenknoblauch 195
Schlangenkürbis 209
Schlangenrettich 209
Schlankhummer 207
Schlischkes 209
Schlotte 208
Schnecken 209
Schneckenkaviar 210
Schokolade 210
Schoowa 210
Schopf-Traubenhyazinthe 248
Schoten 260
Schtschi 210
Schuppenannone 12
Schwalbennestersuppe 244
Schwammgurke 210
Schwarze Bohne 34, 72, 156
Schwarze Dattel 136
Schwarze Erdbeere 15
Schwarze Maulbeere 147
Schwarze Sapote 210
Schwarzer Pfeffer 179
Schwarzer Tee 231
Schwarzer Trüffel 239
Schwarzes Salz 203
Schwarzkümmel 211
Schwarznessel 211
Schwarznesselblätter 242
Schwarznuss 211
Schwarzwurzel 33
Schwertbohne 34
Schwimmblasen 211
Scrapple 211
Scuppernong 158
Scyliorhinus spec. 214
Scyllaridae 39
Sea apple 170
Sea aster 223
Sea coconut 55
Sea cucumbers 212
Sea fennel 212
Sea grape 212
Sea kale 149
Sea lettuce 148
Sea rat 212

Seaside plum 250
Sea slugs 212
Sea urchin 212
Sechium edule 46
Sechium tacaco 227
Seeaal 215
Seed fruit 260
Seefenchel 212
Seegurke 212
Seehase 111
Seeigel 111, 212
Seekohl 212
Seesalz 202
Seetraube 212, 213
Seewalze 212
Seidenraupe 96, 212
Selenicereus magalanthus 185
Seleq 213
Sellou 213
Semianzwiebel 213
Semit 213
Senfkohl 193
Senfspinat 213
Senti 213
Sepia 235
Sepia officinalis 235
Serranoschinken 213
Serviceberries 72
Sesam 50
Sesame seed 214
Sesamsaat 214, 227
Sesamsamen 214
Sesamum indicum 214
Sesbania grandiflora 5
Sesew Froe 214
Seven spice seasoning 216
Sevian 214
Seville orange 255
Sevruga 110
Seychellennuss 55
Sfeng 214
Sha bao fau 214
Shabu-shabu 214
Shadberries 72
Shaddock 255
Shakar 214
Shakar Parey 214
Shalet 208

Shallot 208
Shami kebabs 214
Shamouti 255
Shanghai-Küche 50
Shao Mai 249
Shaoxing 215
Sharab Janzabil 96
Shark's fins 214
Sharon fruit 215
Sharonfrucht 215
Shatta 215
Shchi 210
Sheero 215
Shepherdia argentea 39
Shermal 216
Sherry 215
Shichimi 215, 226
Shichimi Togarashi 215
Shiitake 216
Shiitakepilz 216
Shillou 216
Shingiku 52
Shinkafa 216
Shio kombu 121
Shioyaki 216
Shirmal 216
Shiro Wot 216
Shiromiso 153
Shirouo 164
Shiso 211, 242
Shlishkes 209
Shochu 216
Shoga 96
Shojin Ryori 253
Shoots 260
Short grain rice 194
Shoyu 216
Shrikand 217
Shrimps 217
Shui dian fen 217
Shungiku 52, 217
Sicilian sumac 224
Silberzwiebeln 217
Siler trilobum 112
Silique 260
Silked gourd 137
Silkworms 212
Sillilaatikko 217

Silq 129
Silverskin onion 217
Simsimia 217
Singharanuss 247
Singvögel 218
Sinigang 218
Sinijeh 218
Sis kebap 218
Sitsaron 218
Sium sisarum 258
Skirret 258
Skyr 218
Sladko 218
Slak 218
Slipper lobster 39
Slippery vegetable 141
Shlishkes 209
Small cranberry 156
Smen 156, 218
Smilax rotundifolia 83
Smithfield ham 218
Smörgåsbord 219
Smørrebrød 219
Smooth luffa 210
Smyrnium olusatrum 179
Snail Bourgogne 209
Snails 210
Snakes 208
Snake gourd 209
Snakefruit 201
Snakeskin fruit 201
Soba-Nudeln 219
Sobrasada 16, 216
Sofrito 238
Sojabohne 99, **219**
Sojabohnensprosse 219
Sojamilch 236
Sojasoße 216, 219
Sojasprosse 219
Solanum chauca 45
Solanum melongena 18
Solanum muricatum 178
Solanum quitoense 137
Solanum stenotomum 180
Solanum topiro 55
Soljanka 220
Solo 172
So Mei 220

Sachwortverzeichnis

Som Khay   220
Somen-Nudeln   220
Sommerkimchi   116
Sommerkürbis   125
Sommerportulak   188
Sommertrüffel   239
Sondesh   204
Songaya   220
Sonnenblumenkerne   220
Soon Hook   220
Soorij   151
Sop Kambing   220
Sopaipillas   40
Sorgho   221
Sorghum   220, 241
Sorghum bicolor   220
Sorkhu   221
Sorpotel   221
Sorveira   221
Sosaties   221
Soujouk   221
Soul food   221
Sour orange   255
Soursop   12
Southernwood   65
Soy milk   236
Soy sauce   220
Soy sprouts   219
Soya bean   219
Soya sauce   220
Soybean   219
Spaghetti-Kürbis   221
Spaghetti squash   221
Spanische Artischocke   42
Spanische Limone   190
Spanischer Pfeffer   79
Spanish garlic   195
Spanish lime   190
Spanish plum   23
Spanish potato   27
Spanish red pepper   80
Spanish sausage   52
Spargelbohne   34
Spargelerbse   221
Spargelsalat   222
Speise-Chrysantheme   201
Spices   80
Spiny lobsters   130
Spirulina platensis   61
Spitznuss   247
Spondias cytherea   23
Spondias mombin   23
Spondias pinnata   23
Spondias purpurea   23
Spondias spec.   23
Sponge gourd   210
Spring rolls   134
Sprosse   260
Sprossknollen   260
Squash   125, 176
Squash melon   234
Stachelannone   12
Stachelbeerguave   86
Stachelbirne   103
Stachelhäuter   261
Stachys affinis   118
Stangensellerie   32
Star anise   222
Star apple   222
Starfruit   107
Star gooseberry   84
Staudenmajoran   141
Staudensellerie   32
Steinobst   261
Steinsalz   202
Steinseeigel   212
Stem lettuce   222
Stengelkohl   222
Stenocereus   185
Sternanis   222
Sternapfel   222
Sternfrucht   107
Stielpfeffer   125
Stifado   223
Stigma   260
Stilton   152
Stinkasant   17
Stinkfrucht   64
Stockfisch   223
Stockfish   123
Stone fruit   261
Stopfleber   75
Strandaster   223
Strandkohl   148
Strauß   223
Straußenfleisch   67, 223

Strawberry pear   185
Strawberry tree fruit   14
Strömming   223
Strombus   56
Struthio camelus   223
Stuffing   259
Stuffing gourd   122
Su   223
Suage   123
Succotash   223
Sucuk   223
Sudachi   256
Süße Balsampflaume   23
Süße Granadilla   174
Süße Limette   256
Süße Passionsfrucht   174
Süße Sumpfsimse   246
Süßkartoffel   86, 201
Süßmais   258
Süßpaprika   79
Süßsack   12
Süzme   181
Sufu   223
Suganijot   224
Sugar corn   258
Sugar loaf   89
Sugar maple   6
Sukiyaki   213, 224
Sumac   224
Sumach   102, 224
Suman   224
Sumashijiru   224
Summer savory   35
Summer squash   125
Sumpfaster   223
Sumpfheidelbeere   239
Sunflower artichoke   238
Sunflower seed kernels   220
Sung nyung   224
Sunomono   224
Suntina   257
Supari   224
Surimi   224
Surinam cherry   185
Surinam purslane   225
Surinamkirsche   185
Surinam-Portulak   225
Surinam-Spinat   225

Surströmming   225
Susabi-Nori   163
Sushi   27, 65, 225
Susine   225
Susni   226
Swamp cabbage   247
Sweet basil   26
Sweet corn   258
Sweet grass   146
Sweet marjoram   141
Sweet melon   149
Sweet passionfruit   174
Sweet pepper   80
Sweet potato   27
Sweetsop   12
Swim-bladder   211
Sycomore fig   148
Sykomorenfeige   148
Synsepalum dulcificum   152
Syzygium aqueum   246
Syzygium aromaticum   159, 162
Syzygium cumini   98
Syzygium guinense   157
Syzygium jambos   197
Syzygium malaccense   142
Syzygium samarangense   99
Szechuan-Küche   50
Szechuan pepper   226
Szechuanpfeffer   226

T

Ta'amia   71
Tabakmaas   226
Tabasco   48, 226
Tabasco sauce   226
Tabasco-Soße   48
Tabbouleh   226
Tabebuia spec.   131
Tabil   226
Table salt   203
Tacos   226
Tadig   227
Taesa   227
Tätte   231
Taftoon   229
Tagine   192, 227
Tahdig   227
Tahina   61, 214, 218, 227, 233

Sachwortverzeichnis

Tahini 20
Tahitian quince 23
Tahiti-Kastanien 227
Tahitipflaume 23
Taiacha 96
Tajine 227
Takako 227
Takenoko 24, 227
Taklia 227
Talinum portulacifolium 2
Talinum triangulare 225
Tamago Dofu 228
Tamales 228
Tamarillo 27
Tamarind 228
Tamarinden 10, 86
Tamarindenmus 228
Tamarindus indica 228
Tamariske 145
Tamarix mannifera 145
Tamija 228
Tammer 228
Tandoor 228
Tandoor-Ofen 160
Tangelo 257
Tangerine 256
Tangor 257
Tania 229
Tannia 228, 229
Tannins 259
Tannoor 229
Tannouri 229
Taotje 229
Tapas 229
Tape 229
Tapej 229
Tape-Keballa 229
Tape-Ketan 229
Tapeo 229
Tapia 229
Tapiokastärke 144
Tarako 229
Taramo salata 229
Taranome 229
Taratoor 227, 230
Tara vine 117
Tarhana 230
Tari 230

Tari Aloo 230
Tarka 230
Tarka Dhal 230
Taro 230
Taro-Blätter 230
Taromehl 230
Tarragon 70
Taschenkrebs 230
Taskabab 231
Tatale 231
Taurotragus derbianus 66
Tausendjährige Eier 49
Taushe 231
Tava 231
Tayassu angulatus 177
Tayassuidae 177
Tay berry 231
Taybeere 231, 252
Tea 232
Tee 231
Teepilz 121
Teff 95, 232
Tefi 232
Tehineh 227
Teijocote 232
Tejglach 232
Tel Kadayif 232
Telfairia occidentalis 124
Tellerkraut 125
Temaki 225
Tempeh 233
Temple 257
Tempura 233, 242
Tendergreen 213
Tepary bean 233
Tepary-Bohnen 233
Tepej 229
Tequila 151
Teradot 233
Teriyaki 233
Terminalia catappa 95
Termiten 9, 10
Termites 9
Terrapineier 208
Terrinen 233
Tetragonia tetragonioides 162
Tetragonolobus purpureus 221
Teufelsdreck 17

Thal 233
Thalipeeth 234
Thallus 261
Theobroma bicolor 176
Theobroma grandiflorum 58
Thibaudia floribunda 56
Thomson Gazelle 79
Thujon 2
Thunfisch 27, 106, 234
Thunnus alalunga 234
Ti 234
Ti Blätter 105, 234
Ti plant 234
Tiebou dienne 234
Tiefseegarnele 217
Tiefseehummer 234
Tiffin 234
Tiger nut 53
Tigernuss 53
Tind 234
Tinda 234
Tindola 234
Tindori 234
Tinko 234
Tintenfisch 235
Tipitis 144
Tippileippä 235
Tirmania nivea 239
Tirphal 236
Tkaout 236
Toadback 41
Toddy 236
Tofu 146, 236
Togarashi 236
Togbey 236
Togomandel 95
Tokajer 236
Tokaji 236
Tokány 237
Tolee molee 237
Tomalley 237
Tomatenpaprika 80
Tomatillo 237
Tompo 237
Tongupilz 216
Tam Yan Goong 237
Tonka bean 237
Tonkabohne 237

Tonkatsu 237
Toor 15
Toovar Dal 15
Top onion 137
Topinambur 237, 238
Torfbeere 155
Torfbrombeere 157
Torrejas 42
Torshi 238
Torshi Basal 238
Torshi Betingan 238
Torshi Khiar 238
Torshi Left 238
Tortillas 49, 70, 140, 141, **238**, 241
Totopos 238
Towo 241
Trachyspermum ammi 6
Trachyspermum roxburhianum 6
Tragopogon porrifolius 33
Translucent rice 194
Trapa natans 247
Trapa natans bicornis
Trapa natans bispinosa 247
Trapa spec. 247
Trassi 32
Trassie 238
Treculia africana 5
Tree melon 178
Tree onion 137
Tree tomato 28
Treife 123
Tremoços 138
Trepang 212
Trephoneier 24
Treya 238
Tricholoma caligatum 147
Trichosanthes cucumerina anguina 209
Trichosanthes dioica 174
Tridschataka 238
Triglidae 119
Trigonella foenum-graecum 33
Tripes 259
Trivalve fruit 112
Tropaeolum majus 107
Tropaeolum tuberosum 96
Tropenkirsche 192
Trotter 232
Trüffel 238

Truffle 239
Trunkelbeere 156, 239
Tsatsiki 241
Tschalau 239
Tschanachi 240
Tschello 240
Tscholent 51
Tschumak 240
Tsimmes 254
Tsire 240
Tsukemono 211, 240
Tsuma 207, 240
Tsumamimono 47
Tuar Dhal 15
Tuba 240
Tuber uncinatum 239
Tuber aestivum 239
Tuber brumata 239
Tuber macrosporum 239
Tuber magnatum 239
Tuber melanosporum 239
Tubers 260
Tuber spec. 238
Türkische Küche 240
Tukanuss 173
Tuna 163, 234
Tuong 240
Tupiro 55
Turmeric 128
Turtles 208
Turuna 162
Tutmaj 241
Tuwo Dawa 231
Tuwon Chinkafe 231
Txangurro 241
Typha latifolia 196
Tyropitta 241
Tzatziki 241

U

Uchepos 241
Udon 241
Uferschnecke 209
Ugali 241
Ugli 257
Ugni molinae 158
Ukpo 241
Ullucus tuberosus 241

Ulluko 241
Ulva lactuca 148
Ulve 148
Umai 241
Umami 81
Umbido 241
Umbrische Berglinsen 133
Ume 241, 242
Umeboshi 241, 242
Umeshu 241, 242
Umkokolo 113
Unadon 242
Unagi 242
Unaginokabayaki 102
Uncured cheese 259
Undaria pinnatifida 245
Unleavened loaf 259
Unripened cheese 259
Urad Dal 34
Urd-Bohne 34
Urwaga 25
Usjanmajan 242
Usli Ghee 80
Ussurian pear 242
Ussuri-Birne 242
Usu zukuri 206
Usus Ayam 242
Uvito 56

V

Vaccinium floribundum 51
Vaccinium macrocarpon 57
Vaccinium meridionale 5
Vaccinium oxycoccus 155
Vaccinium uliginosum 239
Vaccinium vitis ideae 131
Valeriana edulis 22
Vallaris solanacea 192
Vanaspati Ghee 80
Vanghibath 242
Vangueria spinosa 206
Vanilla 243
Vanilla planifolia 242
Vanille 242
Vanillegras 146
Vanillin 243
Vape Macch 243
Varaq 243

Vatalappum 243
Vatapá 243
Vegetable oyster 33
Vegetable spaghetti 221
Vegetable sponge 210
Vesiga 2434
Vetiver grass 114
Vetiveria zizanioides 114
Victoria amazonica 247
Viburnum trilobum 90
Vigna aconitifolia 34
Vigna angularis 34
Vigna dinteri 198
Vigna mungo 34
Vigna radiata radiata 33
Vigna umbellata 34
Vigna unguiculata sesquipedalis 34
Vigna unguiculata unguiculata 34
Vindaloo 243
Vine leaves 248
Vino santo 243
Viper gourd 174
Virgin oil 102
Visne 244
Vitello tonato 106
Vitex agnus-castus 155
Vitis rotundifolia 158
Vitis vinifera 247
Viverricula indica 254
Vogelnester 244
Voileipäpöyta 219

W

Wachskürbis 244
Wachsreis 194
Wachtelbohnen 48
Wachteleier 244
Waina 244
Wajik 245
Wakame 7, 245
Wake-Ewa 245
Walfleisch 245
Walpers 139
Wampee 245
Wampi 245
Wan Tan 245
Wanzenkümmel 122
Wappatoo 51

Warenik 245
Wari 245
Warka 38
Warzenmelone 150
Wasabi 207, 246
Wasabi japonica 246
Washami Tatami 246
Wasserapfel 246
Wasserbrotwurzel 230
Wasserkastanie 246
Wasserknoblauch 163
Wasserlimone 175
Wassermais 247
Wassermelone 149
Wassernuss 247
Wassersalat 247
Wasserspinat 247
Wasserwanzen 247
Wasser-Yam 251
Waterberry 157
Water caltrop 247
Water chestnut 247
Water convolvulus 106
Water dropwort 213
Water garlic 163
Water hog 42
Waterlemon 175
Water lettuce 247
Watermelon 149
Waternut 247
Waterpear 157
Water rose apple 246
Water spinach 247
Water Yam 251
Waterzooi 247
Wax gourd 244
Wax jambu 99
Weinbergschnecke 209
Weinblätter 247
Weinraute 193
Weiße Sapote 248
Weiße Schwarzwurzel 33
Weiße Trüffel 239
Weiße Yam 251
Weißer Meerkohl 148
Weißer Pfeffer 179
Weißes Sandelholz 197, 248
Weißkohl 119

Weißwurzel 33
Wellhornschnecken 209, 210
Wermut 2
West
West Indian cherry 3
West Indian gooseberry 26
West Indian pumpkin 41
Westindische Mispel 205
Whale meat 245
Whelks 210
White gourd 244
White plum 59
White sapote 248
White turmeric 257
White Yam 251
Wild cucumber 122
Wild ginger 96
Wild mango 61
Wild rice 248
Wilde Gurke 122
Wilder Ingwer 96
Wilder Majoran 167
Wildguave 86
Wildmango 61
Wildreis 248
Wildzwiebel 248
Wilking 257
Wine raspberry 99
Winged bean 34
Winterbohnenkraut 108
Winter crook neck 156
Winterkimchi 116
Winterkresse 248
Winterkürbis 125
Wintermajoran 195
Winter melon 244
Wintermelone 150
Winterportulak 125
Winter purslane 125
Winter savoury 108
Winter squash 124
Wintertrüffel 239
Wirsing 119
Wishna 248
Wok 9, 248
Wollhandkrabbe 249
Wollmispel 135
Wonton 249

Woodapple 249
Worcester sauce 249
Worcestershire-Sauce 249
Worcester-Soße 249
Wo-Tan-Blätter 249
Wotote 2
Wurst 249
Wurzelknollen 260
Wurzelpetersilie 250

X

Xanthosoma mafaffa 252
Xanthosoma nigrum 167
Xanthosoma sagittifolium 228
Ximenia 250
Ximenia americana 250
Xylopia spec. 127

Y

Yahni 250
Yaji 250
Yakayake 250
Yak-Butter 232
Yakhni 250
Yaki dofu 250
Yakimono 250
Yakitori 128
Yakkwa 250
Yakon 250
Yalanci Dolmasi 250
Yam 7, 9, 10, 13, 17, 64, 163, **250**, 251
Yambalaya 98
Yamsbohne 100
Yamswurzel 229, 250
Yangnyeom Galbi 77
Yao Horn 251
Yaraki 144, **252**
Yardlong bean 34
Yassa 252
Yautia 229, **252**
Yellow passionfruit 174
Yellow rocket 248
Yellow sarson 206
Yellow yam 251
Yellow yautia 229
Yerba buena 252
Yin Yang 252
Yista 252

Ymer 252
Yorkshire pudding 189
Yosenabe 252
Youngbeere 252
Ysop 252
Yucca 253
Yucca brevifolia 253
Yudeazuki 253
Yünnan Fo Toy 253
Yufka 253
Yukuka 253
Yum Cha 253
Yuroo 70
Yuzu 256

Z

Zaatar 253
Zahtar 253
Zakouski 201
Zampone 253
Zanthoxylum piperitum 226
Zanthoxylum rhetsa 236
Zarda 254
Zarzuela 254
Zea mays 140
Zea mays microsperma 258
Zea mays saccharata 258
Zedoary 257
Zedoary sprouts 257
Zedrat-Zitrone 256
Zeytinyagli Prasa 254
Zhug 254
Zibet 254
Zibetbaumfrucht 64
Zibetkatzen 254
Ziestknollen 118
Zimmes 254
Zimt 254
Zimtapfel 12
Zingiber officinale 95
Zitronat 256
Zitronat-Zitrone 256
Zitrone 255, 256
Zitronengras 237
Zitronenkraut 65
Zitronennuss 41
Zitrusfrüchte 255
Zitrusgras 257
Zitwer 257
Zitwerwurzeln 257
Zizania aquatica 248
Ziziphus jujuba 101
Ziziphus mauritiana 94
Zoni 258
Zucchini 63, 258
Zuckerahorn 5
Zuckerapfel 12
Zuckerhut 86
Zuckermais 258
Zuckermelone 149, 150
Zuckermerk 258
Zuckerrübentang 120
Zuckertang 258
Zuckerwurz 258
Zwerghirse 232
Zwergorange 256
Zwiebel, ägyptische 137

GPSR Compliance

The European Union's (EU) General Product Safety Regulation (GPSR) is a set of rules that requires consumer products to be safe and our obligations to ensure this.

If you have any concerns about our products, you can contact us on

ProductSafety@springernature.com

In case Publisher is established outside the EU, the EU authorized representative is:

Springer Nature Customer Service Center GmbH
Europaplatz 3
69115 Heidelberg, Germany

www.ingramcontent.com/pod-product-compliance
Lightning Source LLC
LaVergne TN
LVHW010336260326
834688LV00036B/741